谨以此书献给元坝超深高含硫

生物礁气田高效开发的辛勤工作者

作者介绍

石兴春，1958年生，1982年7月参加工作，中国人民大学硕士，中国石油大学（北京）博士，教授级高级经济师。长期从事油气田开发和企业经营管理工作。在吐哈油田参与组织了鄯善、温米、丘陵等三大油田产能建设和玉门老油田的开发管理工作，在中国石化负责天然气开发工作，先后组织了普光高含硫气田、大牛地致密气田、雅克拉凝析气田、松南火山岩气田和元坝超深气田的产能建设和开发管理工作。率先提出了“今天的投资就是明天的成本”“承认历史，着眼未来，新老资产分开考核，着重评价经营管理者当期经营成果”的经营理念，在气田开发上提出了“搞好试采，搞准产能产量，优化方案部署”“多打高产井，少打低产井，避免无效井”“酸性气田地面工程湿气集输、简化流程，确保安全”和“气田开发稳气控水”的工作思路，组织实施了相关领域的技术攻关，形成了特殊类型气田高效开发技术，实现了气田高效开发，促进了中国石化天然气的大发展。对发展更加注重质量和效益、转换发展方式进行了有益的探索。

武恒志，1964年生，博士，教授级高级工程师，四川省学术和技术带头人，享受国务院特殊津贴专家。1985年8月参加工作，现任中国石化西南油气分公司副总经理。长期从事油气田勘探开发研究部署及科技攻关工作，主持、承担“元坝超深高含硫气藏开发关键技术研究”等多项国家和省、部级科研项目，多次荣获省、部级科技奖励。主持了元坝气田长兴组气藏开发评价、开发概念设计及开发方案的编制工作。针对元坝缓坡型台缘礁滩相气藏礁体小、散、多期的地质特点，提出了生物礁发育与储层分布模式，指导了礁体精细刻画及储层定量预测技术攻关，为气藏的高效开发奠定了基础。公开发表《元坝气田长兴组生物礁气藏特征及开发对策》《川东北元坝地区长兴组生物礁发育模式与储层预测》等学术论文。

刘言，1965年生，教授级高级工程师，全国能源化学系统“五一劳动奖章”获得者，中国石化集团公司劳动模范。1985年7月参加工作，先后转战原广西百色采油厂、原滇黔桂石油勘探局、原南方勘探开发分公司、原西南油气分公司贵州采气厂等单位，多次荣获省、部级科技、管理奖励，现为中国石化西南油气分公司副总经理。主持了元坝气田长兴组气藏40亿方混合气/年产能建设项目的方案编制和现场实施。针对元坝气田长兴组气藏超深高含硫、强非均质储层、水平井开发等难点，提出了“找云岩、穿优质、控迟深、调靶点”的超深水平井轨迹实时优化调整技术，有效提高了水平井储层钻遇率，保障了元坝气田长兴组气藏产能建设任务的圆满完成。公开发表了《元坝超深高含硫气田开发关键技术》《复杂礁滩体超深水平井地质导向关键技术》等学术论文。

特殊类型气田高效开发丛书③

元坝超深高含硫生物礁气田
高效开发技术与实践

石兴春　武恒志　刘言　编著

中国石化出版社

内容提要

本书以元坝长兴组超深高含硫气田高效、安全开发实践为主要内容，系统分析了元坝气田开发在气藏精细描述、气田高效开发、气田安全开发等领域面临的困难、挑战，以及应对的思路与具体对策，全面阐述了缓坡—镶边台地边缘生物礁发育模式、优质储层形成机理与分布特征、生物礁储层识别预测与分布规律、气藏特征、开发方案设计与优化、超深长水平段水平井井轨迹实时优化与控制、优快钻井、完井国产化、多级暂堵分流酸压储层改造、改良的湿气加热混输工艺、环境保护与安全控制及元坝管理模式等高含硫气田科技创新与管理创新成果，总结了元坝超深高含硫气田高效、安全开发所形成的理论、关键技术和管理模式。

本书可作为高等院校油气相关专业教学参考书，也可供从事高含硫生物礁气田开发工作的科研、生产、管理人员阅读参考。

图书在版编目（CIP）数据

元坝超深高含硫生物礁气田高效开发技术与实践／石兴春，武恒志，刘言编著.
—北京：中国石化出版社，2018.5
ISBN 978-7-5114-4808-8

Ⅰ.①元… Ⅱ.①石… ②武… ③刘… Ⅲ.①高含硫原油-生物礁-气田开发-研究-广元 Ⅳ.①TE375

中国版本图书馆CIP数据核字（2018）第047535号

中国石化出版社出版发行

地址：北京市朝阳区吉市口路9号
邮编：100020 电话：(010)59964500
发行部电话：(010)59964526
http://www.sinopec-press.com
E-mail:press@sinopec.com
北京柏力行彩印有限公司印刷
全国各地新华书店经销

*

787×1092毫米16开本20印张485千字
2018年8月第1版 2018年8月第1次印刷
定价：288.00元

序

元坝气田是中国石化开发的第二个高含硫气田，和普光气田相比，开发工作仍然面临着诸多严峻挑战：一是规模性超深层生物礁气田开发在全球尚属首例，生物礁类型多、礁体小、多期叠置，礁滩储层分布复杂，气水关系复杂，“一礁一滩一藏”，气藏有效布井开发极具挑战；二是气藏分布面积大、厚度薄、埋藏超深、储量丰度低，直井单井产量低，气田能否有效开发面临严峻挑战；三是超深钻井在川东北尚属首次，特别是超深水平井钻井的钻机、钻具的适应性，井眼轨迹设计及跟踪优化，钻井能否成功等，都面临挑战；四是元坝地区地形、地貌复杂，气田范围广，人口密度大，集输管线半径大，输送距离远，管道跨越和隧道多，长距离湿气输送安全生产面临挑战；五是气田高含硫，特别是气田有机硫含量高，酸气深度净化面临严峻挑战。

面对这些困难和挑战，中国石化科技战线和生产一线的同志们在认真总结、应用普光气田成功开发技术、经验的基础上，走出国门实地考察现代生物礁生长、发育规律，学习国外生物礁气田开发经验，依托国家重大科技专项优势，面对挑战，以高度责任感和历史使命感，“敢为人先、挑战极限”，持续开展科技攻关，创新了生物礁发育与储层分布的开发地质理论和超深条带状小礁体气藏有效开发模式，形成了以超深层小礁体气藏精细描述技术、超深水平井井眼轨迹优化高效完井及投产技术系列，以及复杂山区长距离集输的湿气加热混输工艺技术和高含硫天然气深度净化技术。探索形成了“集团化决策，项目化管理，集成化创新，精神化传承”的元坝气田开发建设模式，通过“整体规划、分步实施、优化调整”，保证了气田的开发效果和效益，建成了世界上第一个超7000m深度、水平井开发的高含硫生物礁气田，建成了拥有中国石化自主知识产权的净化厂，为“川气东送”提供了稳定气源。

元坝气田共动用储量$1280\times10^8m^3$，开发布井37口，钻井成功率100%，优质储层钻遇率82%，建成年产混合气$40\times10^8m^3$产能。到2017年年底，已累计生产净化气 75.39 $\times 10^8 m^3$，生产硫黄 63.77 $\times 10^4 t$，销售天然气 67.91 $\times 10^8 m^3$，销售收入 96.69 亿元，实现利税 23.49 亿元（利润 20 亿元，2016、2017 年累计上缴税收 3.49 亿元），实现了元坝气田的安全生产和效益开发，获“中国石化2016 年度规模上产增效特别贡献奖”及“2016 年度中国石化科技进步一等奖”。

《元坝超深高含硫生物礁气田高效开发技术与实践》承载了元坝气田开发建设的理论创新、技术创新、管理创新成果，是元坝气田开发建设的广大科学工作者、工程技术人员和管理干部集体智慧的结晶，该书的出版、发行有助于丰富高含硫气田开发理论体系和配套技术系列，有助于提升我国高含硫天然气开采技术和开发工程建设管理水平，有助于支撑我国高含硫气藏的安全、清洁、高效开发。本人先睹为快，同时十分乐意将此书推荐给油气田开发战线的科学工作者、工程技术人员和管理干部。

中国工程院院士

马永生

2018.6

前　言

低碳经济时代，对于清洁能源的需求与日俱增，天然气已成为全球能源的重要发展方向之一。大力推进天然气资源的开发、利用是国家能源发展的迫切需求，也是中国石化实施绿色低碳战略的重要举措。

高含硫天然气开发是天然气开发的一个重要领域。据统计，全球天然气资源中，含硫天然气约占60%，高含硫天然气约占10%。我国高含硫天然气资源丰富，近年来，中国石化、中国石油在四川盆地相继发现了普光气田、罗家寨气田、龙岗气田、元坝气田和彭州气田等大中型高含硫气田，四川盆地高含硫天然气探明储量约$9000\times10^8m^3$。安全、高效地开发、利用高含硫天然气资源在为国家提供大量清洁能源的同时，还可以将剧毒的H_2S转化为国家紧缺的化工原料——硫黄，这对于保障国家能源安全、促进国民经济发展具有十分重要的意义。

元坝气田位于四川省苍溪县、阆中市、巴中市等地，是中国石化集团公司“十二五”重大建设工程之一，是继普光气田之后又一酸性气田建设工程项目，也是西南油气田“十二五”建设年产百亿立方米大气田的“重头戏”。与国内其他高含硫气田相比，元坝长兴组超深高含硫生物礁大气田具有气藏埋藏超深，高温、高压、高含硫，礁体与储层复杂，天然气组分复杂，气水关系复杂，压力系统复杂，地形、地貌复杂等“一超三高五复杂”的特点。其中，①气藏埋藏超深：气藏埋深度约为6500～7100m，气井平均完钻井深7650m。②高温、高压、高含硫：气藏温度约为145～160℃；气藏压力约为66～72MPa，上覆飞仙关组地层压力约为140MPa；H_2S含量约为2.00%～13.37%，平均含量约为5.32%。③礁体与储层复杂：生物礁单体规模小，礁盖面积介于0.12～3.62km^2之间，平均约为0.99km^2，纵向多期叠置，平面组合方式不一，礁体类型多；优质储层薄，厚度约为20～40m，储层物性差，平均孔隙度为4.6%，平均渗透率为$0.34 \times 10^{-3} \mu m^2$，非均质性强，渗透率变异系数为0.5~361.8，平均约为48.6。④天然气组分复杂：H_2S平均含量约为5.32%，CO_2平均含量约为6.56%，甲硫醇平均含量约为172.27mg/m^3，羰基硫平均含量约为144.25mg/m^3，总有机硫含量约为582mg/m^3。⑤气水关系复杂：各礁滩体具有相对独立的气水系统，具有"一礁一滩一藏"的特点。⑥纵向地层压力系统复杂，地压系数差超过0.2的高、低压互层共有9套。⑦地形地貌复杂：气田处于海拔350~800m的群山之中，山势陡峭、沟壑纵横、地形起伏大。

元坝气田复杂的地质特点与地面工程条件决定了元坝气田开发的复杂性，工程技术的挑战性，以及实现经济、有效开发的艰巨性。元坝气田的开发虽然是"站在普光的肩膀上"进行的，但若要实现高效、安全开发，则仍面临着十分严峻的挑战。

一是储层厚度薄、储量丰度低、直井产能低、气藏埋藏超深、钻井投资大，有效开发面临严峻挑战。

二是超深高含硫生物礁气藏开发在我国尚属首例，生物礁礁体小、类型多，多期叠置、礁滩展布复杂，储层认识、气藏描述、流体预测难度大，"一礁一滩一藏"，气藏布井面临严峻挑战。

三是超深钻井在川东北地区尚属首次，钻机、钻井工程技术还难以适应该地区的地质条件，特别是超深水平井钻井、井眼轨迹设计和跟踪调整都面临着很多难题，提高钻井成功率与钻井安全面临严峻挑战。

四是地形、地貌复杂，人口稠密，地面管线集输半径大、输送距离长，涉及范围广、管道跨越和隧道多，长距离湿气输送面临着巨大的安全风险和挑战。

五是天然气高含H_2S，特别是有机硫含量高，酸气深度净化面临着严峻挑战。

面对这些困难和挑战，中国石化在认真总结普光气田成功开发经验的基础上，走出国门实地考察现代生物礁生长发育规律和国外生物礁开发的经验，依托国家重大科技专项，组织国内外专家开展了元坝气田高效、安全开发的技术攻关。从2007年发现元坝气田开始，到2016年全面建成投产，经过近10年的不懈努力和攻关，中国石化创新形成了"集团化决策、项目化管理、集成化创新、精神化传承"的元坝管理模式，攻关形成了一系列超深高含硫生物礁气田高效开发配套技术，建成了全球首个埋深近7000m、年产混合气$40\times10^8m^3$的超深层高含硫生物礁大气田和具有中国石化自主知识产权的净化厂，实现了元坝气田的安全生产和效益开发。如果说普光气田为中国石化的天然气发展大战略撕开了一条缝，那么元坝气田则打开了一扇门，元坝气田与川西气田、普光气田一起，构筑了中国石化在西南地区的天然气基地，产量超过了中国石化全部产量的1/2。元坝气田的高效、安全开发为“盘活”更多的超深高含硫天然气资源开辟出了一条成功的路径，展示了中国石化利用超深水平井开发复杂气田的综合技术能力，巩固了中国石化在超深、高含硫气田开发建设上的领先地位。

本书旨在系统总结中国石化广大管理人员和科技人员在元坝超深高含硫酸性大气田产能建设过程中，面对元坝气田开发遇到一系列世界级困难和挑战时所采取的实事求是和经济实用的工作思路及面对挑战勇于攻关、敢为人先的精神，元坝气田有效开发的实践工作，以及所形成的先进管理理念和技术创新成果，可为同类型气田的开发提供有益的借鉴。

本书以元坝长兴组超深高含硫气田高效、安全开发实践为主要内容，系统分析了元坝气田开发过程中在气藏精细描述、气田高效开发、气田安全开发等领域面临的困难、挑战，应对的思路与具体对策，全面阐述了缓坡—镶边台地边缘生物礁发育模式、优质储层形成机理与分布特征、生物礁储层识别预测与分布规律、气藏特征、开发方案设计与优化、超深长水平段水平井井轨迹实时优化与控制、优快钻井、完井国产化、多级暂堵分流酸压储层改造、改良的湿气加热混输工艺、环境保护与安全控制及元坝管理模式等高含硫气田科技创新与管理创新成果，总结了元坝超深高含硫气田高效、安全开发所形成的理论、关键技术和管理模式。全书包含的主要内容有如下几个方面：

（1）元坝气田储层主要为白云岩，气藏具有“一超三高五复杂”的特点。气藏开发在气藏描述、高效开发和安全开发等方面面临着巨大的挑战。为推动气藏评价、加快气藏开发步伐，开发工作提前介入，在积极开展国内外超深高含硫生物礁气田开发技术调研与开发先导试验工作的同时，先后及时组建了集团公司统一领导的勘探开发一体化与产能建设领导小组，构建了集团总部决策、天然气工程项目管理部督导、西南油气分公司监管、元坝项目部组织实施的项目管理与控制体系；从项目可行性研究、方案设计、计划调整、过程拍板到组织实施，运用“集团化决策、项目化管理、集成化创新、精神化传承”

的新体制、新模式，积极对开发面临的系列挑战开展针对性攻关，创新集成了一套高效、安全的超深高含硫生物礁大气田的开发关键技术系列，解决了元坝气田产能建设中的主要技术难题，为元坝气田的高效、安全开发提供了技术支撑和技术保障，推进了气田高效会战的进程。

（2）针对地层层序划分分歧较大，生物礁形成及发育机制不明、分布规律不清等难点，在积极开展澳大利亚现代生物礁沉积等调研的基础上，以岩性旋回、测井旋回、地震旋回与海平面升降旋回等沉积旋回与生物礁发育特征研究为主线，以生物礁沉积相、沉积微相识别与分布特征研究为重点，开展了台缘生物礁层序及沉积特征研究，建立了缓坡—镶边台地边缘生物礁形成、发育与分布模式，明确了生物礁发育与分布特征：生物礁具有单体规模小、纵向多期叠置、平面组合方式不一、礁体类型多、平面分布散等特点。

（3）针对生物礁滩内部优质储层发育主控因素不明、分布规律不清等难点，以不同四级层序及不同沉积微相生物礁储层发育特征研究为基础，以成岩作用研究为重点，以储层结构组分、成岩环境识别和成因分析为核心，开展了优质白云岩储层形成机理与主控因素研究，明确了优质白云岩储层形成机理、发育特征与分布规律：元坝长兴组生物礁滩储层薄、物性差、非均质性强，储层发育主要受海平面升降变化、沉积微相、储层后生成岩作用的控制，礁相储层优于滩相储层，西部③、④号礁带礁相储层优于礁滩叠合区及东部①、②号礁带礁相储层，东部滩相储层好于西部滩相储层；优质储层白云岩储层主要分布于第Ⅳ期成礁期次的礁盖、礁后和滩核部位。这些成果为储层预测、开发方案编制与井位部署及水平井井轨迹实时优化提供了理论指导。

（4）针对气藏埋藏超深，地震资料信噪比低，生物礁与内部结构识别难度大，储层薄，Ⅰ、Ⅱ类储层与泥质岩储层、Ⅲ类储层与致密灰岩弹性阻抗叠置严重，常规地震反演预测技术多解性强，储层厚度预测精度低，流体识别预测难度大等困难，与国内一流地球物理公司合作开展了地震资料处理、地震资料精细解释、生物礁精细刻画、生物礁储层高精度预测和储层含气性预测等技术攻关，形成了以相控叠前地质统计学为核心的包括生物礁识别、储层预测与流体预测的储层精细描述技术。其成果被直接应用于开发方案的编制和井位部署，并得到了钻井资料的验证。钻井成果表明：储层预测情况符合地质认识，开发井钻井成功率高达100%，储层预测平均符合率高达95%，水平井储层平均钻遇率高达82%。

（5）针对气藏类型不明、水体分布规律与储量规模不清的难点，实时跟踪探井、探井转开发井、开发评价井及开发井等的最新实钻资料与成果，不断深化构造、沉积、储层发育及分布、气水分布规律与资源潜力等气藏地质认识：西部滩区储层欠发育，礁带构造低部位的礁相储层相对薄且差；水体主要分布在东部①号礁带，东部滩区，②、③、④号礁带位于构造低部位；气藏属于埋藏超深、高含 H_2S、中含 CO_2、裂缝—孔隙型、局部存在边（底）水的构造—岩性气藏；动用储量规模正在逐渐落实，实际动用 $1280\times10^8m^3$；礁带与礁滩叠合区是开发建产的有利地区。

（6）开发方案是指导油气田开发的指导性技术文件，是气田产能建设的重要依据；合理的开发方案将直接影响气藏采收率的高低、投资规模的大小和经济效益的好坏；开发方案设计与优化是气藏实现高效开发的关键。在开发方案设计阶段，针对早期直井产能偏低、产能主控因素不明等难题，积极组织水平井先导试验、探井转开发大斜度井的实施，强化分层系统测试与短期焚烧试采工作，同时积极开展产能评价，加强关于井型、井距、井网系统及合理配产与采气速度等课题的攻关研究，并明确了气田开发技术政策。研究认为，气藏整体以水平井或大斜度井为主，可适当考虑直井的利用；大斜度井的合理井距为2000～2400m，水平井的合理井距为2000～3000m；总体按无阻流量的1/8配产，开采速度约为3%。在此基础上，按照“整体部署、分步实施、先礁后滩、滚动调整”的原则和分期建成产能目标的思路，分别对长兴组气藏一期 $20\times10^8m^3$ 和二期 $20\times10^8m^3$ 产能建设进行了规划部署。在开发方案实施阶段，及时跟踪新井钻探成果，深化和完善气藏地质认识与规律，适时优化开发方案和井位部署，确保气田开发效益。

（7）超深水平井设计及优化包括水平井设计与钻井实施过程中的井轨迹优化，前者是提高单井产能的基础，后者是提高钻井成功率、储层钻遇率，实现油气成果最大化的重要环节。元坝气田长兴组气藏具有埋藏超深，礁体小、散、多期发育，储层厚度小，非均质性强，气水关系复杂，不同礁滩体具有相对独立的气水系统等特点，在井位设计与部署时，应在礁体精细刻画、储层定量预测、含气性检测及开发井网、井型、井距等研究成果的基础上，使水平井轨迹尽可能沿礁盖储层脊部钻进，大斜度井靶点尽可能位于礁盖或礁体较厚的构造高部位，从而达到控制底水锥进，提高储量动用程度、单井产能和采收率的目的。在钻井实施过程中，强化实时跟踪，强化现场地质与地球物理一体化跟踪，强化室内与室外专人专井，强化现场跟踪与室内综合研究无缝衔接，以便室内研究人员与现场随钻跟踪人员根据礁体发育模式等地质认识以及所掌握的现场录井等资料及时作出准确预判并优化轨迹、明确钻进方向。超深水平井设计与轨迹实时优化实现了长穿优质储层，有效储层钻遇率大幅提高了42%，为实现油气开发成果最大化奠定了基础。

（8）针对气藏埋藏超深，陆相地层厚度大，井壁稳定性差，岩石致密、可钻性差，海相地层非均质性强，高含H_2S，钻井施工常出现涌、漏、塌、卡等超深水平井钻井技术难点，提出了复杂多压力系统减应力、降压差的井身结构设计方法，集成形成了陆相地层气体钻井技术、PDC钻头+等壁厚螺杆/孕镶钻头+高速涡轮技术、海相地层PDC钻头+抗高温螺杆高效破岩技术、水平井井眼轨迹设计与实时优化调整控制技术、长水平段钻井液润滑防卡技术和高温高压复杂地层固井技术。现场应用22口井，解决了元坝气田7000m垂深、160℃高温、140MPa高压含硫环境下的超深水平井钻井技术难题。创造了7971m的陆上超深水平井最深纪录和“10个月完成1口7728m超深水平井”的纪录。

（9）元坝长兴组气藏埋藏超深与高温、高压、高含硫的特点决定了气井完井面临着安全性、经济性和环保方面的巨大挑战，为解决超深高含硫气田水平井完井技术安全性和技术经济性的矛盾，在管柱力学分析和防腐材质腐蚀实验评价的基础上，采取了如下措施：①通过完井酸化投产一体化管柱简化工序、优化工艺增效；②通过防腐管材、采气井口装置国产化规模应用降本；③通过气井井筒完整性风险评价常态化，及时掌握气井环空带压的变化情况，判别风险级别，提出应对措施，确保气井整个寿命周期的完整性。通过上述措施，开发方案设计的37口井全部完成完井测试，31口投产井安全生产，降低完井成本超过4亿元，保障了元坝气田安全生产、效益开发。

（10）气藏埋藏超深、温度高、高含硫、储层薄、水平段长、非均质性强的地质特点决定了储层酸压改造面临着均匀布酸难、酸岩反应速度快、酸液作用距离与有效保持时间短、施工作业难度大等系列技术难题。针对这些难题，在研发了高温胶凝酸体系的基础上，形成了以温控+酸控可降解有机纤维和增强型固体颗粒的化学+物理复合暂堵转向分流、高黏压裂液和高温胶凝酸多级交替注入酸压为核心，以暂堵剂用量与入井酸液性能指标为关键的多级暂堵分流酸压技术，使不同类别储层获得“均匀”的酸压效果，实现了增产增效。

（11）针对地面管线集输半径大，输送距离长，地形、地貌复杂，管道铺设环境差，大中跨越和隧道多，井网不规则，井点多而分散，天然气高含H_2S，毒性及腐蚀性强，集输工艺技术要求高等地面集输工程难点，在借鉴国外先进技术与国内开发含硫气田经验的基础上，元坝气田集输工艺设计按照“工艺技术成熟、安全可靠，自控系统先进，经济效益显著，‘三废’排放达到环保标准，综合节能达到国内一流水平”的建设标准，遵循“经济适用、优质高效、安全环保”的理念，实施改良后的湿气加热混输工艺技术，推行了“标准化设计、模块化建设、标准化采购、信息化提升”的“四化”管理和建设模式，提高了酸气集输技术水平和管理水平，有效地缓解了地面集输的腐蚀，提高了地面集输的安全性。

（12）元坝气田是目前世界上埋藏最深的高含硫生物礁大气田，具有“一超三高”的特点，兼之位于长江流域的嘉陵江上游人口稠密地区，气田钻完井作业、地面工程建设、天然气采输与净化处理等安全与环保风险极高。针对工区内存在的主要风险，科研、技术及管理人员积极学习、借鉴普光经验，紧密结合元坝项目建设实际，按照“三新三高”的要求，坚持“科学规范、安全高效、绿色低碳、和谐一流”的工作方针，从精心编制项目安全评价、环境影响评价报告和项目安全设施设计专篇入手，以加强监督管理、强化风险控制和建立完善应急管理体系为主线，通过建立组织机构，完善管理制度，强化岗前培训，规范工作流程，严格技术标准，实施高压严管，最终打造出一项本质安全型和绿色环保型工程。

（13）针对元坝气田开发工程所具有的投资大、建设周期长、专业复杂、系统性强等特点，元坝气田开发工程建设管理以投资风险分析为基础，聚焦降本增效，不断探索实践控制工程投资的有效方法，通过加强科学决策、优化设计、标准化采购和控制工程变更管理等措施，实现了项目投资控制的目标。

本书是从事元坝气田开发评价与产能建设的广大科技人员与管理人员技术成果与管理成果的结晶，是在国家重大科技专项05专项（大型油气田及煤层气开发）、项目17［高含硫气藏安全高效开发技术项目（三期）］课题5（超深层复杂生物礁底水气藏高效开发技术，编号2016ZX05017005）及中国石化重点科技攻关项目与开发先导项目成果基础上编写而成的。全书由石兴春、武恒志、刘言统一组织编写，共十四章。前言由石兴春、武恒志、吴亚军执笔；第一章由刘正中、吴亚军执笔；第二章由武恒志、顾战宇、柯光明、彭光明执笔；第三章由武恒志、张小青、杨杰、景小燕执笔；第四章由吴亚军、王浩、毕有益、简高明执笔；第五章由张数球、曾焱、徐守成、吴建忠执笔；第六章由刘成川、赵勇、刘远洋、缪洪刚执笔；第七章由孙伟、张明迪、李华昌、杨丽娟执笔；第八章由王剑波、郭新江、胡大良、吴建忠执笔；第九章由黎鸿、郭新江、许小强、肖茂执笔；第十章由王世泽、郭新江、丁咚、许小强执笔；第十一章由刘言、蔡锁德、缪建、贺明执笔；第十二章由张百灵、刘言、张韶光、谭永生执笔；第十三章由刘言、童鹏、李渡、何亦放执笔；第十四章由石兴春、武恒志、吴亚军、龙涛执笔。景小燕和高蕾完成了大量图件清绘和文字排版工作。全书由石兴春、武恒志、刘言、吴亚军、孙伟、郭新江统稿，中国石化出版社组织专家进行了审稿。在此，对为本书的出版付出了辛勤劳动和贡献的广大管理与科技人员表示衷心的感谢。

目　录

第一章　元坝气田开发面临的挑战、对策与历程

元坝地区长兴组属缓坡—镶边台地边缘生物礁滩沉积，储层主要为白云岩，气藏具有“一超、三高、五复杂”的特点。气藏开发在气藏描述、高效开发和安全开发等方面面临巨大的挑战。为推动气藏评价、加快气藏开发步伐，中国石化积极应对，开发提前介入，在开发准备和开发建设阶段，及时组建了不同的领导机构，统一指导、组织、协调和部署元坝气田的开发准备和开发建设工作，同时成立了以中国石化西南石油局为主体、中国石化上游为核心的专业攻关团队，开展了针对性的调研、管理创新、理论和技术攻关，为气田的高效、安全开发提供了全面的保障和支撑。

为加快气藏评价节奏，缩短评价周期，减少评价井数，提高勘探开发整体效益，2009年5月，中国石化成立了集团公司一体化领导小组，统一指导、组织、协调和部署元坝气田的勘探评价和开发准备工作，标志着元坝气田的开发工作进入了开发准备阶段。开发工作积极提前介入，针对优质储层分布规律不清、形成机理与主控因素不明，地震资料信噪比低，薄储层预测精度不高，气藏类型、储量规模、单井产能与主控因素不落实，直井产能普遍偏低等问题，积极组织开展气藏早期描述理论和地震处理与储层预测技术攻关、系统测试与短期试采，优选开发先导试验区部署水平井先导试验井，探索超深长水平段水平井钻完井与酸化改造、地面集输工程工艺与天然气深度净化处理等技术攻关。2009年10月，元坝103H井的开钻标志着开发准备工作全面推进。通过近两年的开发准备，开发工作取得了积极而丰硕的成果，为气田开发做好了理论指导与技术支撑。2011年6月，元坝地区长兴组开发概念设计通过了中国石化总部领导和专家组审查，标志着开发准备工作取得圆满成功。

为加快元坝气田开发步伐，2011年8月，中国石化成立了集团公司产能建设领导小组，构建了集团总部决策、天然气工程项目管理部督导、西南油气分公司监管、元坝项目部组织实施的项目管理与控制体系；从项目可行性研究、方案设计、计划调整、过程拍板到组织实施，运用“集团化决策、项目化管理”的新体制、新模式，针对开发准备阶段形成的理论和技术开展了进一步的攻关，创新集成了一套高效、安全的超深高含硫生物礁大气田的开发关键技术系列，解决了元坝气田产能建设中的主要技术难题，为元坝气田的高效、安全开发提供了技术支撑和技术保障，推进了气田高效会战。2014年10月，元坝气田投入试生产；2015年1月，元坝气田投入生产；2016年12月23日，元坝205-3井测

试结束，标志着元坝气田开发产能建设工作的全面完成。中国石化建成了世界上第一个埋深大于7000m的高含硫生物礁大气田，实现了气田的高效、安全开发。

第一节 气田勘探历程与基本地质特征

一、勘探历程

（一）石油地质调查和浅层勘探阶段（1967～1999年）

在石油地质调查和浅层勘探阶段期间，中国石化西南石油局第二物探大队分别使用光点地震仪、模拟磁带地震仪和数字地震仪在元坝气田开展了地震概查、普查工作，先后完成了区域测线30条，约830km。同时，以下侏罗统自流井组陆相碎屑岩为主要目的层，实施川花52井、川复69井、川复56井、川唐70井等井。在自流井组大安寨段见到了好的油气显示，测试未获工业气流。

（二）转变勘探思路、发现圈闭阶段（2000～2006年）

在转变勘探思路、发现圈闭阶段期间，调整了前期以构造勘探为主的勘探思路，提出“以长兴—飞仙关组礁、滩孔隙型白云岩储层为主的构造—岩性复合圈闭为勘探对象”的勘探思路。在这一勘探思路的指导下，2001年底完成了巴中勘查区块的登记。

2003年，随着普光气田的发现，巴中区块加快了勘探步伐。以查明九龙山背斜与唐山、花丛背斜之间的关系，了解区块地层岩性、岩相变化特征，了解通南巴背斜带与巴中区块构造成因关系，同时侦查地腹构造沉积特征为主要目的，部署完成二维地震测线408.2km/8条。

2006年初，通过巴中二维地震资料解释，发现了长兴—飞仙关组地震异常体，为进一步落实元坝地区长兴—飞仙关组地震异常体的属性及分布范围，先后部署25条二维测线，满覆盖长度1272.7km，一次覆盖剖面总长1616.7km，三维覆盖面积为244.1km^2。

2006年3月，完成了巴中区块针对飞仙关组、长兴组礁滩异常体的第一口超深探井—元坝1井井位论证，2006年5月26日，元坝1井开钻，元坝气田超深层碳酸盐岩气藏勘探从此拉开序幕。

（三）勘探突破、展开评价阶段（2007～2008年）

2007年3月，元坝1井完钻后，长兴组测试获3000m^3/d低产气流，同年完成了元坝地区Ⅰ期三维地震采集、处理与解释，初步明确了以元坝长兴组台缘礁滩区为有利区。为了落实台缘礁滩有利区分布范围及含气性，按照“区域甩开，整体部署”的思路，围绕元坝1井同时向西、向南、向东开展了对台缘礁滩区的评价工作，同时启动了元坝1井的侧钻工作。

通过以上的勘探初步明确了气田的基本地质特征。

二、气田基本地质特征

元坝气田是目前全球范围内已开发的埋藏最深的生物礁大气田，主要含气层位是二叠系长兴组，构造上属于川中古隆起向川北坳陷过渡地区的斜坡带（图 1-1）。

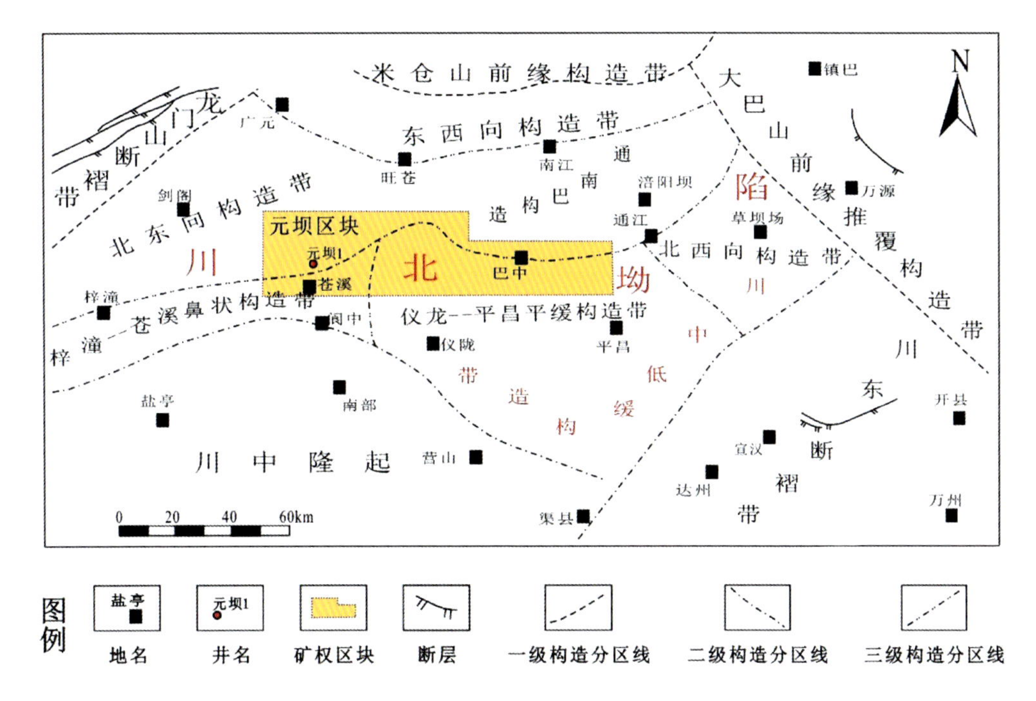

图 1-1　川北地区构造位置图

（一）地层特征

野外露头及钻井资料显示，元坝地区及邻区（阆中、河坝、马路背、龙岗等地区）地层自上而下依次为白垩系剑门关组、石炭系黄龙组（表 1-1），地层发育齐全。

表 1-1　川东北元坝地区及邻区地层简表

系	组	段	厚度/m	岩性概述	岩相特征
白垩系	剑门关组		0～1600	棕红色泥岩与灰白色岩屑长石石英砂岩	浅湖、河流
侏罗系	蓬莱镇组		0～1000	棕灰、棕红色泥岩与棕灰、紫灰色长石岩屑砂岩	浅湖、河流
	遂宁组		240～410	棕红色泥岩夹细粒岩屑砂岩	浅湖、滨湖
	上沙溪庙组		1700～1900	棕紫色泥岩与灰、灰绿色岩屑长石石英砂岩	浅湖、河流
	下沙溪庙组		390～400	棕紫色泥岩夹细粒长石岩屑砂岩，顶有黑色页岩	湖泊、河流
	千佛崖组		260～280	绿灰色泥岩与浅灰色细—中粒岩屑砂岩夹黑色页岩	浅湖、滨湖
	自流井组		410～450	灰绿色泥岩夹岩屑砂岩及黑色页岩，顶有介壳灰岩	湖相
三叠系	须家河组		310～380	中上部黑色页岩夹岩屑砂岩，下部灰白色岩屑砂岩夹黑色页岩	湖相河流相

续表

系	组	段	厚度/m	岩 性 概 述	岩相特征
三叠系	雷口坡组	四段	7～140	深灰色云岩夹硬石膏、灰岩	潮间
		三段	240～260	深灰色灰岩夹硬石膏、灰岩	浅滩、潮间
		二段	180～230	深灰色云岩与硬石膏互层	潮间
		一段	60～80	硬石膏夹云岩及砂屑灰岩，底为“绿豆岩”	潮间
	嘉陵江组	五段	110～120	上部硬石膏，下部云岩夹鲕粒或砂屑云岩	潮上
		四段	100～180	上部硬石膏及岩盐，下部云岩夹鲕粒、粒屑云岩	潮上
		三段	170～180	灰岩夹石膏及砂屑灰岩	浅海台地
		二段	170～190	硬石膏与云岩及砂屑云岩互层	潮间
		一段	310～420	深灰色灰岩夹灰色灰岩	浅海台地
	飞仙关组	四段	80～100	灰紫色云岩与硬石膏	潮间
		三～一段	400～550	灰色灰岩、紫灰色泥质灰岩，上部夹鲕灰岩，底为灰质泥岩	浅海台地
二叠系	长兴组		100～200	灰色生物灰岩含燧石层，或具溶孔云岩	浅海台地
	吴家坪组		50～200	灰色燧石灰岩夹燧石层，底为黑色页岩	浅海台地
	茅口组		180～200	深灰色灰岩、生物灰岩，顶有硅质岩，下部夹泥质岩	浅海台地
	栖霞组		100～150	深灰色灰岩夹生物灰岩，含燧石结核	浅海台地
	梁山组		0～20	黑色页岩夹砂岩	滨岸
石炭系	黄龙组		0～34	云岩夹灰岩或硬石膏	浅海台地

侏罗系及三叠系上统须家河组为陆相地层，三叠系中下统、二叠系、石炭系为海相地层（表1-1）。元坝气田主要目的层为二叠系长兴组，地层特征如下：

元坝地区长兴组厚130～210m，局部可达350m，平均约260m。

根据岩性组合，长兴组可分为上、下两段。

长兴组下段岩性特征：主要为灰色白云岩、含云生屑灰岩，厚30～50m。

长兴组上段岩性特征：底部为深灰色含泥灰岩，中部为灰色生屑灰岩、礁灰岩和云质灰岩，顶部为浅灰色白云岩、溶孔白云岩、生屑白云岩、生屑灰岩，厚130～310m。

（二）沉积古地理特征

早二叠世，川东北地区整体下沉，开始了海相碳酸盐岩的沉积，早二叠世栖霞期主要为一套开阔台地相沉积，在广元、剑阁一带的古隆起斜坡地区发育台地边缘生屑滩相白云岩，茅口期以开阔台地相沉积为主；晚二叠世，川东北地区沉积开始出现台—棚沉积分异，从川中向东，逐渐由碳酸盐岩台地沉积向陆棚沉积过渡（图1-2）。

长兴期川东北地区古地理面貌呈北西—南东向展布，陆棚与台地相间。

中部为梁平—开江陆棚，沉积大隆组炭质页岩夹硅质岩，沿梁平—开江陆棚东、西侧台地边缘发育边缘礁滩相沉积。元坝地区位于梁平—开江陆棚西侧，主要发育开阔台地、台地边缘礁滩、台地边缘斜坡和陆棚沉积相带，古地貌总体为西南高、东北低，西南部为台地，东北部为浅水—深水陆棚。

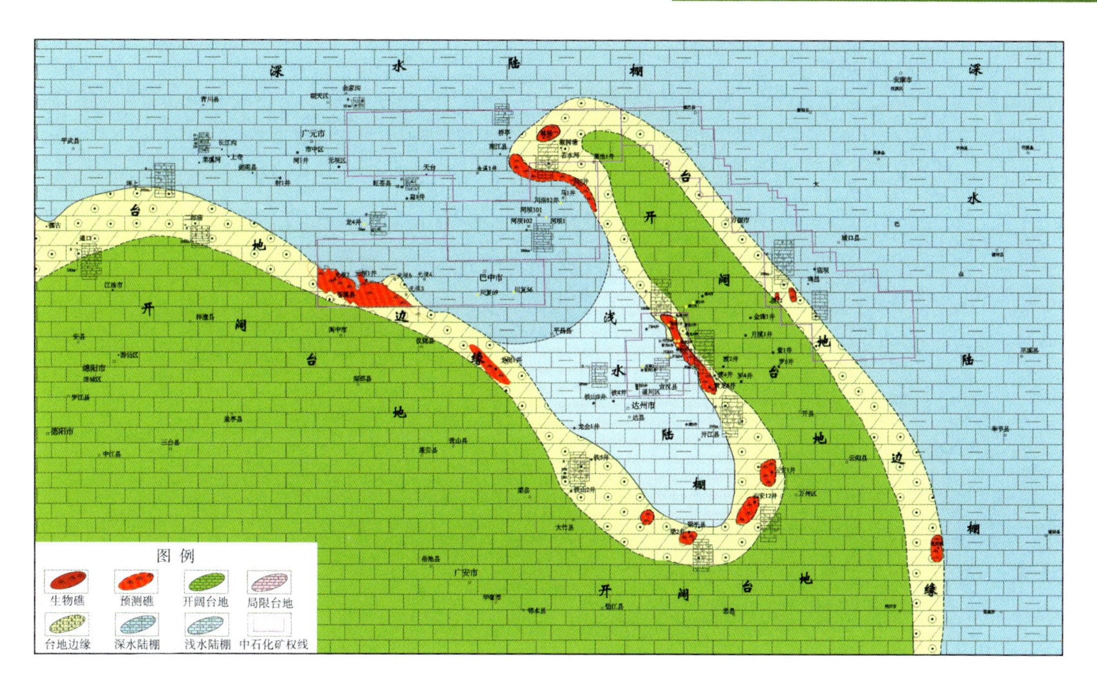

图 1-2　川东北地区长兴组区域沉积相分布图

元坝长兴组属碳酸盐岩缓坡沉积。元坝 1 井、元坝 1 侧 1 井及元坝 2 井成功钻遇了生物礁滩相储层，揭示了元坝地区长兴组台缘礁滩相沉积及相关储层的发育情况；而元坝 3 井、元坝 4 井、元坝 5 井 3 口井在长兴组相继落空，进一步落实了长兴组储层及含气分布范围，同时揭示了梁平开江海槽西侧元坝地区长兴组的沉积发育模式（图 1-3）：斜坡宽，坡度小，为 8°左右，台缘礁滩分布范围宽，但厚度相对较小，前积体发育。

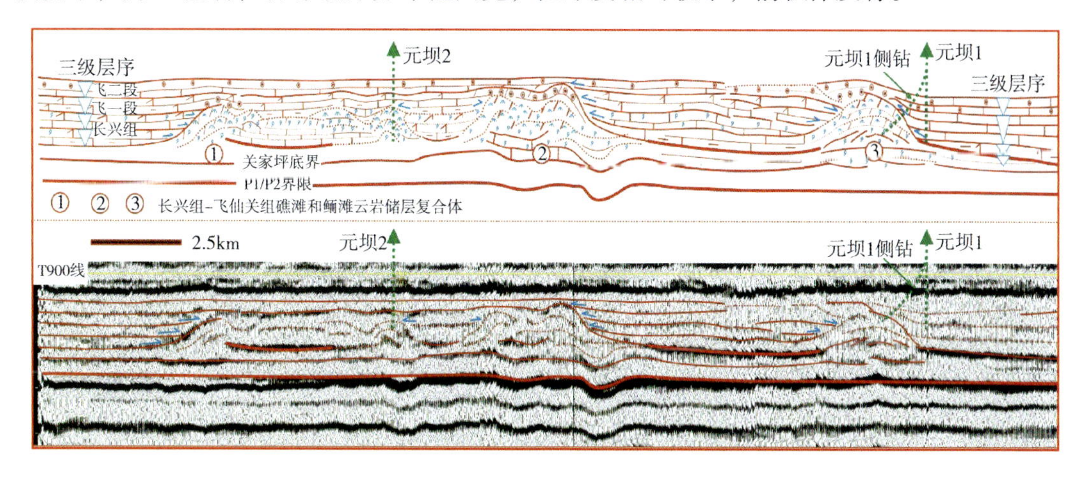

图 1-3　元坝地区长兴组—飞仙关组沉积模式图
（据中国石化原勘探南方分公司，2009）

（三）构造特征

元坝气田位于四川省广元市苍溪县及阆中市境内，构造位置位于四川盆地川北坳陷与川中低缓构造带结合部，西北部与九龙山背斜构造带相接，东北部与通南巴构造带相邻，南部与川中低缓构造带相连。

元坝气田主要目的层长兴组整体表现为一个大型低缓构造带。西北部高，为九龙山背斜构造带西南倾末端；东北部为凹陷区；南部为川中平缓构造带的北部斜坡。

构造整体较平缓，仅在区内西部、南部及西北部九龙山背斜构造带东南翼发育一些小型北西向展布的低幅构造，低幅构造与生物礁的生长发育相关，断裂欠发育。

长兴组顶构造埋深6239～6901m，平均约6641m，气藏埋深6240～7250m，平均约6770m。与邻区相比，比龙岗气田深700～1500m，比普光气田深800～1500m，比五百梯气田深2600m，比铁山气田深3200～3700m。

（四）储层特征

1. 岩性特征

长兴组发育生物礁相和生屑滩相两类储层，分布于长兴组上段和下段。

生物礁储层以白云岩为主，主要发育（溶孔）残余生屑晶粒白云岩、（溶孔）中粗晶白云岩、（溶孔）藻黏结微粉晶白云岩、生物礁白云岩、灰质白云岩，其中，（溶孔）残余生屑晶粒白云岩、（溶孔）中粗晶白云岩、（溶孔）藻黏结微粉晶白云岩最为重要。

滩相储层主要发育灰色（溶孔）晶粒白云岩、残余生屑细粉晶白云岩、灰质白云岩、白云质灰岩等，前3种岩石类型为主要的储层岩石类型。

2. 物性特征

长兴组储层物性中等偏差。孔隙度介于2.0%～16.3%之间，平均值为4.6%；渗透率在$0.01\times10^{-3}\sim13483.89\times10^{-3}\mu m^2$之间，几何平均值为$0.62\times10^{-3}\mu m^2$。储层孔渗关系较好，呈正相关，说明储层以孔隙型储层为主；局部地区储层表现为低孔、高渗特征，裂缝较发育。

礁相储层孔隙度介于2.0%～14.2%之间，平均值为4.8%；渗透率在$0.01\times10^{-3}\sim13483.89\times10^{-3}\mu m^2$之间，几何平均值为$0.99\times10^{-3}\mu m^2$。滩相储层孔隙度介于2.0%～16.3%之间，平均值为4.2%；渗透率在$0.01\times10^{-3}\sim5352.66\times10^{-3}\mu m^2$之间，几何平均值为$0.412\times10^{-3}\mu m^2$。

长兴组上部礁相储层物性相对较好，下部滩相储层物性相对较差。

3. 储层储集空间类型与孔隙结构特征

1）储集空间类型

长兴组储层储集空间类型主要为孔隙、孔洞和裂缝，以孔隙为主。

孔隙是最主要的储集空间，主要包括晶间孔、晶间溶孔、粒内溶孔、粒间溶孔、铸模孔、格架孔等，其中，晶间孔、晶间溶孔最为重要。

孔洞包括不规则溶孔和溶洞，以不规则溶孔最为重要。

裂缝包括构造缝和溶缝，以构造缝最为重要。

2）孔隙结构特征

礁相储层排驱压力和中值压力较低，孔喉组合主要为中孔细喉型；滩相储层排驱压力和中值压力较高，孔喉组合主要为小孔细喉型和小孔微喉型。

4. 储层类型

根据储层岩性、物性及孔隙结构参数，结合测井参数，选取储层孔隙度和渗透率作为基本判别指标，建立了元坝地区储层分类评价标准（表1-2）。

评价结果表明，元坝长兴组储层以Ⅲ类储层为主，其中礁相储层Ⅲ类占53.9%，Ⅱ类占39.8%，Ⅰ类占6.3%；滩相储层Ⅲ类占72.2%，Ⅱ类占21.4%，Ⅰ类占6.4%。

表1-2 元坝气田长兴组储层分类评价表

储层类型	岩石类型	孔隙度/%	渗透率/ $\times10^{-3}\mu m^2$	排驱压力/MPa	中值喉道半径/μm	孔隙结构类型	储层评价
Ⅰ	残余生屑白云岩，晶粒白云岩	≥10	≥1	≤0.1	≥1	大孔粗喉	好
Ⅱ	残余生屑白云岩，晶粒白云岩	5～<10	0.25～<1	<0.1～1.0	0.2～<0.1	大（中）孔中喉	较好
Ⅲ	灰质白云岩，云质灰岩	2～<5	0.02～<0.25	<1.0～10	0.024～<0.2	中（小）孔细喉	较差
Ⅳ	生屑灰岩，礁灰岩	<2	<0.02	≥10	<0.024	小（微）孔微喉	差

5. 长兴组上段储层发育主控因素

长兴组上部储层发育主要受控于3个因素。

（1）沉积相决定储层的发育：最有利于储层形成与演化的沉积相是台地边缘礁滩相。

（2）成岩作用决定储层的储渗能力：成岩变化中的多期溶蚀是储集性控制的关键因素。

（3）构造作用控制和改善储层的储渗能力：构造作用形成的裂缝，既是储集空间，又是成岩水的渗滤通道，有利于溶解作用的进行，使溶蚀孔洞进一步发育。

（五）气藏类型

元坝气田天然气组分高含 H_2S、中含 CO_2。天然气中 CH_4 含量为75.54%～93.14%，平均为86.95%；C_2H_6 含量为0.01%～0.06%，平均为0.04%；CO_2 含量为0.2%～15.51%，平均为6.56%；H_2S 含量为1.42%～13.37%，平均为5.32%；N_2 含量为0.24%～10.79%，平均为1.04%。天然气相对密度为0.5456～0.7547，平均为0.6281。气藏埋深为6240～7250m，平均约6770m。地层压力介于66.66～70.62MPa之间，压力系数为1.00～1.08，为常压系统。地层温度介于145.2～157.414℃之间，温度梯度介于1.899～2.11℃之间，为低地温梯度。

综上所述，元坝长兴组气藏属于超深层、高含 H_2S、中含 CO_2、常压、孔隙型、局部存在边（底）水、受礁滩体控制的构造—岩性气藏。

（六）长兴组上段有利区分布及圈闭类型与分布

地震剖面研究表明，生物礁具有典型的“两翼同相轴中断、丘状、内部空白或弱反射”的异常特征。储层顶部对应中强波峰，储层段位于波峰顶至波谷上斜坡段的位置，表现出“低频、低速、强振幅、杂乱反射结构的特征”，具有明显“低频、块状低波阻抗”异常特征。在此基础上，初步形成了以瞬时相位和波阻抗反演低速异常为主的储层预测技术，明确了元坝长兴组上段台缘礁滩相有利区分布范围。

同时，圈闭识别结果表明，元坝长兴组圈闭是在一定的古构造高背景上，总体呈北西—南东向展布、受台地边缘岩性变化控制的一个大型构造—岩性圈闭。其北东侧受长兴组台缘与陆棚沉积相变带控制，而南西侧受开阔台地与台缘相沉积相变带控制。台缘相带内发育许多生物礁，礁间沉积了厚度不一的生物滩，由这些生物礁群及其浅滩的叠合连片形成了具有一定规模呈似层状分布的长兴组构造—岩性圈闭。该圈闭主要分布于低缓的川中隆起北斜坡，呈北西—南东向展布。圈闭的北西端延伸至矿权线以外，南东端一直延伸至龙岗地区。

（七）长兴组三级储量状况

截至2008年，提交了元坝1井—元坝2井区长兴组气藏（上、下储层）天然气控制储量，叠合含气面积254.30km²，控制储量2307.52×10⁸m³。同时提交了元坝1-侧1井、元坝2井井区天然气探明储量，叠合含气面积56.64km²，探明储量392.44×10⁸m³。

（八）直井产能较低

气田勘探突破、展开评价阶段测试井共3口，其中，2007年测试2口（元坝1井、元坝1-侧1井），2008年测试1口（元坝2井），产能普遍较低（表1-3）。

表1-3　元坝地区2007～2008年测试情况统计表

年度	井号	层段	测试时间/h	工作制度油嘴/mm	油压/MPa	产气量/（$\times 10^4 m^3/d$）	产水量/（m^3/d）	无阻流量/（$\times 10^4 m^3/d$）	测试方式	备注
2007	元坝1	长兴上	6	—	1.2	0.3001		0.4367	酸压	完井测试
	元坝1-侧1	长兴上	4.67	13	18.9	50.3		82.013	酸压	完井测试
2008	元坝2	长兴下	10.67	17	1.6	4.36		4.75	酸压	完井测试
		长兴上	12	10+17+20	9.1	10.24		13.92	酸压	

第二节　气田开发面临的挑战与对策

元坝地区长兴组属于缓坡—镶边台地边缘生物礁滩沉积，储层主要为白云岩，气藏埋藏超深，高温、高压、高含硫，礁体与储层复杂，天然气组分复杂，气水关系复杂，压力系统复杂，地形地貌复杂，具有“一超、三高、五复杂”的特点。复杂的气藏地质特征与地面工程条件给元坝气田的高效、安全开发带来了巨大的挑战，元坝气田是目前世界上气藏埋藏最深、开发风险大、建设难度较高的酸性大气田。

一、开发面临的难题与挑战

元坝之难，难以想象。仅就井深而言，最深的井达7871m，相当于2600多层楼房的高度，可谓举世罕见。元坝气田的开发过程中面临着气藏精细描述、气藏高效开发与安全开发过程中三大方面的难题与挑战。

（一）地质规律认识不清，礁滩气藏精细描述难度大

1. 地质规律认识不清

元坝长兴组生物礁滩储层含气区面积近800km²，缓坡—镶边台地边缘礁滩体礁盖面积为0.12～3.62km²不等，规模较小；纵向发育多期生物礁滩沉积，期次多；台地边缘生

物礁发育众多的礁群和单礁体，横向分布散（图1-4）；平面组合方式不一，发育3类生物礁、5种生物礁群组合，类型多样；储层厚度薄，厚度为20～40m；孔隙度平均为4.6%，平均渗透率为0.34×10^{-3}μm^2，物性差；纵、横向非均质性强，渗透率变异系数为0.5～361.8，平均为48.6，礁与滩之间、礁（滩）与礁（滩）之间、礁（滩）内部及Ⅳ级层序间储层发育差异大（图1-5）。前期勘探发现揭示了生物礁白云岩储层的形成机理，解决了7000m超深层储层有无的问题，但未解决生物礁内部优质储层的发育与分布规律等开发中最关注问题。如何明确生物礁形成机制，优质白云岩储层形成机理、主控因素与优质生物礁滩储层发育分布模式，进而指导开发选区、储层描述及井位部署等工作，是开发过程中面临的巨大挑战。

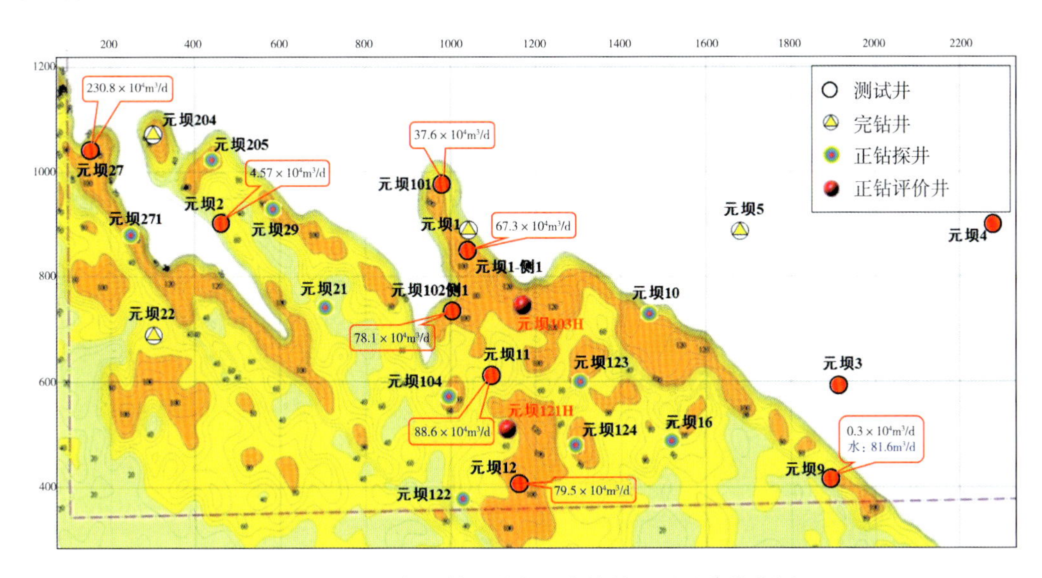

图1-4　元坝气田储层分布及完钻井、测试井分布图
（图中测试井产量为无阻流量，据勘探分公司，2010.7）

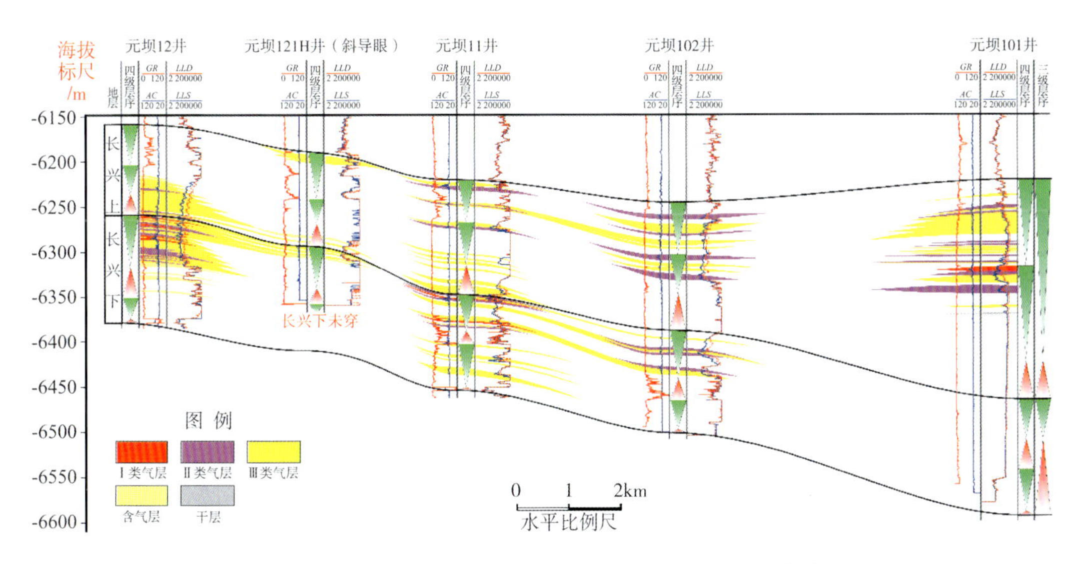

图1-5　过元坝12井—元坝11井—元坝102井—元坝101井储层对比图

2. 储层、流体精准预测难度大

元坝长兴组生物礁滩优质储层薄，纵、横向变化快，地震分辨率低（主频 25Hz 左右、可分辨储层的厚度为 35～40m），优质Ⅰ+Ⅱ类储层与泥岩、Ⅲ类差储层与致密灰岩波阻抗叠置严重，生物礁滩内部储层非均质性强（图 1-6），如何预测优质Ⅰ、Ⅱ类薄储层，剔除泥灰岩，准确识别和预测Ⅲ类储层及礁滩体内部储层分布，是开发过程中面临的巨大挑战。同时，气藏含水，"一礁一滩一藏"（图 1-7）的特点给流体的准确预测造成了较大的阻力。

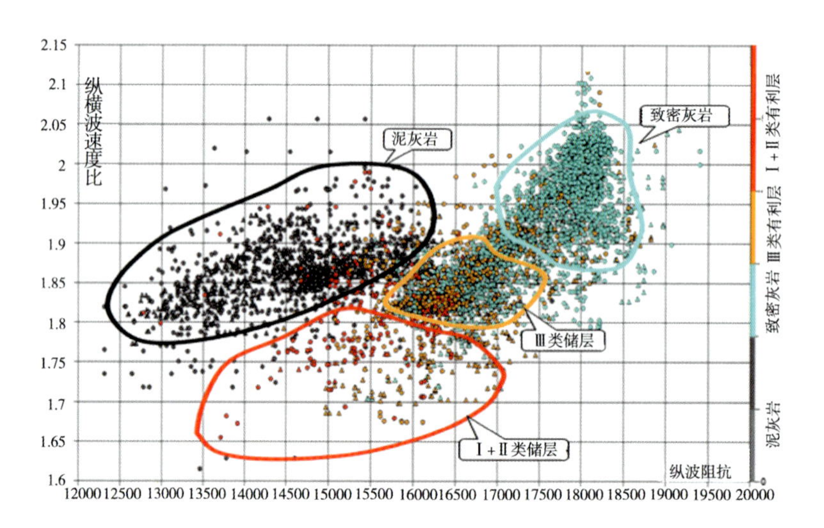

图 1-6 元坝 101 井、元坝 102 井纵波阻抗与纵横波速度比交会图

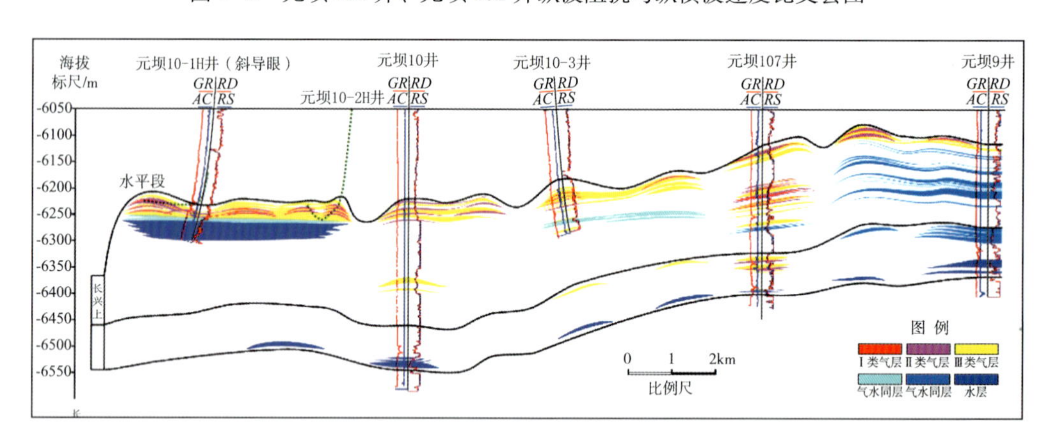

图 1-7 元坝气田①号礁带气藏剖面图

（二）早期直井产能偏低，提产降本难度大

如图 1-4 所示，在早期测试的 8 口井中，除元坝 27 井外，其余 7 口井测试无阻流量普遍偏低。提高单井产能的过程中主要有以下两个方面的困难。

1. 培育高产井难度大

1）如何制定科学的开发井网系统所面临的挑战

面对礁体内幕储层发育非均质性极强的特点，如何采用科学的开发井网系统是提高单井产能、培育高产井首先要面临的问题。

如何制定科学的开发井网系统面临的挑战主要包括两个方面：一是如何选择最优部位部署井点；二是如何确定合理的开发井网系统，控制底水锥进、提高储量动用程度。

2）如何做好适时井轨迹优化与控制所面临的挑战

面对成礁期次多、礁体小、储层薄、埋藏超深和温度高的复杂地质特征与工程条件，如何做好随钻跟踪，适时进行井轨迹优化与准确控制，提高长水平段水平井优质储层钻遇率，实现油气成果最大化是提高单井产能、培育高产井所面临的巨大挑战。

3）复杂地质与工程条件下超深长水平段储层酸化改造工艺面临的挑战

长兴组储层埋藏超深，有效厚度变化大，主力产层厚度薄，非均质性强的地质特点决定了气藏需要采取水平井为主的方式进行开发。同时由于钻井周期长，完井后暂封时间长，储层污染严重，开发过程中所面临的地质条件与工程条件均十分复杂，超深长水平段储层酸化在准确、均匀铺置酸液从而有效解除泥浆对储层的伤害与深度改造工艺两个方面面临着很大的挑战。

2. 开发方案抗风险能力弱，投资控制难，降本增效难度大

1）超深水平井优快钻井难度大

超深，上覆地层，纵向压力系统多，钻井周期长，同类型气田实施水平井国内外尚无成功先例，这使得优快钻井面临极大挑战，直接影响着开发进程和投资效益。

2）尚未实现抗硫物资和关键设备国产化

进口物资设备价格昂贵、供货周期长，是制约高含硫气田有效开发的瓶颈，打破国外技术封锁，实现国产化面临极大挑战。

（三）地面工程条件复杂，高含硫气藏安全开发难度大

1. 天然气高含 H_2S 和有机硫，酸气深度净化难度大

天然气组分复杂，高含 H_2S 和有机硫，H_2S 浓度高达 50000×10^{-6} 以上，总有机硫达 $582mg/m^3$，常规脱硫溶剂与净化技术的脱硫效率低，高含硫天然气（酸气）深度净化面临极大挑战。同时，在尾气排放要求严格的今天，在净化过程中环境保护方面也面临着很大挑战。

2. 地貌复杂，人口稠密，气田面积大，大范围湿气集输安全控制难度大

气田位于长江上游水源保护地，环境保护要求高；气田分布范围广、面积大、集输管线长，大范围、长距离湿气输送给集输过程中的环境保护带来挑战，安全控制难度大。

二、开发思路与对策

（一）总体思路

元坝气田开发工程的重要性以及开发建设中的巨大挑战，决定了元坝超深高含硫生物礁气田开发建设必须是在借鉴国内外类似气田开发经验的基础上，按照“科学规范、安全高效、绿色低碳、和谐一流”的思路，以创新管理模式为基础，以创新理论和技术为支撑，以“打造一流酸性气田、创建国家优质工程”为目标，以质量和效益为核心，以安全为保障，推进气田高效开发建设。

（二）主要对策

针对元坝气田开发面临的诸多困难，中国石化及时转变管理与工作方式，开发工作积极提前介入，在积极开展先导试验、系统测试与短期试采，推进和组织国内外超深高含硫气田开发技术调研的同时，以创新驱动为基础，创新决策、管理、科研与控制运行模式，形成了“集团化决策，项目化管理，集成化创新，精神化传承”的元坝项目管理模式，针对开发面临的难点开展理论和技术攻关，创新集成了一套高效、安全的超深高含硫生物礁大气田的开发关键技术系列，解决了元坝气田产能建设中的主要技术难题，为元坝气田的高效、安全开发提供了技术支撑和技术保障，推进了气田高效会战。

1. 积极开展先导试验、系统测试与短期试采

针对储层分布规律不清，气藏类型、储量规模与单井产能不明的状况，开发工作积极提前介入。优选元坝 1 井 ~ 元坝 12 井井区作为开发先导区，部署元坝 103H 井与元坝 121H 井两口开发先导试验井，落实先导区储层分布规律、气藏类型与储量规模，探索超深长水平段水平井工程工艺，同时积极开展元坝 204 井、元坝 11 井系统测试与元坝 204 井短期试采，落实单井产能。

2. 积极组织国内外开发技术调研与交流

为更好、更快地推进元坝气田开发工作，中国石化积极组织了国内外超深高含硫生物礁气田开发技术调研。2011 年 11 月，在总部领导和外事局领导的大力支持下，油田事业部组织了历时 10 天的澳大利亚现代生物礁考察。考察内容为澳大利亚东部海域现代珊瑚生长环境、生物礁微相沉积特征、现代礁与古代西澳泥盆系礁对比分析。考察方式以聘请昆士兰大学教授 John S Jell（号称“生物礁先生”）和资深地质学家庞加研授课及现场实地观察两种。考察取得了丰硕成果，对生物礁的形成发育与沉积相研究及储层形成与主控因素研究具有重要的指导意义。

3. 创新管理机制，实施集团化决策、项目化管理

为加快气藏评价节奏，缩短评价周期，减少评价井数，提高勘探开发整体效益，2009 年 5 月，中国石化成立了集团公司一体化领导小组，统一指导、组织、协调和部署勘探评价和开发准备工作，并提出了明确要求：勘探评价工作要满足探明储量、资料录取的要求，同时为探井利用、材质选择等提供依据，南方公司钻完直井，同时取完测井资料后，交西南油气田钻开发水平井达产利用。开发工作提前介入，要参与探井试采方案的编制，及时部署开发评价井，以满足产能评价和气藏类型评价，探索适合的钻采工艺技术等，同时还要兼顾完成探明储量提交、地质资料录取等任务。

2011 年 6 月，“元坝地区长兴组开发概念设计”通过总部领导和专家小组审查后，为加快元坝气田开发工程项目建设，2011 年 8 月，中国石化成立了集团公司产能建设领导小组，构建了集团总部决策，天然气工程项目管理部督导，西南油气分公司监管，元坝项目部组织实施的项目管理与控制体系，从项目可行性研究、方案设计、计划调整、过程拍板到组织实施，运用“集团化决策、项目化管理”的新体制、新模式，推进气田高效会战。

4. 精心组织科研攻关，实施集成化创新

针对元坝气田开发建设中的难点和挑战，以问题为导向，以科研团队为支撑，以强化一体化研究为抓手，通过自主创新、引进吸收再创新，实施集成化创新，创新集成高效、

安全的超深高含硫生物礁大气田的理论和开发关键技术。

1）以问题为导向，明确攻关方向与技术路线

为做好元坝气田的开发技术攻关和技术准备，在科学认识元坝气田复杂地质特点与工程条件，认真梳理开发存在的问题和难点的基础上，以问题为导向，明确攻关方向和技术路线，确定了 1 个国家科技重大专项和 9 个省部级科研攻关项目。

2）以项目为基础，精心组建多级次、多领域、多学科科研团队

以 1 个国家科技重大专项和 9 个省部级科研项目为基础，逐步形成并建立了为元坝气田开发建设服务的完善的多级次科研支撑体系。这个体系以中国石化西南油气分公司为主体，以中国石化科研院所为核心，汇集了成都理工大学、西南石油大学、四川大学等多家院校的技术力量。

3）以强化一体化为抓手，实施集成化创新

一体化科研是缩短生物礁气藏评价周期，客观认识气藏，科学、规模化开展产能建设的必然选择，其内容包括地质与地球物理、地质与工程、科研与生产一体化。

地质与地球物理一体化贯穿于气藏描述、方案编制、井位部署与钻井施工的全过程，其目的是降低储层预测难度，提高储层预测精度，正确认识气藏，合理编制方案，科学部署井位，确保钻井成功。地质与工程一体化贯穿于井位部署、钻井施工的全过程，其目的是减少工程复杂程度，确保实现开发目的。科研必须服务于生产是科研与生产一体化的基本内涵，其目的就是为了提高钻井成功率、优质储层钻遇率和单井产能，它贯穿于单井和气藏开发生产全生命周期。

中国石化以持续强化的一体化研究为抓手，坚持自主创新、引进吸收再创新，实施集成化创新，创新集成高效、安全的超深高含硫生物礁大气田的理论和开发关键技术，解决了元坝气田产能建设中的主要技术难题，为元坝气田的高效、安全开发提供了技术支撑和技术保障。

5. 科学编制开发设计方案，为气田高效开发提供技术指导

1）开发设计方案编制

以中国石化西南油气分公司为主体，以中国石化上游科研院所为核心的开发设计专业队伍，根据集成化创新最新攻关成果，按照“先礁后滩、整体部署、分步实施、滚动调整”的总体原则和分期建成产能目标的思路，基于一体化平台开展了专项论证。

在气田井网优化部署方面，通过井型优选，井身轨迹和井位部署方案优化，提高储量动用程度，控制水体锥进，以提高单井产能、培育高产气井为目标，减少开发井，降低开发成本。

在采气速度论证方面，重点考虑气藏地质条件、储量规模、地层水活跃程度、资源接替状况、H_2S 对管材的腐蚀速率、管材使用年限、采气速度必须适用净化处理能力等因素，综合确定了合理采气速度。

在气井钻采工程技术论证方面，着重开展超深高含硫气井安全、科学的钻井、完井、投产技术及长井段酸压改造和井控防治等配套技术的研究和优化论证工作，确保钻采工程施工的安全、优质、高效。

在地面工程集输工程方面，综合考虑内腐蚀控制，建设和运行成本控制，配套工艺运

行对气田生产影响几个方面，优选了集气工艺，开展了国产化和“四化”建设的研究和推行，确保集输工程建设和运行的安全、经济、高效。

在气田智能控制方面，重点开展生产数据实时采集、监测、控制的远程监控和分级安全联锁保护控制，多元信息集成技术的研究和优化设计等工作，力争建设“数字化、自动化、可视化、信息化”的智能化气田，确保元坝气田开发生产安全、可控、可防。

2）开发方案实施

按照“先礁后滩、整体部署、分步实施、滚动调整”的总体原则，开发井分批部署、分步实施。充分利用勘探井，优先部署和实施位于生物礁构造高部位、储量富集区的井。实时跟踪开发井实钻资料，不断深化构造、储层发育分布模式与气水分布规律、储量动用情况等认识，适时优化调整井身轨迹、优化调整井位部署和开发方案设计，力争“少井高产”，保证气田开发效益。

3）投产方案实施

实时跟踪研究投产作业实施效果，不断总结投产作业经验、教训，及时优化新井投产设计，充分接触储层污染，尽量挖掘单井产能，培育高产气井，确保实现元坝气田高效开发。

4）采用多种机制严格控制方案设计与施工质量

（1）用三级审查机制确保开发设计质量。

以专家组论证审查为主要形式，建立了严格的开发设计两级审查机制，即“西南油气分公司—股份公司油田部”两级审查机制，充分发挥国内外石油天然气上游领域专家队伍的技术把关作用和中国石化主管部门的组织保障作用，确保气田开发设计科学合理，应用技术先进实用，安全保障措施切实可行。

（2）严格控制项目施工质量。

围绕“打造一流酸性气田，创建国家优质工程”的目标，策划整体国家级创新先进工程，严格控制施工质量。

健全项目部→业务部室→工程监理→施工单位四级质量管理体系，推行第三方责任监理模式；从严格合同管理入手，抓好承包方质保体系，提高工程建设质量的自控性。严格工程控制程序，严格工序作业标准规程，对每道工序做到严格检测、认真分析、正确判断和措施纠偏。抓好隐蔽工程、关键工序旁站监理制度的落实，强化现场质量跟踪签认和隐蔽工程监理评价，严把工序效果质量。最终实现了试采集输管线一次焊接合格率98.7%，净化厂工艺管线一次焊接合格率98%。

6. 打造“本质安全”和“绿色环保”型工程，确保气田绿色、安全开发

1）着力监管，打造“本质安全型”工程

安全工作是气田开发建设的根本保障。中国石化在充分调研国内外超深高含硫生物礁气田开发安全环保事故教训的基础上，创新“领导不抓安全等于犯罪，员工不守安全等于自杀”的安全理念，树立“以安全为主导”和“零风险”的管理理念；依靠高科技、新装备、新材料，高规格、高标准、高要求地做好开发环保设计，以井控管理、防 H_2S 管理、火工品管理及高空作业、受限空间作业和交叉作业为重点，建设全覆盖应急救援体系，提高意外突发事件处置能力；着力手续办理、制度宣传和责任落实，健全安全培训，

坚持持证上岗，打造本质安全型工程，确保气田安全生产。

2）注重生态保护，打造“绿色环保”工程

坚持绿色发展理念，从设计入手，突出清洁生产、节能减排，做到防治环境污染和生态破坏的设施与主体工程同时设计、同时施工、同时投入使用，努力打造碧水蓝天。

第三节　气田开发历程与主要开发实践

一、开发历程

2009 年 5 月，中国石化组建了中国石化集团公司一体化领导小组，启动了元坝气田的开发准备工作，以创新管理模式为基础，以创新理论和技术为支撑，高度重视科技攻关和成果应用，把开发方案放在实现气田高效开发的首要地位。根据最新勘探成果资料、新增探明储量和科技攻关成果，自 2009 年 5 月 ~2012 年 11 月，先后研究完成了《元坝地区长兴组气藏开发概念设计》《元坝地区长兴组试采区 17 亿方净化气开发方案》《元坝地区长兴组滚动区开发概念设计》等方案。为实现气田高效开发，实时跟踪研究最先钻井资料，不断深化地质认识，及时优化调整方案，2013 年 12 月，提出了《元坝地区长兴组滚动区 17 亿方净化气开发方案》及元坝 205 -3 井、元坝 27 -4 井等井位调整建议等，为实现元坝气田的高效开发奠定了坚实的基础。2009 年 10 月，第一口开发先导试验井元坝 103H 井开钻，标志着元坝气田正式进入开发评价阶段；2011 年 12 月，第一口开发井元坝 27 -1H 井开钻，标志着元坝气田正式进入产能建设阶段；2016 年 12 月 23 日，元坝 205 -3 井测试结束，标志着元坝气田开发产能建设工作的全面完成，完成了最终开发方案部署的钻井任务。从 2013 年 3 月 ~2016 年 12 月，分 4 个阶段完成了元坝气田投产作业施工。2012 年 8 月 ~2016 年 12 月，分两个阶段完成了地面集输工程建设。2014 年 10 月投入试生产，2015 年 1 月建成投产。历时 5 年，安全、高效地建成 $40\times10^{8}m^{3}/a$ 的天然气生产能力。

（一）开发准备阶段（勘探开发一体化阶段，2009 年 5 月 ~2011 年 6 月）

按照中国石化集团公司一体化领导小组的要求，勘探在前期成果的基础上，依托超深层优质储层发育机理新认识和高精度地震勘探，初步识别出一个储层呈层状、连片分布、整体含气的大型构造—岩性复合圈闭。2009 年 5 月 ~2011 年 6 月，勘探加大了区域甩开评价与部署力度，先后甩开部署了 28 口探井，完钻 17 口，测试井 15 口，10 口井钻遇了较厚的生物礁优质白云岩储层，4 口井钻遇了较好的生屑滩储层。元坝 205 井、元坝 29 井、元坝 204 井、元坝 27 井等测试获 200×10^{4} ~$300\times10^{4}m^{3}$ 高产工业气流。到 2011 年 6 月底，共提交探明地质储量 $1073\times10^{8}m^{3}$，控制地质储量 $2912.99\times10^{8}m^{3}$，为开发准备工作奠定了很好的资源和资料基础。

与此同时，开发工作积极提前介入。为明确优质储层形成机理与主控因素，建立储层地层地震响应模式，落实储层分布、气藏类型、储量规模、单井产能与主控因素，优选有利开发建产区，探索超深长水平段水平井工程工艺，先后开展了气藏早期描述，优选具备一定资源和资料的元坝 1 井 ~元坝 12 井井区作为开发先导试验区，部署了 4 口开发先导试验井（水平井），同时积极开展系统测试与短期试采、地面集输与天然气深度净化处理等技术攻关。2011 年 6 月编制了元坝地区长兴组开发概念设计。

（二）开发产能建设阶段（2011 年 7 月 ~ 2016 年 10 月）

2011 年 6 月，元坝地区长兴组开发概念设计通过了中国石化领导和专家小组审查；2011 年 8 月，中国石化成立了元坝气田产能建设领导小组，试采区 $17\times10^8m^3$ 净化气开发方案及井位部署方案通过中国石化审查；2011 年 12 月，元坝 27 - 1H 井开钻标志着元坝气田正式进入了产能建设阶段。2016 年 10 月，元坝 205 - 3 井完成投产测试，标志着产能建设任务圆满完成。开发产能建设阶段的主要任务包括两个方面：一是通过进一步攻关和评价，优选落实试采区以外开发潜力相对较差的有利区域编制开发方案、部署井位；二是继续深化和完善前期开发准备阶段攻关形成的各种理论、技术和成果，将之成功应用于元坝产能建设中，加强管理和成本控制，确保元坝气田高效、安全开发。

二、主要开发实践

（一）积极开展先导试验，推进开发准备提效益

1. 超深长水平段先导试验井成功实施获高产

为推进开发准备工作，在勘探成果的基础上，优选勘探程度相对较高，已提交了探明储量、控制储量与预测储量的元坝 1 井 ~ 元坝 12 井井区作为先导试验区。为评价开发先导试验区长兴组—飞仙关组礁滩异常体储层含气性及储量规模，验证长兴组礁滩相储层地震预测模式，建立钻遇地层岩性、岩相、电性、含油气性及地层压力剖面，取全、取准地质及工程所需的各项基础参数，探索超深长水平段水平井工程工艺开发技术，2009 年 7 月，在区内部署了元坝 103H 井、元坝 121H 井两口开发先导试验井。

元坝 103H 井位于元坝 1 井井区（现②号礁带上），是元坝地区的第一口超深水平井。它既是一口开发评价井，也是一口先导试验井。2009 年 7 月 29 日，元坝 103H 井井位论证通过总部专家组审议；2009 年 10 月 29 日，元坝 103H 开钻，标志着元坝气田正式进入开发准备阶段。2010 年 8 月 23 日，斜导眼段完钻，完钻井深 7050m（垂深 6889m），在上部钻遇两套物性较好的礁相储层：上储层 21.5m，下储层 39.8m，含水。2010 年 10 月 19 日，针对上储层段进行水平段施工的优化调整论证通过总部专家组审议，至 2011 年 1 月 15 日完钻，完钻井深 7729.81m（垂深 6727.7m），水平段（682.8m）测井解释气层总厚度 502m，其中，Ⅰ+Ⅱ类气层 269m，占气层总厚度的 54%。2011 年 4 月 22 日，对水平段 7047 ~ 7695.5m（648.5m）进行常规测试，在油压 41.4MPa 下，获日产天然气 $93.9\times10^4m^3$（无阻流量 $602\times10^4m^3$）高产工业气流。

元坝 103H 井的成功实施并获高产工业气流具有重大意义：

（1）斜导眼段钻遇两套共 61.3m 厚的生物礁白云岩储层，其中Ⅰ+Ⅱ类储层厚 47.8m，Ⅲ类储层厚 13.5m，验证了长兴组礁相储层预测模式，为进一步的储层预测与精细描述提供了技术储备和支撑。

（2）斜导眼测井资料揭示下储层段含水，初步明确了长兴组气藏是一个局部构造低部位含水的构造—岩性气藏，这为长兴组礁滩相气藏的后期评价提供了依据。

（3）落实了水平井的产能（无阻流量 $602\times10^4m^3$），其产能是早期直井产能的 2 ~ 3

倍，为长兴组超深高含硫气藏的高效开发、科学开发技术政策的制定奠定了基础。

（4）该井的成功实施，为元坝超深水平井钻井积累了宝贵的经验，为同类井的钻井施工提供了重要参考，为元坝气田的开发奠定了先进的水平井工程工艺技术支撑。

2. 强化系统测试和短期试采

受高含 H_2S 的影响，元坝气田早期测试井主要采用“一开一关”或“二开二关”等单点测试方式，气井测试方式简单，单个工作制度开井时间短，产量和压力波动大，井底流压未达到稳定，关井恢复时间较短，对于渗透性较差的长兴组储层则压力恢复不充分，这些因素都将直接影响产能评价的结果。

为落实单井产能，中国石化积极组织、强化单井系统测试和短期试采工作。2010 年 10 月 19 日 ~11 月 3 日，元坝 204 井进行了系统测试，采用 4 个工作制度，在井口油压为 48MPa、45.3MPa、40.7MPa、36.6MPa 时，分别获得的产气量均介于 19×10^4 ~ 85×10^4 m^3/d 之间，在系统测试后开展了短期试采（图 1-8），短期试采期间井口油压均较稳定，具备了 $40\times10^4m^3/d$ 左右的效益开发和稳产能力。

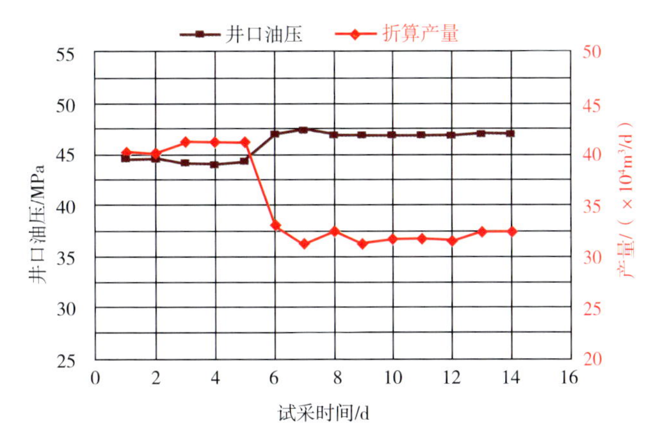

图 1-8 元坝 204 井试采曲线

（二）积极组织技术调研，指导开发评价意义大

针对生物形成发育特征不清、储层分布规律不清等问题，2011 年 11 月，在中国石化总部领导和外事局领导的大力支持下，油田事业部组织了对澳大利亚现代生物礁形成条件、发育特征及古代生物礁与现代生物礁沉积、储层对比等的考察和交流。考察、交流取得了丰硕成果，对生物礁形成发育、沉积相研究及储层形成与主控因素研究具有重要指导意义。

1. 生物礁形成条件

生物礁形成要有坚实的基底和适合珊瑚的生活环境。澳大利亚东部海域现代生物礁极为发育，整个礁分布带长 2300km，宽 30 ~300km，面积为 $265000km^2$。其构造非常稳定，海底地形平缓，大面积水深在 10m 左右，水体清澈，温度为 18 ~28℃，具有丰富的 N 和 P，适合珊瑚大量繁殖，从而形成了分带、连片的生物礁。这与传统上“生物礁是单独生长”的认识有很大不同。

2. 生物礁发育具有分带性

生物礁发育具有分带性，可分为迎风带、礁缘、礁坪、潟湖、礁坪、礁缘和背风带。

迎风带较窄、坡陡，生物礁以垂向生长为主；背风带较宽、坡缓，生物礁以横向延展为主。在迎风带和背风带，均可分出礁缘 3 个子带（珊瑚礁骨架堆积带、藻类发育带、珊瑚礁和藻类死亡堆积带）和礁坪 3 个子带（活珊瑚带、死珊瑚带和生物砂屑带）。在礁缘以外的斜坡上部，生物礁十分发育。在礁坪以内的潟湖中，沉积物颗粒细，但也发育部分点礁。这与传统上认为礁是礁盖、礁核的认识有很大不同。

3. 西澳泥盆系生物礁与现代生物礁对比

西澳泥盆系生物礁与现代生物礁在分布规律，内部结构，岩性、物性特征等方面具有很好的可对比性，但相带划分没有现代沉积细。古代生物礁沉积特点是礁缘和礁坪为生物礁沉积，斜坡主要是生物碎屑沉积，颗粒粗，地层有一定倾角；而潟湖和斜坡外沉积物颗粒细，地层斜角小。

（三）精心组织科研攻关，实施集成创新成效显

针对元坝气田开发面临的诸多难题，为做好元坝气田的开发技术攻关和技术准备，推动元坝气田开发项目的顺利实施，以质量和效益为核心，以突破超深高含硫酸性生物礁气田高效、安全开发技术为主要目标，中国石化在积极组织开展国内外开发技术调研的同时，于 2010 ~ 2012 年开始，以 1 个国家科技重大专项、9 个省部级科研项目为支撑，全面实施“超深高含硫生物礁大气田绿色安全高效开发技术”科技攻关计划。

通过“超深高含硫生物礁大气田绿色安全高效开发技术”科技攻关计划的实施，逐步形成并建立了为元坝气田开发建设服务的完善的多级次科研支撑体系。这个体系以中国石化西南油气分公司为主体，以中国石化科研院所为核心，汇集了成都理工大学、西南石油学院、四川大学等多家院校的技术力量。

通过攻关研究，创新集成了一套高效、安全的超深高含硫生物礁大气田的开发关键技术系列，解决了元坝气田产能建设中的主要技术难题，为元坝气田的高效、安全开发提供了技术支撑和技术保障。这些创新成果将助推中国石化石油天然气开发工业技术的进步，在川西海相雷口坡开发建设中具有极大的推广价值，同时，这些成果也将有力推动国内同类型气田的开发技术和净化技术的进步。

1. 建立了复杂条带状小礁体生物礁优质储层发育模式

元坝长兴组缓坡—镶边台地边缘生物礁滩沉积具有单个礁体规模小，纵向发育多期，横向分布散，平面组合方式不一，类型多样，优质储层厚度薄、物性差、纵横向及生物礁内部非均质性强等特点。前期勘探揭示了生物礁白云岩储层的形成机理，解答了 7000m 超深层储层有无的问题，但未解决生物礁内部优质储层的发育与分布规律等开发过程中最关注的问题。

在前期勘探成果的基础上，结合钻井、测井、取心等资料，建立了元坝超深层 5 种生物礁群发育与储层分布模式。优质储层的发育主要受白云石化和溶蚀作用控制，礁优于滩，礁顶好于礁前，丰富了长兴组生物礁生长发育与储层分布理论，明确了生物礁优质储层形成主控因素、机理与分布规律，为储层预测、开发选区与井位部署提供了理论指导和支撑。

2. 创新形成了 5 项高效、安全开发关键技术

（1）复杂条带状小礁体薄层非均质性储层精细描述技术。

针对气藏埋藏超深，地震资料信噪比低，储层薄，厚度低于地震资料分辨率，物性

差，Ⅰ类与Ⅱ类储层与泥质岩储层、Ⅲ类储层与致密灰岩弹性阻抗叠置严重，礁与滩之间、礁（滩）与礁（滩）之间、礁（滩）内部不同沉积微相及纵向上不同成礁期、不同Ⅳ级层序储层非均质性强，“一礁一滩一藏”气水分布复杂等储层预测与描述难点，在勘探早期储层预测成果和技术基础上，开展了叠前地震道集处理、伽马拟声波反演、叠后地质统计学反演、相控叠前地质统计学反演、叠前弹性反演等针对性技术攻关，建立了储层地震响应模式，创新形成了涵盖超深层复杂生物礁识别、超深层非均质薄储层预测、礁滩相储层含气性预测，以相控叠前地质统计学为核心的多属性融合的生物礁储层精细预测与描述技术，解决了超深薄层非均质储层描述难题，明确了生物礁体、优质储层及气水分布规律，为落实储量规模、制定开发技术政策、编制开发方案与部署开发井位、培育高产井提供了技术支撑。

（2）超深复杂井身结构高产井培育技术。

针对直井产能低的特点，借鉴元坝气田高效勘探与普光气田开发成功的经验，从源头入手，以井位部署、井型井网系统确定、钻井实施过程中实时跟踪与优化控制及超深长水平段水平井储层改造各环节为突破口，开展针对性攻关与创新，形成了超深复杂井身结构高产井培育技术，包括下述内容：

①高产井井位部署设计技术。

井位部署设计是高产井培育的基础，主要包括井位部署与井网系统优化。根据生物礁储层发育模式、储层与流体预测成果，优选出生物礁有利部位部署井点；针对礁体构造特征、储层发育与流体分布的特点与储量规模，有针对性地选择井型、井距，科学部署井位，控制底水锥进，提高储量动用程度。

②钻井轨迹实时跟踪优化与控制技术。

实时井轨迹优化与控制是高产井培育过程中，提高钻井成功率与储层钻遇率，实现油气成果最大化的重要环节，它包括两个方面：一是在钻井施工过程中，钻井要遇到“一礁多期（礁盖）”“一井多礁”和“一井多礁多期（礁盖）”的复杂局面，当钻过第一个礁体后，钻井是按照原轨迹继续钻进，还是调整井斜往另外一个礁体上部或者下部钻进，这需要随钻跟踪人员根据礁体发育模式以及所掌握的现场录井资料等作出准确判断并优化轨迹；二是在埋藏超深、地下温度高的复杂工程条件，地质导向仪器不能准确和及时地收集到各种资料进行预判的情况下，如何确保钻头在薄储层中准确钻进。

③超深长水平段水平井多级暂堵分流酸压技术。

早期直井勘探产能普遍偏低，以直井为主的普光气田开发方式及储层改造技术并不适应于元坝气田。元坝气田复杂的地质特点决定了气藏必须以超深长水平段水平井为主的方式进行开发。埋藏超深，钻井周期长，完井后暂封时间长且储层污染严重等复杂的地质与工程条件，给超深长水平段储层酸压在准确、均匀铺置酸液，有效解除泥浆对储层的伤害与深度改造工艺等方面带来了巨大的挑战。

针对上述难题，在研发了高温胶凝酸体系的基础上，形成了以暂堵剂转向分流、多级交替注入酸压为核心，以暂堵剂用量与入井酸液性能指标为关键的多级暂堵分流酸压技术，使不同类别储层获得“均匀”的酸压效果，实现了增产增效。

（3）超深高含硫水平井优快高效钻完井技术。

面对陆相地层厚度大，井壁稳定性差，岩石致密、可钻性差，海相地层非均质性强，高含 H_2S，纵向压力系统多，钻井施工涌、漏、塌、卡时有发生等复杂工程条件，以及超深高含硫水平井优快高效钻井等技术难点，提出了复杂多压力系统减应力、降压差井身结构设计方法，集陆相地层气体钻井、PDC 钻头 + 等壁厚螺杆/孕镶钻头 + 高速涡轮、海相地层 PDC 钻头 + 抗高温螺杆高效破岩技术、水平井井眼轨迹设计与实时优化调整控制技术、长水平段钻井液润滑防卡技术和高温高压复杂地层固井技术于一体，形成了超深高含硫水平井优快高效钻完井投产技术，为气田的高效、安全开发提供了技术支撑。

（4）高含硫天然气深度净化处理技术。

针对天然气组分复杂，高含 H_2S 和有机硫，常规脱硫溶剂与净化技术的脱硫效率低，高含硫天然气（酸气）深度净化难等为题，自主研发了 UDS－2 复合脱硫溶剂脱硫技术和钛基制硫催化剂和尾气加氢催化剂，创新发展了非常规分流技术，实现了高含硫天然气深度净化处理，为气田的安全、绿色开发提供了保障。

（5）复杂山区高含硫气田环境保护及安全控制技术。

针对地貌复杂、人口稠密、气田面积大、大范围湿气输送安全给输与控制难度大的特点，创新形成了以“改良的全湿气加热保温混输工艺”为主体的复杂山区高含硫气田环境保护及安全控制配套工艺技术，实现了尾气达标排放和采出水资源化回用，确保了安全生产。

①创新了改良的全湿气加热保温混输工艺：单井站—集气站采用湿气加热保温，气、液混输；集气站—集气总站采用湿气加热保温，气、液分输。

②研发了高抗硫缓蚀剂及加注工艺，设计了复杂山地腐蚀监测系统，优化了智能临测、阴极保护工艺，形成了“缓蚀剂预膜加注、腐蚀监测、智能监测、阴极保护”联合防腐技术。

③创新形成了自动控制与泄漏监测技术。研发分系统互联及控制技术，建立了气田采输、净化、外输紧急关断联锁及火炬快速放空系统，实现了气田紧急状况下的单井、单站、单线及全气田 4 个级别关断与高含硫天然气火炬放空燃烧。研发了含硫天然气激光对射、红外探测等泄漏监测装置和火焰探测、感温、感烟等火灾监测装置，一旦集输系统发生泄漏或火灾，3s 内触发应急联锁关断。

④开发了智能化风险监控与应急处置体系。综合应用计算机、通信、网络和传感技术，进行净化厂风险监控系统（H_2S 泄漏监测、在线腐蚀监测、火灾报警、电视监控、周界防范系统）与应急处置系统（安全联锁、应急广播、安全逃生、消防系统）的高度集成，通过扩展现场生产数据、装置运行状态和电力系统故障报警，实现了数据集中处理、警情实时显示、视频现场复核、应急处置启动的智能化。

3. 建成了国内首座具有中国石化自主知识产权的大型净化厂

通过技术创新和专有技术革新，创新空气分级、尾气根部注入工艺，攻克不锈钢复合板焊接难题，研发柱塞式往复 TEG 循环泵，实现了大型尾气焚烧装置、天然气进料过滤分离装置与空气压缩机和抗硫机泵的国产化，建成了国内首座具有中国石化自主知识产权的大型净化厂，实现了降本增效和高效开发的目标。

4. 培育形成了元坝气田开发建设模式

元坝气田产能建设项目集石油钻采工程、集输工程、净化厂工程和公用工程于一体，是中国石化“十二五”重点项目。元坝气田产能建设，凝聚了中国石化统一领导、统一组织、统一部署和统一协调，集团化决策和总部决策，天然气工程项目管理部督导、西南油气分公司监管、元坝项目部组织实施的项目管理与控制体系的智慧，凝聚了以中国石化西南石油局为主体、中国石化上游研究院所为核心的科研团队的心血和汗水。元坝气田产能建设项目的成功实施，培育形成了“集团化决策，项目化管理，集成化创新”的元坝气田开发建设模式。借鉴元坝模式，川西彭州海相和川东南页岩气开发建设项目正高位起步，高效推进。

（四）科学编制开发设计，实时跟踪优化促高效

开发方案是指导油气田开发的指导性技术文件，是决定气田开发工程项目成败和效益高低的关键，是气田产能建设的重要依据。气田投入开发必须有正式批准的气田开发方案。中国石化高度重视元坝气田开发方案的组织、论证、编制和审查工作。为确保开发方案设计的超前性、科学性和指导性，一方面，充分发挥中国石化上、中、下游科研院所科研优势，组织中国石化西南分公司勘探开发研究院、西南分公司石油工程技术研究院、中国石化石油勘探开发研究院、中国石化石油工程技术研究院、工程建设公司（SEI）、胜利油田设计院等单位组成了气藏地质、气藏工程、钻井工程、采气工程、地面集输工程、净化厂、公用工程和经济评价队伍。

（五）精心组织工程施工，强化严细管理保安全

1. 钻井工程

根据试采区最终开发方案设计，元坝气田部署新钻井22口，其中直井1口，定向井5口，水平井16口（平均设计井深7459m）。元坝气田气藏埋深为7000m左右，单井开发成本为1.7亿元左右。多打高产井是实现元坝气田高效开发的关键，而开发井设计是培育高产井的基础和关键。2009年8月，从第一口开发评价井（元坝103H井）设计开始，西南分公司就组成了涵盖中国石化上游科研单位的井位部署与设计研究队伍，同时实行四级论证审查机制（研究院—项目部—分公司—油田事业部）。通过逐级审查，逐步完善，不断优化，确保井位设计最优。

2011年12月，第一口开发井元坝27-1H井开钻，元坝气田产能建设正式进入现场实施阶段。在钻井过程中，针对地质条件复杂，储层埋藏深（垂深6500~7100m，斜深7500~8000m），多压力系统共存，陆相深部地层研磨性强、可钻性差，嘉陵江地层含高压盐水层和盐膏层，长兴组地层温度高达150~170℃之间，H_2S平均含量为5.32%，CO_2含量达6.56%等技术难题，开展了井身结构优化、致密地层钻井提速、盐膏层安全钻井、抗高温钻井液研发等技术攻关研究。

为实现国内首个超深生物礁大气田的顺利建设，以单井产能最大化为目标，通过加强工程地质特征研究，大力强化科技创新与技术攻关，广泛开展外引内联，充分发挥“科学有险阻、苦战能过关”的大无畏英雄气概，经过5年的探索、攻关与实践，形成了下述几项钻井工程关键技术。

（1）元坝超深水平井井身结构优化技术。

前期元坝103H井、元坝121H井等按照水平井设计的一般做法，将四开必封点设置在A靶点处，在长兴组地层钻进时，由于钻井液密度高，压差达60MPa左右，易发生压差卡钻事故（如元坝121H井卡钻损失超3000万元）。在开发设计中，对四开必封点位置进行了设计优化，由A靶点上移至飞仙关组一段底部（不揭开长兴），实现了超深水平井的安全钻进。目前为止，已有22口井应用了该井身结构，最大井深达7971m。

（2）元坝优快钻井提速技术。

优化集成气体钻井、干法固井、扭力冲击器+PDC钻头、孕镶钻头+螺杆/涡轮、高效PDC钻头+螺杆等钻井提速技术，各开次机械钻速提高30%~70%，钻井周期平均缩短约100d。

（3）元坝超深含硫水平井钻完井液技术。

自主研制应用快速气液转换技术，抗高温润滑防卡钻井液技术，防漏、堵漏乳化酸解卡技术，高温无固相环空保护液技术，优化应用套管双效防磨、氯化钾封堵防塌及酸溶性储层保护完井液技术，在水平段全面实现了优质防卡钻井液技术的国产化，填补了国内技术空白，使气液转换时间缩短50%以上，并避免了卡钻事故，确保了钻井施工顺利，全管柱试压合格且有效保护储层，已测试的井平均无阻流量达$100\times10^4m^3$以上。

（4）特色固井技术。

集成干法固井、顶封、胶乳防窜及预应力等特色固井技术，有效提高了固井质量并解决了油层套管带压问题。

（5）滑动定向技术。

形成了以高温螺杆+耐高温MWD滑动定向技术替代旋转导向以实现低成本准确定向，使单井定向费用降低950万元。

（6）元坝超深含硫水平井井控及配套技术。

立足一次井控为主，配套防硫钻具组合、防喷器组合、防硫钻井液、随钻液面监测技术，有效保证了高含硫气井的安全钻进。

2. 投产作业

根据元坝气田开发建设整体进度安排和元坝气田开发方案，2012年5月15日编制完成元坝气田投产方案，2012年7月23日审查通过了元坝气田投产方案。2013年3月正式启动编制单井投产设计，2013年4月编制了第一批13口井单井投产设计。

元坝气田投产作业施工分为4个阶段。

第一阶段（2013年3~12月），完成完井投产10口：元坝205井、元坝205-1井、元坝204-1井、元坝101-1H井、元坝27-3井、元坝10-1H井、元坝29-2井、元坝102-2H井、元坝107井、元坝121H井；第二阶段（2014年），完成完井投产10口：元坝29井、元坝271井、元坝272H井、元坝104井、元坝10-侧1井、元坝124-侧1井、元坝273井、元坝102-1H井、元坝1-1H井、元坝29-1井；第三阶段（2015年），完成完井投产11口：元坝27-1井、元坝27-2井、元坝102-1侧1井、元坝28井、元坝122-侧1井、元坝10-2H井、元坝205-2井、元坝273-1H井、元坝102-3H井、元坝204-2井、元坝272-1H井；第四阶段（2016年），完成完井投产5口：元坝103-1H井、元坝12-1H

井、元坝 12 井、元坝 10 - 3 井、元坝 205 - 3 井。共计完成射孔 12 层次，酸化压裂 36 层次，实测无阻流量 $10003\times10^4m^3/d$，平均单井无阻流量 $270.35\times10^4m^3/d$。

在参照普光酸性气田投产成功经验的基础上，在元坝气田完井投产过程中，结合气田自身特点，以降低完井成本为目标，通过大力推进国产化工具，在技术方案革新优化，合理采用新技术工艺等诸多方面进行不懈努力，取得了良好的效果。

（1）优化国产化完井投产管柱及采气设备。

通过技术调研及后续可行性论证，最终选用 105MPa 国产 HH 级拼装（一、四号主阀进口），完井管柱选用全国产镍基合金油管，同时对不同井深进一步优化管柱（井深 <4000m 时选用 4c 类，井深≥4000m 时选用 4d 类）。通过最后完井效果证实，国产装备可满足现场实际，同时节约采购进口设备的费用。

（2）优化形成一整套完井投产施工工艺。

从优化钻扫水泥塞参数，优化通井程序，优化环空保护液替浆程序，优化不同井型替环空保护液后短起下程序，优化采气树锥管挂坐放工艺等一系列工艺优化措施出发，形成了一整套完井投产工艺程序，为后续分公司海相酸性气田投产提供了有利工艺实施方案。

（3）自主配方的环空保护液使用。

充分利用分公司工程技术研究院自主研发的环空保护液体系，同时严把材料采购关，使每立方米环空保护液价格降低达 2/3，同时在实际施工过程中及时调整甲酸盐比例，克服环空保护液冬季结晶的问题。

（4）套管异常井处理技术积累。

元坝 272 - 1H 井、元坝 102 - 3H 井均出现套管变形的异常情况，通过元坝 272 - 1H 井修井作业，认识到在套管变形段比较长的情况下，套铣、打捞是处理下井壁内凸变形套管的最佳方法。一定要慎用铣锥。只要使用铣锥钻磨，斜面必然对铣锥和倒角磨鞋产生斜向力，井下情况就很难掌控。

元坝 102 - 3H 井模拟通井、封隔器扶正装置设计使用，确保了该井完井工具顺利通过套管破损位置，为该井下一步完井投产打下基础，并积累了处理套管异常井的措施经验。

（5）复合暂堵技术推广。

根据实钻地质情况，为尽可能实现储层段的均匀布酸，完井酸压采用暂堵酸化 + 转向酸酸化 + 胶凝酸酸压工艺，充分发挥纤维物理暂堵和转向酸化学转向相结合的优势。

（6）宽带转向技术试验。

在元坝 272 - 1H 井、元坝 205 - 3 井等 6 口井引进行宽带转向技术，该技术综合应用可降解纤维和颗粒进行裂缝暂堵。实际施工过程中采用常规酸压与宽带转向相结合，进行了多级宽带转向，实现深度改造及均匀布酸分段。

（7）全国首次采用钛合金油管完井工艺。

在元坝 205 - 2 井、元坝 205 - 3 井完井作业中首次采用钛合金油管，由于钛合金油管质量仅为原镍基合金油管的一半左右，但却拥有优异的抗 H_2S 腐蚀性能，可以极大地降低含硫气井的完井成本。钛合金完井管柱克服了组下油管上扣复杂、大型酸化压裂油管膨胀收缩效应大以及高压高产放喷压差大等诸多困难，圆满地完成了完井投产作业，证实了钛合金油管的优异特性，达到了国内领先水平，为钛合金油管的完井工艺推广奠定了坚实的基础。

（8）超深井连续油管井下解堵。

元坝 12－1H 井井组下完井管柱后出现试挤地层不吸液的复杂情况，通过方案论证及技术调研，确定使用 7960m 连续油管进行解堵施工。施工过程中，克服循环摩阻大，循环排量低等诸多困难，经过通井冲砂、循环替酸，成功解除堵塞。

（9）超深井磨捞一体化处理。

元坝 205－3 井封隔器意外座封事故后，考虑该井投产完井的可靠性，决定在倒出完井管柱后对封隔器进行打捞，重新组下完井管柱。钻完井部通过多次技术方案论证及配套磨捞一体化工具调研，为避免使用进口工具造成的“等、停、待”，与工程单位联合设计磨捞一体化工具并最终实现封隔器打捞一次性成功。

3. 地面集输工程

元坝气田地面集输工程分为试采集输工程和滚动集输工程两期建设。试采集输工程建成后，年产净化气 $17\times10^8m^3$，滚动集输工程建成后，年产净化气 $34\times10^8m^3$。

1）元坝气田 $17\times10^8m^3/a$ 试采集输工程

试采集输工程包括集输井站 13 座，集气总站 1 座（与净化厂合建），酸气管道截断阀室 4 座，燃料气阀室 1 座，酸气管线 74.96km，燃气管线 57.94km，10kV 电力线 57.6km，16 芯光缆 151km（其中与集气管线同沟敷设 82km，与电力线同线路架空 55km，进站架空光缆 14km），矿区道路 53.13km，隧道 4 条，大中型跨越 9 个，跨越等级公路 4 次（广南高速 1 次、212 国道 2 次、苍旺公路 1 次）。

工程开工日期为 2013 年 5 月 24 日，中交日期为 2015 年 1 月 28 日。

（1）地面集输隧道工程。

包括 4 条隧道，其中大梁山隧道长度为 797.4m，坡度为 5.3%，隧道净宽 3.4m，净高 3.1m，净断面积 $11.34m^2$；老君山隧道长度为 1036.0m，坡度为 0.5%～15.2%，隧道净宽 3.4m，净高 3.1m，净断面积 $11.34m^2$；黄家坡隧道长度为 631.57m，坡度为 1%，隧道净宽 3.4m，净高 3.1m，净断面积 $11.34m^2$；罗家山隧道长度为 247.14m，坡度为 0.5%～53.37%，隧道净宽 2.4m，净高 2.6m，净断面积 $7.06m^2$。

工程开工日期为 2012 年 9 月 8 日，竣工日期为 2013 年 10 月 16 日。

（2）地面集输工程站外部分大中型跨越工程。

包括 9 条跨越，其中东河跨越长度为 328m，大坑河跨越长度为 75.2m，铧长咀跨越长度为 50.4m，罗家沟跨越长度为 72m，王家沟跨越长度为 80m，小桥沟跨越长度为 72m，闫家沟跨越长度为 72m，桥沟河跨越长度为 50.4m，何家沟跨越长度为 39.6m。

工程开工日期为 2012 年 10 月 17 日，竣工日期为 2013 年 9 月 23 日。

（3）地面集输工程站外道桥工程。

包括 15 条集输道路，总长度约 59.807km。

工程开工日期为 2012 年 8 月 16 日，竣工日期为 2013 年 11 月 22 日。

2）元坝气田 $17\times10^8m^3/a$ 滚动集输工程

元坝气田 $17\times10^8m^3/a$ 滚动集输工程现主要工作量包括集输井站 17 座，酸气管线 50.9km，燃气管线 51km，10kV 电力线 53km，矿区道路 51.517km，隧道 4 条，大中型跨越 4 个。

工程开工日期为2015年3月9日。

（1）地面集输隧道工程。

包括4条隧道，其中大山梁隧道长度为882.3m，坡度为23.51%，净宽2.4m，净高2.6m；侯家湾隧道长度为430.63m，坡度为48.4%，净宽2.4m，净高2.6m；刘家湾隧道长度为729.45m，坡度为2.44%，净宽2.4m，净高2.6m；天坪梁隧道长度为343.66m，坡度为25%，净宽2.4m，净高2.6m；牛包山隧道长度为478m，坡度为0.90%，净宽2.4m，净高2.6m。

工程开工日期为2014年3月21日，竣工日期为2015年6月30日。

（2）地面集输站外大中型跨越工程。

包括4条跨越，其中三岔河跨越长度为78.4m，侯家湾跨越长度为54m，韩家梁跨越长度为75.2m，木桥河跨越长度为80m。

工程开工日期为2014年4月24日，竣工日期为2015年6月25日。

（3）地面集输工程站外道桥工程。

包括22条集输道路，总长度约51.517km，目前正在修的为元坝103－1通井路、元坝104通井路。

工程开工日期为2014年8月1日。

（4）集输复线工程。

包括扩建集输井站5座，酸气管线14.9km。截至2016年11月9日，已完成酸气管线焊接14.766km，5座扩建井站管线联头施工。

工程开工日期为2016年4月10日。

4. 净化厂工程

1）工程概况

元坝净化厂根据中国石化股份有限公司对元坝气田开发建设方案的批复意见，建设净化气产能$34\times10^8m^3/a$，分两期建设，一期建成$17\times10^8m^3/a$净化气产能，二期增建$17\times10^8m^3/a$净化气产能，共建设4个单列处理规模$300\times10^4m^3/d$的天然气净化装置、配套的公用工程、硫黄成型储运装置及其他辅助生产设施等。工艺装置包括脱硫单元、脱水单元、硫黄回收单元、尾气处理单元、酸水气提单元、硫黄成型；公用工程系统包括新鲜水系统、消防水系统、蒸汽及凝结水系统、动力站、循环冷却水系统、空分空压站、供电系统、通信系统等；辅助生产设施包括中心控制室、中心化验室、维修站、备品备件库、液硫罐区、溶剂罐区、污水处理场、火炬设施、化学品库等。

元坝净化厂位于四川省广元市苍溪县中土镇大坪村，厂区占地$51.1hm^2$，总投资32.67亿元。主要负责处理元坝气田高含硫天然气，生产优质商品净化天然气和工业硫黄，年处理高含硫天然气能力为$40\times10^8m^3$，年产净化气能力为$34\times10^8m^3$，年产硫黄能力为30×10^4t。2014年12月10日，第二联合装置投料试车一次成功，进入试生产阶段。

2）工程主要节点

2012年10月，公布《关于西南油气分公司元坝气田天然气净化厂工程基础设计的批复》（石化股份计项［2012］132号），2013年12月，公布《关于西南油气分公司元坝气田17亿立方米/年滚动建产项目净化厂工程基础设计的批复》（石化股份计项［2013］

147号)，2013年4月11日，净化厂工程正式开工；2015年5月30日，净化厂全厂全部投入使用。

5. 配套工程

元坝气田配套工程主要包括：川东北阆中科研办公基地工程，生产管理区，应急救援站及附属工程，元坝净化厂外部系统配套工程给排水工程，元坝净化厂外部系统配套，通信系统，气田水综合处理工程。

1）川东北阆中科研办公基地工程

川东北阆中科研办公基地工程位于四川省阆中境内，包括综合办公楼（$9830m^2$）、食堂及活动中心（$2314m^2$）、公寓（$8850m^2$）、门卫（$50m^2$）、绿化（$8455m^2$）和外部系统配套，涉及的专业有建筑、给排水、电气、暖通、道路、燃气等。该工程项目划分为两个标段和绿化部分，其中，场地平整、强夯地基处理和综合办公楼施工为第一标段；剩余分部分项工程为第二标段；场区内景观绿化为单独工程。

2012年10月29日，完成可行性研究报告；2012年12月31日，完成初步设计；2013年4月30日，完成施工图设计；2013年8月1日，工程开工；2014年11月23日，工程中交并投入使用。

2）生产管理区，应急救援站及附属工程

生产管理区，应急救援站及附属工程位于四川省苍溪县境内，该工程占地面积$4.0239hm^2$，总建筑面积$24518m^2$，其中，生产管理区及应急救援站内设有生产管理区办公楼、1号职工公寓、2号职工公寓、3号职工公寓、食堂及活动室、应急救援站综合楼、生产管理区门卫、应急救援站门卫、库房及维修工房、工程车库、消防车库、应急物资库房、设备用房13个单体建筑及相应配套设施；站外设有浙水乡集中倒班点综合用房、回注点集中倒班点综合用房、白鹤乡集中倒班点综合用房3个单体建筑及相应配套设施。

2012年10月29日，完成可行性研究报告；2012年2月28日，完成初步设计；2013年10月16日，完成施工图设计；2013年3月26日，工程开工；2015年2月10日，工程中交。

3）元坝净化厂外部系统配套工程给排水工程

元坝净化厂外部系统配套工程给排水工程位于四川省苍溪县境内，元坝净化厂取水规模为$750m^3/h$，包括取水泵站1座（钢筋砼结构）；配套用房1座（砖混结构）；给水管线长度为1.92km，$\phi457mm \times 7.1mm$螺旋缝埋弧焊钢管，材料为L290，工作压力为1.7MPa；排水管采用$D250mm \times 14mm$钢骨架聚乙烯复合管，长度为2.094km，压力等级为1.6MPa及配套的电力、通信、自控、暖通、道路等部分。

2012年7月17日，完成可行性研究报告；2012年3月30日，完成初步设计；2012年10月31日，完成施工图设计；2013年1月27日，工程开工；2014年4月6日，工程中交；2014年11月10日，工程完工。

4）元坝净化厂外部系统配套110kV线路工程

元坝净化厂外部系统配套110kV线路工程分为苍化线和洪化线两条线路，其中，苍化线10.5km（30基铁塔），经电力部分验收合格后，于2014年6月10日送电；洪化线68.5km（188基铁塔，新建182基），2014年9月1日送电。

5）通信系统建设包括集输工程和公用工程

通信系统建设包括集输工程和公用工程，其中，集输工程通信系统建设包括工业以太网、办公网络、程控电话、工业电视监控、光传输、紧急疏散广播、站场广播对讲及报警系统（PA/GA）、5.8G 网桥及数字集群、周界防范报警、数字风速风向传感器、语音电话 11 个子系统。公用工程（生产管理区、应急救援站、阆中基地）通信系统建设包括语音电话、办公网络、数字监控、周界防范、风速风向传感器、有线电视、DLP 大屏幕、会议电视、广播、应急通信 10 个子系统。通信系统主要为元坝气田生产管理、经营管理、紧急救援等提供信息传输通道和软、硬件支撑，该工程与集输工程和公用工程建设同步。

6）气田水综合处理工程

元坝气田水综合处理工程分两期建设，一期工程包括两个污水处理站、回注 1 井站、56.2km 气田水收集管线；二期工程包括 1 座蒸馏处理站、回注 2 井站、1 座分析化验室扩建、42.4km 气田水收集管线。

目前一期工程已投产，二期工程分析化验室扩建和回注 2 井站已中交。二期蒸馏处理站建设进展：0 版设计施工图完成 100%；主设备采购完成 99.85%；现场施工总体完成 83%，其中，道路施工完成，站内设备基础浇筑完成，澄清罐罐板预制完成，污水污泥池和循环水池浇筑、试水完成，辅助用房主体施工、室内设备安装完成，蒸发脱盐设备安装完成，蒸发厂房内墙瓷砖完成 50%；辅助用房动力电缆配管完成，管道安装完成，污泥池管线、阀门安装完成，房顶避雷带安装完成，厂区接地完成，电缆沟支架安装完成；管廊架安装完成；管廊架配管完成，管廊架电缆桥架安装完成，过路桁架安装完成，钢结构厂房除锈防腐完成，罐区地面完成，罐区组装完成 60%。

6. 智能控制系统工程

元坝气田 $17\times10^8m^3/a$ 试采工程地面集输工程 SCADA 系统包括元坝气田全线站控系统，阀室控制系统，净化厂中控室调度控制中心，集输管道沿线集气站/单井站，集气总站设置站控系统（SCS），截断阀室设置阀室控制系统（BSCS）。调度控制中心接收 13 座站控系统和 4 座线路截断阀室（RTU）上传的数据。主调度控制中心与各通过管线专用光缆通讯系统采用点对点方式进行数据传输。调度控制中心与 SCS 之间采用公网作为备用通信信道。该工程与集输工程建设同步。

根据中国石化股份公司对油田版块信息化建设方向的要求，滚动建产工程中在已建生产管理中心新增监控中心作为 SCADA 系统的二级管理，功能包含元坝试采与滚动区的站场监控和操作站。滚动建产工程站场实施集中监控、片区巡检的管理模式，这是国内首例在酸性气田部署实施集中监控、片区巡检的工程。

7. 安全环保与职业卫生

针对元坝气田“三高”的特点，元坝项目部从开展风险辨识，细化部门、岗位安全职责，强化日常安全监管着手，通过实施“一个调整、二个签定、三个加快、四个从严”（即调整 HSE 组织机构；签定责任书和承诺书；加快各项 HSE 评价工作进度，加快投产前安全保障方案编制，加快应急救援体系建设；从严井控和防硫化安全管理，从严承包商 HSE 管理，从严现场直接作业环节安全监管，从严 HSE 监督检查）等措施，全面实现了元坝气田试采工程提出的“四个为零、八个杜绝”的 HSE 目标。

（1）全面落实安全责任，层层夯实 HSE 管理基础。

各参建单位依据生产安全管理要求设计了一系列考核指标，将各项安全工作责任分解落实给了项目领导、各业务部门和岗位员工，分工清楚，责任非常明确，确定了每项安全工作“谁主管、谁主抓、谁负责”，通过层层签订目标责任书明确各级安全职责，实现了项目安全生产责任制横向到边、纵向到底的全覆盖，形成了“全员有责、人人讲安全”的氛围，推动了全员参与安全管理，真正将责任落到了实处。

（2）推行风险源头管理，确保过程全程管控。

推行法律风险、设计源头缺陷风险、安全管理失控风险、施工过程风险、技术落后风险、质量风险、救援不力风险、重大事故风险 8 项风险源头管理，从确保项目“三同时”手续的合规、合法，顺利开工等过程着手，全面加强对设计的审查、安全管理、施工过程等的全程管控，有效防范各类风险发生。

（3）实行隐患排查闭环管理。

生产安全管理以过程控制为主，内容涉及风险辨识、责任落实、过程控制、应急响应，通过危险源监测及时排查隐患，落实整改责任，形成了安全隐患排查、整改、消除的闭环管理的长效机制，使隐患排查治理制度化和常态化，切实把隐患消灭在萌芽状态。

（4）强化井控、防 H_2S 安全管理。

一是严格执行《井控管理规定》《局、分公司井控实施细则》和川东北各项安全、技术标准，严把 5 道关口，确保井控安全。二是严格按照项目部提出的“11255”管理思路开展井控和防 H_2S 管理工作。三是每口井在各开次前、钻开油气层前、试气作业前和试气作业结束后，都进行 HSE 确认，确保过程安全。四是编制和下发了《元坝气田 17 亿立方米/年天然气试采项目完井投产试气 HSE 保障方案》，要求试气施工单位编制了试气单井“四案”，报项目部审查通过后组织实施，气田试气投产（包括酸化）作业无任何上报安全事件。五是积极与地方政府开展企、地联动应急演练，通过演习提高企、地应急联动能力。

（5）实行重点关键环节领导带班和干部值班。

为有效落实安全生产责任制，做好重点工程和关键工序在特殊时间、特殊作业情况下的领导干部现场带班、值班工作，项目部结合实际情况，组织分析了从钻前工程开始到净化厂联合试车结束等施工全过程，确定了 58 个特殊作业环节，明确了建设方现场督查人员的施工现场任务要求，明确了施工单位领导带班的责任人及任务。

（6）加强直接作业环节安全管理。

针对施工中高空作业、吊装作业、受限空间作业、临时用电、动火作业等危险作业环节，一是严格执行集团公司安全生产禁令及各直接作业环节的票证签批手续，并落实监护人；二是落实岗位安全职责；三是对各岗位人员在岗情况、履职情况进行督查，确保“三个到位”。

（7）完善“三同时”管理。

按照“决策先问法、违法不决策”的原则，全面开展“三同时”管理，共取得各项法律手续 104 项，其中试采项目取得 81 项，滚动建产项目取得 23 项。在前期各类评价的基础上，结合新出台的法律法规，增加了《职业病危害控制方案》《职业病危害因素检测》《集输场站雷电灾害风险评估》等管理规定，目前相关工作全部完成。

第二章　台缘礁滩相地层沉积与储层特征

钻井资料及区域地震资料显示，元坝地区长兴组沉积时期处于开江—梁平陆棚西侧的缓坡型台地边缘，坡度为8°~10°，在此背景下，海水到达台地边缘的距离长，水动力相对较弱，生物礁生长速度慢，礁体沉积以垂向加积、侧向迁移为主，形成了单礁体规模小、垂向多期叠置，平面分布范围广而散的格局。由此导致生物礁发育与分布模式复杂多样，生物礁储层纵、横向非均质性强，有利储层分布规律影响因素众多，礁体展布与储层精细描述难度大，气藏开发井部署需不断优化调整。

为解决上述难题，实现元坝长兴复杂生物礁气藏的高效开发，通过开展现代生物礁沉积调研、生物礁地层层序及沉积微相研究，建立了生物礁发育与分布模式，指导了生物礁有利储层形成、演化与分布规律，礁体精细刻画与储层定量预测，井位部署与轨迹实时优化调整等研究。首先，在碳酸盐岩经典层序地层研究的基础上，根据沉积旋回、典型层序界面及海泛面发育特征，结合地震资料确定井—震统一的三级、四级层序划分方案，建立高精度层序地层对比格架，分析层序地层格架中生物礁的发育与分布特征。再根据区域沉积背景及沉积（微）相识别标志确定沉积相划分方案，分析生物礁微相发育特征，结合地震相特征，分析四级层序地层格架内沉积相平面展布特征及演化规律。最后建立缓坡型台缘礁滩相地层沉积演化模式，针对其小、散、多期的特点，通过对生物礁地层地质及地震剖面结构特征的综合分析，分别建立单礁体及礁群发育模式。在川东北元坝地区长兴组缓坡型台缘礁滩相地层中，单礁体发育单期礁和双期礁两种模式，而礁群则可归纳为纵向进积式、纵向退积式、横向并列式、横向迁移式及复合叠加式5种类型。

第一节　地层及层序特征

一、岩石地层发育特征

（一）长兴组顶、底界面特征

长兴组是晚二叠世晚期沉积的一套台地相碳酸盐岩地层。关于该套地层的顶、底界划分目前还有分歧，突出表现在长兴组的底界究竟是在“泥岩或炭质泥岩层”之上还是之下的问题，以及顶界是在缺乏生物的微晶泥灰岩之上还是之下的问题。本小节从区域上沉积相展布、海平面变化及其生物发育特点等角度分析了这一问题，并形成了较统一的认识。

1. 长兴组顶、底界面岩性剖面特征

元坝地区长兴组与吴家坪组之间为一套厚约5m的炭质泥岩，其上、下均为灰岩、生屑灰岩，此套炭质泥岩代表了一次陆海演变旋回的开始，长兴组底界位于此套炭质泥岩的底部（图2-1），主体为一套快速海进、缓慢海退的碳酸盐岩沉积。

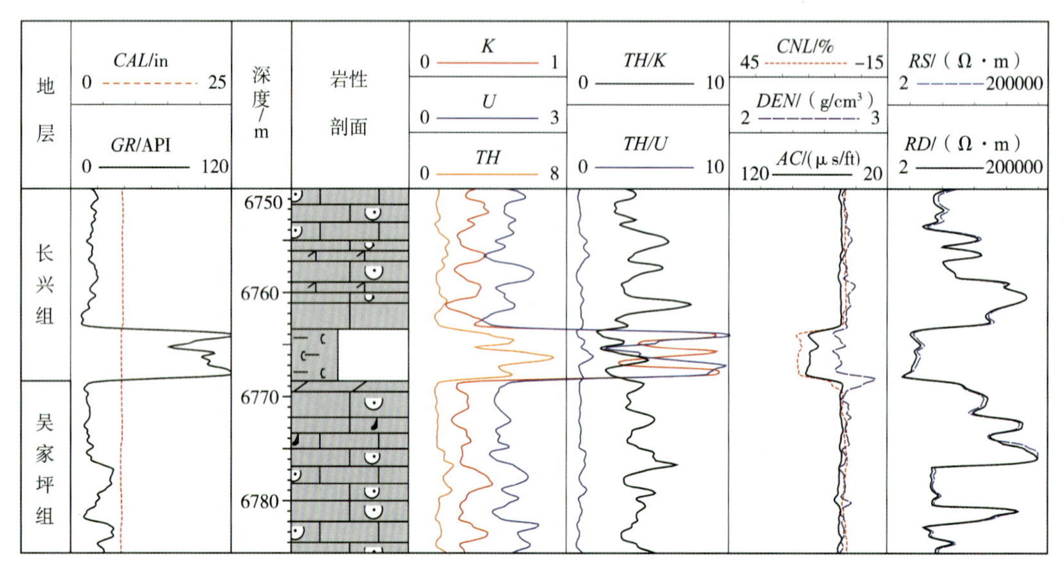

图2-1　川东北元坝地区元坝22井长兴组底界特征图

生屑灰岩发育是整个长兴组的典型特征，而缺乏生物的微晶灰岩、含泥灰岩应是三叠系碳酸盐岩沉积。元坝地区长兴组与飞一段之间为一套厚约3m的含泥灰岩沉积，长兴组顶界为此套含泥灰岩的底界（图2-2）。

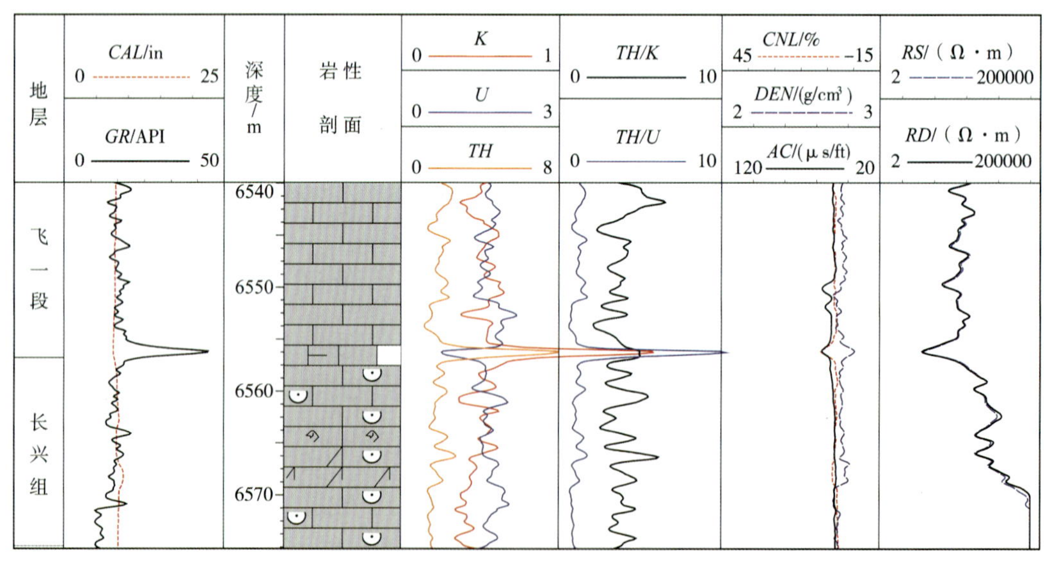

图2-2　川东北元坝地区元坝22井长兴组顶界特征图

2. 长兴组顶底、界面电测曲线特征

元坝地区长兴组底部炭质泥岩在电测曲线上表现为高 *TH*、*U*、*K*，高 *GR*，高 *AC*，低 *RD*（*RS*）的特征，与上部灰岩、生屑灰岩电性特征明显不同（图2-1）。飞一段底部含泥灰岩在电测曲线上表现为 *GR* 增大、*RD*（*RS*）减小的特征，但长兴组顶部由于 *U* 富集而出现 *GR* 异常升高的现象，使得利用 *GR* 曲线来区分长兴组和飞仙关组有困难，但 *K* 曲线表现仍属正常，长兴组顶界可根据 *K* 曲线开始大幅升高的位置来确定（图2-2）。

3. 长兴组顶、底界面地震剖面特征

地震剖面上，元坝长兴组底界为一对中—强的波峰—波谷间的零相位处，该界面在元坝地区相对清晰，可进行全区的层位追踪；元坝长兴组顶界对应一个振幅相对变化的波谷反射，该界面在台地边缘地区为强波谷反射，同相轴连续性好，在台地内部为中—弱波谷反射，同相轴连续性好—差（图2-3）。

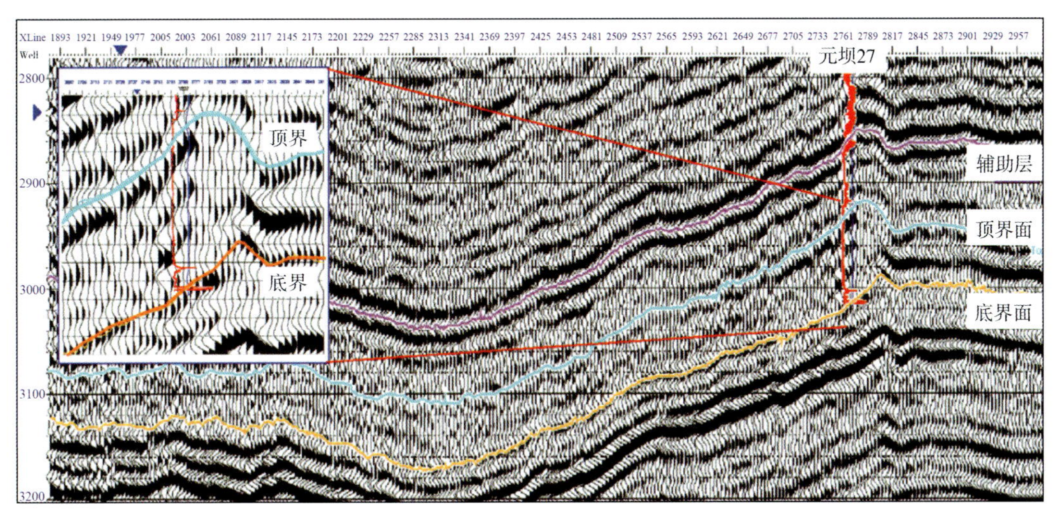

图2-3　长兴组顶、底界在过元坝27井地震剖面上的识别与划分

（二）长兴组岩石组合特征

元坝地区长兴组地层按岩性组合可分为上、下两段，其岩电特征有明显差别，可对比性好。岩性剖面上，上段底部为深灰色含泥灰岩、灰色灰岩、生屑灰岩、礁灰岩等，顶部为浅灰色白云岩、溶孔白云岩、残余生屑白云岩等；下段为灰色白云岩、灰质白云岩、含云生屑灰岩、生屑灰岩等。电测曲线上，上段为平直低 *GR*，部分井 *GR* 较高，电阻率曲线整体呈高阻状，在储层发育部位呈相对低阻；下段和上段相似，电阻率曲线整体呈高阻状，在储层发育部位呈相对低阻。

（三）长兴组地层展布特征

利用前述顶、底界面在钻井、测井及地震剖面上的识别特征以及长兴组上、下段岩石组合特征的区别，在野外露头及钻井剖面上对长兴组进行详细地地层划分对比：长兴组地层厚度为200～350m，平均约260m；下段厚度较稳定，上段厚度变化较大，台缘相带地层厚度总体特征表现为南薄（滩）北厚（礁），北部生物礁发育区西薄东略厚，南部生屑滩发育区东西向较稳定，地层厚度受沉积相带控制明显。

二、层序地层划分依据

根据岩性差异，多数学者将长兴组划分为2个沉积层序，也有学者在长兴组内部划分出1个或3个沉积层序，长兴组的三级层序划分尚未统一。由于三级层序周期海平面变化控制了沉积储层的时—空演化，四级层序周期海平面变化控制了生物礁储层发育期次，准确的层序地层单元划分是认识生物礁发育与储层分布规律的关键。

本小节根据元坝地区长兴组沉积旋回、典型层序界面及海泛面发育特征，结合地震资料确定了井—震统一的三级、四级层序划分方案，建立了高精度层序地层对比格架，分析了层序地层格架中生物礁发育与分布特征。

（一）沉积旋回发育特征

1. 岩性沉积旋回发育特征

岩性变化上，元坝地区台地内部及台地边缘都反映出了两个沉积旋回的特征。台地内部，长兴组下段岩性由微晶灰岩、生屑灰岩向礁灰岩、生屑灰岩、白云岩转变，上段岩性由微晶灰岩转变为灰黑色泥灰岩、生屑灰岩、白云岩，反映了两个沉积能量由低到高的过程。台地边缘，长兴组下段岩性由生屑灰岩、微晶灰岩、硅质灰岩向微晶灰岩、礁灰岩、生屑灰岩、白云岩转变，上段岩性由微晶灰岩、生物礁灰岩向微晶灰岩、生物礁灰岩、生屑灰岩、白云岩转变，也揭示了两个沉积能量由低到高的旋回。

2. 测井沉积旋回发育特征

测井曲线上，由于 *GR* 不完全受泥质含量的控制，使得 *GR* 曲线难以完全反映沉积信息，因此需要用自然伽马能谱分析中的 *K*、*TH* 曲线来进行长兴组沉积旋回的划分。台缘相区元坝27井及斜坡相区元坝3井等长兴组的 *GR* 曲线及 *U*、*TH*、*K* 曲线特征，明显表现为两个由小→大→小的旋回，旋回界面附近的曲线值有轻微突变的特征，每个测井曲线旋回可反映岩石中泥质含量由低→高→低的变化以及海水深度由浅→深→浅的特征，揭示了两个沉积旋回的发育（图2-4）。

（二）层序界面发育特征

1. 不整合面

元坝地区长兴组地层中可识别出3个不整合面，分别为长兴组与下伏吴家坪组之间的不整合面（SB0）、长兴组下段与上段之间的间歇暴露面（SB1）以及长兴组和上覆飞仙关组之间的不整合面（SB2）。SB0 及 SB1 在岩性、测井曲线及地震剖面上均易于识别且可全区对比，而 SB1 识别较难，不同相区具有不同的发育特征。

在台地—台缘相区：岩性剖面上，SB1 界面以下伏潮坪相或岩溶孔洞层的密集发育为标志，随后发生海侵，SB1 界面之上表现为生屑滩中生屑颗粒比例相对减少或直接为微（泥）晶灰岩覆盖，因此，这一界面也是进积式地层叠置结构向退积式地层叠置结构的转换面。测井曲线上，SB1 界面之下出现低自然伽马、高声波时差、低密度值、低电阻率值的孔洞层发育响应特征，SB1 界面之上，出现自然伽马值升高、能谱测井（特别是 *TH*、*K* 测井曲线）明显升高的特征。地震剖面上，SB1 界面近似为长兴组底界（SB0）以上第二个波峰与第三个波谷间的零相位处，该位置同相轴表现为强—中等振幅强度，频率相对较低，连续性好的反射特征；底部多出的一个地震道多在台缘相区存在，离开该相区很快尖灭，不能与台地内部及斜坡—陆棚区的地震记录道对比（图2-5）。

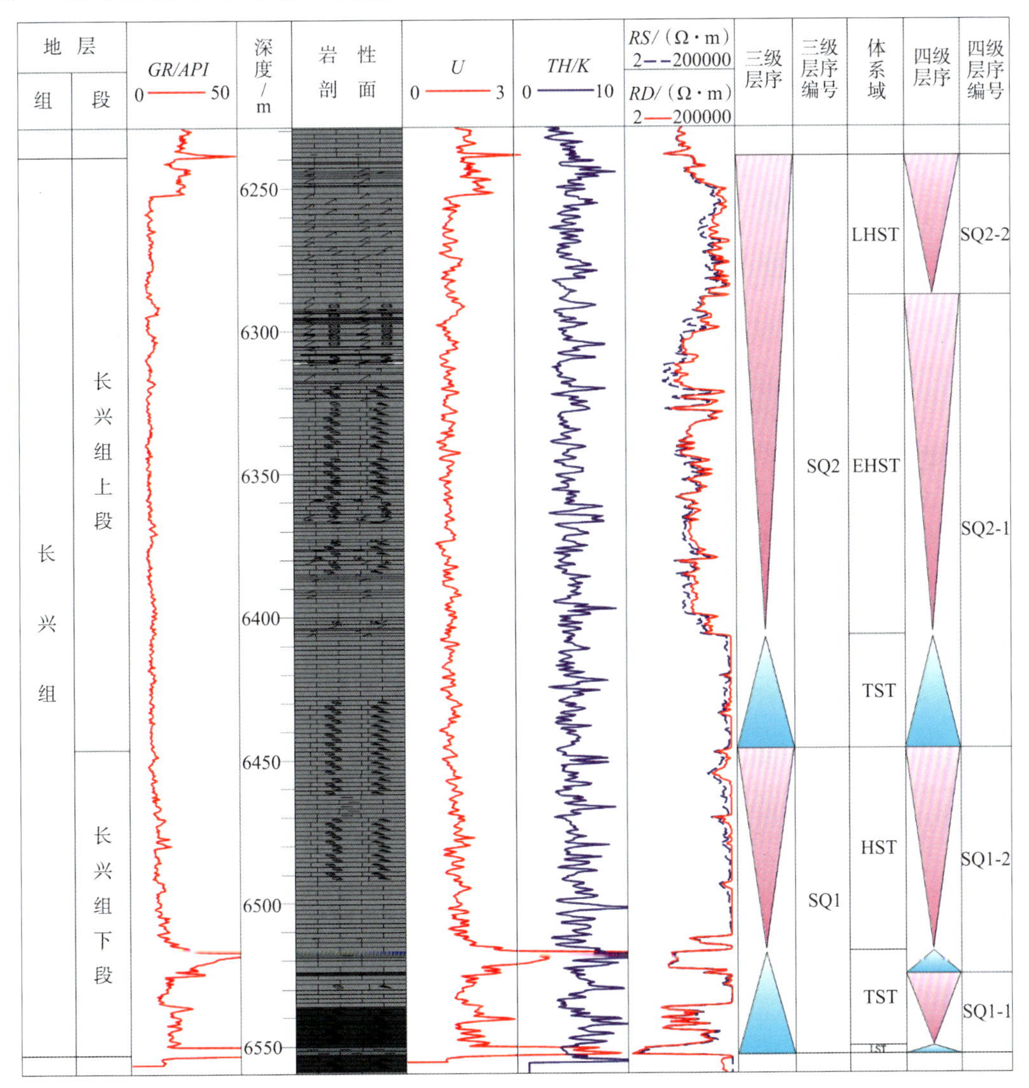

图2-4　元坝27井长兴组层序地层划分综合柱状图

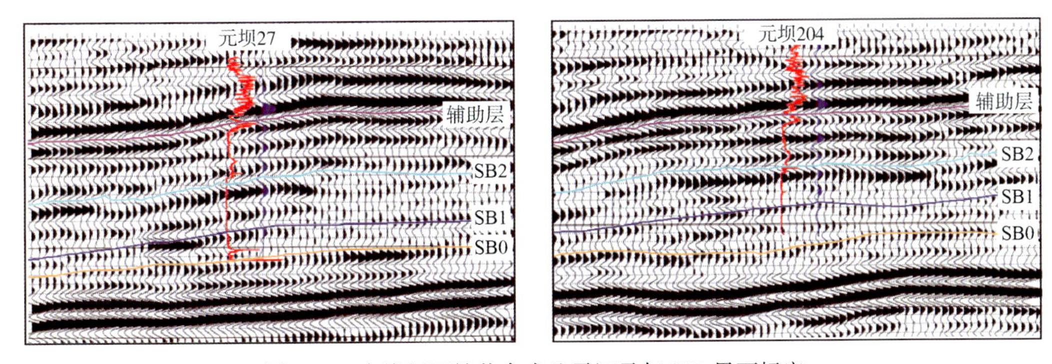

图2-5　台缘相区钻井合成地震记录与SB1界面标定

2. 岩性突变面

元坝地区长兴组内部可识别出多个岩性突变面，分别表现为：①生屑灰岩到含泥灰岩的突变界面；②生屑灰岩到微晶灰岩的突变界面；③生屑灰岩到硅质灰岩的突变界面；④生屑灰岩由生屑颗粒比较丰富到生屑颗粒含量极其稀少的突变界面；⑤白云岩或含灰云岩到微晶灰岩的突变界面；⑥白云岩或含灰云岩到生屑灰岩的突变界面；⑦白云岩或含灰云岩到生物礁灰岩的突变界面（图2-4）。

（三）海泛面发育特征

元坝地区长兴组地层中可识别出两个初始海泛面和两个最大海泛面（图2-4）：

长兴组下段初始海泛面（FFS1）为长兴组底部炭质泥岩的顶界面。

长兴组下段最大海泛面（MFS1）在岩性剖面上表现为代表深水沉积的硅质灰岩、泥灰岩、含泥灰岩组合；在测井曲线上为 *GR* 的泥质尖峰或较厚的高 *GR* 层段的底界，同时出现高 *K*、*TH*、*U*，高 *AC* 和低 *RD*（*RS*）等高泥质层段响应特征。

长兴组上段初始海泛面（FFS2）在台地—台缘相区即为上段底界面，在斜坡—陆棚区域是低水位体系域和海侵体系域之间的界面，其在岩性剖面上表现为岩性较纯的灰岩被高泥质含量的泥灰岩所覆盖，在测井曲线上表现为下部低 *GR*、低 *AC* 和相对高 *RD*（*RS*）与上部高 *GR*、高 *AC* 和相对低 *RD*（*RS*）形成明显的突变接触关系，指示沉积环境再次发生了快速变化的过程。

长兴组上段最大海泛面（MFS2）在台地—台缘区表现为高能的生屑灰岩向低能的微晶灰岩转变，在斜坡—陆棚区表现为持续的高泥质高有机质含量沉积，并逐渐达到含量峰值。在测井曲线上，台地—台缘相区 K 曲线出现显著的或微弱的峰值反应特征，指示了区域性的海水深度达到极值；在斜坡—陆棚区，常规测井曲线及能谱测井曲线上均有清楚的泥质含量显示，即各曲线的尖峰值指示了 MFS2 的位置。

三、层序地层划分与对比

（一）层序划分方案

1. 三级层序划分方案

综合沉积旋回、层序界面及海泛面发育特征，可以将川东北元坝地区长兴组划分为两个三级层序 SQ1 和 SQ2（图 2-4）；沉积延续时间上，元坝地区长兴组沉积时间约为 255 ~ 248.2Ma，延续时间约为 5.8Ma，平均每个三级层序延续时间约为 2.9Ma，符合国内外三级层序划分的时间界定范畴。

2. 四级层序划分方案

四级层序界面主要表现为间歇暴露面，界面上常可见岩性突变现象。根据长兴组内部主要岩性突变面的发育特征，在三级层序划分的基础上，将台地及台缘相区长兴组细分为 4 个四级层序（SQ1 和 SQ2 层序分别细分为 2 个四级层序），分别命名为 SQ1 -1、SQ1 -2 和 SQ2 -1、SQ2 -2（图2-4），而在斜坡及陆棚相区，长兴组上部三级层序底部较台地及台缘相区多发育 1 个四级层序，将其命名为 SQ2 -0。

（二）层序对比格架

1. 三级层序对比格架

1）钻井剖面三级层序地层格架

利用单井划分结果，通过关键界面的控制作用，开展三级层序对比，建立钻井剖面三级层序地层格架。在钻井剖面层序地层格架中，长兴组三级层序具有以下特征。

SQ1 层序由低位体系域、海侵体系域和高水位体系域构成；SQ2 层序在台地—台缘相区由海侵体系域和高位体系域构成，在斜坡—陆棚—盆地相区由低位体系域、海侵体系域和高位体系域构成；SQ2 层序高位体系域可进一步细分为早期高位体系域和晚期高位体系域（图 2-4 和图 2-6）。

SQ1 层序低位体系域为炭质泥岩标志层，海侵体系域主要为一套灰色、深灰色灰岩与含泥灰岩，高水位体系域发育生屑灰岩；斜坡—陆棚—盆地相区海侵及高位体系域由一套暗色硅质泥岩、硅质灰岩、泥灰岩及泥岩构成。SQ2 层序在斜坡—陆棚—盆地相区低位及海侵体系域为一套暗色硅质泥岩、硅质灰岩、泥灰岩及泥岩，之上为突然变浅的生屑灰岩，泥灰岩沉积；在台地相区海侵体系域为一套灰岩、生屑灰岩沉积，灰岩之上为高位体系域的生屑灰岩、礁灰岩及白云岩沉积（图 2-4 和图 2-6）。

2）地震剖面三级层序地层格架

通过合成地震记录，将钻井剖面上三级层序及体系域划分刻度到地震剖面上，从而获得不同层序及体系域的地震反射特征。通过不同相带层序及体系域地震反射特征的追踪对比，建立地震剖面三级层序地层格架（图 2-7）。在地震剖面层序地层格架中，长兴组三级层序具有以下特征：台缘的地震反射趋向中等—弱振幅、高频、弱连续的反射特征，同相轴数目多，丘状隆起明显；台内的地震反射趋向中等振幅、中等频率、较连续，礁滩发育区可见低幅丘状隆起特征；斜坡的地震反射趋向强振幅、低频、连续，具有同相轴数目少、光滑、连续、整一的特征。从台内→台缘→斜坡，三级层序可以对比追踪，而陆棚相区由于沉积厚度太薄，三级层序难以对比追踪。

2. 四级层序对比格架

1）钻井剖面四级层序地层格架

利用单井四级层序划分结果，在三级层序地层格架内开展四级层序对比，建立钻井剖面四级层序地层格架。在钻井剖面层序地层格架中，长兴组四级层序具有以下特征：SQ2 层序高位体系域可细分为早期高位体系域和晚期高位体系域，台内和台缘三级层序内四级层序发育个数一致，但因沉积环境的差异，其厚度及旋回特征有一定变化；斜坡相区 SQ2 发育低位体系域，四级层序发育特征较台内和台缘有所不同（图 2-6）。

2）地震剖面四级层序地层格架

根据钻井剖面四级层序划分对比结果，在地震剖面三级层序地层格架内进行四级层序追踪对比，建立地震剖面四级层序地层格架。在地震剖面层序地层格架中，长兴组四级层序具有以下特征。

从台缘→台内→斜坡，沉积能量依次降低，水动力依次减弱，相应地震剖面上，同相轴表现为由弱振幅→中等振幅→强振幅，高频→中等频率→低频，弱连续→较连续→连续的反射特征，礁滩体发育区，出现同相轴局部增多和丘状反射特征。

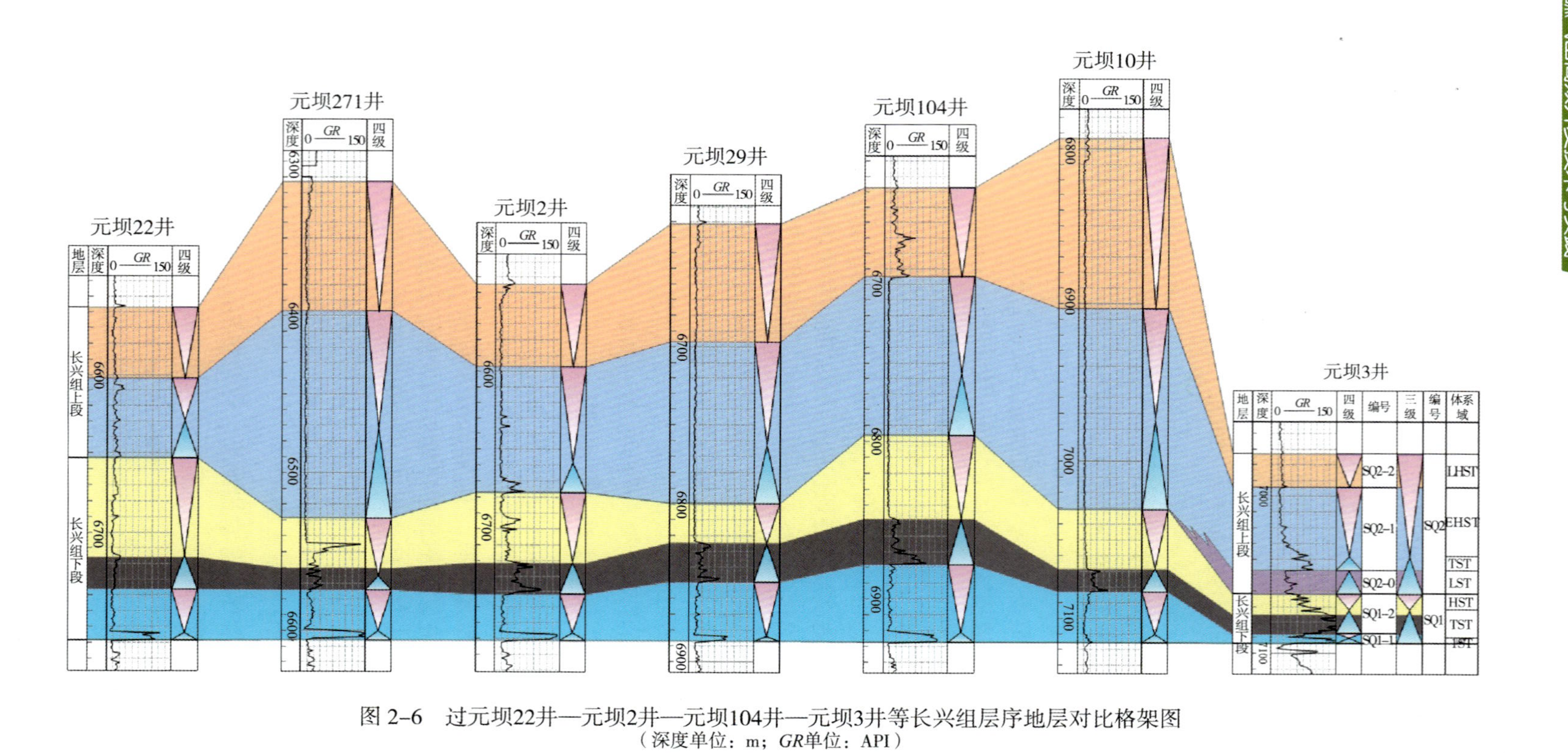

图 2-6 过元坝22井—元坝2井—元坝104井—元坝3井等长兴组层序地层对比格架图
（深度单位：m；GR单位：API）

元坝地区长兴组地震资料主频最高为44Hz，长兴组地层平均速度为6000m/s，则地震资料波长为136m，根据1/4波长原理，地震剖面上可以识别的最小地层厚度为34m。从台内→台缘→斜坡，四级层序可以对比追踪，而陆棚相区由于沉积厚度太薄，四级层序难以识别（图2-7）。

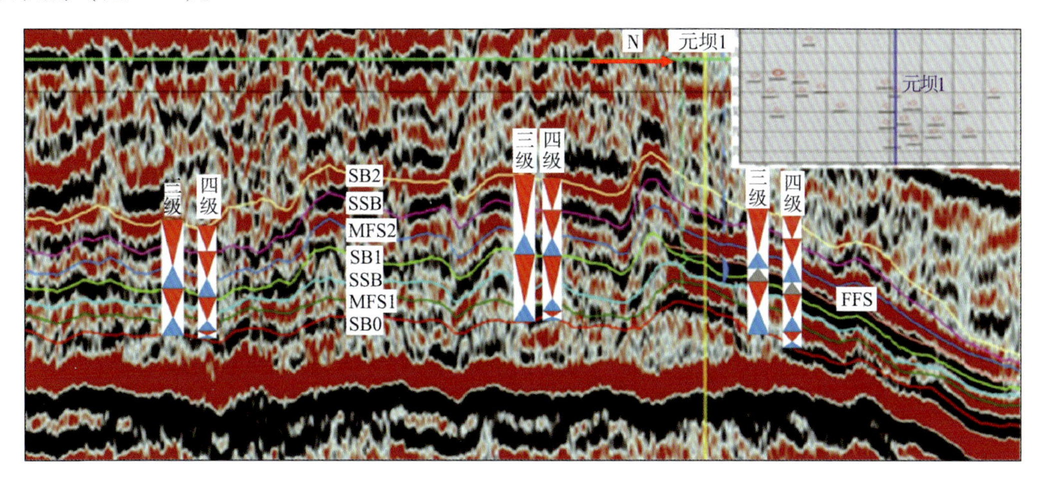

图2-7　地震剖面上长兴组三、四级层序地层格架（过元坝1井南北方向）

四、层序地层格架中生物礁发育特征

（一）元坝长兴生物礁识别标志

1. 岩心识别标志

元坝地区长兴组生物礁十分发育，元坝10井、元坝204井等长兴组岩心上均可识别出较为典型的生物礁，造礁骨架生物主要为海绵，部分层段为珊瑚（图2-9）。随着海平面的升降变化，生物礁灰岩部分未白云石化，岩性较为致密，部分完全白云石化，溶蚀孔洞较为发育（图2-8）。

（a）

（b）

图2-8　岩心上生物礁的特征

（a）生物礁灰岩，海绵造礁，YB204井13-51/65；（b）生物礁云岩，珊瑚造礁，YB104井5-26/36

2. 岩屑识别标志

为了更加准确而有效地识别钻井剖面上的生物礁，选取元坝29井、元坝103H井、元坝102井、元坝107井、元坝271井等典型井每隔2m取1个岩屑样磨制薄片观察。生物礁在岩屑薄片上的特征普遍表现不完整，而是以生物礁某些部位出现为代表，如呈海绵骨架生物碎块、骨架间生屑微晶填积物、骨架间剩余孔洞海底胶结物等单独出现，还可呈海绵骨架生物及骨架间生屑微晶填积物、海绵骨架生物及其骨架间孔洞海底胶结物、骨架间生屑微晶填积物及骨架间剩余孔洞海底胶结物、骨架间藻黏结灰岩及其骨架间剩余孔洞海底胶结物等组合形式出现（图2-9）。

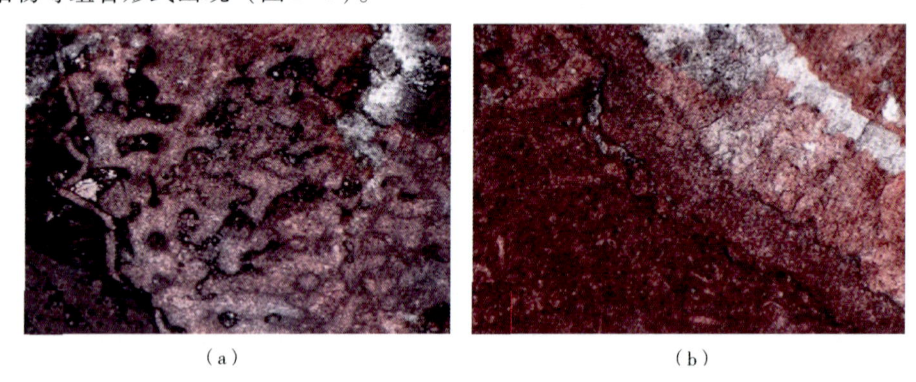

（a）　　　（b）

图2-9　岩屑薄片上生物礁的特征（均用茜素红染色）

（a）生物礁灰岩，海绵骨架生物碎块，YB271井，6530m，×10（-）；

（b）生物礁灰岩，骨架间微晶灰泥填积及剩余孔洞海底胶结物，YB102井，6852m，×10（-）

3. 测井识别标志

受生物礁生长环境的限制，无论礁体是否白云石化或白云石化程度的高低，*GR*曲线均表现为大段低值的特征。生物礁灰岩一般岩性较纯且比较致密，溶蚀孔洞不发育或仅见孤立孔洞，声波时差和中子孔隙度曲线表现为较低值的特征，电阻率和密度曲线表现为大段高值的特征。生物礁云岩溶蚀孔洞发育，表现为大段平直的曲线之上有电阻率和密度下降、声波时差和中子孔隙度上升的特征（图2-10）。

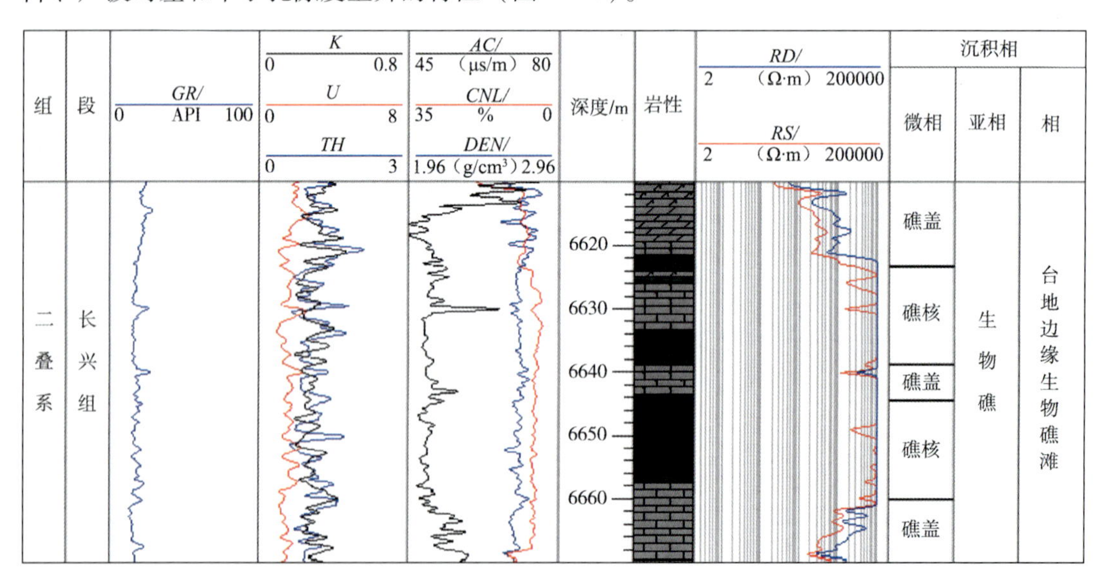

图2-10　元坝107井长兴组生物礁相测井曲线响应特征

（二）元坝长兴生物礁发育特征

1. 层序地层格架中生物纵向发育特征

元坝地区长兴组普遍被认为是“下滩上礁”的沉积特征，即生物礁的生长主要集中在上部三级层序的高位体系域，下部三级层序几乎不怎么发育生物礁，而是以生屑滩发育占主导。而根据岩屑薄片详细观察厘定井剖面上生物礁发育状况（图2-11），结合邻区龙岗1井、普光9井及盘龙洞露头剖面长兴组生物礁的发育生长状况，认为元坝地区长兴组生物礁不仅在上部三级层序发育，在下部三级层序的高水位体系域同样发育。

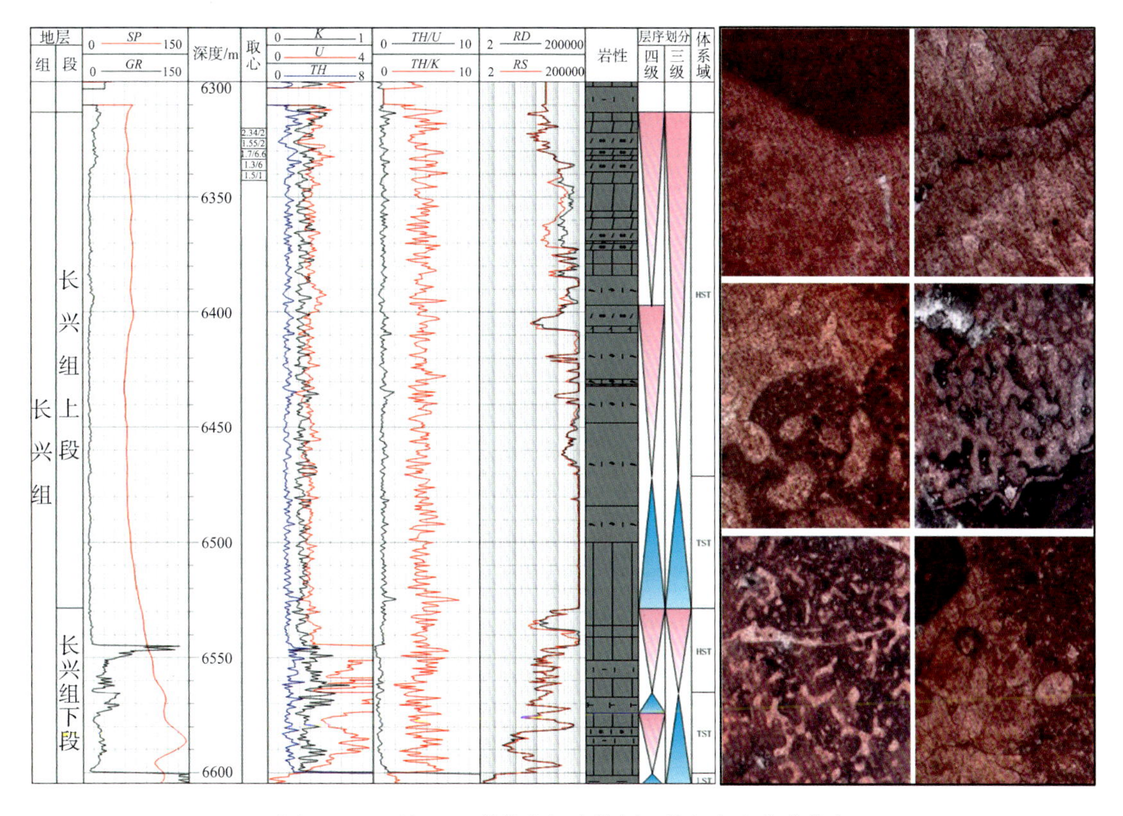

图2-11　元坝271井长兴组岩性剖面恢复与生物礁分布

2. 层序地层格架中生物横向发育特征

川东北元坝地区长兴组台地边缘由东向西发育①～④号生物礁带，通过不同礁带钻井剖面上生物礁发育分布的对比，可以看出各礁带生物礁生长基本是同步的，且横向主要为不连续的小礁体。图2-12则是选取贯穿东、西两侧4条礁带相关井建立的四级层序格架内生物礁发育对比图。可以看出，元坝地区长兴组生物礁纵向上可分为4期，自下而上分别是：SQ1层序高位体系域生物礁，SQ2层序海侵体系域生物礁，SQ2层序早期高位体系域生物礁，SQ2层序晚期高位体系域生物礁。

根据生物礁生长速率与海平面升降速率之间的关系，生物礁的生长方式可分为并进型、追补型和终止型3种类型。SQ2层序海侵体系域生物礁为典型的终止型礁，SQ1层序高位体系域及SQ2层序早期高位体系域生物礁为追补型礁，SQ2层序晚期高位体系域生物礁为典型的并进型礁。

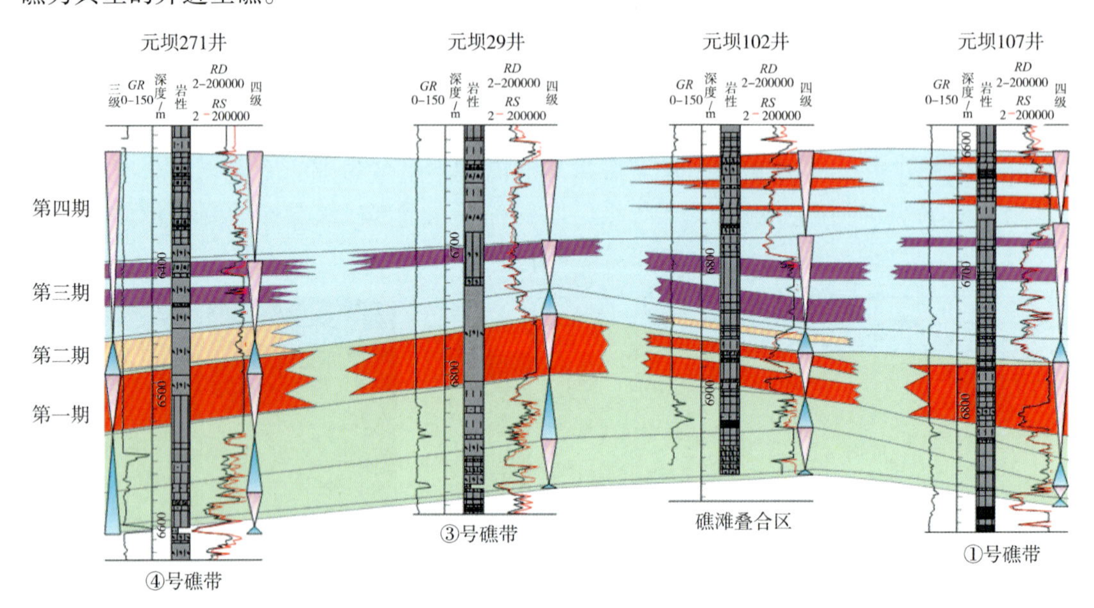

图2-12　元坝地区长兴组四级层序格架内台缘生物礁对比剖面图
（深度单位：m；*GR*单位：API；*RD*、*RS*单位：Ω·m）

综合而论，纵向上，不同级别层序反映了生物礁发育的旋回与期次：三级层序反映了生物礁的沉积旋回，四级层序反映了生物礁的沉积期次；元坝地区长兴组生物礁以SQ2层序晚期高位体系域最为发育，次为SQ2层序早期高位体系域和SQ1层序高位体系域，SQ2层序海侵体系域发育最少。平面上，生物礁的发育分布显示出台地边缘有多期优势发育，规模相对较大；台地内部部分时期有生物礁发育，规模相对较小。

第二节　沉积相特征

一、区域沉积背景

四川盆地上二叠统与三叠系飞仙关组以连续过渡沉积为主，在沉积相（环境）上二者之间是继承性发展的。在四川盆地东北部，晚二叠世至早三叠世飞仙关期的沉积过程，始于东吴运动形成的茅口组侵蚀面上，由盆地北部、东部向西南方向海侵，经历了两个完整的由海侵到海退的大的沉积旋回。在晚二叠世早期海侵过程中发育了海侵生物礁系列，在飞仙关早期的海进过程中则发育各种类型的鲕粒滩、砂屑滩，这些沉积体构成了区内油气储层主体。

区域上，长兴期，川东北地区古地理面貌呈北西—南东展布，呈现陆棚—台地相间格局（图2-13）。中部为梁平—开江陆棚，向北与广旺—鄂西深水陆棚相通，沉积大隆组炭质页岩夹硅质岩，沿梁平—开江陆棚东、西侧两台地边缘发育边缘礁滩相沉积。陆棚西侧沿元坝—龙岗—铁山南一带发育生物礁；陆棚东侧沿铁厂河（林场、椒树塘及稿子坪）、普光 2 井、普光 5 井、普光 6 井、黄龙 1 井、黄龙 4 井及天东 1 井等地分布。元坝地区位于梁平—开江陆棚西侧，主要发育开阔台地、台地边缘礁滩、斜坡、浅水陆棚、深水陆棚沉积相带，古地形总体为西南高、东北低，西南部为台地，东北为浅水—深水陆棚。

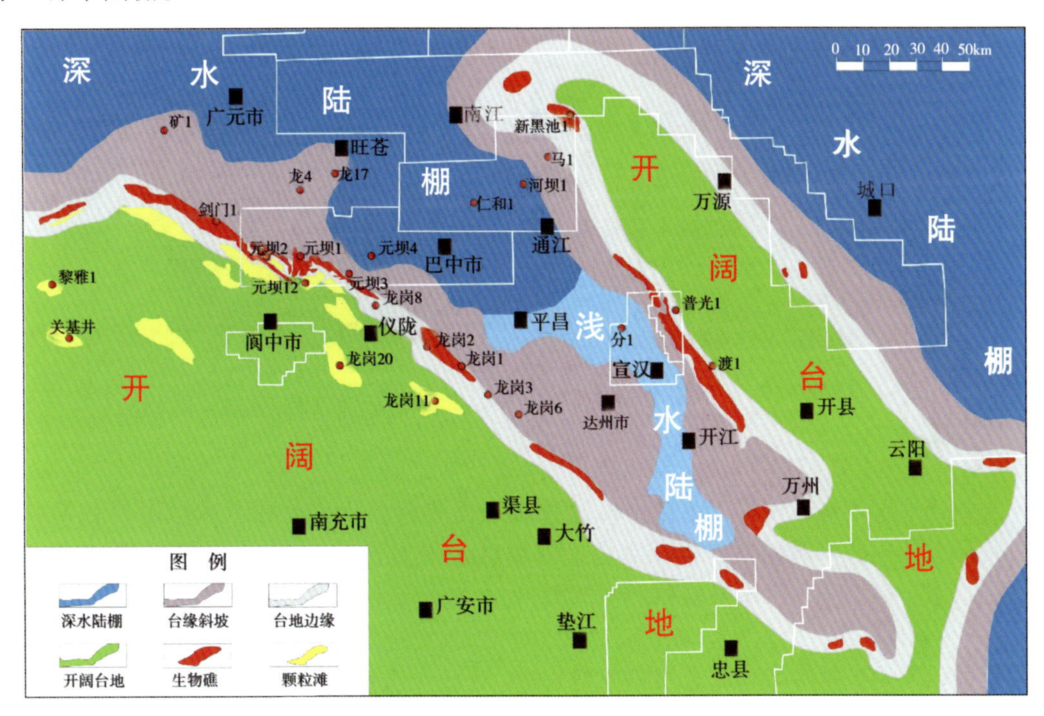

图 2-13　川东北地区长兴期沉积相图

二、沉积相划分方案

（一）沉积相识别标志

1. 岩石颜色

岩石颜色是沉积环境最直观的标志，元坝地区长兴组岩石颜色主要有灰色、深灰色、灰白色等。岩石在某种环境中呈现出特定的颜色，可根据沉积物颜色初步判断所处环境的水动力强弱。在水动力较强的沉积环境中，水流将很轻的泥质带走，因此沉积下来的岩石含有很少的泥质，岩石通常呈现很浅的颜色；在水动力较弱的深水或局限沉积环境中，水体流动不畅，因此沉积下来的岩石含有很多的泥质，岩石通常呈现出较深的颜色。

2. 岩石类型

露头调查和钻探结果显示，川东北元坝地区长兴组岩石类型主要有页岩、炭质页岩、泥灰岩、含泥质灰岩、泥晶灰岩、生物灰岩、礁灰岩、生物屑灰岩、砂屑灰岩、鲕粒灰岩、含云灰岩、含灰云岩、白云岩及硅质灰岩层或含燧石灰岩。不同岩石类型所代表的沉积环境不同，可以通过岩性变化来反映沉积环境的变化。

1）白云岩

所有的白云岩（图 2－14），不管白云石化发生在同生期、同生后期还是成岩期，它们都与海水咸化的蒸发环境有关，为低水位或浅水环境沉积物。不过，元坝地区有些白云岩的 Mg^{2+} 来自上覆地层（长兴组或飞仙关组），有些是热液成因，这些异地 Mg^{2+} 成因的白云岩与继承性滩的孔隙水连通或与断层沟通有关。

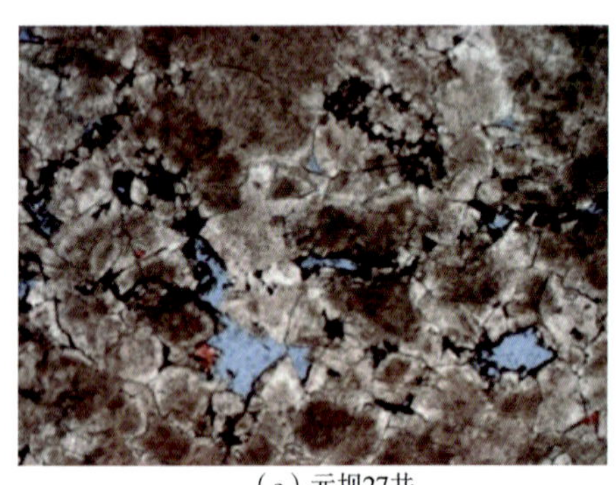

（a）元坝27井　　（b）元坝104井

图 2－14　残余生屑中细晶白云岩和生物礁云岩

2）炭质泥岩或炭质页岩

长兴组底部的炭质泥岩，紧挨着吴家坪组顶面不整合面，是在低水位时段初期发育的，海槽盆地内的炭质泥岩也与低水位期海槽处于半闭塞环境有关，它代表闭塞潟湖环境，是低水位期沉积，并不是陆棚环境沉积。

3）生物礁灰岩

生物礁灰岩包括骨架礁灰岩和障积礁灰岩，在长兴组地层中均有发育（图 2－15）。生物礁灰岩是在相对海平面持续上升过程中发育的，因为只有海平面上升起才能保证礁体快速生长中需要的 2～20m 水深。生物礁主要发育在基准面上升时段，所以大型礁主要发育于海进期和高水位早期。高水位晚期和低水位期，因为相对海平面缓慢上升，也可以发育小规模的礁。高水位晚期和强制海退期，礁体或向盆地迁移或停止发育。

（a）元坝10井：3-5-57　　（b）元坝10井：3-49-57

图 2－15　元坝地区长兴组骨架礁灰岩和障积礁灰岩

4）颗粒灰岩

潮间坪和滩相发育的颗粒灰岩和颗粒白云岩，有高能和低能之分。高能滩发育于水浅且开阔（浪）的环境，而较深水和不开阔环境发育低能颗粒灰岩。

5）灰岩

开阔台地、浅海、潟湖等环境都可以发育泥晶、微晶灰岩和生物屑灰岩。

6）泥灰岩、泥岩和页岩

泥灰岩通常发育于水深介于 60 ~ 120m 的低能环境，如广海陆棚、潟湖和斜坡、深水陆棚；黑色泥岩和页岩发育于水深超过 120m 的低能环境，如深水陆棚、斜坡和盆地。

3. 沉积构造

碳酸盐岩的构造十分多样，几乎具有全部沉积岩的构造类型。叠层石构造具有较明显的指相作用。元坝地区长兴组中叠层石由两种基本层组成：富藻纹层，即暗层，和富碳酸盐纹层，即亮层。富藻纹层藻类组分含量多，有机质含量高，碳酸盐岩沉积物少。富碳酸盐纹层藻类组分含量少，有机质少。这两种基本层交互出现，形成叠层石构造。叠层石具有两种基本的形态：层状和柱状。一般来说，层状形态叠层石生成环境的水动力条件较弱，多属于潮间带上部；柱状形态叠层石生成环境的水动力条件较强，多为潮间带下部及潮下带上部。

4. 古生物标志

元坝地区长兴组造礁生物主要是海绵、苔藓虫及层孔虫，附礁生物多为藻、腕足动物和有孔虫等。其中，台内点礁造礁生物主要为纤维海绵，其次为硬海绵、串管海绵，及少量水螅；黏结生物主要为钙藻，其次为管壳石和苔藓虫；附礁生物则以棘皮为主，其次为双壳类、腹足、腕足等，有孔虫较少。在台地边缘生物礁中，造礁生物主要为纤维海绵和串管海绵，其次为硬海绵，少量水螅；附礁生物则有棘皮类、双壳类、腹足类、腕足类等，但有孔虫含量大幅增加。

海绵大多生长在海水流动畅通的台地边缘带环境，固着在海底微隆起的坚硬礁石上，起到造架与支撑生物礁体的作用。海绵的形状有柱状、串管状、囊状等。柱状海绵形成的生物礁具有良好生物骨架，连通性好，有利于油气储存。海绵多与藻类植物共生，海绵的支架结构给藻类提供保护作用，藻类则给海绵提供氧气及食物。

珊瑚最适宜的生长环境对水深、水温、光照和含盐度要求极为严格，温度要求在 19 ~ 28℃之间，在此温度范围外，珊瑚的生长率有减小的趋势；要求 27 ~ 48 的盐度以及 50m 水深以内的浅海地区，并须有不断扰动但比较平静且较清澈的海水，这样方便给珊瑚带来营养物和氧气，并且能够把一些珊瑚自身不需要的废物带走。

（二）沉积相划分方案

岩心、测井及地震资料综合分析结果表明：元坝地区长兴组早期为碳酸盐岩缓坡沉积，中晚期演变为碳酸盐岩台地沉积，发育深缓坡、浅缓坡、台地边缘礁滩、开阔台地等沉积相类型，可进一步划分为台地边缘生物礁、开阔台地台内滩、台地边缘浅滩、浅缓坡生屑滩等亚相及礁基、礁核、礁盖、滩核、滩缘等多种微相类型（表 2-1），气藏区外还发育斜坡、陆棚等沉积类型。

表 2-1　元坝地区长兴组主要沉积相类型划分

沉积体系	相	亚相	微相
碳酸盐岩台地	盆地	盆地	盆地
	深水陆棚	深水陆棚	深水陆棚
	浅水陆棚	浅水陆棚	浅水陆棚
	斜坡	斜坡	斜坡
	台地边缘礁滩	台地边缘生物礁	礁基、礁核、礁盖（纵向）
			礁前、礁顶、礁后（横向）
		台地边缘浅滩	滩核、滩缘（横向）
		礁间、滩间	礁间、滩间
	开阔台地	台内滩、台内点礁	礁基、礁核、礁盖等
		滩间海	滩间海
碳酸盐岩缓坡	碳酸盐岩缓坡	浅缓坡	生屑滩、砂屑滩、滩间
		深缓坡	深缓坡泥

三、典型沉积相发育特征

（一）生物礁发育特征

生物礁微相是台地边缘区域由造礁生物原地密集生长构成岩石的一类微相，以能量高或较高、高速生长、块状构造、规模较大、组分复杂和混杂为特征，生物礁微相的典型岩性可以是骨架岩、障积岩、黏结岩等。元坝2井等井长兴组岩心上可识别出较为典型的生物礁微相，可见造礁骨架生物主要为海绵，部分层段珊瑚为造礁骨架生物，生物礁中蓝绿藻的活动较为活跃，礁灰岩主要表现为骨架岩和障积岩，前者代表了能量较高的生物礁环境，后者代表了能量相对较低的生物礁环境。岩性为灰色含云生屑灰岩、云质生屑灰岩、生屑砂屑灰岩、浅灰色溶孔白云岩、溶孔砂屑白云岩、含灰云岩、含云灰岩等（图2-16）。

（a）灰色生物礁灰岩

（b）浅灰色针孔状白云岩

（c）浅灰色溶孔白云岩

图2-16　元坝地区元坝2井长兴组岩心照片

（二）生物礁微相发育特征

1. 生物礁主要岩石微相类型

1）骨架岩微相

骨架岩微相造架生物含量高（>30%），主要为串管海绵、纤维海绵、硬海绵和水螅，另有少量珊瑚、层孔虫和苔藓虫。骨架孔发育，但大多被附礁生物屑、灰泥和栉壳状亮晶方解石胶结物充填。该微相仅见于礁核相中。

2）黏结岩微相

黏结岩微相是由蓝绿藻、古石孔藻和管壳石黏结或包覆其他生物（造礁生物及各种附礁生物屑）组成的礁灰岩。骨架孔相对较小，以充填灰泥和生屑为主，亮晶胶结物较少。该微相为礁核的主要岩石微相。

3）障积岩微相

障积岩微相造礁生物含量低（约10%），主要由原地生长的枝状、丛状串管海绵和纤维海绵障积细小生物屑和灰泥组成。附礁生物较多，为灰泥支撑。该微相主要见于未成熟礁体中及成熟礁体或半成熟礁体的下部。

4）礁角砾岩微相

礁角砾岩微相中礁角砾大小不等，分选差，棱角状，角砾成分为礁灰岩或泥晶灰岩，部分角砾被藻黏结，角砾间主要为灰泥填隙，亮晶胶结物较少。该微相主要发育于前礁部分。

5）泥粒—颗粒岩微相

（1）棘屑泥粒—颗粒岩微相：颗粒以棘屑为主，另有少量瓣鳃、腹足、腕足等。颗粒支撑，多为灰泥填隙，常强烈白云岩化，形成含残余棘屑的糖粒状白云岩，孔隙发育。该微相常见于礁基及礁翼。

（2）杂生物（屑）泥粒—颗粒岩微相：颗粒为各种生物屑，包括有孔虫、䗴、藻屑、棘屑、腕足类、介形虫、瓣鳃类和腹足类等，且不以哪种生物屑占绝对优势。颗粒支撑，灰泥填隙为主，局部亮晶胶结。该微相主要见于礁基及礁翼。

（3）礁屑泥粒—颗粒岩微相：该微相含大量的造礁生物碎屑，另有棘屑、腕足、腹足和瓣鳃等。颗粒支撑，灰泥填隙，常强烈白云岩化，孔隙发育。分布于成熟礁体或半成熟礁体的礁盖部分。

6）粒泥岩微相

（1）杂生物（屑）粒泥岩微相：生屑颗粒含量较少（<50%），主要为䗴、有孔虫、介形虫、棘屑等，另有少量的腕足类、瓣鳃类和腹足类。灰泥支撑。主要分布于台坪静水环境中或礁滩间。

（2）浮游生物粒泥岩微相：颗粒以浮游生物为主，主要为海绵骨针和放射虫，另有少量钙球和介形虫。除浮游生物外，还有少量的有孔虫、䗴、棘屑等。该微相主要分布于台凹或槽盆深水环境。

7）灰泥岩微相

（1）（含生屑）灰泥岩微相：主要为含泥质的泥晶灰岩，有时含燧石结核和少量的生物碎屑。主要分布于台坪静水环境和潮坪环境，在台凹次深水环境中也常见。

（2）含浮游生物灰泥岩微相：主要为含放射虫、海绵骨针的泥晶灰岩。分布于槽盆及台凹深水环境中。

（3）泥粉晶白云岩微相：白云石晶体细小，泥—粉晶，它形为主，晶间孔不发育，有时含少量生物碎屑，且以瓣鳃和腹足为主，白云岩中常见石膏假晶、鸟眼、干裂及泥藻纹层，为潮坪环境产物。

2. 生物礁沉积微相划分

1）生物礁纵向微相划分

生物礁在纵向上可进一步细分为礁基、礁核及礁盖微相。礁盖岩性主要为溶孔、针孔白云岩，表现出疏松多孔的测井响应特征，如密度、电阻率值下降，声波、中子孔隙度上升等，反映溶孔发育的特征。礁基岩性主要为生屑灰岩和泥微晶灰岩。礁核岩性主要为生物骨架灰岩。礁基、礁核在电测曲线上表现为低伽马、极高电阻的特征；伽马曲线较平直，指示礁灰岩整体岩性较纯的特征（图2-17、图2-18、表2-2）。

2）生物礁微相横向分布

生物礁在横向上可进一步细分为礁前、礁顶及礁后微相。礁前以发育礁前角砾岩为最主要特征，其上覆地层倾角大，可见变形滑脱构造；礁顶以发育溶孔、针孔白云岩为最主要特征，上覆地层倾角小，以水平层理为主；礁后以发育残余生屑白云岩为最主要特征，上覆地层倾角与礁前相似，局部发育井眼崩落，但地层倾角小于礁前，密度、电阻率曲线变化频繁，幅度变化大。电测曲线上，礁前电阻率极高，曲线平直；礁顶电阻率较高，呈箱状；礁后电阻率高，呈锯齿状互层（图2-18、图2-19）。

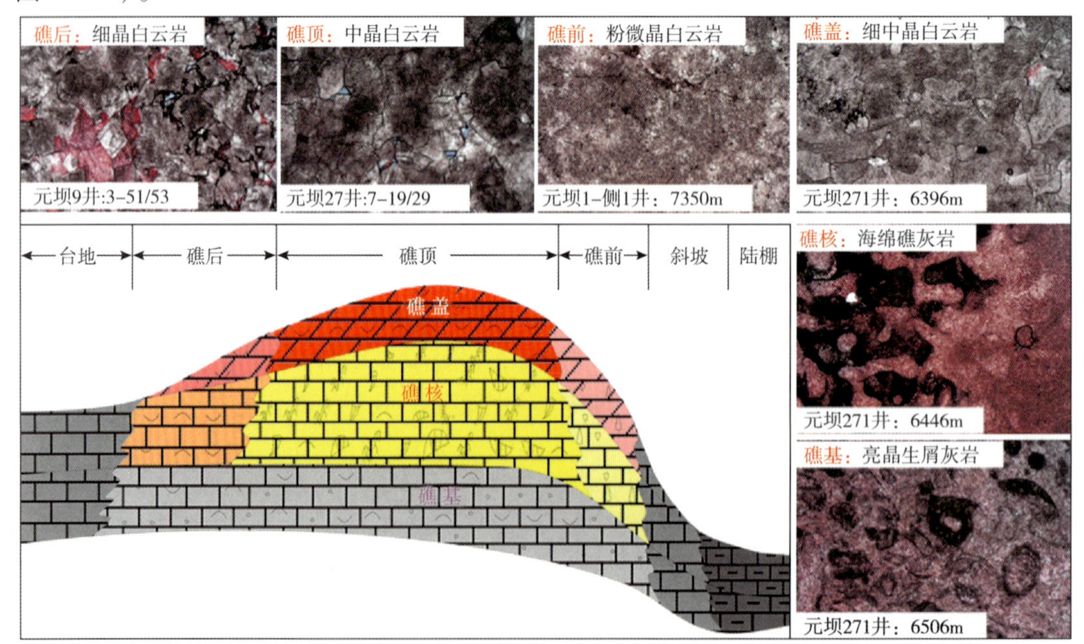

图2-17　元坝地区长兴组生物礁微相精细划分及典型沉积剖面图

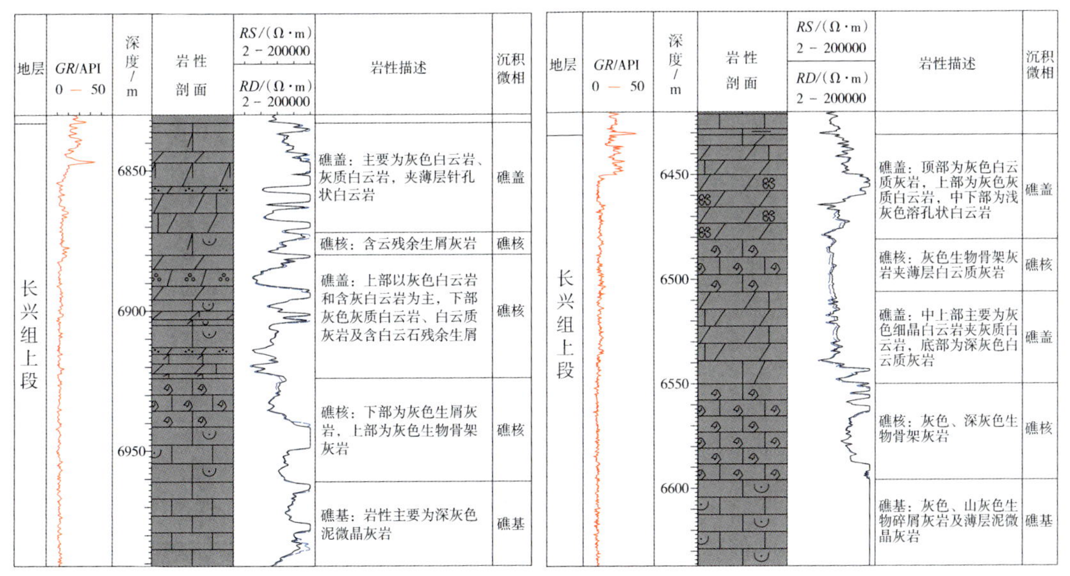

（a）礁后：元坝9井　　（b）礁顶：元坝205井

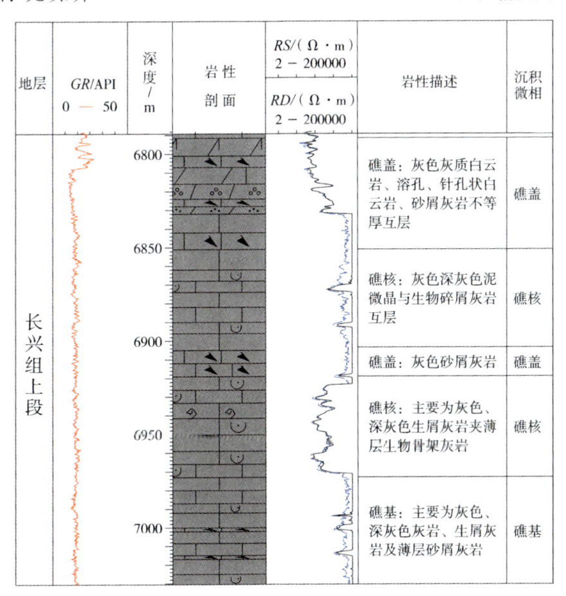

（c）礁前：元坝10井

图 2−18　生物礁平面上不同微相典型剖面图

表 2−2　长兴组气藏典型井礁盖、礁核和礁基测井响应特征表

微相类型	AC/（μs/ft）	DEN/（g/cm^3）	CNL/%	RD/（Ω·m）	电成像特征
礁盖	锯齿状高值，50 ~ 65	锯齿状低值，2.35 ~ 2.66	高值，3.05 ~ 10.5	双侧向正差异大，RD 中高值为 500 ~ 30000	暗色图像，溶蚀孔洞及裂缝发育
礁核	相对高值，48 ~ 51	相对低值，2.63 ~ 2.7	相对高值，1.9 ~ 4.0	双侧向具有一定正差异，RD 高值为 30000 ~ 50000	暗色图像，发育一定溶蚀孔洞及裂缝
礁基	平直，47 ~ 50	平直，2.68 ~ 2.73	平直，0 ~ 2.0	双侧向无正差异，RD 极高，为 50000 ~ 99999	均一的白色、灰白色图像

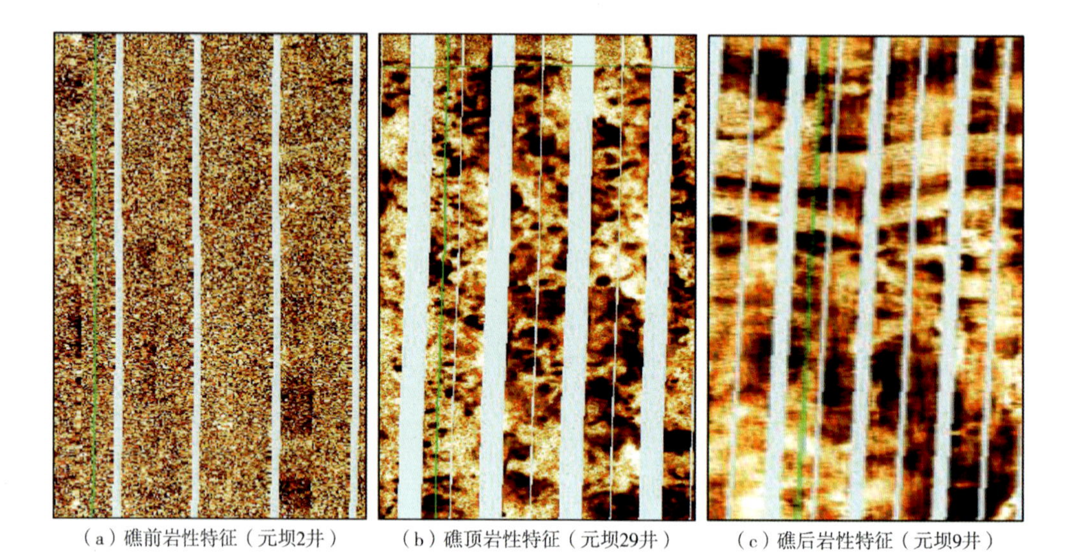

（a）礁前岩性特征（元坝2井） （b）礁顶岩性特征（元坝29井） （c）礁后岩性特征（元坝9井）

图 2-19 元坝地区长兴组生物礁横向不同微相成像测井特征）

四、沉积相平面展布特征

（一）地震相划分与分布规律

1. 剖面地震相分析

地震相是沉积相在地震资料上的映射，它是指有一定分布范围的三维地震反射单元，其地震参数如反射结构、几何外形、振幅、频率、连续性等，皆与相邻相单元不同。地震相代表产生反射的沉积物的一定的岩性组合、层理和沉积特征。利用三维地震资料平面分辨率高的优势，可以较为精细地刻划元坝气田长兴组礁、滩体在平面上的分布。

通过对元坝气田长兴组地层地震反射影像的研究，结合单井相分析，在长兴组中识别出 5 种主要沉积相的地震标志，分别为斜坡相、台地边缘生物礁相、潟湖相、早期生屑滩相、晚期台内滩相。

斜坡相位于工区的东部，呈北西—南东向展布。地震剖面上，斜坡相沉积具有低频、单轴强振幅、连续性好的特征（图 2-20）。

台地边缘生物礁相在地震剖面上表现为明显的“底平顶凸”丘状外形，内部具空白或杂乱反射结构，两翼同相轴体现中断、上超的特征（图 2-20）。

潟湖相表现为底部短轴中—强振幅、上部空白弱反射的特征（图 2-20）。

台缘生屑滩相发育于长兴组下段，在地震剖面上表现为“低频、中强变振幅、微幅蚯蚓状复波”的特征（图 2-21）。

台内点滩相发育于长兴组上段，在工区的西部和东部均有发育，西部台内点滩在地震剖面上主要表现为“低幅度丘状外形、杂乱或亮点”反射特征（图 2-21）；东部台内点滩在地震剖面上波形特征不明显，识别难度大（图 2-22）。

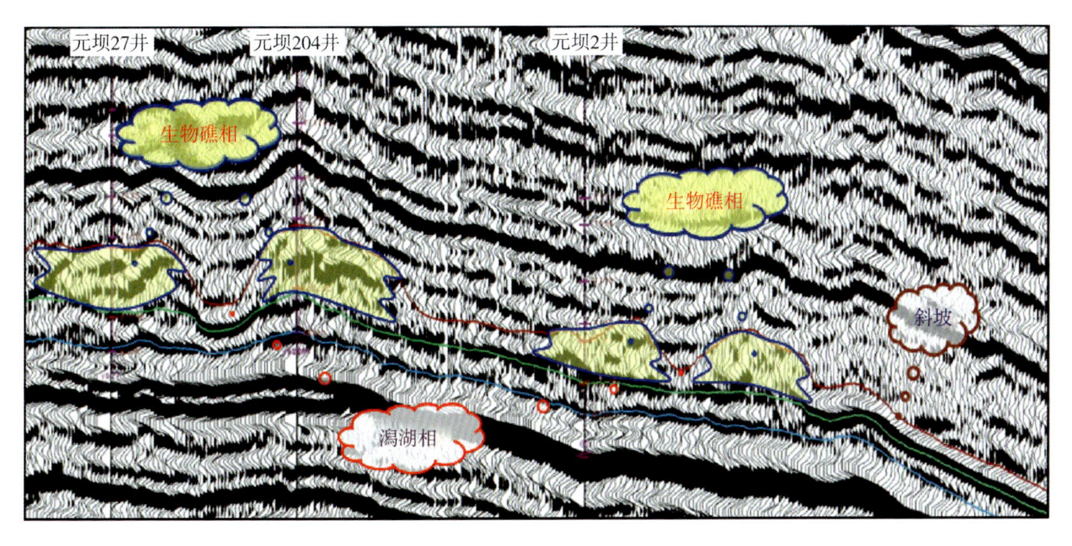

图 2-20　斜坡相、生物礁相、潟湖相地震反射影像特征

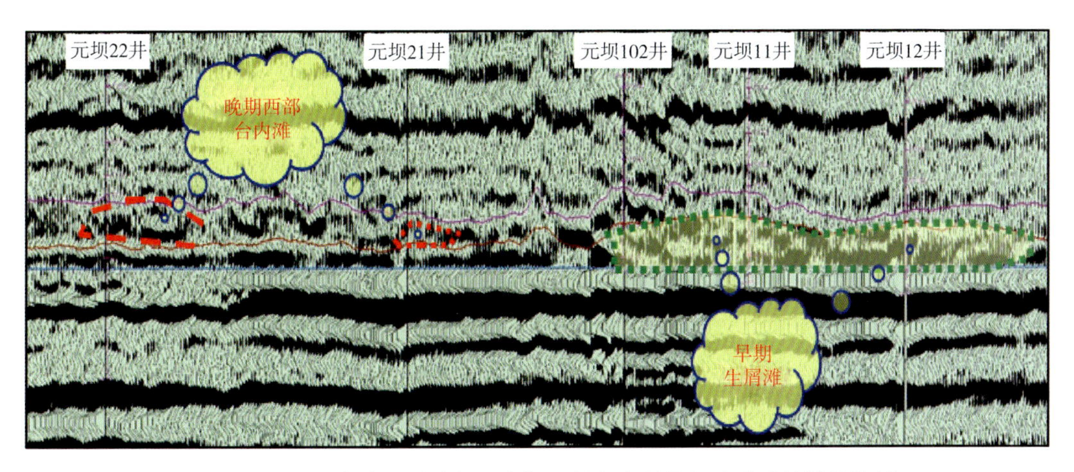

图 2-21　早期台缘生屑滩相、晚期西部台内点滩相地震反射影像特征

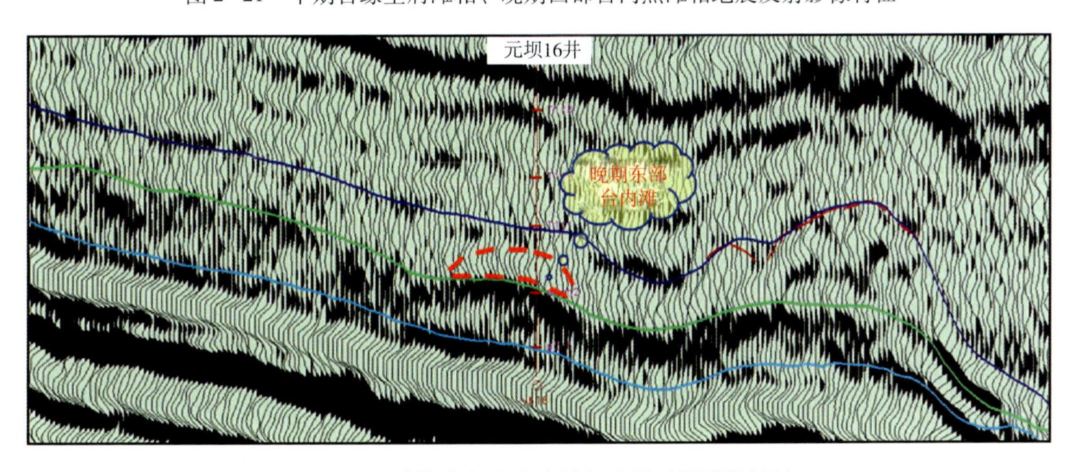

图 2-22　晚期东部台内点滩相地震反射影像特征

2. 平面地震相及古地貌分析

碳酸盐岩礁滩体的沉积具有典型的古地貌特征，通过对上二叠统、下三叠统沉积环境及构造演化分析，元坝地区在当时处于稳定的台地沉积环境，没有大的构造运动，地层保存完整，因此可以通过恢复古地貌特征，为礁滩沉积体系的发育特征和分布范围研究提供依据。

1）长兴早期地震相及古地貌特征

图 2-23 为长兴早期地震相及古地貌图，地震相图东南部紫色区带对应的是古地貌高区带，结合单井相分析结果，确定此带为早期高能生屑滩发育带。

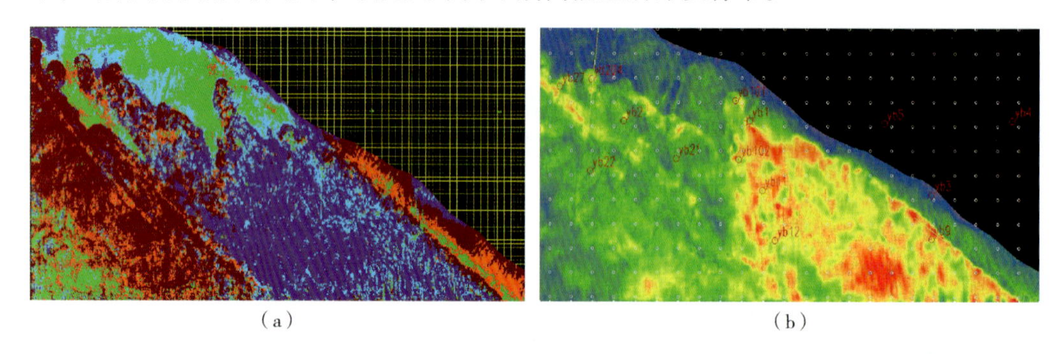

（a）　　　　（b）

图 2-23　元坝地区长兴组早期地震相（a）及古地貌（b）图

2）长兴晚期地震相及古地貌特征

图 2-24 为长兴晚期地震相及古地貌图，结合单井相分析及古地貌图可知，地震相图外缘杂色区带为古地貌高区带，次为浅紫色区带，结合单井相分析结果，外缘杂色区带为生物礁发育区，浅紫色区带为礁后浅滩发育带。从古地貌图可以看出，各礁带上的生物礁并不都相连。

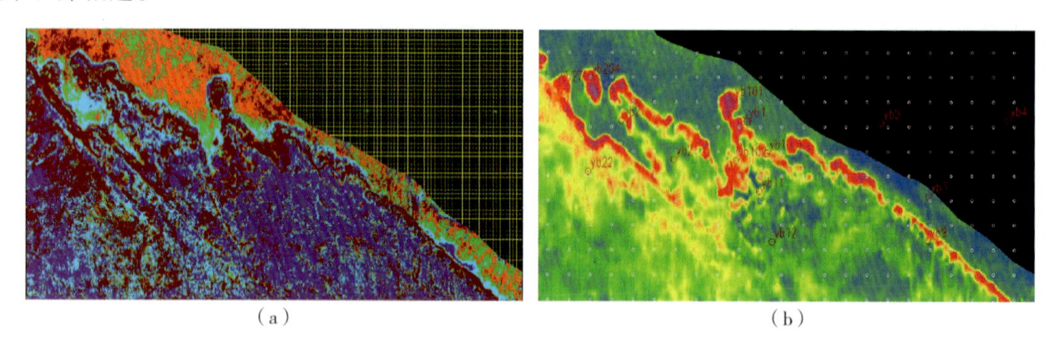

（a）　　　　（b）

图 2-24　元坝地区长兴组晚期地震相（a）及古地貌（b）图

（二）沉积相平面展布特征

综合利用岩心、录井、测井、地震等各种资料，通过单井相、连井相、地震相及古地貌分析，认为元坝地区长兴组早期为碳酸盐岩缓坡沉积，中晚期逐渐演变为碳酸盐岩台地沉积，自北东向南西方向依次为陆棚相、斜坡相、台地边缘礁滩相、开阔台地相。

以三级层序体系域为单元，元坝地区长兴组具有以下沉积演化规律。

长兴早期（SQ1 海侵体系域）为碳酸盐岩缓坡沉积，整体沉积地形较平缓，沿元坝

27 井—元坝 204 井—元坝 205 井—元坝 102 井—元坝 101 井—元坝 1 井—元坝 10 井—元坝 9 井一线，北东方向为深缓坡沉积，南西方向为浅缓坡沉积。整体水体较深，储层不甚发育，仅在地形稍高、能量较强的局部发育一些规模较小的高能生屑滩，此为元坝长兴纵向发育的第一期滩。实钻表明，元坝 10 井、元坝 205 井等井区发育此期滩体（图 2-25）。

长兴早中期（SQ1 高位体系域）随着沉积地形分异加剧，滩体具有从西向东、从南向北前积的特征，在元坝 101 井—元坝 102 井—元坝 11 井—元坝 12 井—元坝 123 井—元坝 16 井一带发育高能生屑滩沉积，此为元坝长兴纵向发育的第二期滩，局部发育第一期生物礁。此期滩体厚度大，分布范围也较大，但生物礁仅局部发育，规模小（图 2-25）。

长兴中期（SQ2 海侵体系域）地形分异进一步加剧，元坝地区逐渐演化为台地边缘沉积，沿着台地边缘开始出现生物礁沉积（第二期礁），同时，随着生屑加积及礁屑不断向礁后充填，在生物礁后发育礁后滩沉积（图 2-25），此为第三期滩。长兴晚期（SQ2 高位体系域）以生物礁沉积为主（第三、第四期生物礁），滩体不发育，礁体主要发育在元坝 27 井、元坝 204 井等井区，呈条带状分布，形成 4 个礁带。每个礁带沿走向由多个礁群组成。每个礁群又由多个小礁体组成。各个礁带不相连，同一礁带内礁群之间并不完全相连，而礁群内部各个小礁体之间连通性较差（图 2-25）。

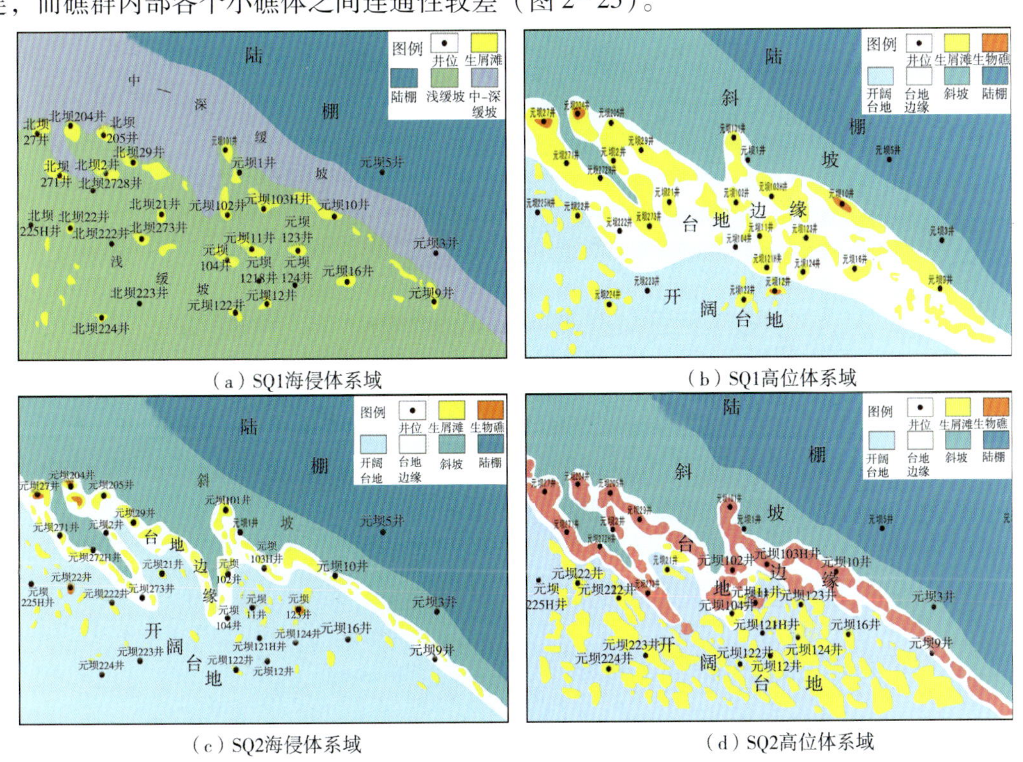

（a）SQ1海侵体系域　（b）SQ1高位体系域

（c）SQ2海侵体系域　（d）SQ2高位体系域

图 2-25　元坝地区长兴组不同时期沉积相平面展布图

第三节　元坝长兴组沉积演化模式

一、长兴组沉积演化模式

长兴组早期为碳酸盐岩缓坡沉积，地形总体较平缓，仅在地形稍高、水体能量较大的局部地方发育一些小规模的低能生屑滩，此为第一期滩。随着沉积地形分异加剧，早中期开始由缓坡沉积向台地沉积过渡，滩体沉积范围扩大，发育一些厚度较大的高能生屑滩，此为第二期滩，滩体具有从北西向南东前积的特征。局部发育小规模生物礁（第一期礁）。中晚期地形分异进一步加剧，元坝地区完全演化为缓坡型碳酸盐岩台地沉积，并沿着台地边缘带开始形成生物礁（第二期礁），同时，随着生屑加积及礁屑不断向礁后充填，在生物礁后发育礁后滩沉积，在开阔台地内发育台内滩沉积，此两者均为第三期滩。长兴晚期以生物礁沉积为主（第三、第四期生物礁），滩体不发育。总体而言，元坝地区长兴组生物礁可分为两个大的成礁旋回（与三级层序对应），4 期生物礁沉积（与三级层序体系域或四级层序对应），SQ2 层序高位体系域生物礁最为发育（图 2-26）。

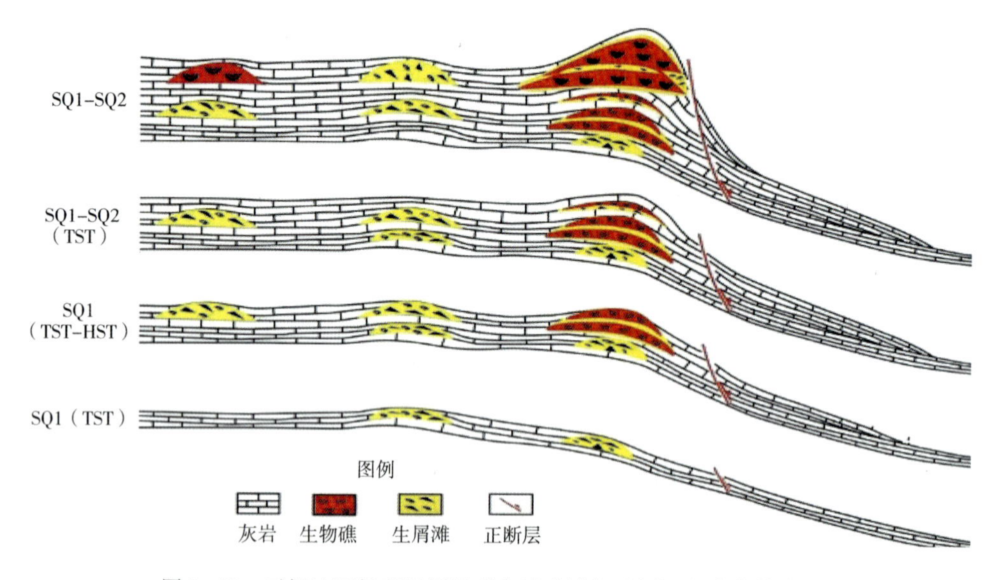

图 2-26　元坝地区长兴组缓坡型台缘礁滩相地层沉积演化模式图

二、缓坡型台缘礁滩相沉积特点

根据 Flood 等于 1993 年对苍鹭岛生物礁灰岩沉积特征的研究，现代缓坡型台缘礁滩相沉积具有单礁体规模小、垂向多期叠置、平面分布散的特点。元坝地区长兴组也具有该特征：郭彤楼等通过对元坝地区长兴组台缘礁滩体系内幕构成及时空配置进行研究，认为元坝地区发育多期、向不同方向迁移的生物礁；从元坝 27 -1H 井实钻井轨迹剖面也可以看出，该井水平段钻遇 3 个礁体（图 2-27）。

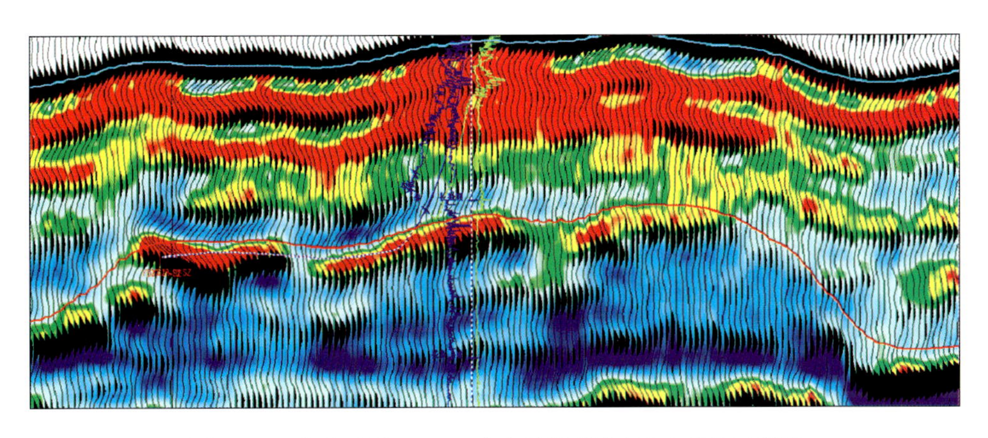

图 2-27 实钻元坝 27-1H 井水平段穿越多个小礁体示意图

三、元坝长兴生物礁发育与分布模式

元坝地区长兴组生物礁在沉积背景上属缓坡—镶边台地型台缘沉积，受沉积期古地貌及海平面频繁升降影响，礁滩体具有“小、散、多期”的特点，由此导致生物礁发育与分布模式复杂多样，通过对生物礁地层地质及地震剖面结构特征的综合分析，分别建立单礁体及礁群发育模式，有利于生物礁储层发育与分布模式及储层预测研究。

（一）单礁体发育模式

元坝地区长兴组生物礁单礁体可分为单期礁和双期（多期）礁两种模式：单期礁纵向上仅发育一个礁基—礁核—礁盖成礁期（一般位于海侵体系域和早期高位体系域）（表 2-3）；双期（多期）礁纵向上发育两个（或两个以上）成礁期次，生物礁最发育的 SQ2 层序高位体系域以双期礁为主，即礁基—礁核—礁盖（位于早期高位体系域）+礁核—礁盖（位于晚期高位体系域）（表 2-3）。

（二）礁群发育模式

1. 纵向进积式

在生物礁生长发育过程中，随着海平面下降，礁体生长速率高于海平面升降速率，后期礁在早期礁基础上向海进积生长，在垂直礁带方向上，两个或两个以上单礁体进积叠加而形成礁群。该礁群礁顶（盖）包络构造变化强烈，礁顶（盖）连通性相对较差，礁体之间以后期礁体的礁后覆盖在前期礁体的礁前沉积之上为特征（表 2-3）。

2. 纵向退积式

在生物礁生长发育过程中，随着海平面上升，礁体生长速率低于海平面升降速率，后期礁体在早期礁体基础上向陆退积生长，在垂直礁带方向上两个或两个以上单礁体叠加而形成礁群；该礁群礁顶（盖）包络构造变化大，礁顶（盖）连通性相对较差，礁体之间以后期礁体的礁前覆盖在前期礁体的礁后沉积之上为特征（图 2-3）。

3. 横向并列式

在生物礁生长发育过程中，顺礁带方向上，多个礁体同期生长形成连通性较好的礁群，仅由于不同礁体生长速率不同导致单礁体规模有所差异。该礁群礁顶（盖）包络变化较大；礁盖振幅发生多次强弱变化，振幅变弱伴有复波反射；顺礁带方向礁顶（盖）连通性相对较好（表2-3）。

4. 横向迁移式

在生物礁生长发育过程中，顺礁带方向上，受沉积期古地貌和海平面变化的影响，不同礁体存在迁移生长的模式。该模式礁体发育特征与横向并列式相似，礁盖包络有一定变化，礁盖振幅发生多次强弱变化，振幅变弱伴有复波反射；顺礁带方向礁顶（盖）连通性较好（表2-3）。

5. 复合叠加式

受沉积期古地貌及海平面频繁变化的影响，元坝地区生物礁生长过程中，还存在纵向上进积（退积）或横向并列（迁移）和垂向上加积同时存在的复合叠加式生长发育模式。在此类型礁群中，顺礁带或垂直礁带方向上发育多个礁体，垂向上发育多期礁顶（盖），各礁体礁顶（盖）连通性相对较差（表2-3）。

表2-3　元坝地区长兴组生物礁发育模式及对应特征

类　型		地震剖面	生物礁发育地质模式	备　　注
单礁体	单期礁	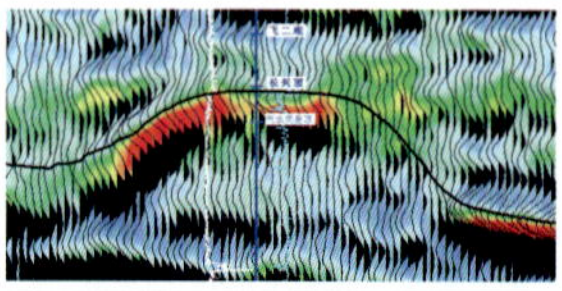		纵向上仅发育一个礁基—礁核—礁盖成礁期（一般位于海侵体系域和早期高位体系域）
	双期礁			纵向上发育礁基—礁核—礁盖（位于高位早期）+礁核—礁盖（位于高位晚期）两（多）个成礁期次
礁群	纵向进积式	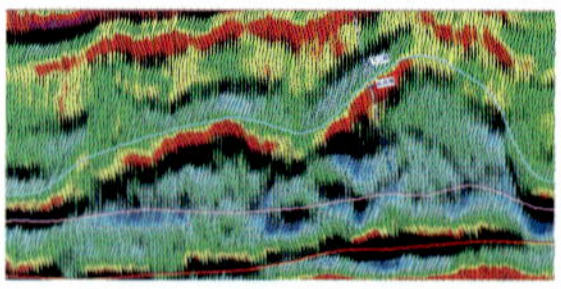		垂直礁带方向发育两个礁体；礁盖包络构造变化剧烈；礁体生长速率高于海平面升降速率，后期礁在早期礁基础上向海进积生长
	纵向退积式	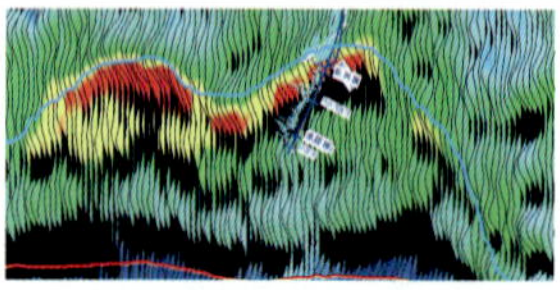		垂直礁带方向发育两个礁体；礁盖包络构造变化较大；礁体生长速率低于海平面升降速率，后期礁体在早期礁体基础上向陆退积生长
	横向迁移式	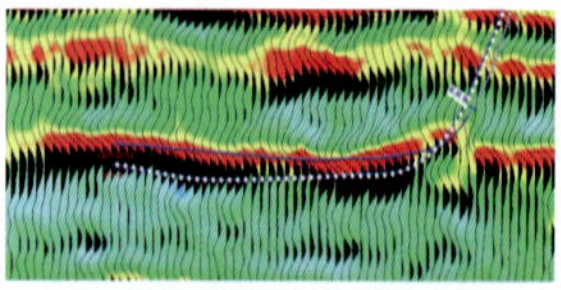		垂直礁带方向发育多个礁体；礁盖包络有一定变化；礁盖振幅发生多次强弱变化，振幅变弱伴有复波反射；晚期礁体顺礁带方向迁移生长
	横向并列式	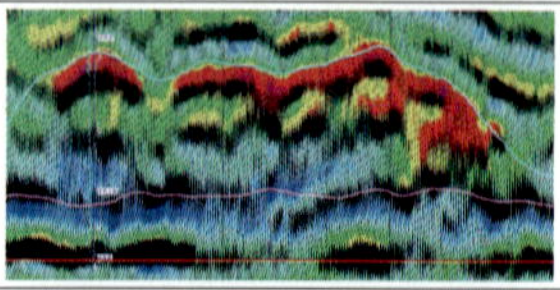	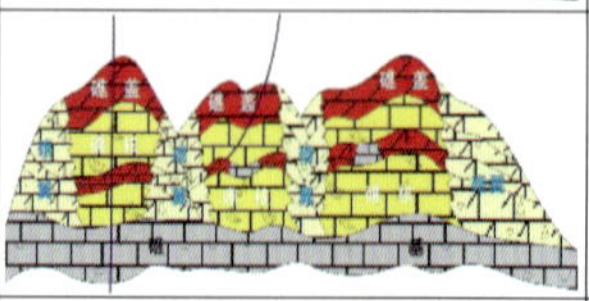	垂直礁带方向发育多个礁体；礁盖包络变化剧烈；礁盖振幅发生多次强弱变化，振幅变弱伴有复波反射；晚期礁体顺礁带方向迁移生长
	复合叠加式	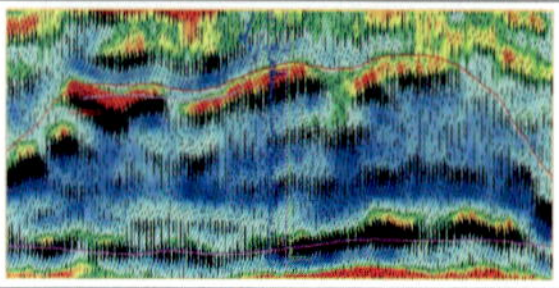	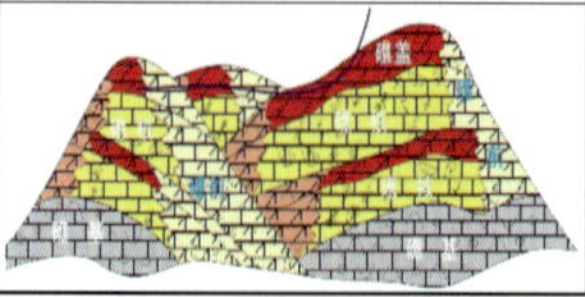	垂直礁带方向发育多个礁体；礁盖包络变化较大；礁盖振幅发生多次强弱变化，振幅变弱伴有复波反射；更晚期礁在横向迁移式礁群上生长

第三章　礁滩相储层特征及发育控制因素

元坝地区长兴组储层主要分布在台地边缘及台地内部，储层主要为白云岩，储层物性较差，非均质性强，优质储层厚度薄。生物礁储层在纵向上储层发育差异大。平面上不同礁带礁相储层和滩相区储层发育差异大，尤其是不同沉积微相的储层质量和厚度变化大，储层类型多样。

前期长兴组气藏勘探评价过程中取得了很好的成绩，特别是解决了礁相区和滩相区储层的识别和初步评价，以及成岩作用和储层的主控因素研究。然而，随着开发的介入，尤其是在开发选区评价和开发井的部署过程中，一些新的问题和难点就出现了，成为高效开发过程中的瓶颈。其难点主要来自于3个方面：一是礁相和滩相区储层质量的差异特征及产生差异的主控因素不清楚；二是优质储层的分布特征及规律不明确，不同礁相区、同一礁带内、礁群优质储层质量差异的分布规律，单个生物礁礁体不同沉积微相区的优质储层质量差异，以及纵向上4期生物礁发育的储层质量差异特征不明确；三是优质生物礁白云岩储层的主控因素不明确，优质生物礁储层发育分布机理及模式未建立，有利沉积相和沉积微相的储层发育程度不清楚，有利储层白云岩在纵横向上的分布规律预测困难，严重影响了气藏储层精细描述、井位部署和储量动用。

针对上述难题，中国石化积极组织开展优质储层分布特征、优质储层主控因素及分布规律研究，其中储层结构组分的成岩环境识别和成因分析是优质储层成因和分布研究的关键，特别针对白云石化作用和溶蚀作用开展多技术研究攻关，形成了以成岩作用研究为核心的白云石化作用和溶蚀作用精细描述和研究技术，为有利储层成因和分布规律的精确描述提供了技术支撑，解决了有利沉积微相中优质储层的识别问题。综合沉积微相分析、层序地层分析、成岩作用精细研究总结了优质储层主控因素，明确了优质储层的分布规律。

利用上述优质储层成因及分布规律研究来预测、指导地震精细解释，且和实钻单井评价认识及气井试采结果吻合度高，将其成果和技术方法直接应用于开发方案的编制、井位部署和现场钻井跟踪中，优质储层的分布规律及预测得到了实钻井的验证。

第一节　礁滩相储层特征

礁滩相储层特征的基本描述是深入储层各项研究的前提。针对前期在储层特征描述上存在的问题，采用岩相学分析、沉积微相分析、测井解释多手段结合分析研究，深入、全面地精细描述了储层的基本特征，包括储层岩石类型、储集空间类型、物性特征、孔隙结构特征等方面，完善了元坝地区碳酸盐岩储层的微观分类及评价标准。

一、储层基本特征

（一）储层岩石类型

长兴组发育两类储层，即生物礁相储层和生屑滩相储层，分别主要分布于长兴组上段和下段。通过取心井岩心观察、岩屑录井及薄片鉴定发现，储层岩石类型多样，包括白云岩和灰岩两大类。其中，以晶粒白云岩、残余生屑（粒屑）晶粒白云岩、残余藻黏结微粉晶白云岩、生物礁白云岩等为主要储层岩石类型，储渗性能好。生屑灰岩、生物礁灰岩及灰云岩（云灰岩）储渗性能相对较差。礁相储层主要发育白云岩类岩石，滩相储层发育云灰岩类岩石。

残余生屑晶粒白云岩：为生屑灰岩白云石化形成。岩石结构以粉晶、细晶和中晶白云石为主，少量粗晶白云石、白云石晶体呈它型—半自形状，见生屑幻影［图 3-1（a)］，这类岩石晶间（溶）孔、溶孔发育，可以形成优质储层。

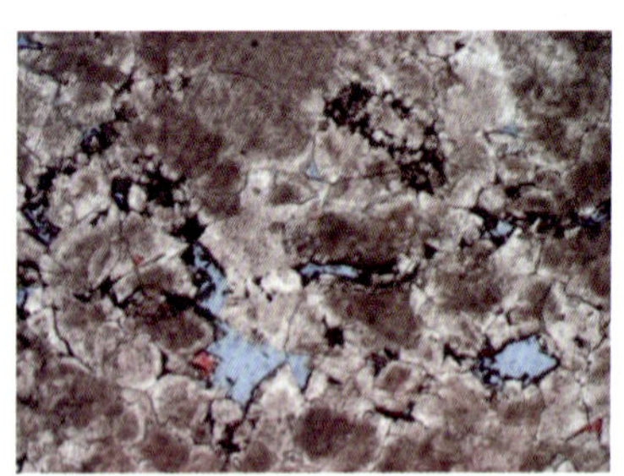
（a）残余生屑中细晶白云岩，元坝27井，7-19/29，×50

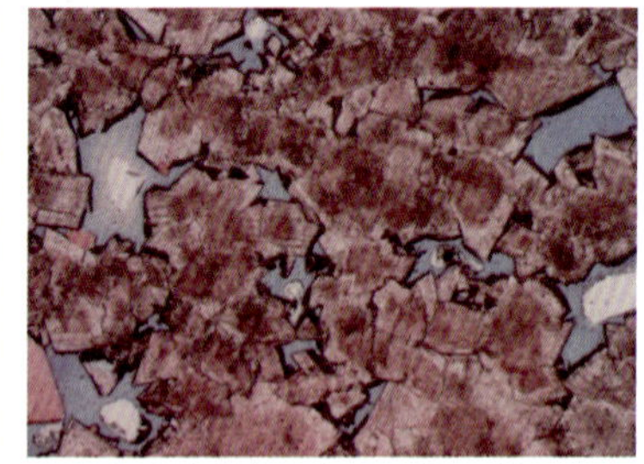
（b）中晶白云岩，元坝205井，3-2/14，×50

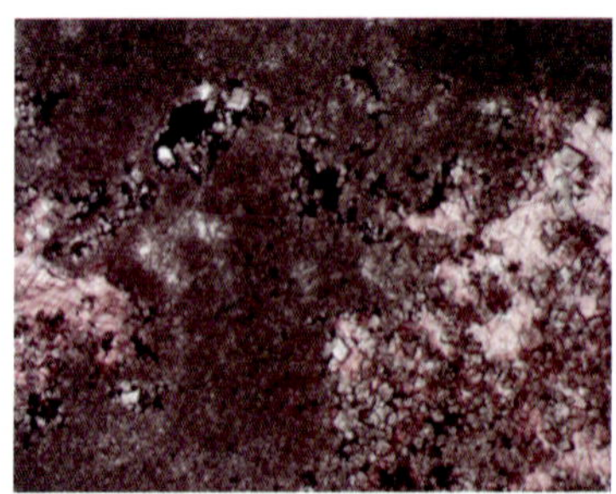
（c）含灰藻团粒藻屑粉微晶白云岩，元坝271井，6325.77m，×50

（d）生物礁云岩，元坝104井，5-33/36

图 3-1　长兴组礁相储层岩石类型

晶粒白云岩：白云石化程度强烈，原岩结构难以辨识。粉—细晶自形（它形）白云石及细—粗晶白云石常具雾心亮边结构，晶间（溶）孔和溶蚀孔洞发育，可形成优质储层

[图 3-1 (b)]。

藻黏结（溶孔）微粉晶白云岩的岩石结构以微、粉晶白云岩为主，部分呈藻黏结结构，也有部分呈均质结构，另外有一部分呈含生屑微晶结构，结构特征明显，孔隙较发育[图 3-1 (c)]，主要发育在礁相储层。

生物礁白云岩：生物礁骨架结构较清楚，在生物礁灰岩基础上，经过白云石化作用形成，其白云石类型多样，既有在生物礁骨架或藻包覆层发育的微—细晶白云石，也有在骨架间孔洞柱状方解石及其末端发育的细—中晶白云石，以及整体白云石化。岩石中溶蚀孔洞发育，部分孔洞内可见方解石不完全充填，储集性能较好[图 3-1 (d)]。

生物礁灰岩：该类岩石包括海绵生物礁和珊瑚礁等，海绵生物礁中以钙质海绵为主，附礁生物主要有腹足、有孔虫、䗴类、藻类、海百合等，骨架间孔洞部分为微晶灰岩或生屑微晶灰岩填积，其剩余空间可沉淀晶粒较大的亮晶方解石。生物礁骨架孔洞以及骨架间早期孔洞内沉积方解石经受后期溶蚀作用改造而形成的未充填的溶蚀孔洞，可提供一定的储集空间，形成储集性较差的储层。

生屑灰岩：该类岩石颗粒含量均达到 50% 以上，颗粒类型以生物碎屑为主，类型多样，这些生屑部分遭受早期溶蚀，形成粒内溶孔，可提供一定的储集空间，形成储集性较差的储层。

灰云岩（云灰岩）：灰岩类岩石在白云石化作用不完全的情况下所形成的，灰质部位往往呈灰色或黑灰色，白云石化部位呈灰白色，斑状分布。其中白云石化部位可发育一些溶蚀孔隙或孔洞，储集性相对较好。

（二）储层储集空间类型

通过对元坝地区长兴组钻井的岩心、岩屑薄片观察和扫描电镜分析等可以看出，储层储渗空间类型主要有孔隙、溶洞和裂缝 3 类。其中以晶间孔、晶间溶孔、溶蚀孔洞最为发育，裂缝次之（表 3-1）。

表 3-1　元坝地区长兴组储层储渗空间类型

储集空间类型		特　征	发育频率	主要岩性
孔隙	粒内溶孔	生屑颗粒内部早期选择性部分溶蚀	低	生屑灰岩、残余生屑云岩
	铸模孔	生屑颗粒内部早期选择性完全溶蚀	中	生屑灰岩、残余生屑云岩
	格架孔	骨架礁岩中造架生物之间的孔隙	低	海绵礁灰岩、白云岩
	粒间溶孔	颗粒之间填隙物被溶蚀形成孔隙	低	生屑灰岩
	晶间孔	晶体之间的空隙	高	晶粒云岩、残余生屑云岩
	晶间溶孔	晶体之间的空隙被溶蚀扩大	高	晶粒云岩、残余生屑云岩
	溶孔	非组构性溶孔，孔径均小于 2mm	高	晶粒云岩、残余生屑云岩
溶洞	孔隙型溶洞	在孔隙基础上溶蚀扩大成溶洞	高	晶粒云岩、生屑云岩、灰云岩
	裂缝型溶洞	沿裂缝溶蚀扩大	高	晶粒云岩、生屑云岩
裂缝	构造缝	缝壁平直，延伸短，可切割生屑颗粒、造礁生物、填隙物或白云石矿物，半充填或无充填	中	生屑灰岩、生物礁灰岩、生屑云岩、晶粒云岩

1. 粒内溶孔、铸模孔

粒内溶孔与铸模孔是由于大气淡水溶解作用形成的具有明显组构选择性的溶孔，铸模孔保留生物和矿物颗粒的外形。该类溶孔在区内发育较少，形成的孔隙可被后期方解石充填，但部分干净未被充填的孔隙可构成有效的储渗空间［图3-2（a）］。

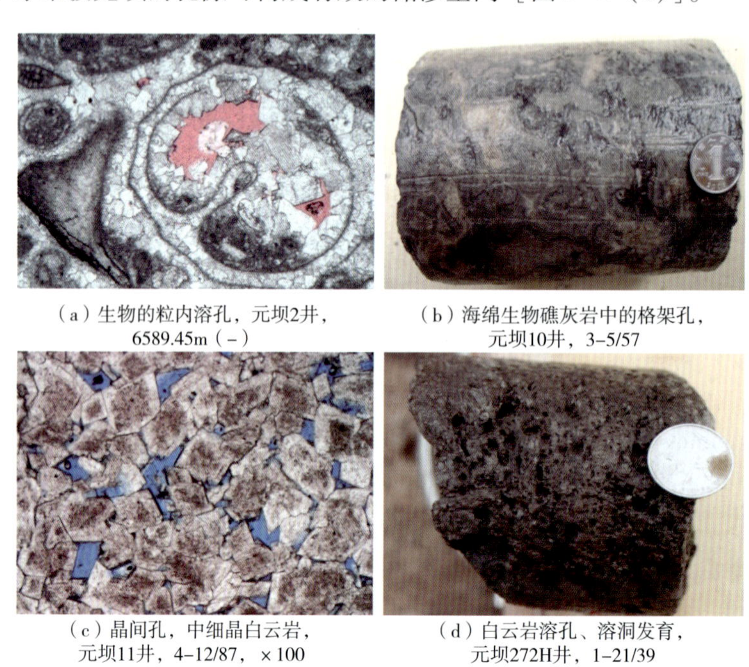

（a）生物的粒内溶孔，元坝2井，6589.45m（-）　（b）海绵生物礁灰岩中的格架孔，元坝10井，3-5/57

（c）晶间孔，中细晶白云岩，元坝11井，4-12/87，×100　（d）白云岩溶孔、溶洞发育，元坝272H井，1-21/39

图3-2　长兴组储层储集空间类型

2. 粒间溶孔

常分布于颗粒间，主要由生物（生屑）之间的亮晶碳酸盐胶结物或泥晶方解石基质溶解而成，孔隙内常含有沥青和方解石。

3. 晶间（溶）孔

晶间孔、晶间溶孔主要发育在白云岩和白云石斑块中。白云石菱形晶体杂乱排列，晶体与晶体之间形成一些不规则的角孔。晶间溶孔是在晶间孔的基础上，通过溶蚀扩大而形成，在区内十分普遍，镜下该孔隙形态复杂，大小较均匀，呈分散状分布，部分被沥青充填［图3-2（c）］。

4. 格架孔

格架孔是骨架礁岩中造架生物之间的孔隙，为残余生物骨架云岩、残余海绵骨架云岩和海绵骨架云质灰岩经白云石化和溶蚀作用形成，格架孔内常充填泥晶方解石基质、早期方解石胶结物、白云石、沥青和后期方解石［图3-2（b）］。

5. 溶孔和溶洞

超大溶孔孔径大于岩石支撑颗粒直径，常由粒间溶孔、晶间溶孔和铸模孔溶蚀扩大形成非组构性溶孔，分布不均匀，大小差异大，但孔径均小于2mm。该类孔隙连通性好，分布最为广泛。溶洞是指孔隙直径大于2mm的储渗空间，进一步可将其分为孔隙型溶洞和裂缝型溶洞，孔隙型溶洞是孔隙溶蚀扩大而形成的溶洞，裂缝型溶洞则是沿裂隙局部溶蚀扩大而形成的［图3-2（d）］。溶孔、溶洞主要在白云岩或白云岩斑块中发育。

6. 裂缝

裂缝及微裂缝也是元坝地区的储集空间类型之一（图3-3），包括构造缝、压溶缝和溶蚀缝3类。对储渗性贡献较大的有效缝主要包括白云石、方解石和石英部分充填的构造缝及沿构造缝分布的构造型溶扩缝。构造缝发育有垂直层面缝、斜交层面缝、平行层面缝，可宽可细，缝壁平整，延伸相对较短，可切割生屑颗粒、造礁生物、填隙物。

（a）垂直构造缝发育，元坝井，8-25/47

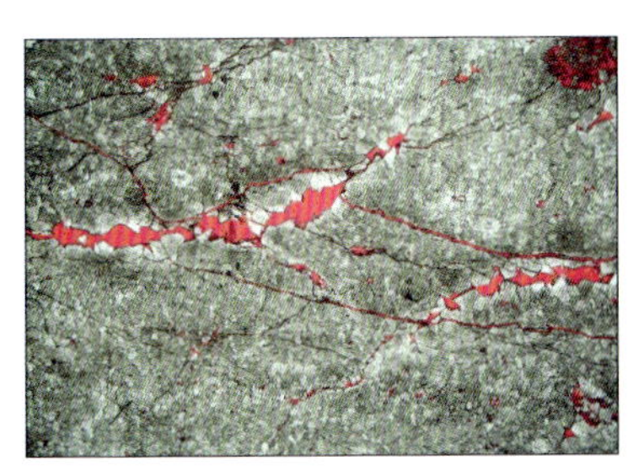

（b）细晶白云岩中的构造缝和溶蚀缝，元坝2井，6583.80m

图3-3　长兴组储层裂缝特征

（三）储层物性特征

对元坝地区长兴组气藏取心井小岩心样品进行统计，储层具有如下特征：孔隙度分布区间为0.53%～24.65%，平均孔隙度为4.53%，其中，孔隙度大于2%的样品平均值为5.47%；主要分布于2%～5%之间，约占总体的48%；渗透率介于0.0007×10^{-3}～$2571.9026\times10^{-3}\mu m^2$之间，几何平均值为$0.3399\times10^{3}\mu m^2$（图3-4），主峰值位于$0.002\times10^{-3}$～$0.25\times10^{-3}\mu m^2$之间，渗透率级差大，非均质性强。从样品孔渗相关关系图（图3-5）中可以看出，孔隙度与渗透率的相关性在高孔段好，低孔段较差，部分样品表现为低孔、高渗裂缝型特征。总体而言，长兴组礁—滩相属孔隙型、裂缝—孔隙型储层，以Ⅲ类储层为主，少量为Ⅰ、Ⅱ类储层。

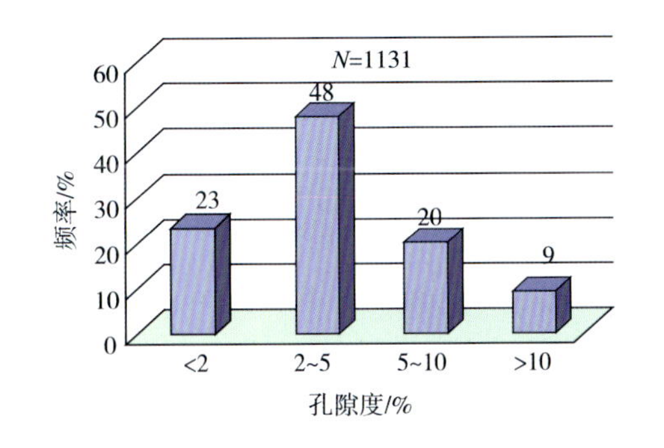

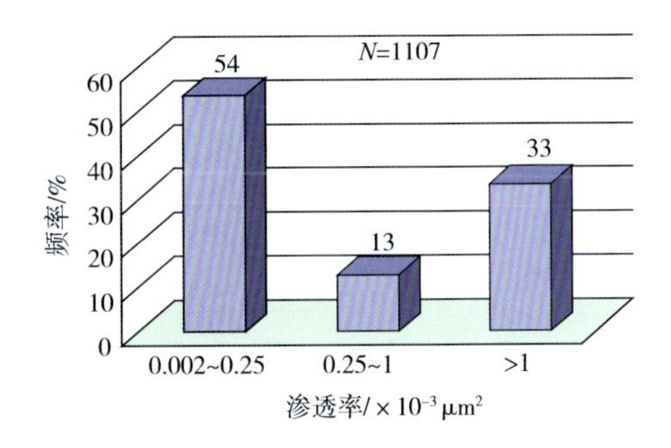

图3-4　元坝气田长兴组气藏储层物性分布直方图

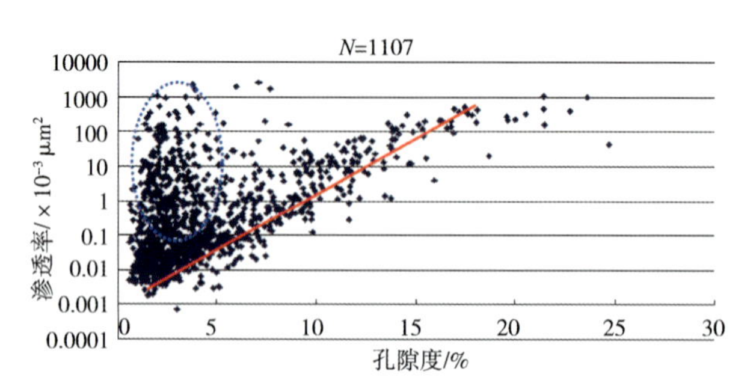

图 3-5　元坝气田长兴组气藏储层孔—渗相关关系图

1. 礁相和滩相岩心物性特征

元坝地区长兴组气藏礁相储层孔隙度介于 0.53% ~23.59% 之间，平均孔隙度为 4.87%，其中孔隙度 >5% 的约占 32%；渗透率几何平均值为 0.5111 $\times 10^{-3}\mu m^2$，存在 0.002 $\times 10^{-3}$ ~ 0.25 $\times 10^{-3}\mu m^2$ 和 >1 $\times 10^{-3}\mu m^2$ 两个峰值区间。滩相储层孔隙度介于 0.59% ~24.65%之间，平均孔隙度为 4.25%，其中孔隙度 >5% 的样品约占 26%，渗透率几何平均值为 0.2538 $\times 10^{-3}\mu m^2$，主峰值位于 0.002 $\times 10^{-3}$ ~0.25 $\times 10^{-3}\mu m^2$ 区间。整体上，礁相储层物性优于滩相储层。

2. 不同岩性与物性的关系

储层岩石类型和物性之间是有密切联系的。晶粒白云岩、残余生屑白云岩以Ⅰ、Ⅱ类储层为主，生物礁白云岩、灰质白云岩、白云质灰岩、生物礁灰岩、生屑（生物）灰岩主要为Ⅲ类储层（图 3-6）。

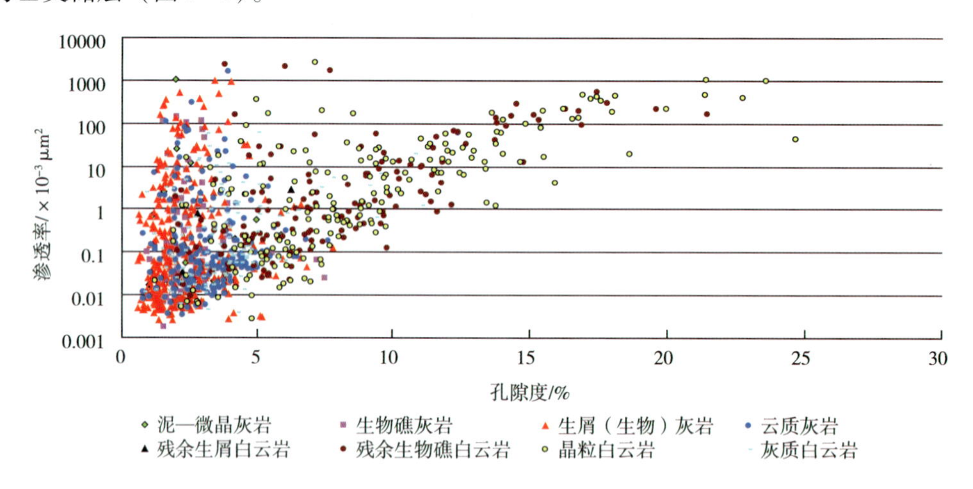

图 3-6　长兴组岩石类型及储层物性的关系图

（四）储层孔隙结构特征

储层孔隙结构是储层物性好坏的内在控制因素，根据毛细管压力曲线获得了反映储层孔隙结构特征（反映孔喉大小、分选特征、连通性及控制流体运动特征）的 10 项参数（表 3-2）。

1. 孔隙结构参数

长兴组储层样品排驱压力在 0.0138 ~79.1185MPa 之间，平均为 1.9499MPa，中值压力（p_{c50}）为0.0611～187.3055MPa，平均为9.1790MPa，排驱压力和中值压力变化范围都较大。孔喉分选系数、均值系数等变化范围大，歪度系数略偏负歪度，这些参数均反映了储层岩石孔隙结构复杂，孔喉分选性较差，孔喉分布不均匀的特征（表3-2）。

表3-2 元坝地区长兴组储层孔隙结构参数表

选值	排驱压力/MPa	中值压力/MPa	最大孔喉半径/μm	中值半径/μm	最大进汞饱和度/%	退出效率/%	均值系数	分选系数	歪度系数	变异系数
最大值	79.1185	187.3055	54.5035	12.2728	98.74	65.83	17.6251	4.1346	2.7645	0.4362
最小值	0.0138	0.0611	0.0095	0.0040	42.74	6.16	7.5155	0.3435	-3.4500	0.0195
平均值	1.9499	9.1790	0.3846	0.0817	80.48	26.14	14.2959	2.0983	-0.1904	0.1630

2. 孔隙喉道特征

利用喉道半径（R_c）>0.075μm的占比与饱和度中值喉道半径（R_{c50}），按碳酸盐岩储层孔隙、喉道分级标准（表3-3），结合其他参数，对长兴组储层孔喉进行划分。

表3-3 川东北地区碳酸盐岩储层孔隙与喉道分级标准

孔隙分级	类平均孔径/%	喉道分级	R_{c50}/μm
大孔隙	>60	粗喉道	>1.0
中孔隙	30～60	中喉道	1～0.2
小孔隙	10～30	细喉道	0.2～0.024
微孔隙	<10	微喉道	<0.024

长兴组储层的孔隙类型复杂，分布范围宽，微孔隙主要发育在Ⅳ类储层（非储层）中，故储层以小孔隙占相对优势，中、大孔隙次之。喉道类型以细喉、微喉为主，说明储层整体上连通性差。微喉主要分布在Ⅳ、Ⅲ类储层中。所以长兴组有效储层喉道类型以细喉和微喉为主（图3-7）。孔喉组合类型复杂，有效储层的孔喉组合类型以中孔细喉、小孔微喉型组合为主，大孔中粗喉和大、小孔细喉组合次之。

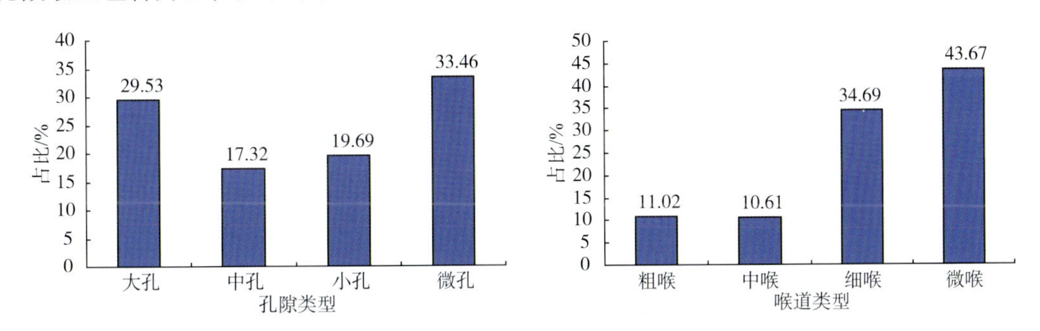

图3-7 元坝地区长兴组储层孔隙和喉道类型分布直方图

（五）储层微观分类及评价

根据元坝气田储层物性、岩性、储集空间类型及孔隙结构特征，结合储层裂缝分析、测井及测试成果，参考四川盆地川东北地区碳酸盐岩分类标准，选取储层孔隙度和渗透率作为储层类型的基本判别指标，建立了元坝气田长兴组礁滩相储层分类评价标准(表3-4)

和分类毛细管压力图（图3-8）。

表3-4　元坝气田长兴组储层分类评价表

储层类型	岩石类型	孔隙度/%	渗透率/$\times10^{-3}\mu m^2$	排驱压力/MPa	中值喉道半径/μm	孔隙结构类型	测试状况	储层评价
Ⅰ	残余生屑白云岩，晶粒白云岩	≥10	≥1	<0.1	≥1	大孔粗喉	高产工业气流	好
Ⅱ	残余生屑白云岩，晶粒白云岩	5～<10	0.25～<1	0.1～<1.0	0.2～<1	大孔中喉，中孔中喉	中产工业气流	较好
Ⅲ	灰质白云岩，云质灰岩	2～<5	0.02～<0.25	1.0～<10	0.024～<0.2	中孔细喉，小孔细喉	低产气流	较差
Ⅳ	生屑灰岩，礁灰岩	<2	<0.02	≥10	<0.024	小孔微喉，微孔微喉	无	差

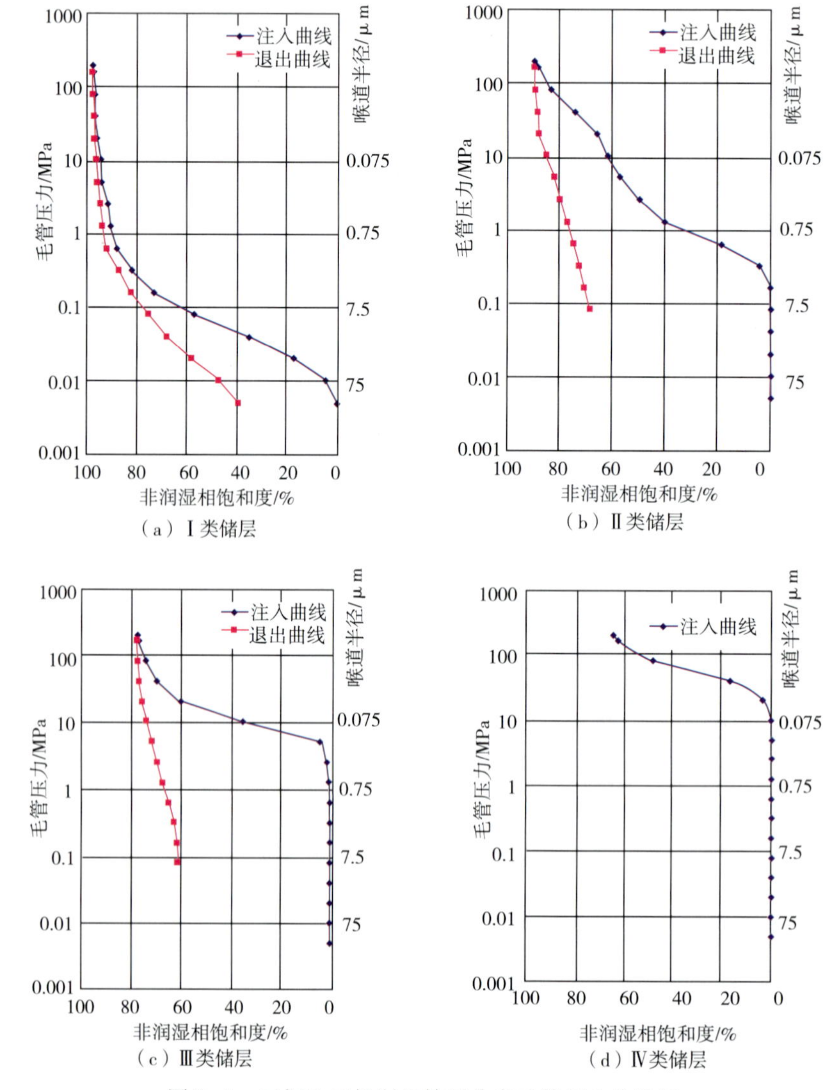

（a）Ⅰ类储层
（b）Ⅱ类储层
（c）Ⅲ类储层
（d）Ⅳ类储层

图3-8　元坝地区长兴组储层分类毛管压力曲线图

礁相储层：Ⅲ类为主，占53.9%；Ⅱ类占39.8%；Ⅰ类占6.3%。滩相储层：Ⅲ类为主，占72.2%；Ⅱ类占21.4%，Ⅰ类占6.4%；礁相储层优于滩相储层。

第二节　储层成岩作用特征

元坝长兴组气藏储层的形成不仅受沉积相控制，而且受成岩作用控制。碳酸盐岩储层岩石结构组分类型多样，成岩环境复杂，碳酸盐岩储层不同成因的结构组分之间地球化学指标差别明显，结构组分的成因期次研究由于研究手段的限制导致对成岩演化序列不明确，尤其白云石化作用和溶蚀作用的成因机制、强度、期次不清楚。通过采用高密度薄片观察分析，采用同位素地球化学、稀土元素、微量元素分析，结合X衍射分析、扫描电镜分析和阴极发光分析，应用原位微区多参数地球化学分析技术（包括激光碳氧同位素分析、电子探针分析、包裹体分析），深入开展了储层白云石化作用和溶蚀作用精细研究。

原位微区多参数地球化学分析技术，主要针对白云岩储层岩石不同结构组分，在显微状态下对不同微区进行激光碳氧同位素分析、电子探针分析及包裹体分析，这些参数反映了白云石化作用的成岩环境、期次和演化。而同位素地球化学、稀土元素、微量元素分析反映了白云石化流体特征、成岩环境和期次。结合岩相学分析手段（薄片、扫描电镜、阴极发光分析）明确了白云石化作用和溶蚀作用的成因、期次和强度。

创新性地补充提出了早成岩期热液白云石化成因和机制模式，在第Ⅱ期白云石化作用后奠定了长兴组白云岩储层的物质基础，强化了第Ⅳ期晚成岩期与TSR有关的溶蚀作用强度和对储层的意义，把成岩作用的不同阶段与储层孔隙演化成因紧密地结合起来。

对储层形成起关键性建设成岩作用的有：白云石化作用、溶蚀作用及破裂作用。起关键性破坏成岩作用的有：胶结作用、压实压溶作用等。重结晶作用具有双重效果。关键性成岩作用控制了储层的形成和演化，决定了储层最终的储集特征及渗流能力。

一、关键性成岩作用特征

（一）破坏性成岩作用类型划分与基本特征

1. 压实压溶作用

压实压溶作用包含了机械压实脱水作用和化学溶解压实作用，但在碳酸盐岩中往往因其固结成岩的时间较早及胶结作用的发育，导致机械压实作用表现不明显，而是以应变矿物溶解形成的缝合线构造为特征。

2. 胶结（充填）作用

胶结（充填）作用为化学沉淀物质对岩石原生孔隙或次生孔隙进行的充填作用。胶结物成分以白云石为主，沥青及方解石次之，石英、石膏、黄铁矿很少。

第Ⅰ期为海底胶结作用。第Ⅱ期胶结作用发生于浅—中埋藏期，形成半自形粒状方解石或白云石晶体充填溶孔、溶洞及裂缝，胶结作用形成于烃类进入之前或其过程中，晶体表面常有沥青膜［图3-9（a）］。第Ⅲ期胶结作用表现为沥青充填晶间孔、晶间溶孔及粒间溶孔［图3-9（b）］。第Ⅳ期胶结作用表现为粗—巨晶方解石、白云石充填溶孔、裂隙

[图3-9（b）]，大多晚于沥青侵位，形成于气烃阶段。

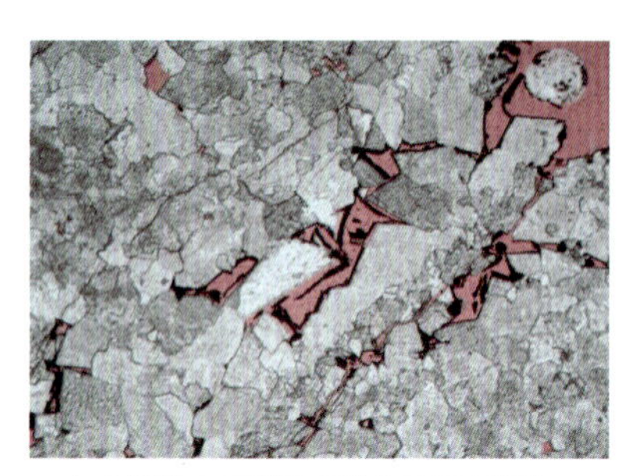
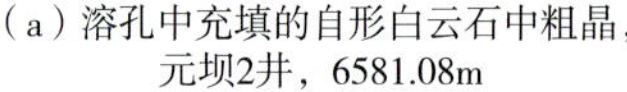
（a）溶孔中充填的自形白云石中粗晶，元坝2井，6581.08m

（b）晚期方解石充填溶孔，元坝102井，8-10/47

图3-9　长兴组储层胶结作用特征

长兴组碳酸盐岩中可见两期热液成岩作用。与早成岩期热液作用相关的可见天青石、钠长石等[图3-10（a）]。天青石被沥青充填缝切割改造，显示了天青石形成较早，可能在液态石油充注之前。钠长石主要交代沉积组分及成岩缝洞方解石组分，钠长石化作用通常被认为与碱性岩浆活动及热液作用有关。与晚成岩期热液作用相关的是在白云岩溶蚀孔洞中生长的自生石英、萤石及异形白云石等充填[图3-10（b）]。

（a）缝洞内天青石，元坝205井，4-6/14

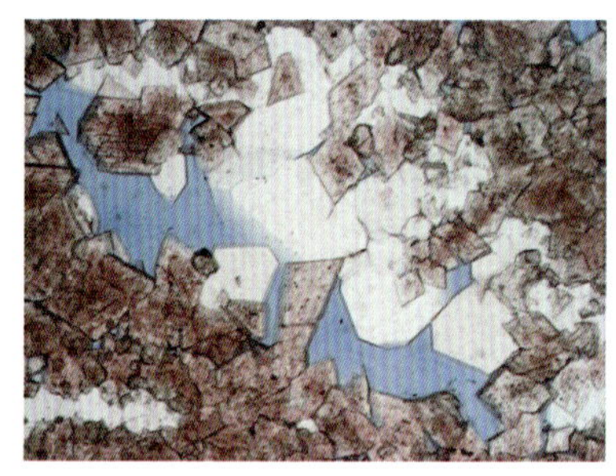
（b）自形状石英充填，元坝9井，7-10/27

图3-10　长兴组热液作用特征

（二）建设性成岩作用类型划分与基本特征

1. 白云石化作用

白云石化作用是元坝地区长兴组碳酸盐岩中最重要的成岩作用之一，分析识别并归纳总结出长兴组多期白云石化作用和多类型的白云石，包括同生期高盐度成因的微—粉晶它形脏白云石，早成岩期浅埋藏成因粉—细晶自形白云石，早成岩期热液白云石化作用形成的白云石。该期热液白云石分为3种形式，分别是粉—细晶脏白云石、中粗晶脏白云石和异形白云石。晚成岩期热液白云石化作用形成的为充填状异形白云石。

1）同生期蒸发泵和回流渗透白云石化

同生期蒸发泵白云石化形成的微晶白云石可与石膏、硬石膏假晶共生，微晶白云石组成微晶云岩，也可在岩石中呈斑状富集形成微晶白云石条带或斑块，其仅交代原始沉积组分，并且可被后期成岩作用改造，一般位于高频层序中上部及礁滩体、潮坪顶部。

同生期回流渗透白云石化粉—细晶它形白云石交代特征与微晶白云石相似，在礁滩体、潮坪、滩间（礁间）均可发育，该类白云石为同生期渗透回流的产物。此类白云石晶体自形程度普遍较差，呈它形晶，晶体表面普遍较脏，表面昏暗，个别保留了原来颗粒结构的阴影。

2）早成岩期浅埋藏白云石化

在浅埋藏成岩环境较高温度作用下，发生强烈的白云石化，由于镁离子的供给受到一定限制，白云石化作用过程缓慢，白云石化作用往往不完全，可显示出整体云化、斑状分布、分散状分布、偶见分布等多种产状形式，同时，多形成自形程度好的白云石，部分为半自形晶，晶体较粗，多为粉—细晶级，部分达中晶级，表面可能较脏也可能较干净，或显示雾心亮边结构（图3-11）。

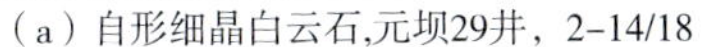
（a）自形细晶白云石，元坝29井，2-14/18

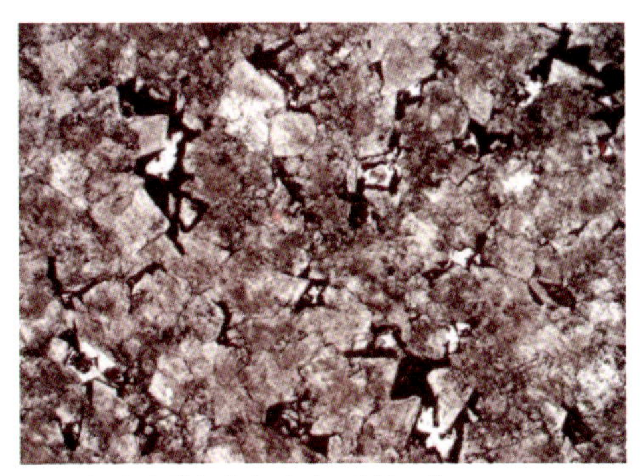
（b）自形细晶白云石，元坝28井，6804.22m

图3-11　早成岩期浅埋藏白云石化作用

3）早成岩期热液白云石化

对于元坝地区进行微观研究时所能观察到的热液成因白云石表现形式多样，主要为生物礁灰岩骨架间孔洞内海底胶结物末端热液白云石的沉淀和交代、生物体腔内的交代、溶蚀孔洞边缘热液白云石的生长、不规则热液白云石斑块的发育，该期热液作用形成的一些热液溶蚀孔可被后期的液态烃充注，同时，伴随着热液流体形成的钠长石交代早期沉积组构，这些现象均说明这期热液作用形成的时间较早。另外，结合地球化学分析手段，发现同生期和浅埋藏时期的白云石部分受热液改造或重结晶形成中粗晶白云石晶体，在阴极射线下发亮红色光（图3-12），有序度异常偏高0.68～0.90，稀土元素含量REE特征呈现差异，表现为正Eu异常明显（图3-13）。中—粗晶白云石$\delta^{13}C$平均值为2.152‰PDB；$\delta^{18}O$值为-5.15‰～-5.34‰PDB，平均值为-5.25‰PDB，结合包裹体均一法温度测定结果，对区内长兴组中—粗晶白云石的成岩流体的$\delta^{18}O$值进行了恢复，白云石化流体的$\delta^{18}O$值为11.00‰～13.00‰SMOW，与广元西北乡中二叠统中—粗晶白云石的成岩流体的$\delta^{18}O$值相近（图3-14），指明白云石化流体为与峨眉地裂运动有关的岩浆期后热液流体。这些较为特殊的地化特征反映了长兴组发育热液白云石化作用，它们的发生与断裂作用有关，深部热液流体沿断裂向上运移渗入到长兴组，热液流体实质上是上升热液与地层流体的混合物，Mg^{2+}来源于上升热液和地层内部流体，流体运动不仅限于断裂附近，也可在较广大的范围内活动，因此，形成较为广泛分布的热液成因的粉—细晶脏白云石和中粗晶白云石等，具体模式如图3-15所示。

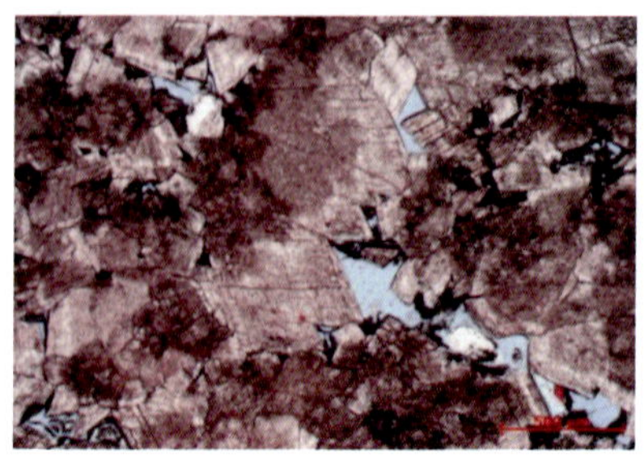

(a) 异形白云石呈斑状分布，元坝22井，4-9/90，×40

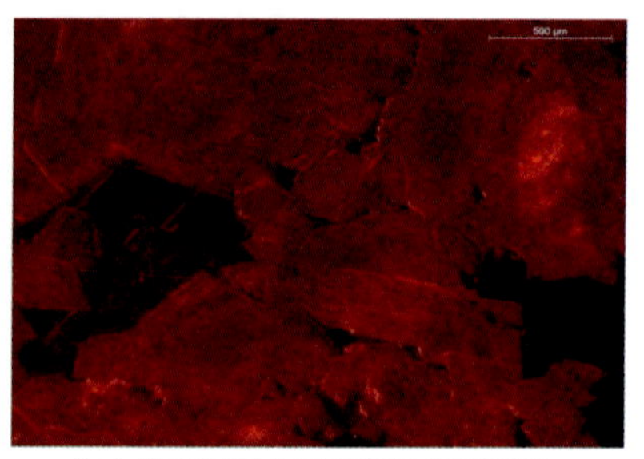

(b) 热液粗晶白云石阴极发光特征，元坝205井，3-11/14

图 3-12 早成岩期热液白云石化特征

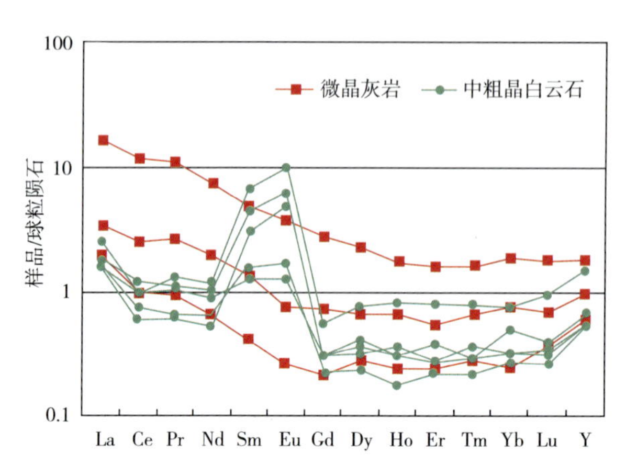

图 3-13 中粗晶白云石稀土元素组成及分配模式图

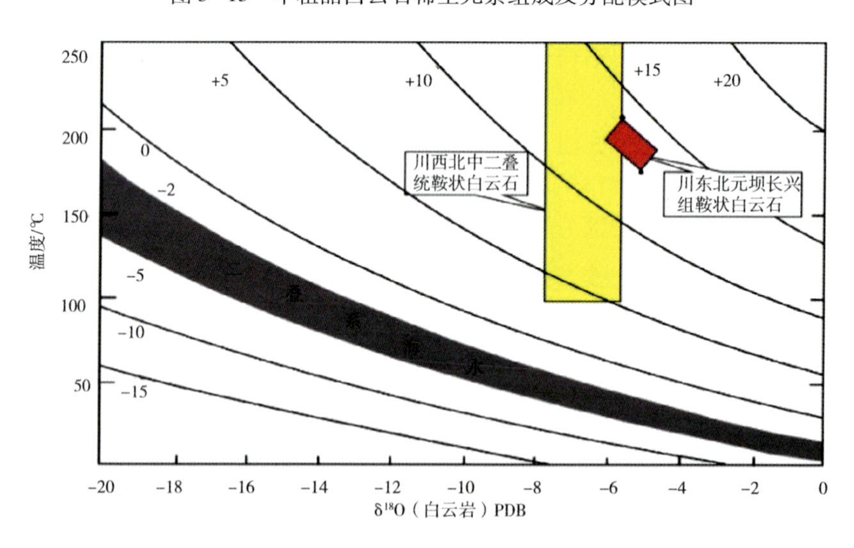

图 3-14 白云石化流体性质恢复图

2. 溶蚀作用

溶蚀作用是元坝地区长兴组储层形成的关键，对改善碳酸盐岩储层品质至关重要。长兴组存在 4 期溶蚀作用：第Ⅰ期为同生期大气水溶蚀作用，第Ⅱ期为早成岩期热液溶蚀作用，第Ⅲ期为中成岩期有机酸性水溶蚀作用，第Ⅳ期为晚成岩期与TSR有关的溶蚀作用。其中以第Ⅲ期和第Ⅳ期溶蚀作用为主，第Ⅰ期溶蚀作用次之，第Ⅱ期溶蚀作用少量。

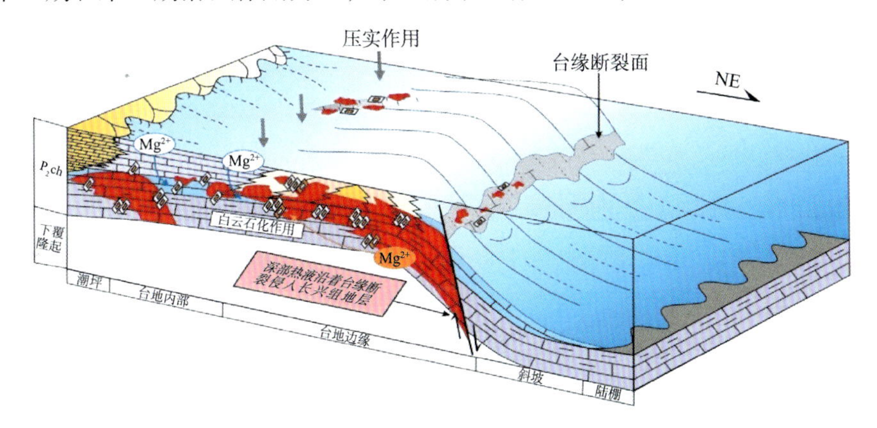

图3-15 早成岩期热液白云石化作用及溶蚀模式图

1）同生期及早成岩期大气水溶蚀作用

第Ⅰ期溶蚀作用发生于同生期—成岩早期阶段，很可能是暴露在地表或者近地表环境下，成岩流体为海岸带大气降水，长期、缓慢的溶蚀改造致使高镁方解石和文石溶解，表现为生屑灰岩中生物碎屑内部溶孔及铸模孔形成，生物礁灰岩骨架间纤维状或柱状方解石被溶蚀形成孔洞，后期受巨晶方解石充填。

2）早成岩期热液溶蚀作用

第Ⅱ期溶蚀作用发生于早成岩期，液态石油充注前及其有机酸性水溶蚀作用前，成岩流体为深部热液性质，断裂活动诱导深部流体上升，压实作用影响流体在地层内部的广泛流动，一方面发生热液白云石化，另一方面因温度降低而产生溶蚀作用。溶蚀作用可以在较大范围内发育，由于先期孔隙通道的制约作用，使得白云岩部位成为此期溶蚀作用发育的优势部位。

3）中成岩早期与有机酸有关的溶蚀作用

第Ⅲ期溶蚀作用发生于中成岩早期，液态石油充注前，成岩流体为来源于陆棚（盆地）区二叠系内部的有机酸性地层水，压实作用及生烃增压驱动流体沿盆地→台地边缘→台地内部流动，进而发生溶蚀作用。由于白云岩中晶间孔及先期溶蚀孔洞的存在和通道作用，白云岩仍然是此期流体流动和溶蚀作用的指向和优势部位。台地边缘濒临陆棚，此期溶蚀作用将更为普遍和强烈，向台地内部区，此期溶蚀作用逐渐减弱。

该类溶蚀作用在区内发育相对普遍，涉及的岩性有白云岩、生物礁灰岩和生屑灰岩，往往在白云石晶体之间形成一些晶间溶蚀孔隙和孔洞。阴极射线下孔洞边缘没有明显的改造环边，孔洞内具有沥青充填（图3-16）。

4）晚成岩期与硫酸盐热还原作用有关的溶蚀作用

第Ⅳ期溶蚀作用发生于晚成岩期，具体是指晚白垩世—古近纪的埋藏过程中，成岩流体为来源于三叠系富SO_4^{2-}的地层水，地层具备富SO_4^{2-}和富烃类、高温条件，溶蚀作用遵循与TSR有关的溶蚀作用机制，燕山—喜山期断裂及断裂活动为三叠系富SO_4^{2-}地层水的下渗和循环提供条件，由此提出了元坝地区长兴组晚成岩期与TSR有关的溶蚀作用的地质模式（图3-17）。

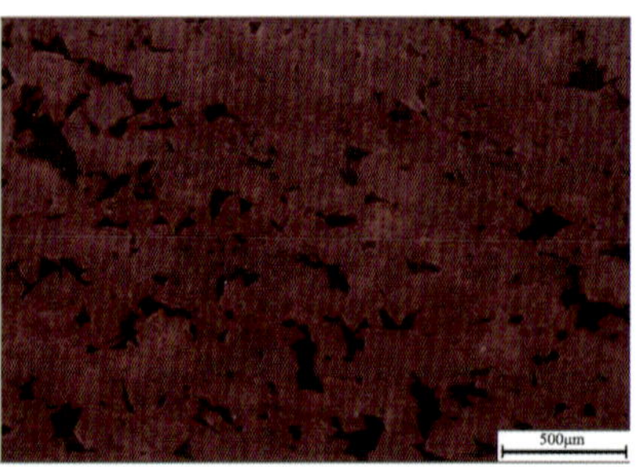

图 3-16　长兴组中成岩期有机酸性水溶蚀作用特征（元坝 104 井，6-3/51）

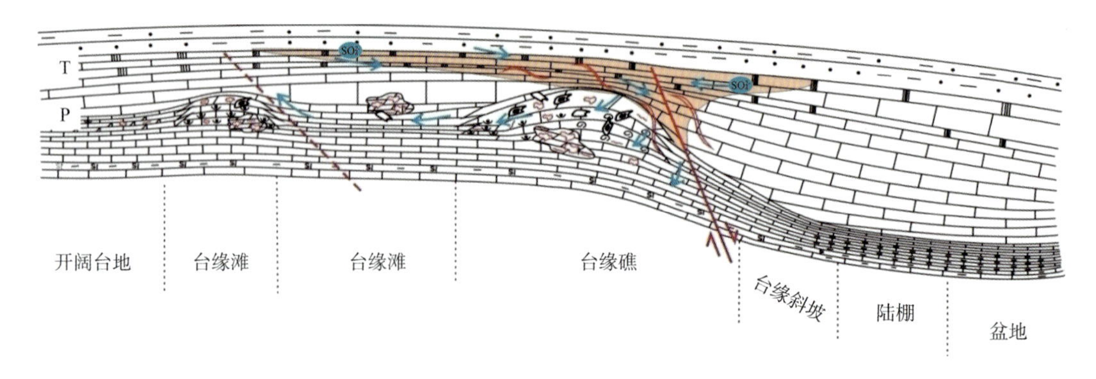

图 3-17　晚成岩期与 TSR 有关的溶蚀作用模式

显然，由断裂及断裂活动控制的上述流体循环运动区域是此期溶蚀作用发生的有利区域，白云岩由于先期缝孔洞的发育和通道作用，仍然是此期溶蚀作用发育的优势部位。

该类溶蚀作用发育广泛，溶蚀能力强，多为非选择性溶蚀，涉及组构类型多样，溶孔发育，连通性较好，一般形成较大的溶蚀孔洞和缝状溶蚀孔洞，缝孔洞内干净未充填或仅有少数方解石充填，阴极射线下溶孔边缘无改造亮边。缝状溶蚀、溶蚀缝孔洞明显改造沥青充填物，阴极射线下缺乏改造边，缝孔洞内缺乏充填物时期的显著识别标志（图 3-18、图 3-19）。

（a）元坝9井，7-7/27

（b）元坝27井，8-15/21

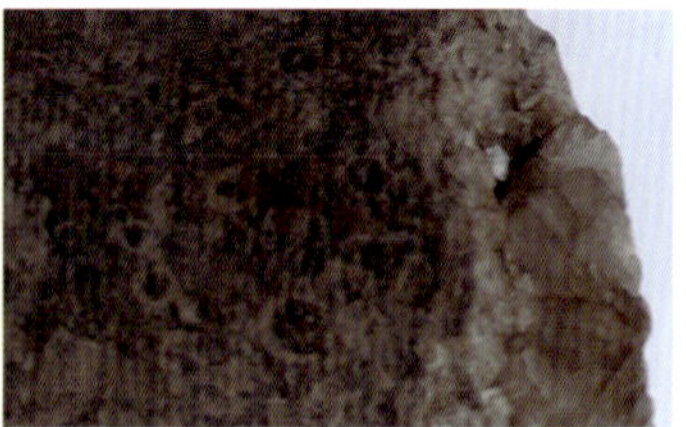

（c）元坝204井，13-27/65

图 3-18　长兴组第Ⅳ期溶蚀作用在岩心上的宏观特征

这期溶蚀明显改造前几期溶蚀孔洞，溶蚀孔洞底部可有沥青碎屑填积，溶孔或晶间孔中有 TSR 反应后生成的碳质沥青、黄铁矿、自生石英、高岭石和方解石等（图 3-19），揭示了它是在液态烃形成和充注及裂解之后发育的，是区内长兴组发育最晚的成岩事件之一，燕山中期原油开始裂解成气，在燕山晚期（K2）—喜马拉雅期，古油藏转化为天然气藏。

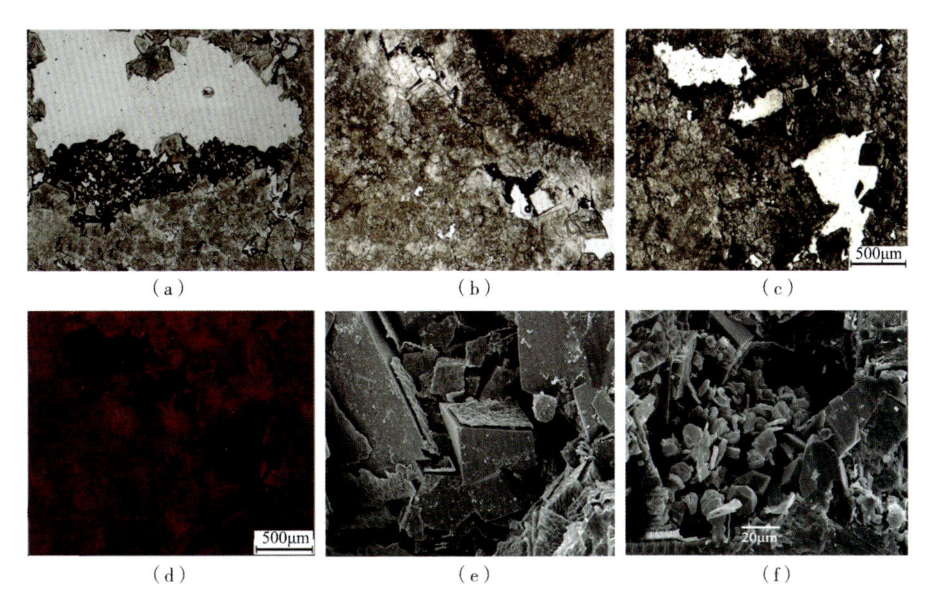

图 3-19　长兴组硫酸盐热还原反应溶蚀作用微观特征

(a) 细晶云岩，溶蚀孔洞底部沥青填积，元坝 104 井，6-351，×4（-）；(b) 藻黏结云岩，窗状孔内早期溶孔受改造，元坝 204 井，13-2/65，×4（-）；(c) 粉—细晶云岩，溶孔未充填，元坝 29 井，2-17/18，单偏光；(d) 阴极发光；(e) 白云石晶间孔中充填的碳质沥青和硫质，元坝 205 井，4-11/12；(f) 白云石晶间孔中充填的高岭石、自生石英，元坝 272H 井，6736.14m

3. 重结晶作用

重结晶作用对储层物性影响主要为建设性作用，储层物性与白云石晶体的大小不具正相关关系。发生了重结晶作用的白云岩中的主要储集空间类型为晶间孔和溶蚀孔，增加了储集空间，增强了渗流能力。如果过度重结晶，白云石晶体变为粗晶，呈它形镶嵌状，则晶间孔及晶间吼道消失或变小变细，降低了孔隙度和渗透性，反而会使储层物性变差。

4. 破裂作用

通过岩心及薄片观察可知，元坝气田大部分井长兴组均发育有破裂作用和裂缝，见1期成岩缝洞和3期构造裂缝（图 3-20），破裂作用及裂缝发育特征如下文所述。

（1）成岩缝洞：与失水收缩作用有关，裂缝或缝洞具有不规则、延伸短、无组系、方解石完全充填的特征，可被缝合线及白云石化作用改造。

（2）第Ⅰ期构造裂缝：可能与印支期构造应力作用有关，裂缝往往以高角度斜交层面发育，缝壁较平直，平行或雁列式排列展布，方解石完全充填为特征。

（3）第Ⅱ期构造裂缝：可能与燕山期构造应力作用有关，裂缝以高角度斜交层面或不规则展布，裂缝面较平直、延伸较远为特征，裂缝宽度变化较大，细裂缝内为方解石完全充填，宽裂缝内可为碳酸盐岩角砾及方解石充填。

（4）第Ⅲ期构造裂缝：可能与喜山期构造应力作用有关，裂缝以高角度斜交层面或垂直层面，裂缝面平直，平行排列展布，延伸远，宽度小，未充填为特征。

（a）元坝9井，8-10/22

（b）元坝22井，5-34/48

（c）元坝223井，3-11/17

（d）元坝123井，11-4/40

图3-20　元坝地区长兴组岩心的多期构造裂缝

二、成岩作用对储层孔隙演化的影响

长兴组储层从沉积到埋藏经历了一系列的成岩阶段和成岩演化序列，通过研究沉积物埋藏过程中所经历的成岩作用类型，以及确定这些成岩作用的先后顺序，进而确定有效储集空间所发生的成岩作用类型及成岩阶段，探讨成岩演化序列和孔隙演化。孔隙演化是指储层沉积、埋藏、成岩、成藏等全过程中在不同成岩阶段、不同成岩环境下经不同类型成岩作用叠加下的储集空间及孔隙度演变特征。对储层成岩及孔隙演化特征进行研究，有利于准确预测有利储层的发育、演化特征及其分布规律。

根据上述元坝地区长兴组碳酸盐岩储层成岩作用类型、期次及成岩作用类型间相互关系的表述，参照SY/T—5478—2003《碳酸盐岩成岩作用阶段划分标准》，建立起该地区长兴组碳酸盐岩成岩作用阶段及序列（图3-21）。长兴组储层储渗空间的形成与沉积作用及多期次多类型成岩作用有关，经历了同生、早成岩、中成岩及晚成岩4个成岩阶段，储层孔隙演化从初始孔隙度25%～40%，经历多期次、多类型成岩作用叠加演化到现今储层平均孔隙度约7%。此外，还建立了储层储渗空间形成模式（图3-22）。储层储渗空间形成机制的表现如下文所述。

（1）同生期阶段，该阶段通常是指沉积物沉积后至埋藏前的演化过程。其深度范围从沉积物表面向下延伸一般不超过几十厘米。台地边缘礁滩沉积环境下形成的生屑灰岩、藻黏结灰岩、生物礁灰岩的粒间孔、生物格架孔和生物体腔孔非常发育，含量为25%～40%。主要发生强的蒸发泵和回流渗透白云石化作用、泥晶化作用、弱胶结作用以及很弱的压实作用。生物礁局部暴露并遭受大气淡水溶蚀作用，组构选择性溶蚀，形成粒内溶孔、铸模孔、溶孔或溶洞等，该阶段结束后，原生孔隙度降低到20%～35%左右。

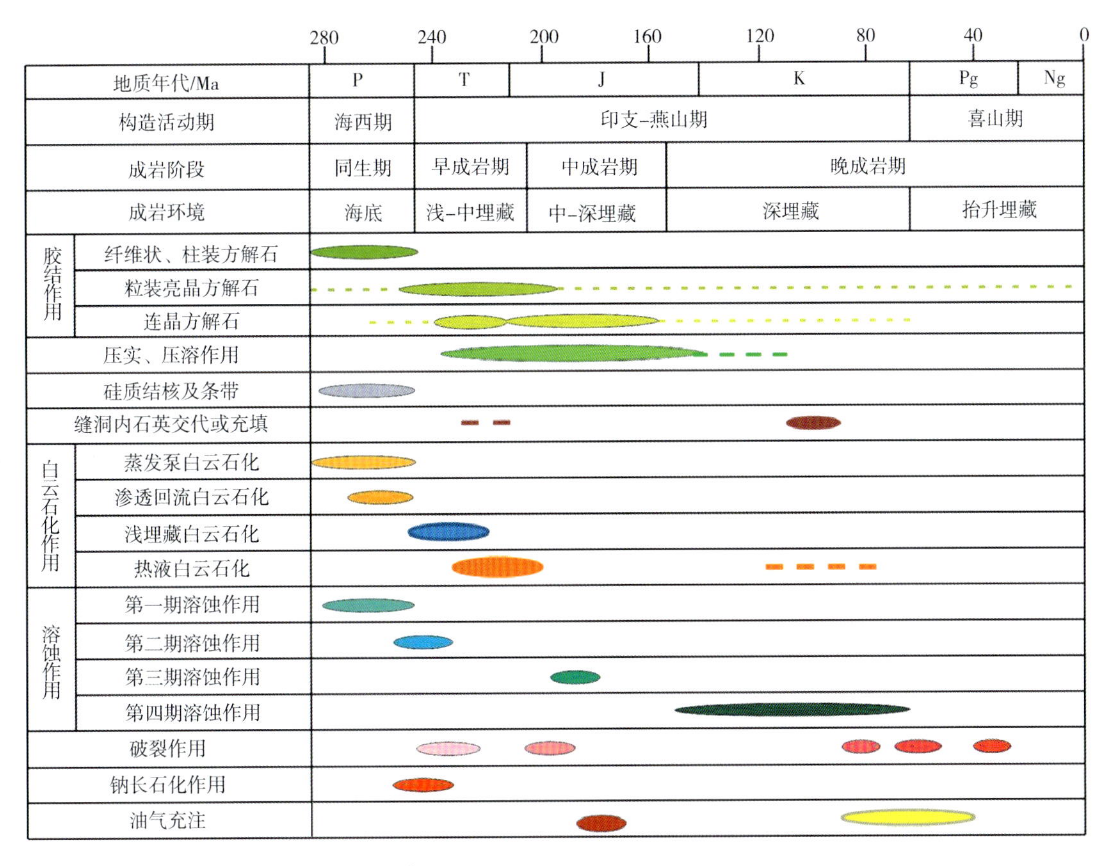

图 3-21　元坝地区长兴组成岩作用序列图

（2）早成岩期阶段，当沉积物脱离沉积介质，进入浅埋藏环境时，由于受到来自上覆地层的压力，沉积物主要处于压实压溶作用、埋藏白云石化及胶结成岩环境。该成岩阶段发生白云石化作用及第Ⅱ期栉壳状或粒状胶结作用。浅埋藏白云石化作用形成晶形较好的粉—细晶云岩或粉—细晶白云石斑块，粉—细晶自形或较自形白云石部位晶间孔较为发育。胶结作用使粒间孔及生物格架孔大部分被亮晶白云石胶结充填，孔隙度降低至约 5% 。该期发生的与断裂作用有关的深部热液流体沿断裂向上运移渗入到长兴组，形成较为广泛分布的热液成因的粉—细晶脏白云石和中粗晶白云石等，同时在晚期发生弱的热液溶蚀作用。

（3）中成岩期阶段，是指岩石自浅埋藏至中埋藏的演化过程。此时储层处于中埋藏环境，温度较高，压力较大。此时烃类逐渐成熟，开始进入生排烃阶段，由于该阶段构造活动相对强烈，形成了大量裂缝，有机酸流体随着裂缝等进入到生屑白云岩及生物礁白云岩等孔隙相对发育且易溶的岩石中，发生较强的溶蚀作用，形成了较多的晶间溶孔、溶孔等，孔隙度增加到 7% ，液态烃随后充注其中。该期伴随着较强的压实压溶作用和重结晶作用，后期孔隙度降低到 5% 。

（4）晚成岩期阶段，指储层由中埋藏至深埋藏的演化过程。长兴组晚成岩阶段主要发生于燕山—喜山期，成岩温度高、压力大。烃类已经进入过成熟阶段，液态烃完全裂解形成气态烃。对储层而言，在构造作用为驱动力的背景下，新的流体再次进入储层，发生与硫酸盐热还原反应有关的溶蚀作用，导致了白云岩或云质斑块部位晶间溶孔、溶蚀孔隙（或孔洞）、沿构造裂缝或沿缝合线的缝状溶蚀孔洞的形成与发育。由于溶蚀作用首先发生于存在残留孔隙空间的早期孔隙中，并对早期残留孔隙进一步扩溶或形成新的孔隙，因而增加了一定的次生储集空间，因此，孔隙中多见不同程度的残留沥青。在气烃充注不足的孔隙中，还可能发生晚期方解石、白云石及石英等不同程度的充填作用等，最终储层孔隙度为7%。

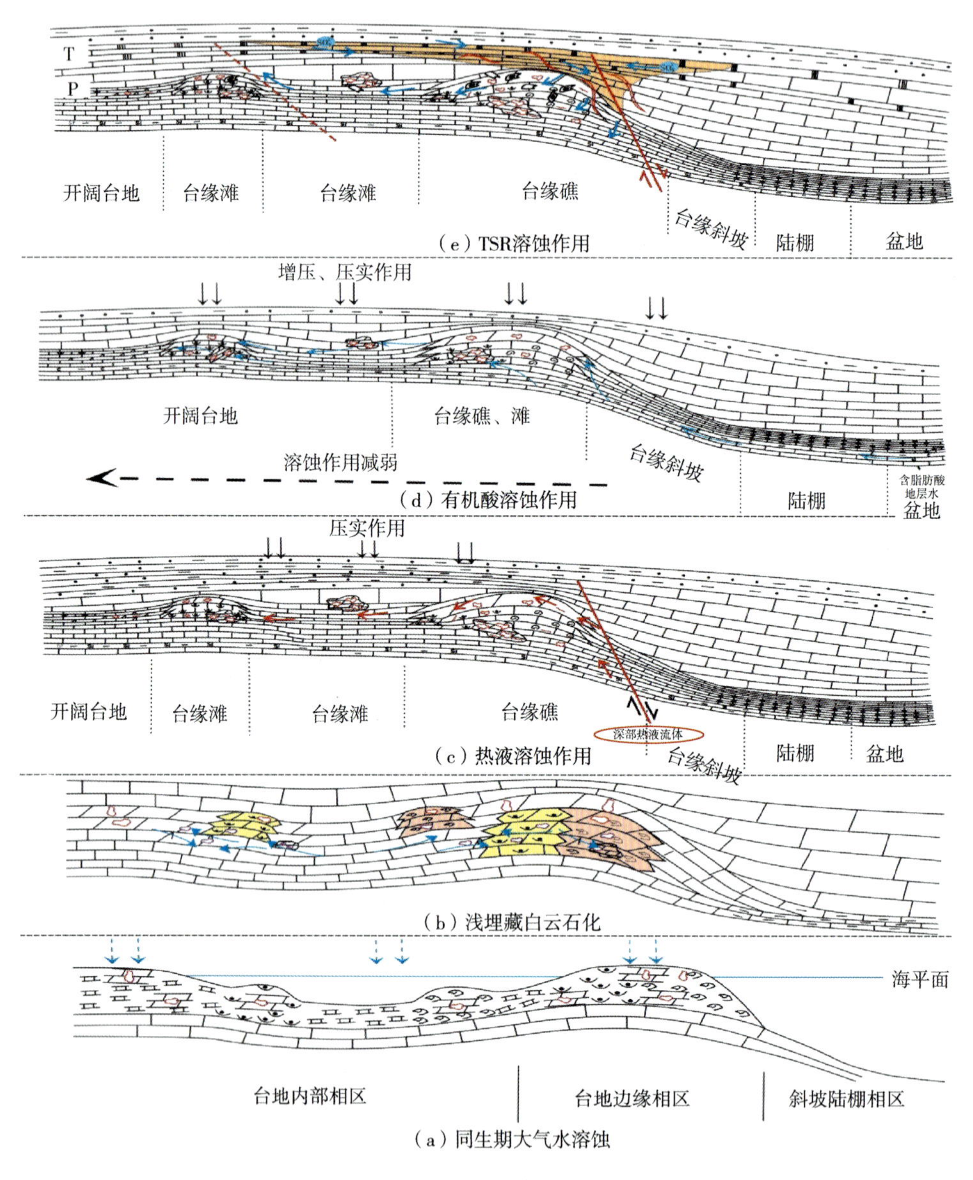

图3-22　元坝地区长兴组储层储渗空间形成演化模式图

第三节　优质储层主控因素

在测井解释评价基础上，结合地震储层解释和钻井地质评价，明确了储层的纵横向分布特征，在应用前述储层特征和成岩作用研究成果的基础上，深化了优质储层主控因素，指出了台地边缘生物礁相是储层发育的有利相带，生物礁礁盖为优质储层发育部位，礁相储层优于滩相储层。

优质储层形成的控制因素有很多，主要包括沉积相、成岩作用、构造活动等。台地边缘礁滩相是优质储层发育的基础，沉积期的高频旋回控制了储层发育的部位，白云石化作用是优质储层形成的物质条件，溶蚀作用是优质储层改善的关键因素，构造活动形成的多期裂缝可提高储层渗流性能。多因素综合作用和配置，就有可能形成优质储层。

台地边缘生物礁沉积相带和断裂叠加部位为元坝地区长兴组白云岩储层的有利分布部位。台缘断裂的发育促进了台缘礁滩的发育，影响了同生期高盐度白云石化在台缘礁滩部位的优势发育，进而又影响了后期白云石化及白云岩在台缘礁滩部位的优势发育，早成岩期的热液作用及热液溶蚀作用以及晚成岩期与 TSR 有关的溶蚀作用受断裂控制，因此在台缘礁滩相带部位有利于储层发育，由此奠定了台缘礁滩相带成为横向上储层发育优势相带的基础。

一、储层发育与分布特征

（一）储层测井综合评价

1. 岩性识别

通过录井、薄片等资料证实，认为对于元坝礁滩相碳酸盐岩储层采用中子—密度或中子—声波交会图来识别储层岩性具有较高的可信度。其原理是利用碳酸盐岩地层常见的灰岩、云岩、石膏所具有的不同的岩石物理骨架参数在交会图版上作不同岩性和物性的骨架线，通过观察数据点位置判断储层岩性，图 3-23 为元坝 27 井储层岩性交会识别成果图，图 3-24 为元坝长兴组多井岩性识别交会图。

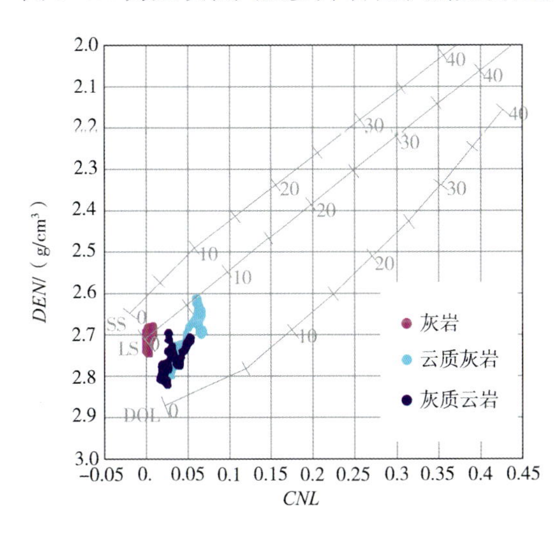

图 3-23　元坝 27 井岩性识别成果图

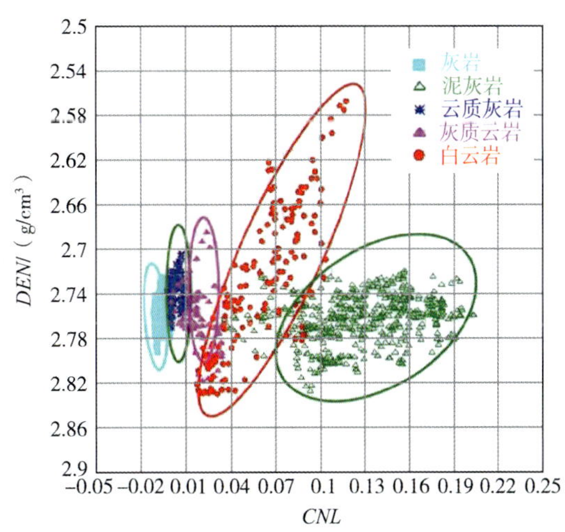

图 3-24　元坝地区多井岩性识别交会图

通过录井分析、岩心描述、薄片分析，以及与常规测井资料的归位对比，结合交会图岩性分析，确定了元坝长兴组各种岩性的测井响应特征（表 3-5）。

表 3-5　长兴组各种岩性的电性特征表

岩性	测井参数响应特征					
	GR/API	*PE*	*AC*/（μs/ft）	*DEN*/（g/cm^3）	*CNL*/%	*RD*/（Ω·m）
灰岩	10～30	5.5～8.4	48.8～57.7	2.53～2.71	0.5～4.3	800～47200
	15	6.0	52	2.65	3.0	2096
白云质灰岩	18～31	5.0～9.3	44.6～51	2.65～2.75	0.18～8.8	1400～7800
	20	6.3	49.5	2.72	2.9	3000
灰质白云岩	12～22	3.8～10	44.8～54.3	2.69～2.85	1～5	1200～2000
	19	5.6	49.7	2.82	3.0	1400
泥岩	>75		>55	2.6	高值	低值
白云岩	10～29	3.5～4.0	43.5～56	2.65～2.87	2.0～7.5	800～6700
	15	3.6	44.5	2.83	5	1450

2. 储层识别

长兴组储层岩石类型多，储层以白云岩、灰质白云岩为主。储层测井响应特征为低电阻率、高中子、高声波、低自然伽马、低密度，图 3-25 所示为元坝 29 井高产气层电性特征，长兴组顶部为 6628～6735m，储层段声波值为 50～70μs/ft，中子值为 2.5%～13.5%，密度值为 2.4～2.86g/cm^3，深、浅侧向正差异，深侧向电阻率值大于 400Ω·m。

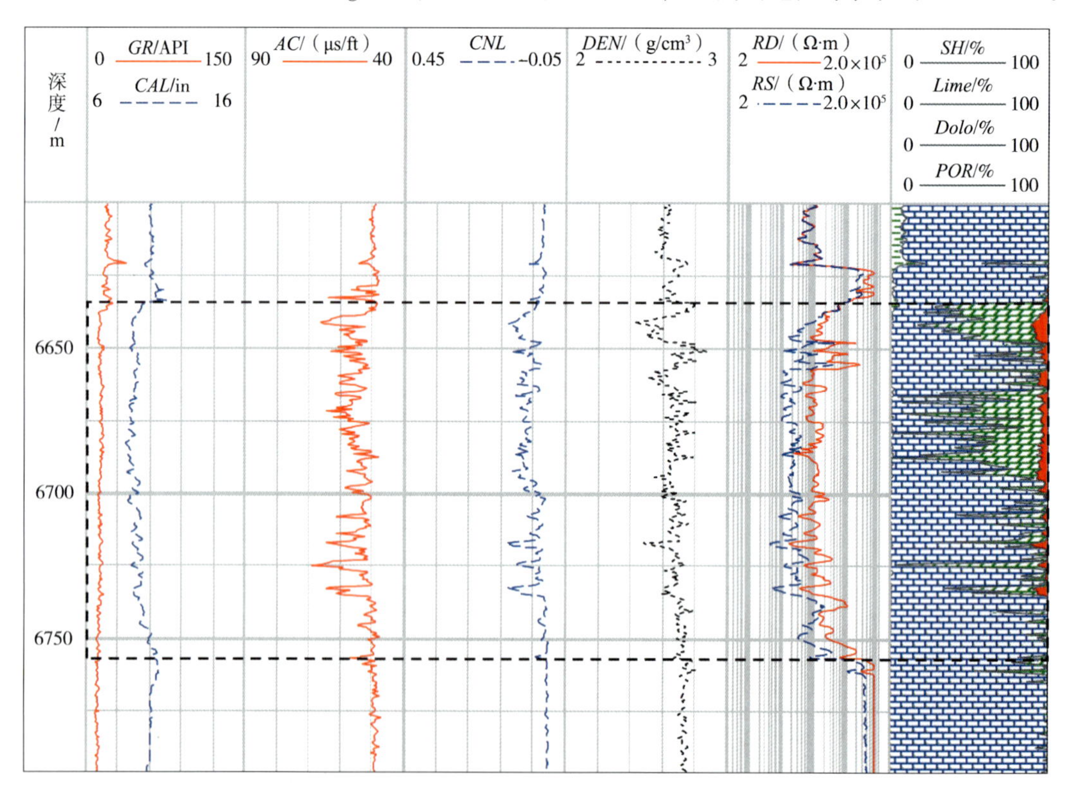

图 3-25　元坝 29 井储层电性特征

3. 储层类型划分

按照储集空间类型可将元坝长兴组礁滩相储层划分为溶蚀孔洞型和裂缝—孔洞型储层。

溶蚀孔洞型储层：在常规测井上表现为低伽马值，声波、中子值增大，密度值降低，电阻率在高阻背景下降低，呈一定正差异；电成像显示溶孔、溶洞异常发育；岩心照片上可见较大溶洞。图 3-26 为元坝 123 井溶孔型储层测井响应特征。

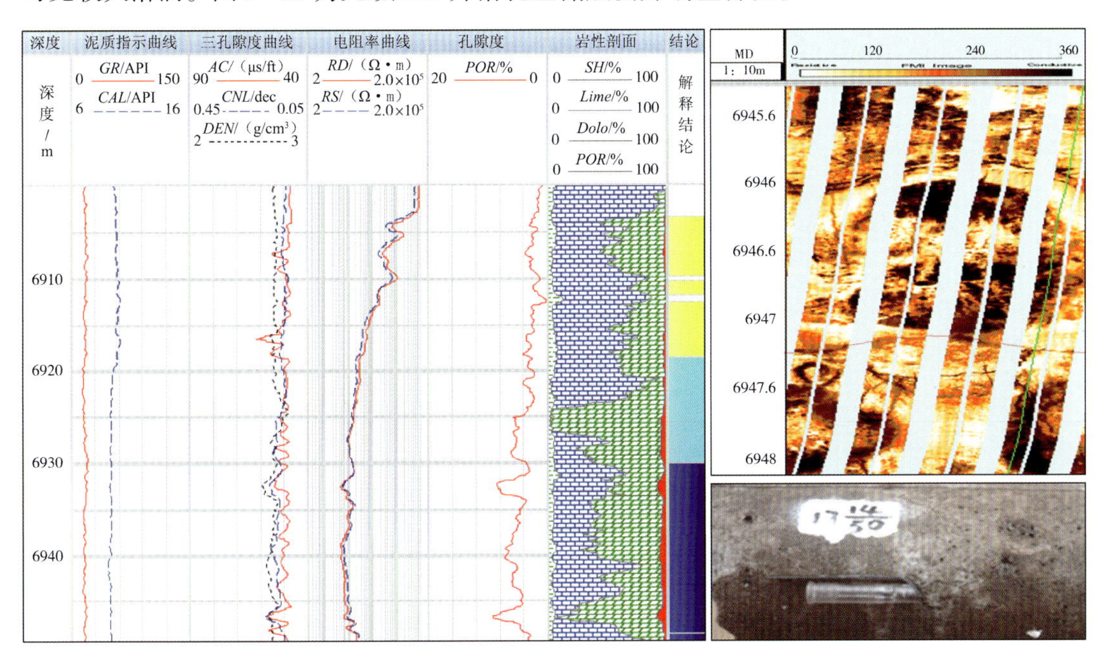

图 3-26　元坝 123 井溶孔型储层测井响应特征

裂缝—孔洞型储层：岩性较纯；在常规测井上表现为低伽马特征，声波、中子值增大，密度值降低，电阻率在高阻背景下降低，正差异特征明显；电成像显示裂缝发育。图 3-27 所示为元坝 101 井裂缝—孔洞型储层测井响应特征。

4. 储层综合评价

川东北地区碳酸盐岩储层物性分类标准为：Ⅰ类储层，孔隙度≥10%；Ⅱ类储层，孔隙度在 5% ~10% 之间；Ⅲ类储层，孔隙度在 2% ~5% 之间。

1）储层厚度评价

测井储层厚度解释成果（图 3-28）表明：元坝气田长兴组气藏礁相储层以Ⅱ、Ⅲ类储层为主，Ⅰ类储层欠发育。长兴礁相储层测井解释储层垂厚介于 18.5 ~139.3m 之间，平均厚度为 60.3m。其中，Ⅰ、Ⅱ类储层约占 45.7%，平均厚度为 27.6m。

2）储层物性评价

测井物性解释成果表明：长兴组礁相储层单层孔隙度介于 2.0% ~15.5% 之间，平均值为 5.0%（图 3-29）；渗透率在 0.01×10^{-3} ~ $531.589\times10^{-3}\mu m^2$ 之间，几何平均值为 $0.21\times10^{-3}\mu m^2$（图 3-30）。总体而言，②号礁带物性最好，礁滩叠合区最差。

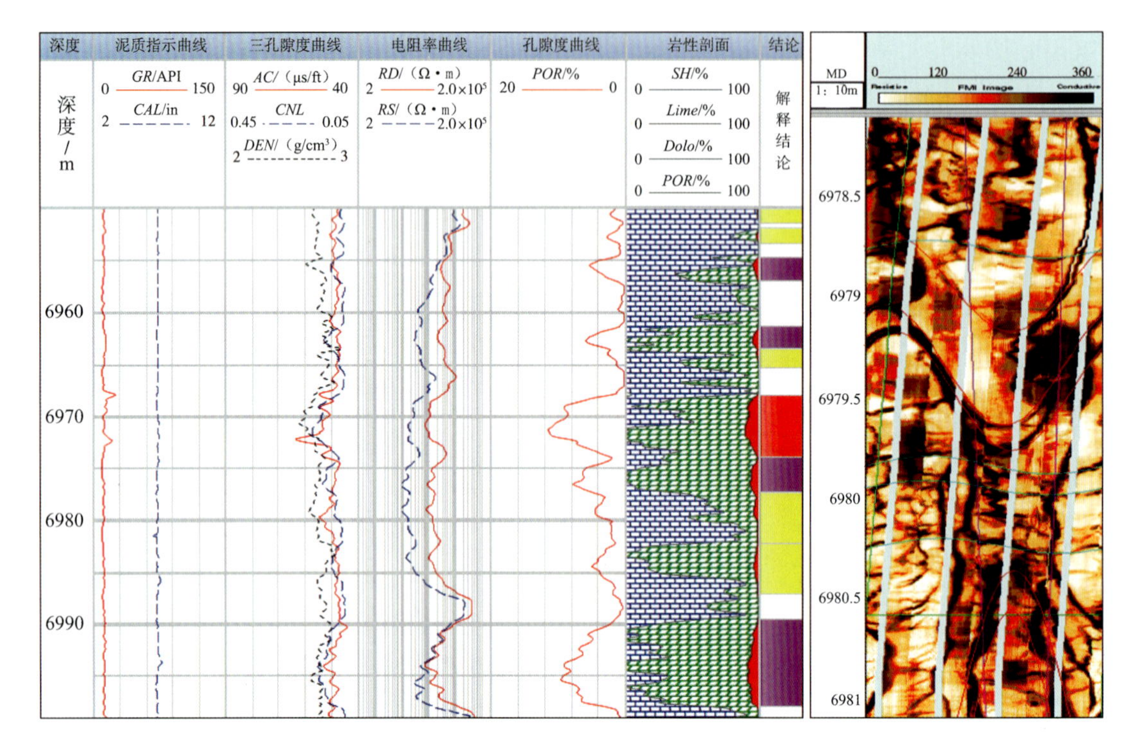

图 3-27　元坝 101 井裂缝—孔洞型储层测井响应特征

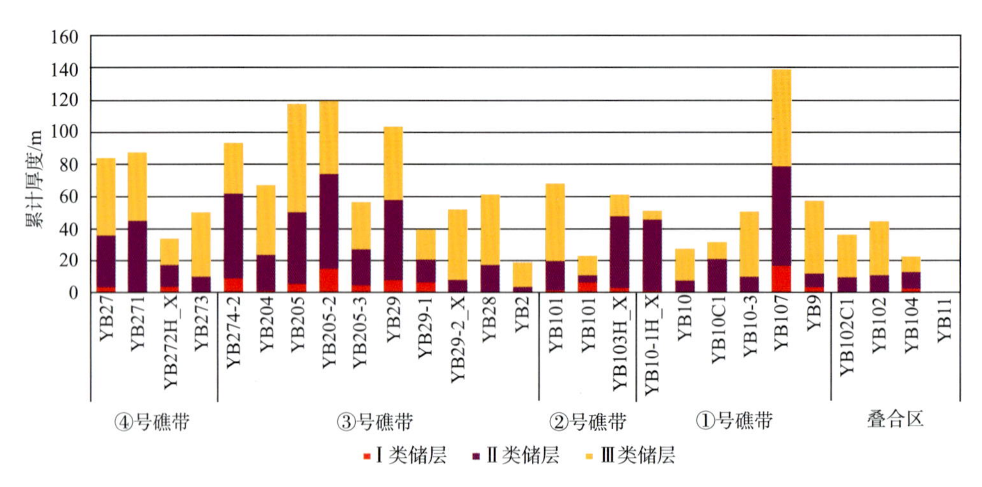

图 3-28　元坝气田长兴组气藏礁带储层分类厚度直方图

（二）储层总体发育与分布特征

从各井储层综合评价可以看出，元坝地区长兴组礁滩相储层纵、横向上非均质性强，各类储层交错分布，以Ⅱ、Ⅲ类为主，整体表现为“纵向不同类型储层不等厚互层（图 3-31），横向连通性差（图 3-32），平面厚度变化大（图 3-33）”的特点。

礁相区平面上以②、③号礁带的元坝 204 井、元坝 205 井～元坝 29 井井区，④号礁带的元坝 27 井～元坝 273 井西北井区最厚；③号礁带元坝 29 井～元坝 28 井井区、礁滩叠合区，①号礁带元坝 10－1H 井～元坝 107 井井区，④号礁带元坝 273 井井区次之；①号

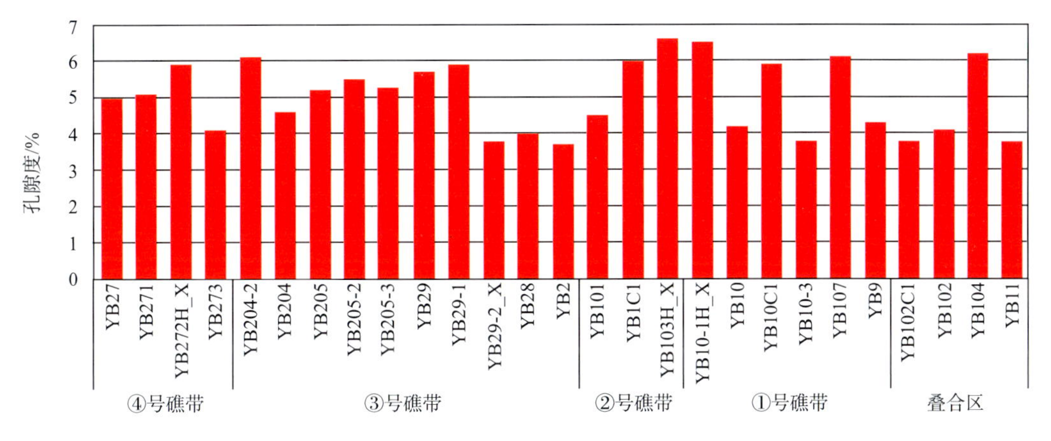

图 3-29　长兴组储层单井测井解释平均孔隙度分布直方图

图 3-30　长兴组储层单井测井几何平均渗透率分布直方图

礁带元坝9井井区，③号礁带元坝2井井区及其东南区最薄；物性最好储层位于③号礁带元坝205井～元坝29井井区、元坝204井井区南部，④号礁带元坝271井井区、元坝103H井井区。总体上，储层厚度平面变化大，储层厚度最大的位于②、③、④号礁带；其次为礁滩叠合区、元坝12井与元坝123井滩区及①号礁带；最薄的为西部滩区（图3-33）。

优质储层发育区：礁相区储层厚度明显大于滩相区，③号、④号礁带厚度比①、②号礁带大，③、④号礁带西北端厚度大于东南端，礁带中礁顶厚度明显大于礁前和礁后（图3-34、图3-35）。

（三）储层纵向发育与分布特征

目前元坝地区钻遇长兴组礁相储层的直井及定向井共22口，其中，钻遇礁前的井有元坝10井等6口，钻遇礁后的井有元坝9井等3口，钻遇礁顶的井有元坝27井等13口。

元坝27井为典型钻遇礁顶的井，纵向上礁相储层主要发育于第3、4个四级层序顶部的礁盖沉积中（图3-36）。测井解释礁相储层厚84.3m。其中Ⅰ类储层厚3.6m，平均孔

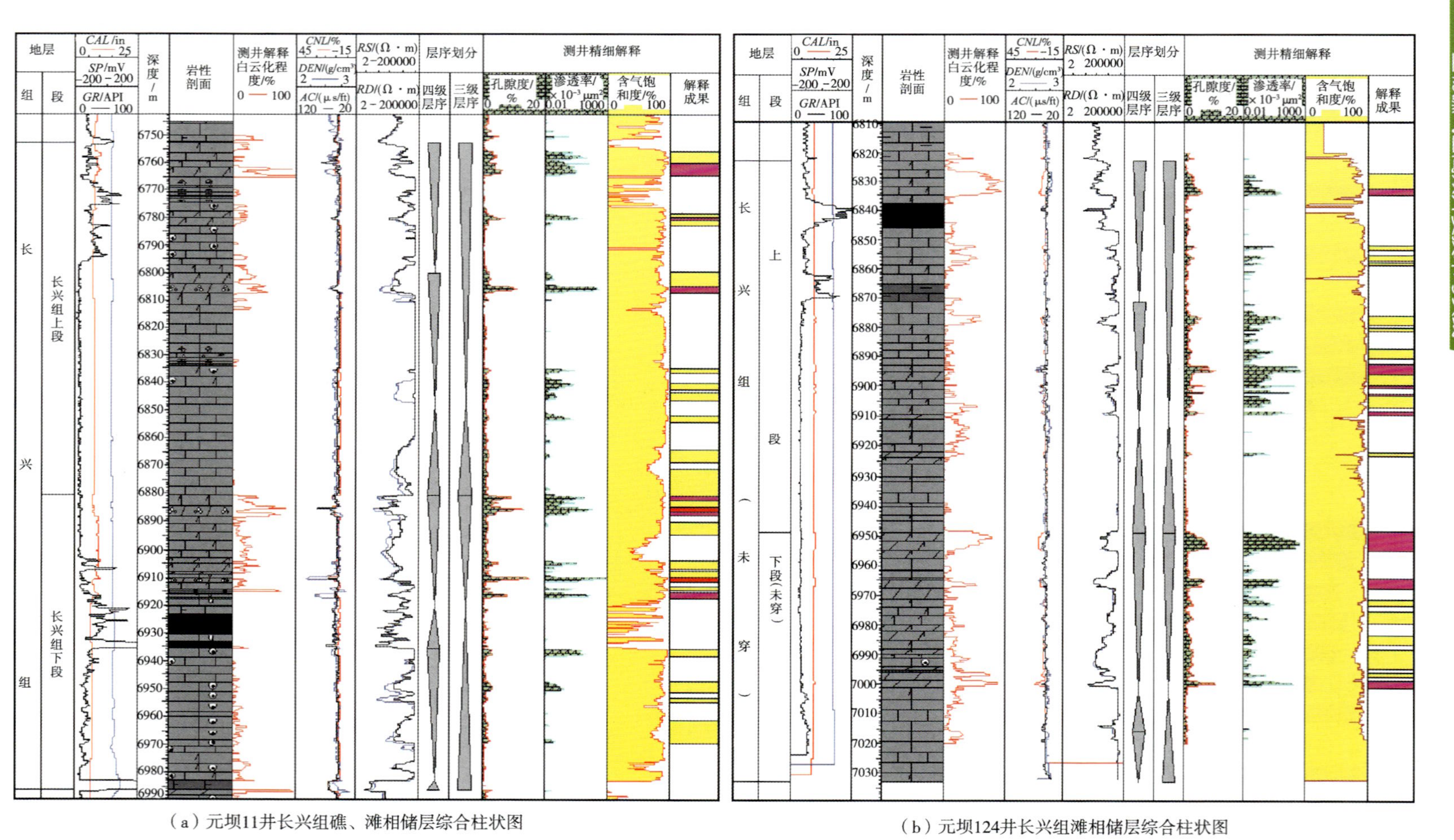

（a）元坝11井长兴组礁、滩相储层综合柱状图

（b）元坝124井长兴组滩相储层综合柱状图

图3-31　元坝地区长兴组纵向不同类型储层不等厚互层特征图

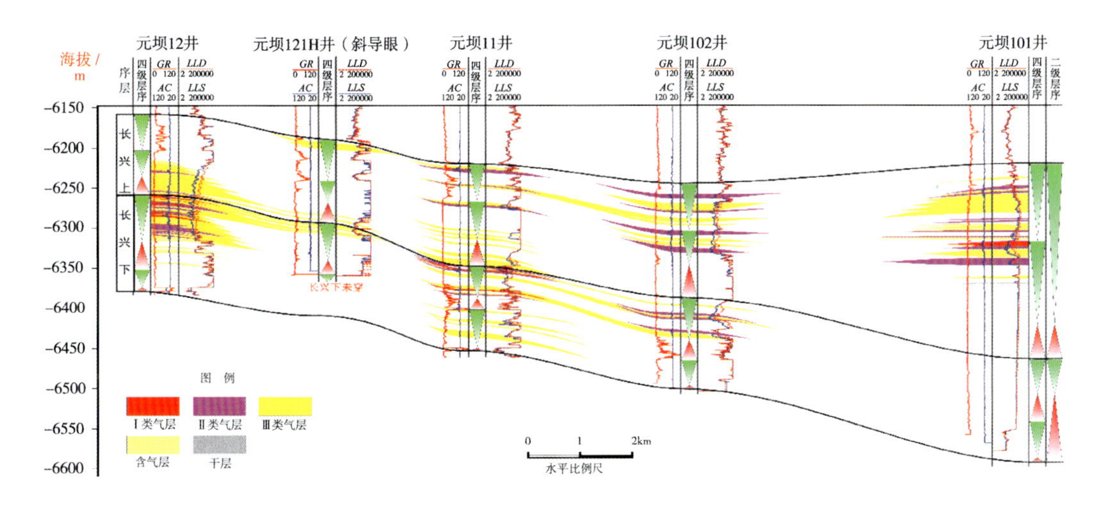

图 3-32　元坝 12 井—元坝 121（斜导眼）井—元坝 11 井—元坝 102 井—元坝 101 井长兴组储层对比图

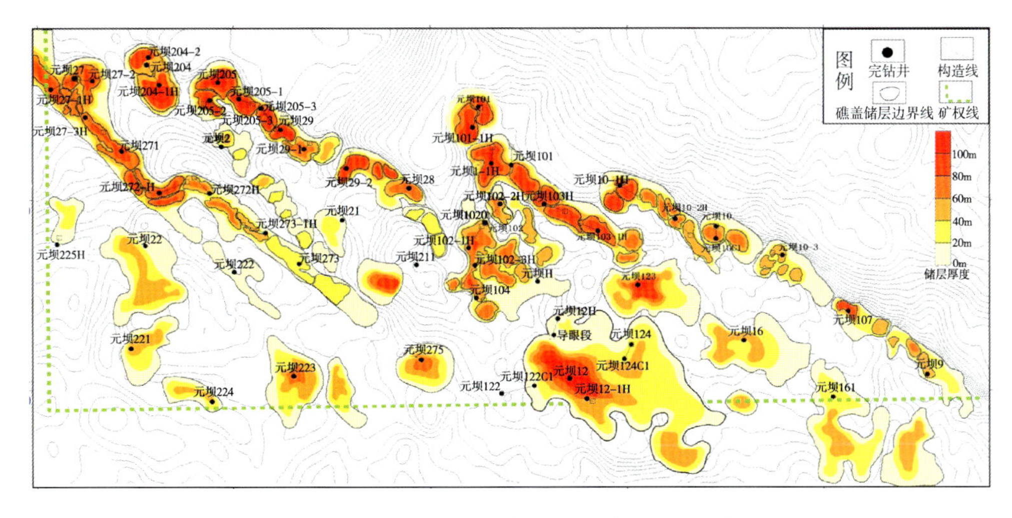

图 3-33　元坝长兴组气藏礁滩相储层平面分布图

隙度为 10.3%；Ⅱ类储层厚 32.1m，平均孔隙度为 6.4%；Ⅲ类储层厚 48.6m，平均孔隙度为 4.3%。

在不同相区单井储层评价的基础上，分析不同相区井之间及单井纵向上不同部位储层发育特征。元坝长兴组生物礁有 4 个成礁期次，相应有 4 期储层生成，第一、第二成礁期储层不发育，主要在第三、第四成礁期储层发育，以第四成礁期储层为最发育，优质储层发育规律也一样（图 3-37）。

对于元坝地区长兴组生物礁的单期礁，储层（特别是Ⅰ+Ⅱ类储层）纵向上主要发育于礁顶（盖），礁核发育较少，礁基不发育［表 3-6、图 3-38（a）］。对于生物礁最发育的 SQ2 层序高位体系域的双期礁，储层以上部Ⅳ期礁盖为主，均厚 48.4m，下部Ⅲ期礁盖储层较薄，均厚 24.1m［图 3-38（b）］。

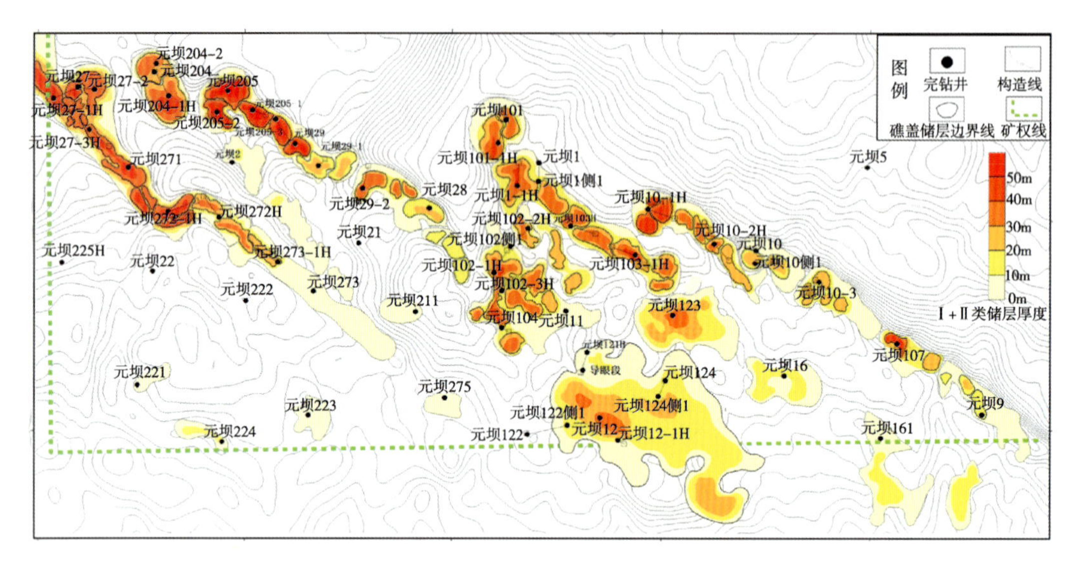

图 3-34　元坝长兴组气藏Ⅰ+Ⅱ类储层厚度分布图

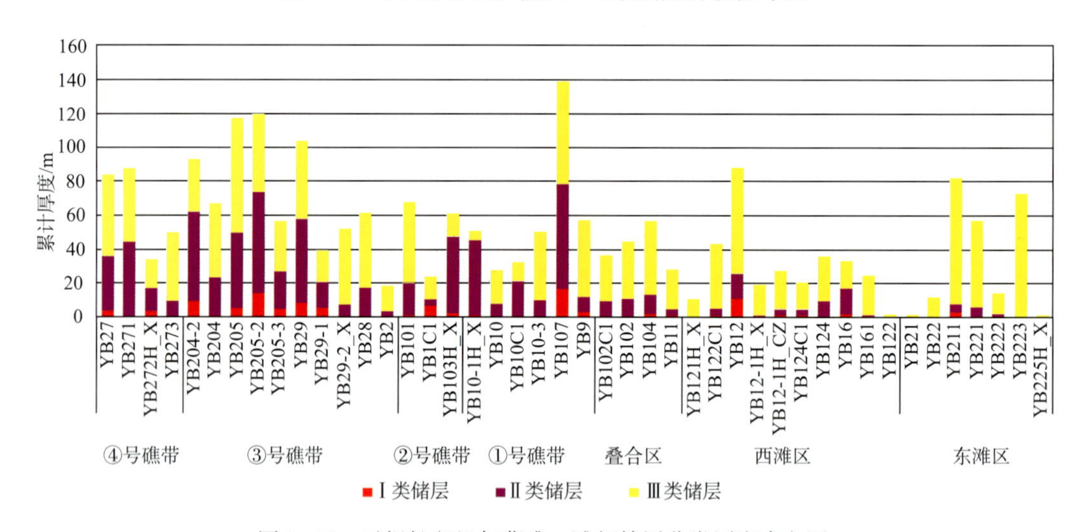

图 3-35　元坝长兴组气藏礁、滩相储层分类厚度直方图

表 3-6　元坝长兴组单期生物礁不同位置储层参数统计

礁体不同位置	储层厚度/m	Ⅰ类储层厚度/m	Ⅱ类储层厚度/m	Ⅲ类储层厚度/m	平均孔隙度/%
礁盖	39.9	2.5	18.2	19.3	5.2
礁核	14.8	0	2	13	3.2
礁基	0.6	0	0.1	0.5	0.5

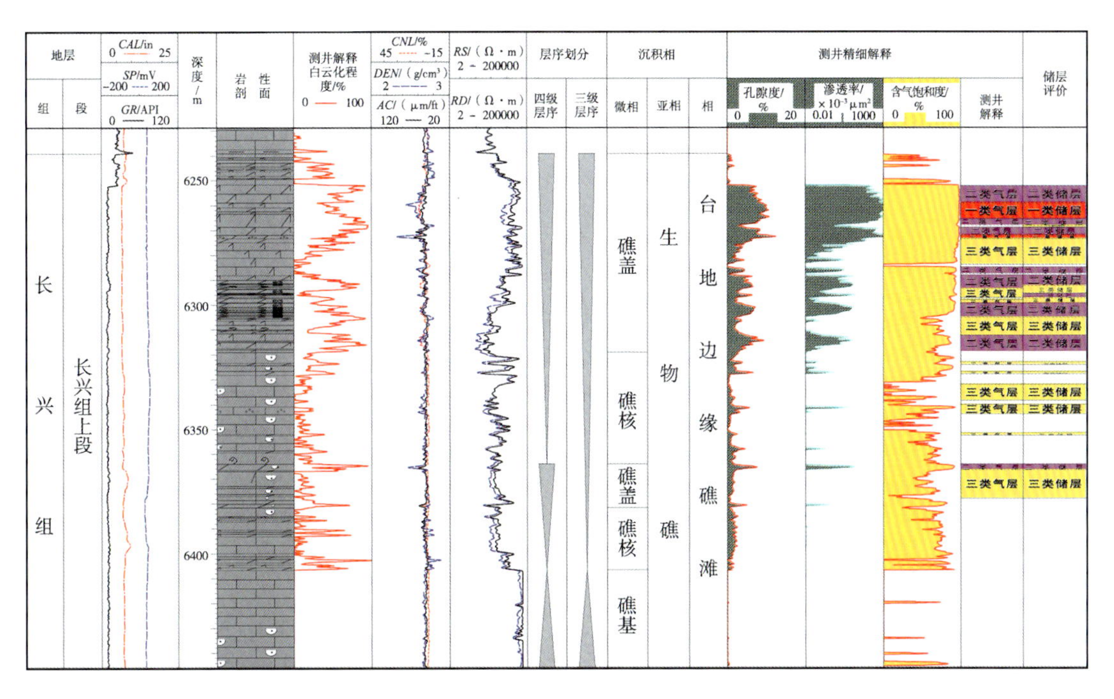

图 3-36　元坝 27 井（礁顶）长兴组储层综合评价图

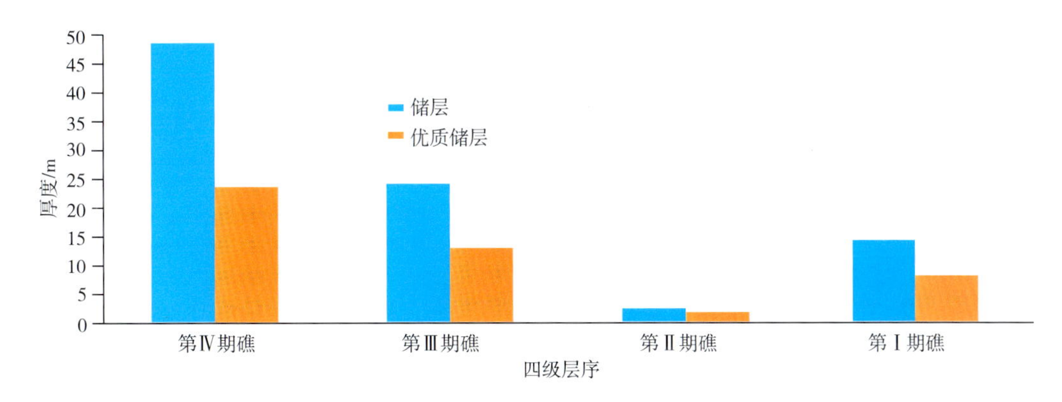

图 3-37　元坝长兴组不同成礁期次储层发育厚度直方图

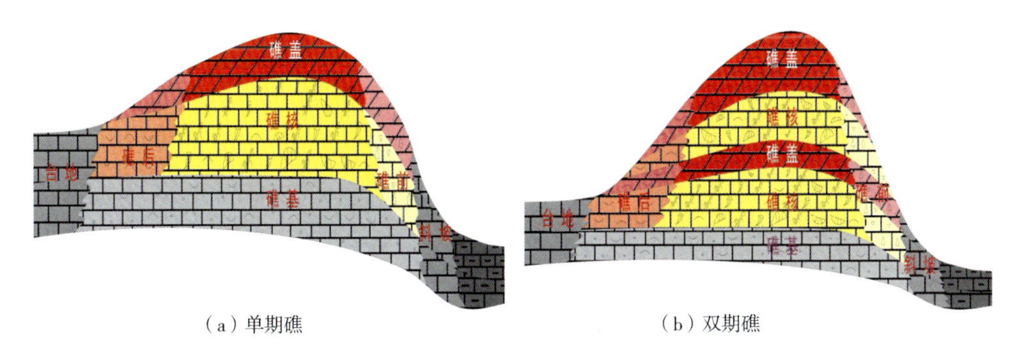

图 3-38　元坝地区长兴组生物礁发育类型图

（四）储层横向发育与分布特征

生物礁横向上可分为礁前、礁顶和礁后（图3-39），根据礁顶、礁前、礁后储层发育状况统计（图3-40）可以看出，储层主要分布于礁顶，礁后和礁前相对较差。其中，礁前钻遇储层的平均厚度为32.6m，Ⅰ+Ⅱ类储层平均厚度为9.5m；礁顶钻遇储层的平均厚度为77.0m，Ⅰ+Ⅱ类储层平均厚度为37.0m；礁后钻遇储层的平均厚度为38.3m，Ⅰ+Ⅱ类储层平均厚度为11.0m。

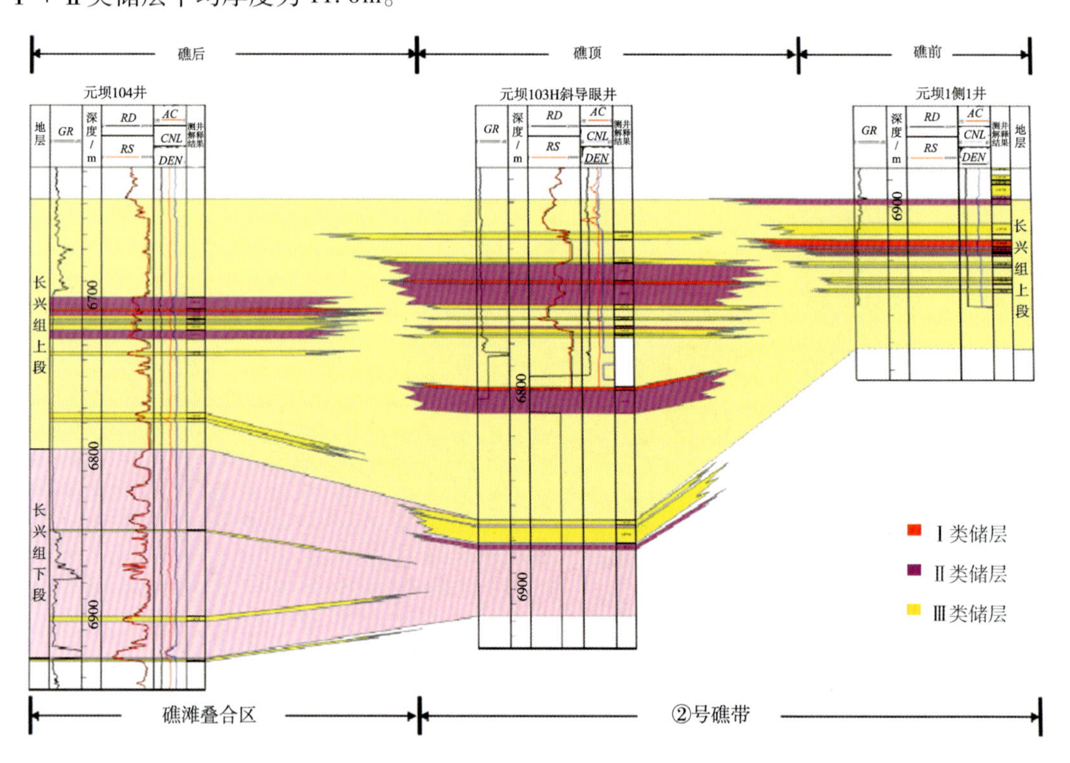

图3-39　元坝104井—元坝103H斜导眼井—元坝1测1井长兴组储层对比图

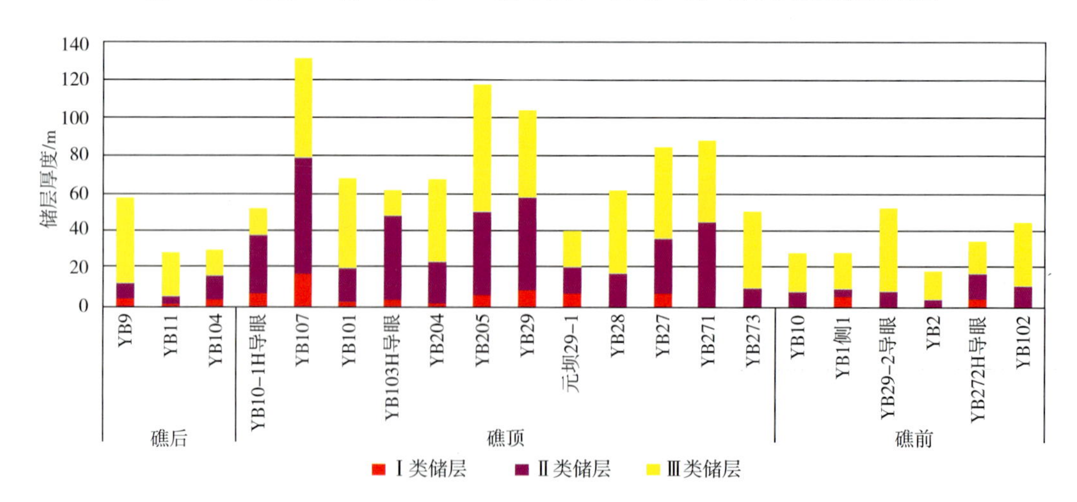

图3-40　元坝长兴组礁相区不同部位单井储层分类厚度直方图

二、优质储层发育主控因素

（一）台地边缘礁滩相是优质储层发育的基础

古地貌控制沉积相的分布，沉积相控制沉积环境，沉积环境控制成岩环境和成岩类型。由于台地边缘礁滩和台内高能生屑滩储层沉积环境为古地貌相对高处，一般位于浪基面附近，水动力条件强，可形成贫灰泥的沉积体，其粒间孔隙发育。同时，其沉积表面水体相对较浅，在频繁海平面升降的影响下，顶部常暴露于水体之上，短时间接受大气淡水的选择性溶蚀作用和蒸发浓缩白云石化作用的改造，形成较多的溶蚀孔，为埋藏期成岩过程中持续白云石化及溶蚀作用奠定了基础。

在碳酸盐岩台地沉积体系中，台地边缘储层最为发育，并且由台地边缘至开阔台地至局限台地，水体能量由强变弱，储层发育程度由高变低，储层类型由多变少。台地边缘生物礁滩体大规模发育，在成岩作用的影响下，可在礁滩体顶部发育生物礁礁盖相储层，储层厚度最大。开阔台地的水体能量较台缘低，滩相发育，也可发育少量点礁，潮坪少量发育，后期经成岩作用改造形成滩相（云）灰岩储层、滩相（灰）云岩储层。

沉积相是控制各类储层发育的重要因素之一，尤其是台地边缘相储层发育频率明显高于其他相，控制了长兴组生物礁和生屑滩的发育和空间展布，正向地貌有利于同生溶蚀和白云石化作用的发生，干旱气候背景随海平面升降发生的侧向迁移可导致蒸发白云岩连片分布。

（二）沉积期高频旋回控制储层纵向发育部位

元坝地区长兴组生物礁储层主要发育于礁盖，双期礁以上部Ⅳ期礁盖为主，原因在于：海相碳酸盐岩高频四级层序不同部位海平面变化特征不同，上部四级层序处于由海侵到海退的过渡期，海平面上升速率有所下降，碳酸盐岩的生产速率基本和海平面上升速率保持一致，从而形成并进型生物礁，并在纵向上相互叠置；此时，高水位体系域海平面可出现多次短期升降波动，导致碳酸盐岩相应暴露出海平面的几率高于下部四级层序，有利于礁滩体中上部发生同生期白云石化作用并影响后期溶蚀作用，从而形成较好的储层(图3-41)。

（三）差异性成岩作用控制储层质量

1. 白云石化作用是优质储层形成的物质条件

有利的沉积相是控制储层的基本要素，在平面上控制了储层的发育范围，而储层发育的好坏，则还会受成岩作用的强烈制约。长兴组优质储层经历了3期白云石化过程。干旱气候背景下，同生期蒸发泵白云石化作用和回流渗透白云石化形成微粉晶白云岩，由于白云岩比灰岩更具抗压实性和抗压溶性，因而有利于孔隙保存，并易形成裂缝。早成岩期阶段，浅埋藏白云石化作用形成晶形较好的粉—细晶云岩或粉—细晶白云石斑块，热液白云石化作用形成粉—细晶脏白云石和中粗晶白云石，这3期白云石化作用奠定了白云岩储层的基础，重结晶作用进一步优化白云石晶体和晶间孔，使白云岩储层质量得到了进一步的改善和强化。

图3-42是元坝地区长兴组白云石类型出现频率的平面分布图，由图可知，台地边缘区域的钻井剖面，细—粉—微晶它形脏白云石、热液白云石的出现频率较高，比较稳定，

而浅埋藏白云石化作用形成的粉—细晶自形白云石的出现频率相对较低，变化较大；台地内部区域，3 种类型的白云石均有发育，但出现频率变化较大。

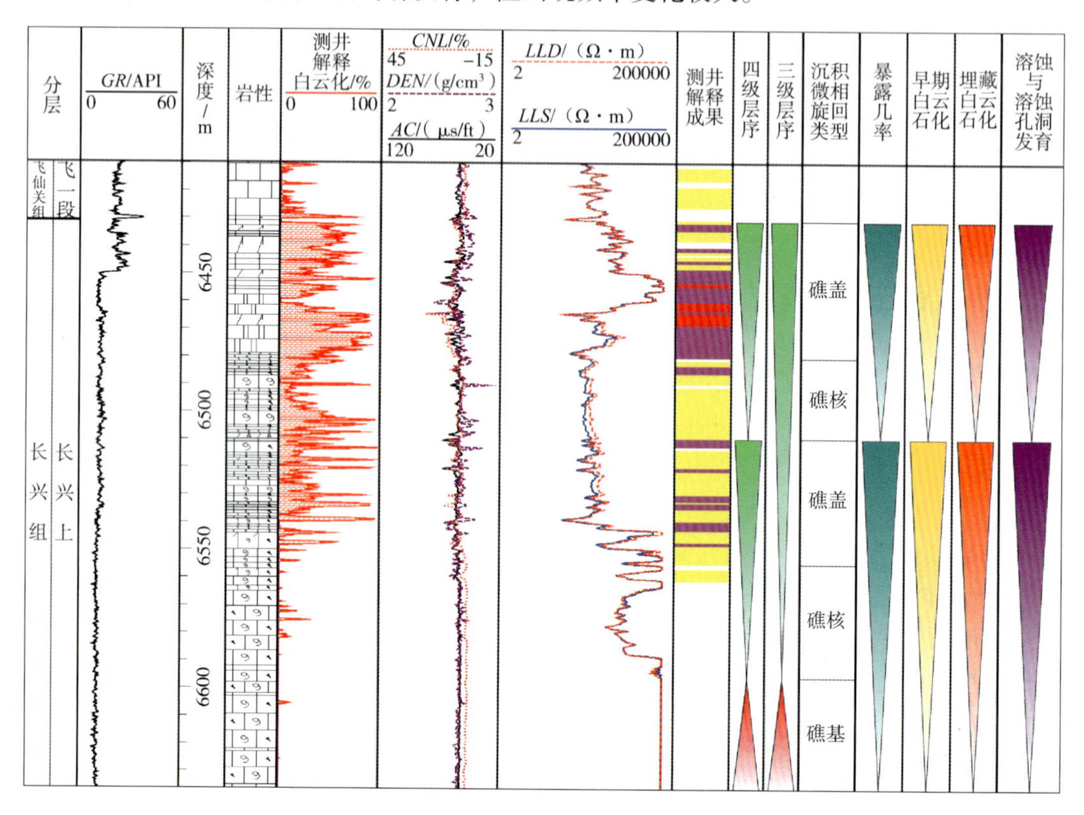

图 3-41　元坝地区长兴组生物礁储层垂向发育模式图

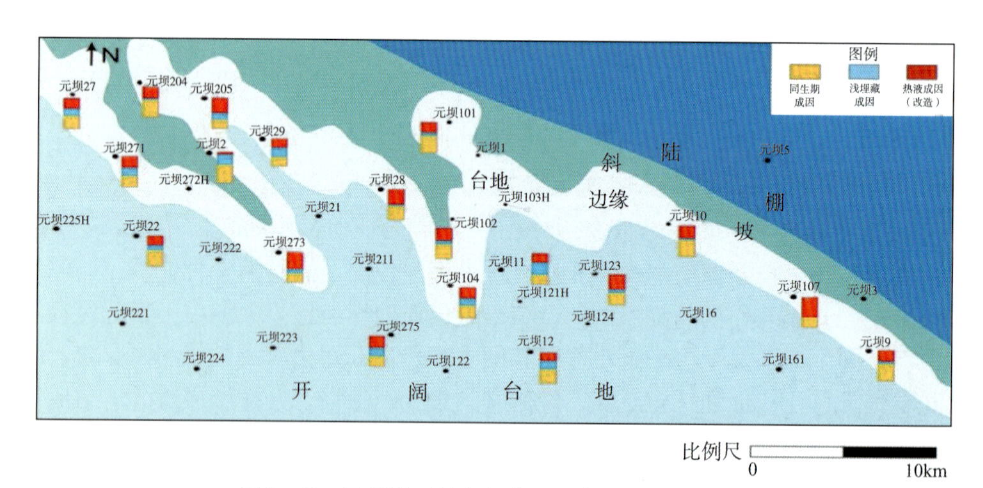

图 3-42　元坝地区长兴组白云石类型的平面分布

2. 溶蚀作用是优质储层改善的关键因素

溶蚀作用在元坝地区共发育 4 期：第Ⅰ期为同生期大气水溶蚀作用，为未固结或半固结的岩石遭受早期暴露溶蚀，形成的一些选择性孔隙；第Ⅱ期为早成岩期热液溶蚀作用，为热液白云石化晚期发生的溶蚀，该期溶蚀弱；第Ⅲ期为中成岩期有机酸性水溶蚀作用，随着埋深、温度、压力的增高，在构造活动和有机质成熟时释放携带伴生的有机酸和 CO_2，使孔隙水呈酸性，大量有机酸等热液的影响下，岩石发生了大规模溶蚀作用，形成非选择性白云石晶间溶孔、溶孔、溶洞等储集空间；第Ⅳ期为晚成岩期与 TSR 有关的溶蚀作用，液态烃和干酪根裂解生成天然气，同时产生 CO_2，并发生 TSR 反应，产生的 H_2S 溶于地层水中，在第Ⅲ期构造裂缝的有效沟通下酸性流体沿裂缝及前期残余孔隙对岩石进行进一步的溶蚀作用，局部形成溶蚀扩大孔洞并多被气烃充注。

3. *差异性成岩作用控制了储层的横向变化*

长兴组上段纵向上可分为礁基—礁核—礁盖、礁核—礁盖两个成礁旋回，从沉积微相与岩石物性的关系来看，优质储层主要发育于礁盖。

横向上，礁前储层以微粉晶白云岩为主，溶蚀作用不发育，胶结作用强，厚度薄、物性差。礁顶（礁盖）储层以细中晶白云岩为主，白云石化作用与溶蚀作用发育，储层厚，物性好。礁后储层以含灰细晶白云岩为主，白云石化作用和溶蚀作用较发育，物性较好。

长兴组发育礁滩潮坪相高能环境下形成的亮晶或泥亮晶生屑灰岩，同生期在生物礁礁盖、生屑滩滩核潮坪沉积物上部易发生蒸发泵白云石化作用，产生少量溶蚀孔，同时，生物礁礁盖下部、生屑滩潮坪沉积物的下部发生回流渗透白云石化作用。在随后的渐进埋藏成岩过程中，发生浅埋藏白云石化作用和热液白云石化作用，同时发生重结晶作用，生烃产生的溶蚀作用使方解石和白云石溶蚀，晚成岩期原油裂解伴随的 TSR 作用，形成了大量溶孔和溶洞，最终形成残余生屑晶粒白云岩，而礁后白云岩储层中残留的方解石和晚期充填的方解石导致其孔隙空间减少，储集性能变差（图 3-43、图 3-44）。

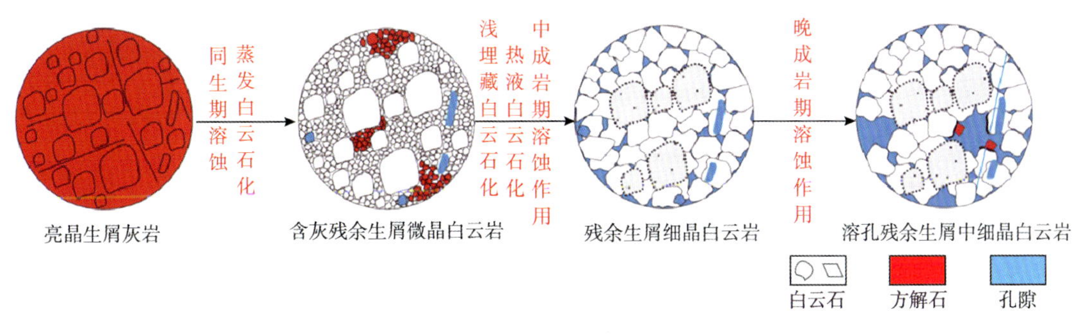

图 3-43　长兴组礁顶（礁盖）白云岩储层成岩演化模式图

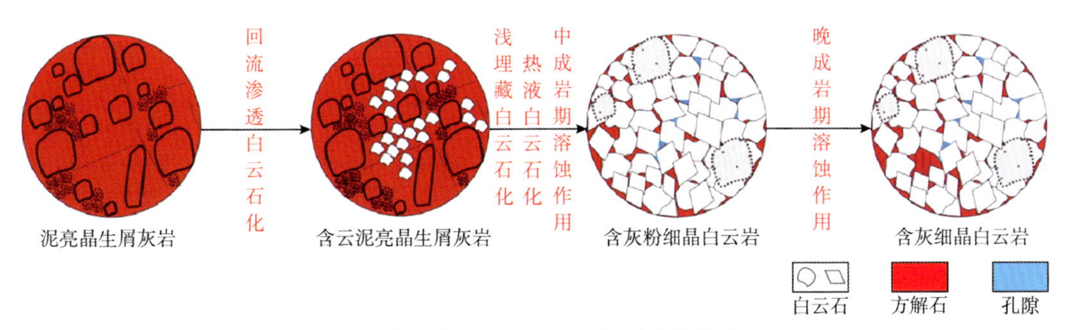

图 3-44　长兴组礁后白云岩储层成岩演化模式图

（四）喜山期破裂作用改善储层质量

喜山期构造裂缝形成于气烃充注的成岩阶段，破裂强度较强，裂缝发育，几乎全部未被充填。有效裂缝形成了一定的储集空间，局部破裂严重，大大改善了储层岩石物性，对于长兴组储层渗透性的改善具有重要意义。

第四章　生物礁识别与储层及含气性预测

元坝长兴组台地边缘生物礁具有礁体规模小，纵向发育多期，平面组合方式不一、类型多样的特点。生物礁储层厚度薄，尤其是优质Ⅰ、Ⅱ类储层厚度薄，物性差，井间、井内礁体纵向上储层发育差别大（不同类型生物礁储层发育程度差别较大，不同沉积微相位置的生物礁储层差异大）。生物礁储层精细描述面临巨大的挑战，其难点主要来自于几个方面：①气藏埋藏超深，地震资料信噪比低，生物礁与内幕结构识别难度大；②储层薄，Ⅰ、Ⅱ类储层与泥质岩储层、Ⅲ类储层与致密灰岩弹性阻抗叠置严重，常规地震反演预测技术多解性强，储层厚度预测精度低；③气水关系复杂，流体识别预测难度大。如何准确识别生物礁，刻画礁体平面展布及内幕结构，提高储层预测精度和流体识别的能力，是元坝气田储层精细描述亟待攻克的技术难关。

针对上述问题，中国石化积极组织攻关，从地震资料处理、地震资料精细解释、生物礁精细刻画和生物礁储层高精度预测等方面开展技术攻关，形成了以相控约束为核心，包括生物礁识别、储层预测与流体预测的储层精细描述技术，为生物礁储层精细描述提供了技术支撑。

通过提高地震资料信噪比与分辨率技术攻关，结合正演模拟，采用地震资料反射特征法和古地貌分析法，解决了生物礁与内幕结构识别难度大的问题，明确了长兴组生物礁的分布规律。

通过相控地质统计学反演等技术攻关，形成了以常规地震多属性融合技术刻画生物礁储层的平面展布，伽马拟声波反演技术剔除Ⅰ类、Ⅱ类储层中的泥岩，相控地质统计学反演预测Ⅲ类储层的预测技术，提高了储层的预测精度和准度，落实了储层的分布规律。

通过频率衰减和流体活动及叠前弹性阻抗反演技术攻关，解决了气水关系复杂、流体识别难度大的问题，明确了长兴组生物礁的气水分布规律。

上述储层及含气性预测结果吻合地质认识，其成果直接应用于开发方案的编制和井位部署，并得到了钻井成果的验证。钻井成果表明：储层预测情况符合地质认识。统计结果表明：开发井实钻验证成功率达100%，储层预测平均符合率高达95%，水平井储层平均钻遇率高达82%。

第一节　生物礁识别与精细雕刻

一、生物礁识别

生物礁是浅水、高能、低纬度等环境条件下原地生成且具有生物格架的碳酸盐岩建造。优质生物礁储层的油气产能高，生物礁在外型上具有比较典型的反射特征，这些特点往往能够在常规地震时间剖面或偏移剖面上反映出来，构成生物礁地震识别上的物理、地质基础。目前地震识别的技术手段较多，针对元坝气田开发而言，较适用的技术主要包括模型正演技术、古地貌分析技术、反射特征分析技术等。

（一）生物礁正演模拟

模型正演是对特定的地质、地球物理问题作适当的简化，形成一个简化的数学模型或物理模型，采用数值计算的方法或物理模拟方法获取地震响应的过程，是理解地震波在地下介质中的传播特点，帮助解释观测数据，建立地下地质体识别模式的有效手段。

通过已钻井实钻岩性数据建立起生物礁地质模型，并以该模型进行生物礁地震响应特征并进行模型正演（图4-1），建立了生物礁的地震识别模式。

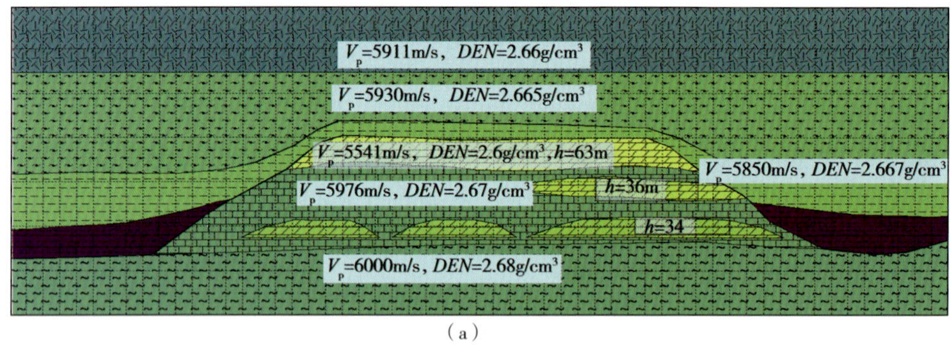

（a）

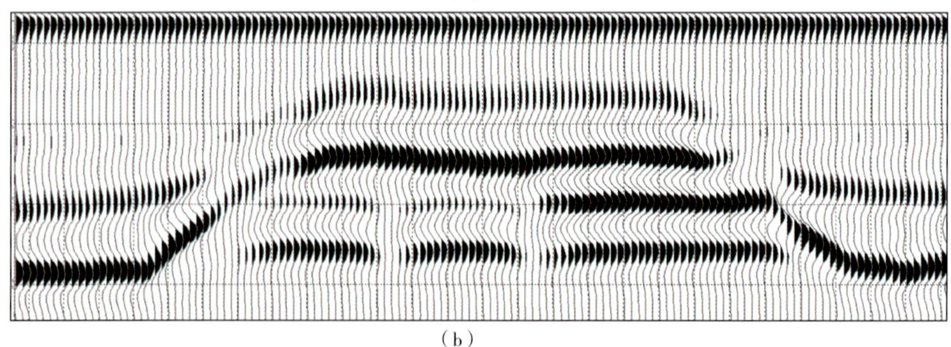

（b）

图4-1　生物礁地质模型（a）与正演剖面（b）

（1）造礁生物生长速度快，生物礁的厚度比四周同期沉积物明显增大，生物礁外形在地震剖面上的反射特征多表现为“丘状”或“透镜状”凸起的反射特征。

（2）由于生物礁是由丰富的造礁生物和附礁生物形成的块状格架地质体，不显沉积层理，因此生物礁内部在地震剖面上多表现出断续、杂乱或无反射空白区等特征。但是当生物礁在生长发育过程中伴随海水的进退而出现礁、滩互层，礁、滩沉积显现出旋回性时，也可出现层状反射结构。

（3）由生物礁的波形剖面可以看出，生物礁礁盖呈强波谷—波峰“亮点”反射，同相轴连续平滑；表现在相位剖面上，礁盖相位包络完整、期次明显。

（4）生物礁的外边界表现为礁间低能带高连续，平滑、稳定强波峰反射的终止或分叉，同时，在相位剖面上同样表现为相位的分叉，礁基与礁盖强连续相位形成生物礁丘状外形包络，礁核内部则表现为弱连续相位特征。

（二）古地貌恢复

由于生物礁发育的地质条件比较苛刻，生长的位置和分布范围十分局限，一般发育在海槽的台缘斜坡和台内相对高的部位，因此，古地貌恢复有助于识别生物礁的位置和分布。具体方法是在地震剖面上将最靠近地震反射异常体的上覆地层中比较稳定的标准地震反射同相轴拉平，观察地震反射异常体是否处于生物礁发育的古地貌有利部位，以及目标层段是否有地层加厚现象，从而帮助判别生物礁体的位置，图4-2所示为元坝礁带古地貌图。生物礁主要发育在构造高部位，钻井结果证实，古构造位置越高，生物礁储层越发育。古地貌图显示礁带呈北西—南东方向，越靠近东南段，古地貌位置越低，生物礁不发育，与实钻结果吻合度高。因此，采用古地貌恢复技术能有效识别生物礁发育的位置。

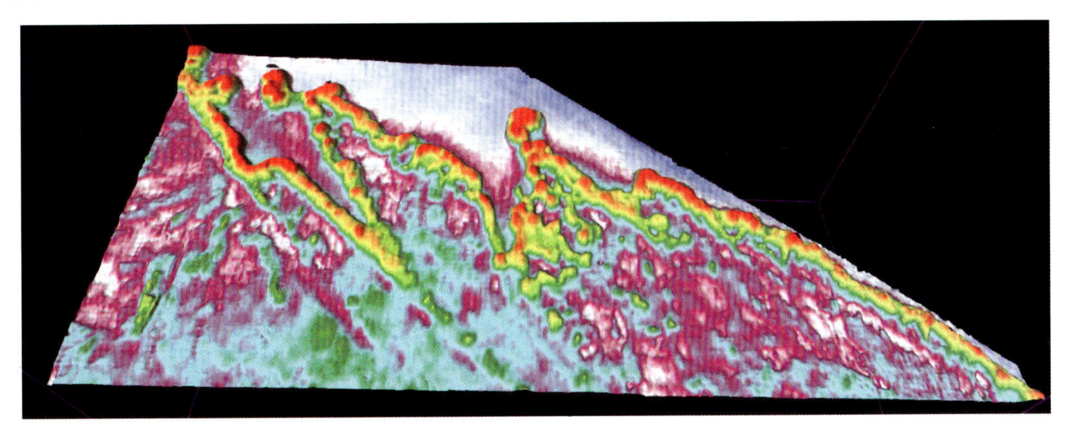

图4-2　礁带古地貌图

（三）生物礁地震反射特征

结合正演模拟结果，利用生物礁地震反射异常外形，可进行礁体边界识别。分析元坝地区典型生物礁的的反射特征，可以归类总结出6点特征：①外形特征。由于造礁生物生长速率快，生物礁的厚度比同期四周沉积物明显增大，在有生物礁分布的层位上沿相邻两同相轴追踪时，厚度明显增大处则可能是礁块分布的位置。生物礁在地震剖面上的形态呈丘状或透镜状凸起，其规模大小不等，形态各异，有的呈对称状，有的为不对称状，这与礁的生长环境及所处地理位置有关。②生物礁顶、底反射特征。礁体顶面直接被泥岩覆盖，泥岩和礁灰岩之间存在明显的波阻抗差，因此，在礁顶会出现较明显的强振幅反射界面；而礁体底部由于多与砂岩接触，且在砂岩中的速度一般为4000m/s，与灰岩的波阻抗差没有顶面明显，因而底部反射界面比顶部反射界面弱，且连续性变差，甚至出现断续反射现象。③礁体内部反射特征。生物礁是由丰富的造礁生物及附礁生物形成的块状格架地质体，不显沉积层理，但可以看到生物层理（如结壳状构造、藏绕状构造等），故礁体内部呈杂乱反射。④礁体礁翼反射特征。礁的生长速率远比同期周缘沉积物高，两者沉积厚度相差悬殊，因而出现礁翼沉积物向礁体周缘上超的现象，在地震剖面上根据上超点的位置可判定礁体的边缘轮廓位置。⑤礁体上覆地层的披覆构造。生物礁的厚度比周缘同期沉积物明显增大，并且礁灰岩的抗压强度远比周围砂泥岩大，所以在礁体顶部由差异压实作用而产生披覆构造，其披覆程度向上递减。⑥礁体底部上凸或下凹反射。当礁体厚度较大，礁体与围岩存在明显速度差时，在礁体底部就会出现上凸或下凹现象。礁体速度大于围岩时，底部呈上凸状，反之呈下凹状，上凸或下凹的程度与礁体厚度及波阻抗差异大小成正比。以元坝204井礁体为例，生物礁在波形剖面上表现为丘状反射，礁盖呈强振幅，形成生物礁外形包络，生物礁两翼地层水平上超披覆于礁盖之上，生物礁内部反射波形较杂乱，呈弱反射；礁体底部局部有上凸现象（图4-3）。

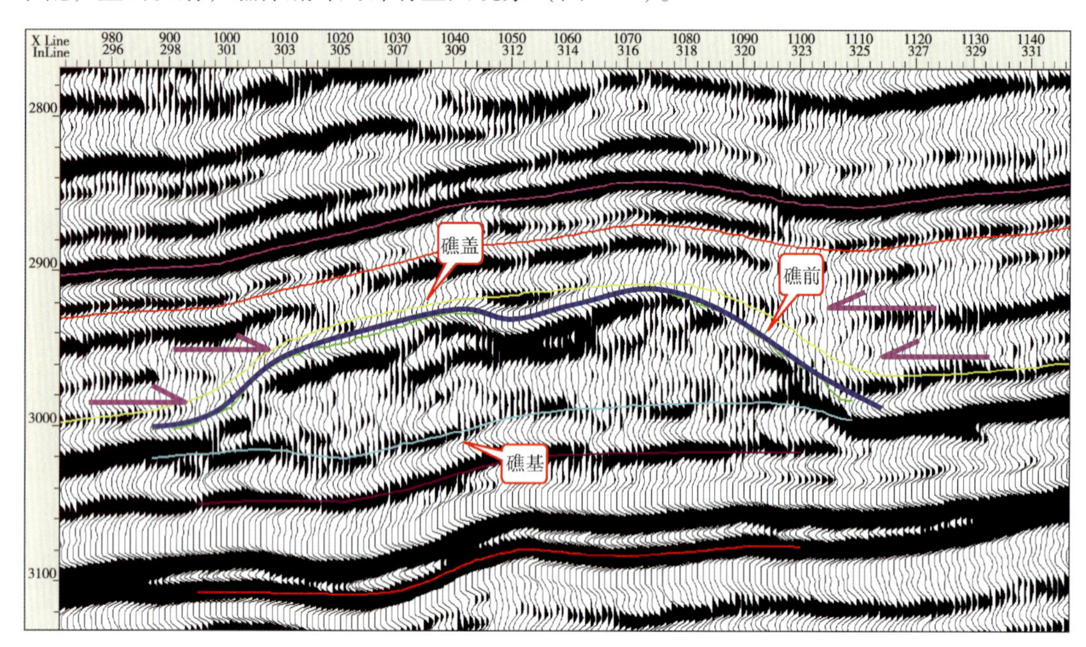

图4-3　元坝204井礁体常规地震波形剖面

1. 生物礁地震相位识别

与常规地震振幅识别相比，地震相位属性对于生物礁发育区边界的显示更加清楚。地震相位属性是地震剖面上同相轴连续性的度量，能量无论强弱，均能利用地震相位反映。生物礁的生长受海平面升降变化的影响，在纵向上和横向上具有多期次性。因此，一般情况下，生物礁在瞬时相位上表现为相位错断的地震响应特征。图4-4为过元坝204井礁体相位的剖面显示，礁盖和礁基构成了生物礁的外包络，生物礁内部由于礁核呈块体、缺乏成层性结构而表现为弱—杂乱相位特征，地层超覆在生物礁两翼，上覆地层平行披盖于礁盖之上。

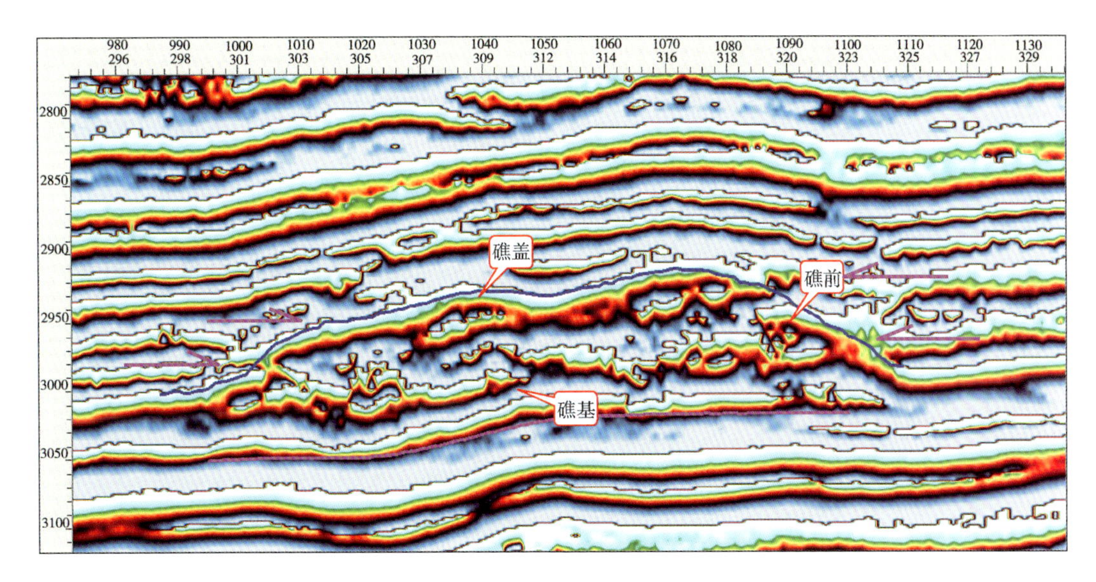

图 4-4　元坝 204 井礁体相位剖面

2. 生物礁地震相干识别

地震相干属性主要反映地质体结构的相似性，当地质体的相似性变差时，就会在相干属性中很明显地体现出来，利用该技术能有效刻画生物礁内幕和边界的反射。图 4-5为过元坝 204 井礁体的相干剖面，在相干剖面上生物礁表现为低相干的暗色团块，这些团块是生物礁内部礁核的弱—杂乱反射的相干响应，而连续的礁盖表现为高相干的浅蓝色。

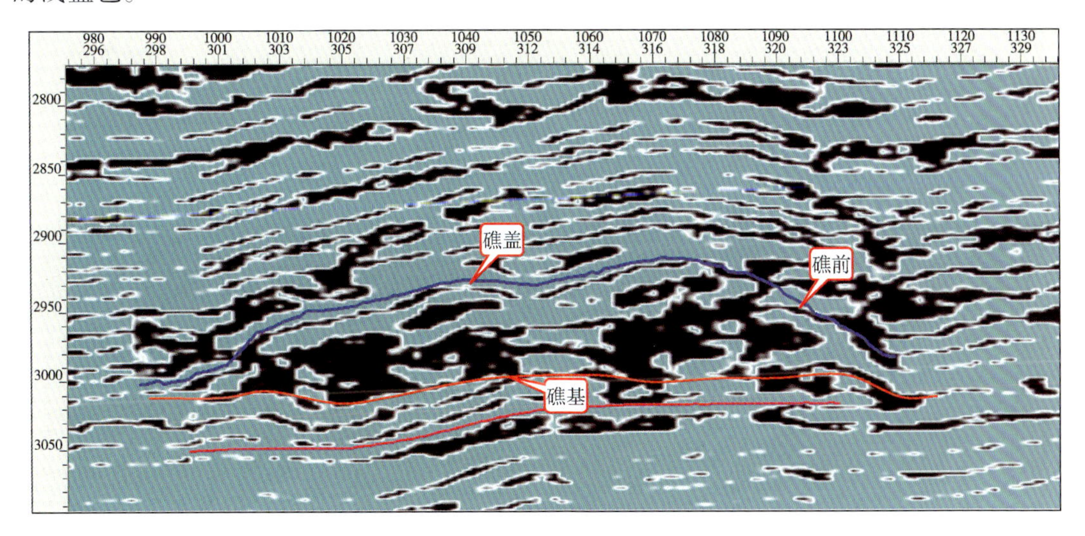

图 4-5　元坝 204 井礁体相干剖面

二、生物礁精细雕刻

三维体可视化解释是通过对来自于地下界面的地震反射率数据体采用各种不同的透明度参数，在三维空间内直接解释地层的构造、岩性及沉积特点。这种三维立体扫描和追踪技术可使解释人员快速选定目标，结合精细的钻井标定，帮助解释人员准确、快速地描述各种复杂地质现象。三维可视化比常规二维地震剖面解释更直观、整体性更强，便于研究人员从宏观和大局上把控地质目标，把握其三维时空展布规律。

（一）礁群三维空间雕刻

礁群是指在生物礁礁带中紧密生长的两个或多个生物礁，礁体与礁体之间呈并行或叠合排列，礁体幅度大致相当。礁群与礁群间以潮汐水道相隔。

礁群在生物礁古地貌图上表现为团块状，古地貌高，礁群两端受古地貌较低的潮汐水道分隔，古地貌较低；在地震剖面上表现为反射同相轴的中断、相位突变等。

利用三维地震资料，结合地震属性分析及古地貌恢复，对沿台缘发育的不同礁带进行精细解释，共刻画出 4 个礁带和 1 个礁滩叠合区，如图 4-6 ~ 图 4-10 所示。

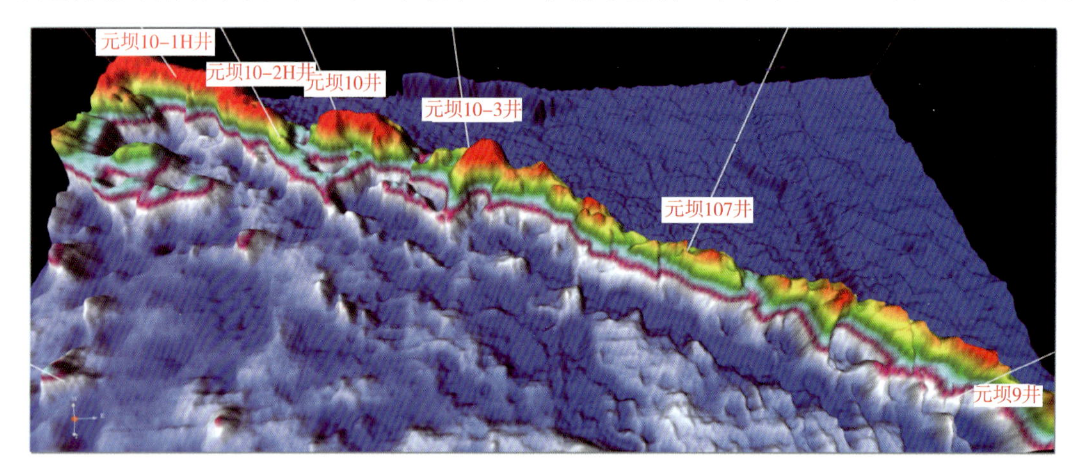

图 4-6　①号礁带空间分布

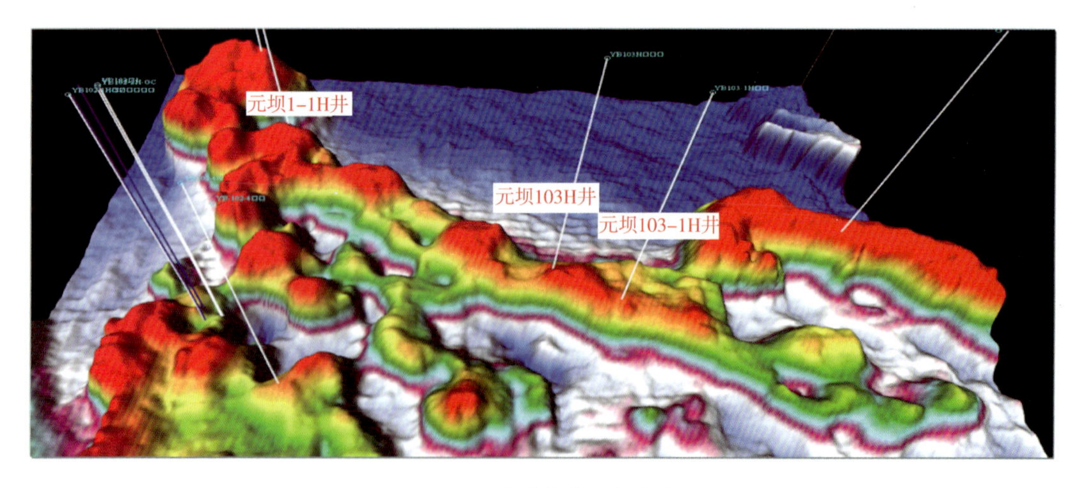

图 4-7　②号礁带空间分布

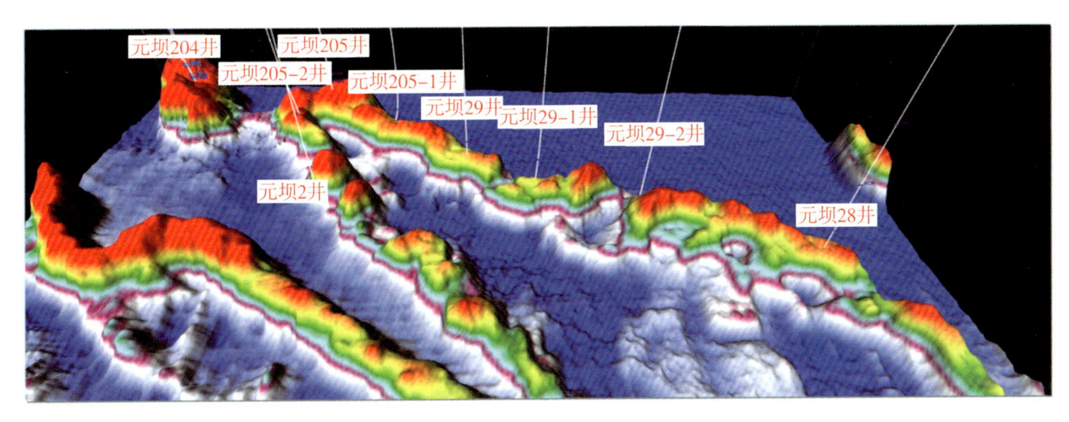

图 4-8　③号礁带空间分布

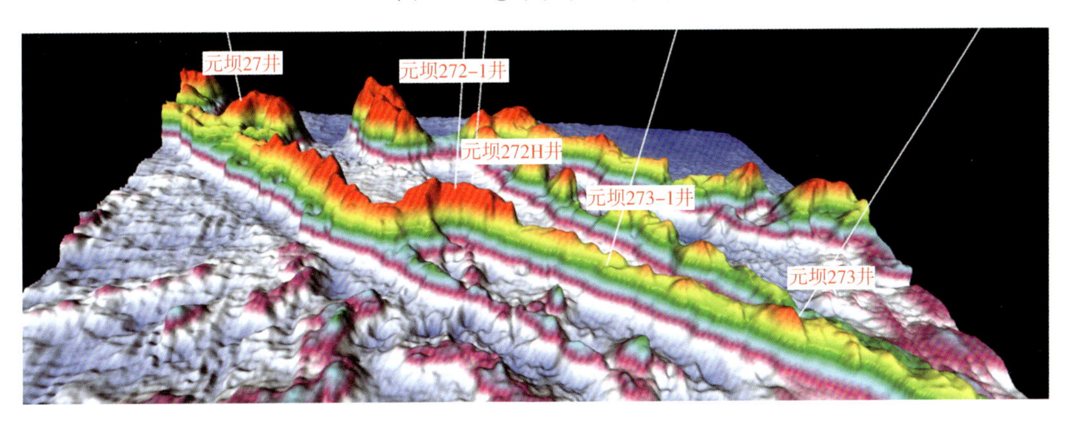

图 4-9　④号礁带空间分布

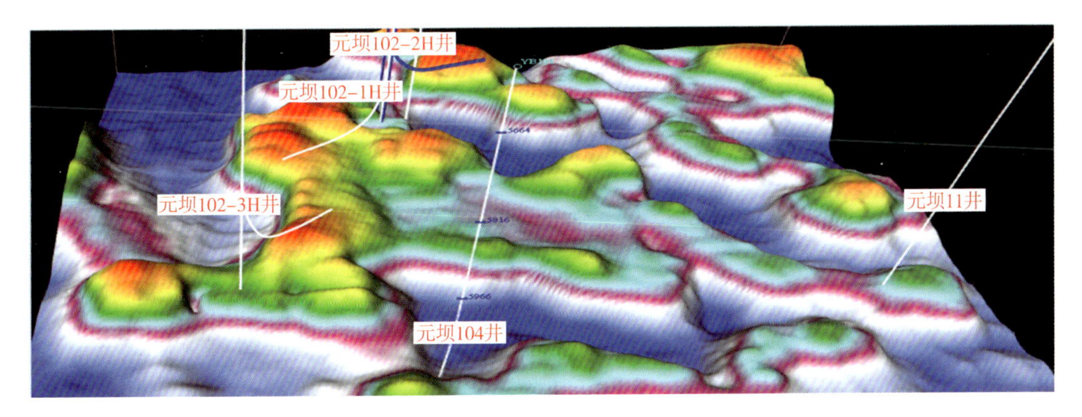

图 4-10　礁滩叠合区空间分布

（二）单礁体三维空间雕刻

生物礁的生长受海平面升降变化的影响，单礁体纵向上表现为多期次性，横向上单礁体呈“肩并肩”方式并列排列。虽然地震反射特征及古地貌等技术能有效地刻画礁群和单礁体，但对于元坝气田开发而言，礁体描述的精度不足，需要在单礁体解释的基础上按照不同期次，加密解释礁体的边界，精细刻画不同期次发育的生物礁，为定向井和水平井的实施提供最优的储层位置。元坝 204 井井区纵向上发育两期生物礁，但第Ⅰ期发育两个并排的单礁体。图4-11为元坝204井井区不同发育期次的生物礁，图4-12为不同期次生物礁的空间分布，利用三维空间雕刻技术能将礁体按不同的期次刻画出来。

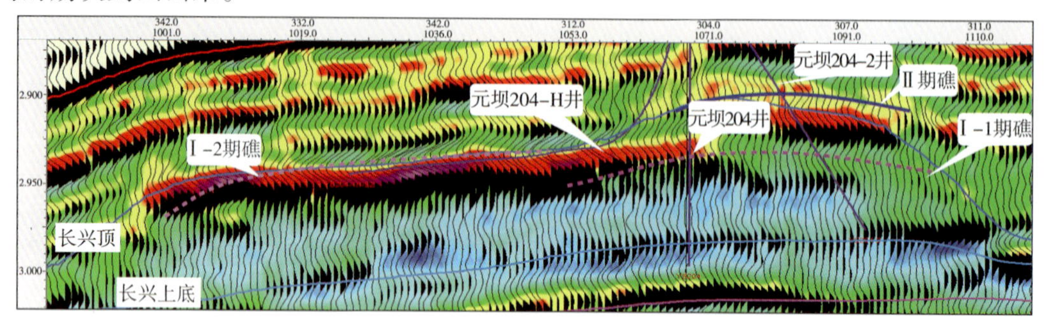

图4-11　元坝204井井区不同发育期次的生物礁

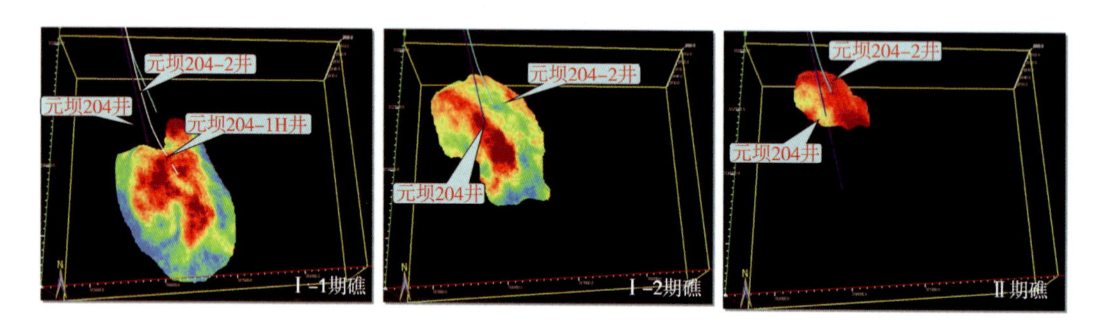

图4-12　元坝204井不同期次生物礁的空间分布

第二节　生物礁储层预测与流体识别

一、生物礁储层预测技术

（一）叠后约束稀疏脉冲反演技术

前面已经明确了生物礁的空间展布，但是没有解决储层发育的位置及分布特征。依据生物礁的地质特点和地球物理响应特征开展生物礁储层预测，明确有利储层的分布，才是油气藏开发的目的。由于元坝气田试采区和滚动区的钻井较多，分布较均匀，可采用叠后约束稀疏脉冲反演技术预测储层分布。

结合测井解释成果，元坝生物礁储层在测井上表现为高声波时差、低密度的特性。分岩性统计交汇表明：优质储层主要表现为低阻抗特征，致密层主要表现为高阻抗特征（图4-13），图4-14是③、④号礁带储层预测的平面分布。

（二）伽马拟声波反演技术

元坝生物礁白云岩储层在测井响应上主要表现为低波阻抗、低自然伽马、高声波时差和低密度的特点，然而非储层泥质含量增高后波阻抗也变低，与储层波阻抗重叠，利用常规的叠后波阻抗反演不能有效地区分。岩石物理分析结果表明，两者之间在伽马上有明显

的区分，为剔除泥岩影响，降低反演多解性，须开展伽马拟声波反演。

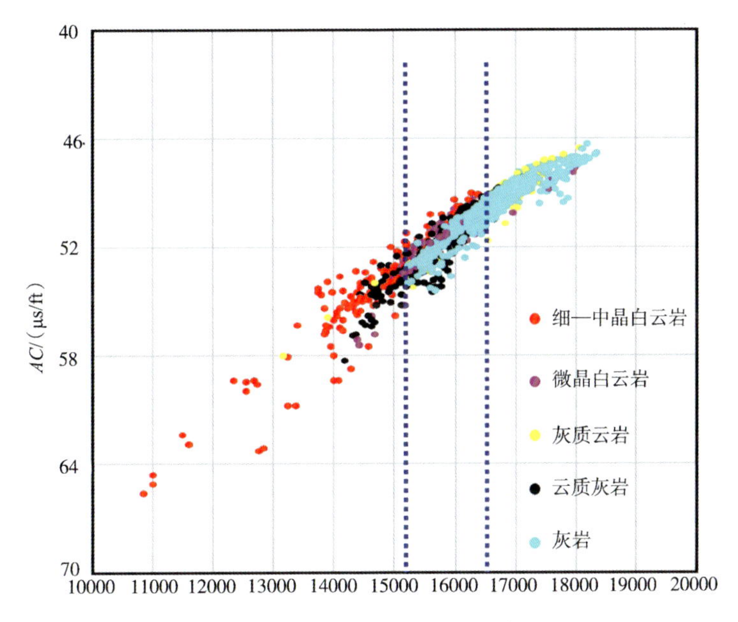

图 4-13　不同岩性波阻抗交会图

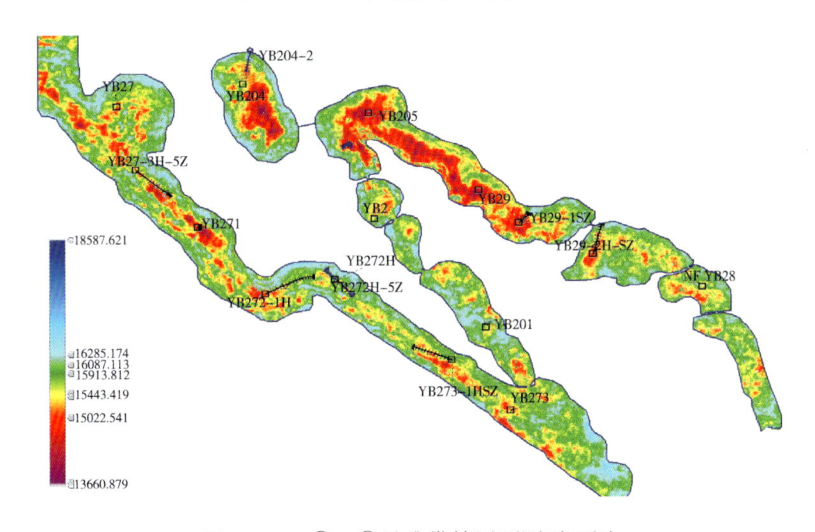

图 4-14　③、④号礁带储层预测平面图

该反演技术的核心是特征曲线重构，它以岩石物理学为基础，从多种测井曲线中进行优选，并重构出能反映储层特征的曲线。基于伽马拟声波曲线重构，首先利用小波变换提取声波测井曲线的低频信息，然后运用统计回归方法提取伽马曲线的高频信息，最后采用频率融合技术构建既具有地层背景的低频信息又能反映储层与非储层差异的拟声波曲线。

通过将重构的伽马拟声波与密度曲线交会（图 4-15），能够将大部分含泥质的非储层与储层分隔开。

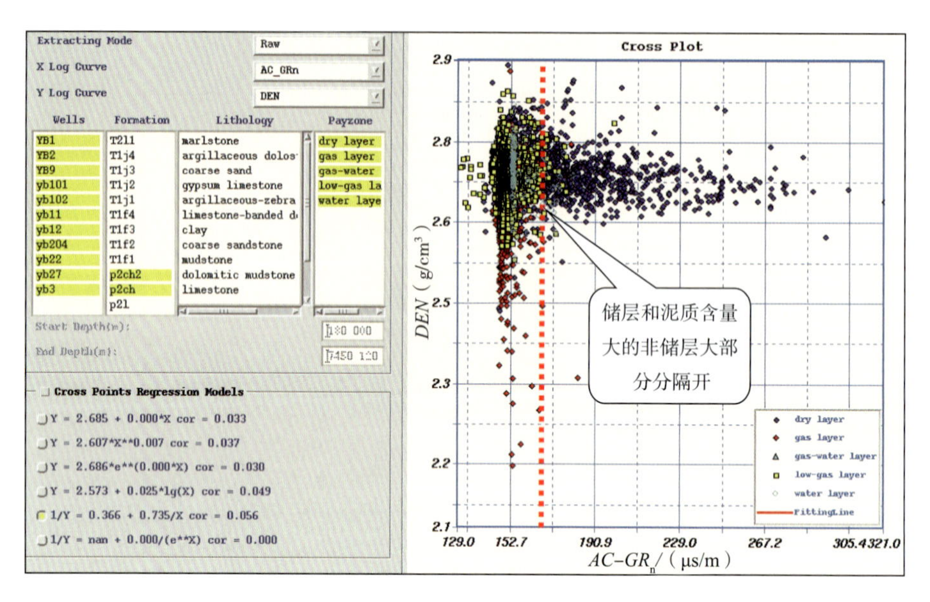

图 4-15　伽马拟声波与密度曲线交会图

通过常规波阻抗反演，得到的低阻抗值属性可能为储层，也可能是泥质含量高的泥质灰岩非储层。为降低非储层的干扰，结合伽马体，对伽马体设置门槛值，当伽马值大于 30 时，认为是泥质含量较高的非储层，剔除常规波阻抗中对应的部分，就可去除因泥质含量高而造成的影响。图 4-16 和图 4-17 是过元坝 2 井—元坝 29 井波阻抗反演剖面和去除泥质后的反演剖面，可以看出，在常规反演剖面上，一些潮汐沟或斜坡造成的红色、黄色等低阻抗值区其实大部分是泥质含量高造成的，而在去泥化后的反演剖面上，则已经降低了这部分影响。

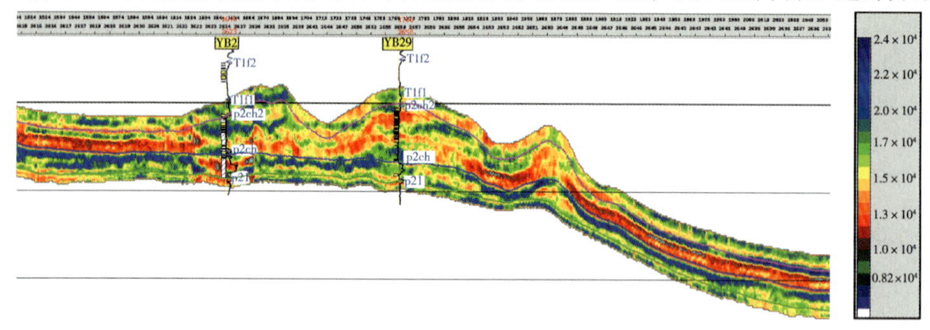

图 4-16　过元坝 2 井—元坝 29 井波阻抗剖面

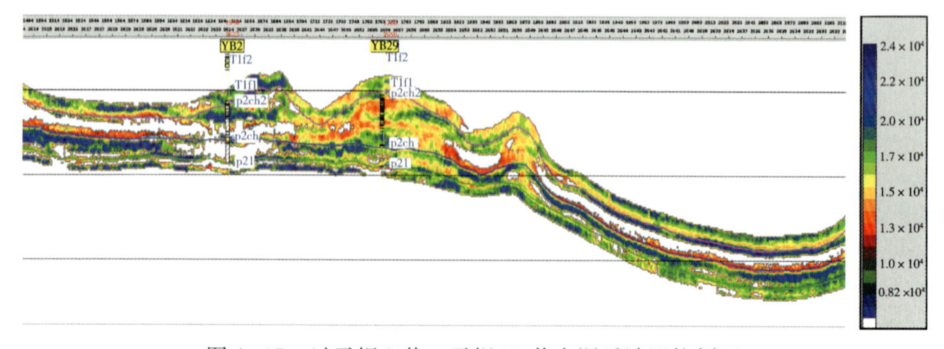

图 4-17　过元坝 2 井—元坝 29 井去泥后波阻抗剖面

（三）叠后地质统计学反演技术

元坝长兴组生物礁优质储层厚度小，纵、横向变化快，地震分辨率低（主频25Hz左右，可分辨储层的厚度约为60m）。优质储层厚度通常小于地震有效分辨尺度。因此，如何识别优质薄储层是储层预测的一大难题。

叠后地质统计学反演技术充分挖掘测井高频信息，提高了薄互层的识别能力。其基本原理是将约束稀疏脉冲反演和随机模拟技术相结合，通过地震岩相体、测井曲线、概率密度函数及变差函数等信息的结合，定义严格的概率分布模型。在此基础上，正演得到模拟地震道，并在对比模拟地震道与实际地震数据间的差异后修正模型参数，反复迭代使最终的反演结果与地震数据之间的残差最小。

图4-18为过元坝205井约束稀疏脉冲反演和叠后地质统计学反演结果的对比。元坝205井纵向钻遇两套优质储层，但约束稀疏脉冲反演结果不能有效地识别下段储层，并且预测上段储层厚度误差较大。而叠后地质统计学反演能有效地预测下段储层分布，预测的储层厚度与测井解释基本吻合。

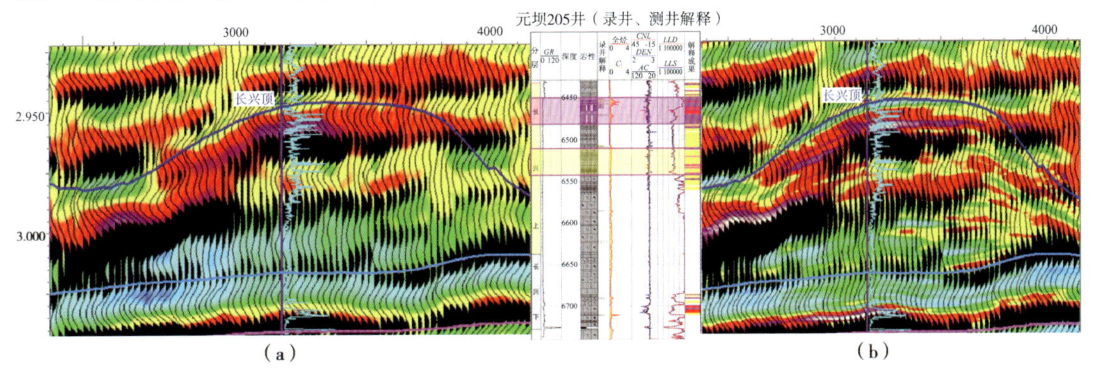

图4-18　元坝205井约束稀疏脉冲反演剖面（a）与地质统计学反演剖面（b）对比

（四）相控地质统计学反演技术

元坝长兴组生物礁内幕横向非均质性强，伽马拟声波反演和叠后地质统计学反演虽能剔除泥岩陷井并提高薄层分辨能力，但是对于Ⅲ类储层和致密灰岩的区分仍存在多解性。为进一步提高储层预测的精度，因而利用生物礁高频层序划分和沉积微相变化结果开展相控地质统计学反演。

根据层序地层划分与实钻岩性数据，纵向上将元坝长兴组地层划分为上、下两个亚段，长兴上亚段主要发育两期生物礁储层，长兴下亚段发育一期滩相储层，其中储层集中发育和分布于上部成礁旋回高位体系域，尤以晚期高位域最为发育。在地震剖面上，不同相区、不同期次的生物礁地震反射特征存在一定差异，从台内到台缘到斜坡，上部两期礁均可对比追踪，下部成礁旋回由于储层较差，厚度薄，地震反射特征不稳定，因此对比追踪难度较大。横向上，单个礁体内可划分为礁前、礁顶、礁后，礁顶储层最为发育，礁后次之，礁前最差，岩石物理参数也各不相同，因此需要按生物礁微相来分别建立模型（图4-19、表4-1）。

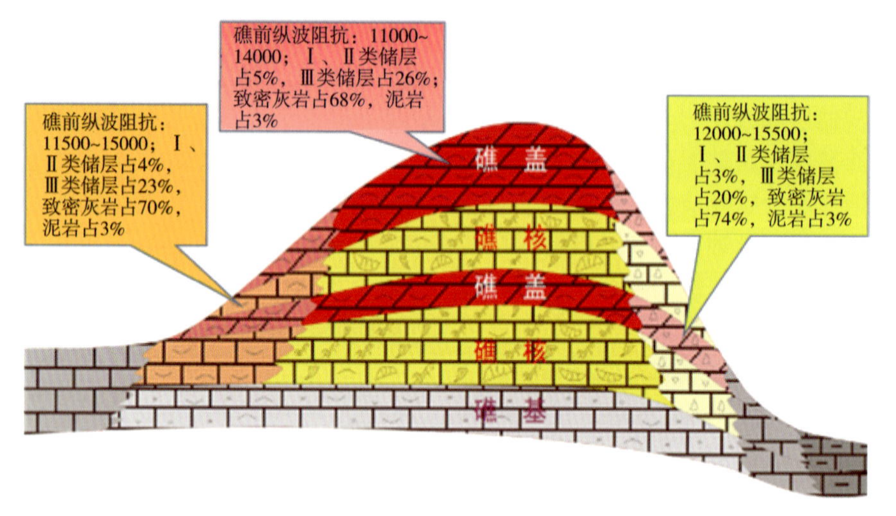

图4-19　横向上沉积微相格架划分示意图

表4-1　不同微相、不同岩性波阻抗范围统计表

岩　性	波阻抗范围/（g/cm³·m/s）		
	礁后	礁顶	礁前
细—中晶白云岩	11500~15000	11000~14000	12000~15500
微—粉晶白云岩、灰质云岩、云质灰岩	15500~16600	15000~16500	15100~16700
灰岩	>16600	>16500	>16700

结合小礁体精细刻画成果，反演过程中应用了分区、分礁带、分层序、分微相反演的思路，纵向上，对长兴上两期礁进行两分；长兴下虽然也有生物礁发育，但储层整体欠发育，且地震反射特征杂乱、不连续，因此模型格架将长兴下作为一个整体。横向上，对单个生物礁体按前后、礁顶、礁前三分，开展了相控地质统计学反演，图4-20为相控地质统计学反演工作流程。

通过相控地质统计学反演，Ⅲ类储层与围岩得到了较好的区分识别（图4-21），同时提高了储层预测精度和纵向分辨率。

从反演结果来看，相控地质统计学反演预测的储层厚度更加准确。元坝28井井区早期预测储层厚度为105m，叠前地质统计学反演预测厚度为55m，元坝28井钻遇礁相储层厚度为61.6m（图4-22）。

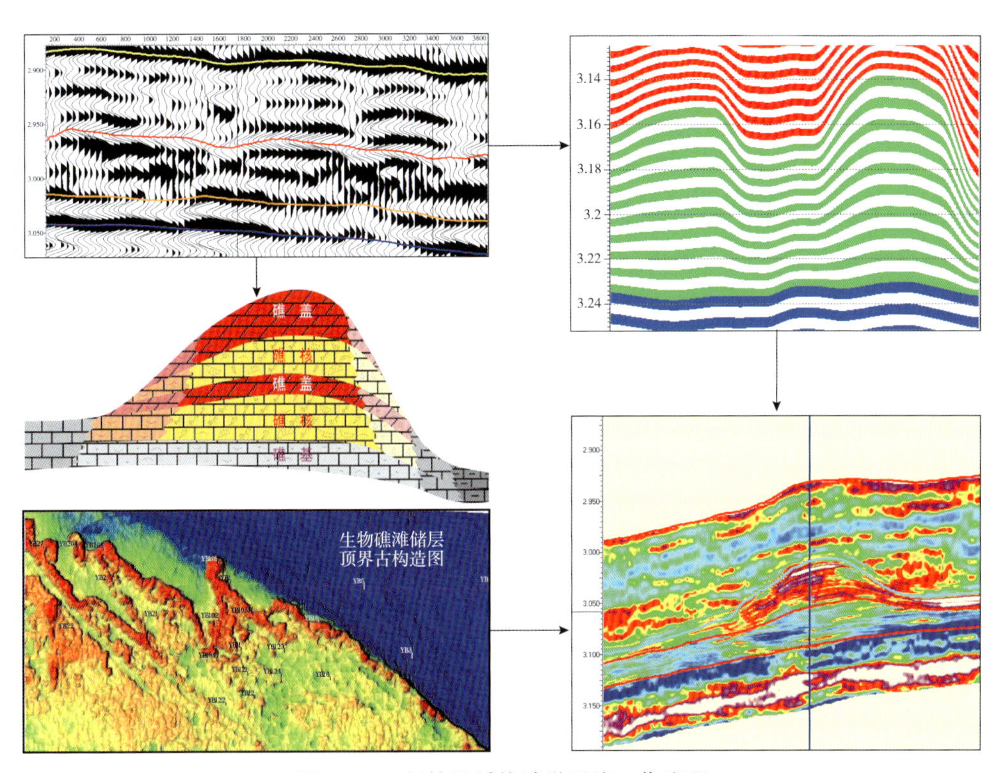

图 4-20　相控地质统计学反演工作流程

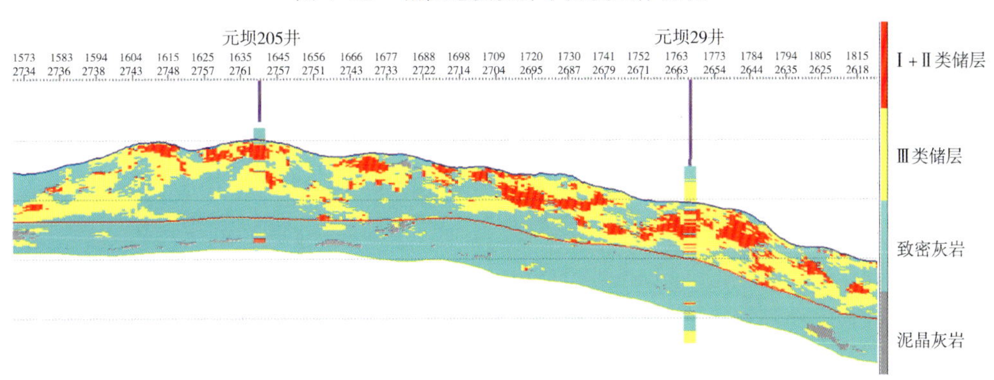

图 4-21　过元坝 205 井、元坝 29 井相控地质统计学反演储层剖面

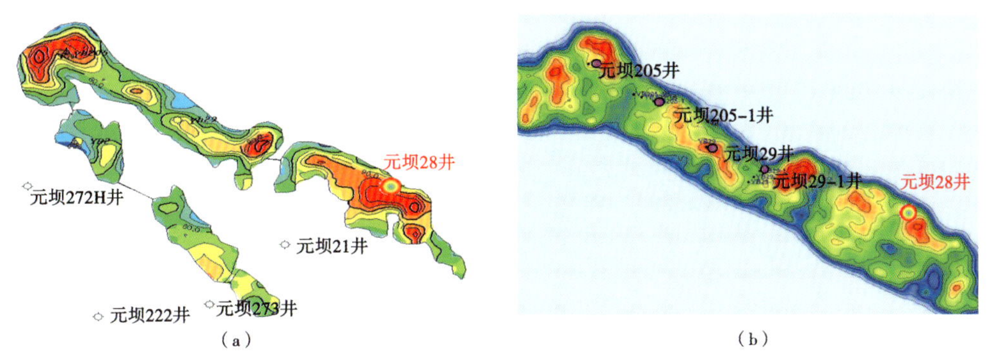

图 4-22　③号礁带常规反演储层厚度预测图（a）与叠前反演储层厚度预测图（b）

二、地震属性流体识别技术

实现碳酸盐岩储层流体识别是地质学家和油藏工程师的一个共同目标。目前，流体识别技术种类繁多，按照基础资料的需求大致可以分成两类：一是基于测井资料的流体识别，主要方法包括深浅双侧向电阻率绝对值法、三孔隙度重叠法、孔隙度—含水饱和度交会法等；二是基于地震资料的流体识别技术，其中又可划分为采用叠后地震资料和采用叠前地震资料两种类型。基于地震资料的流体识别技术中，基于叠后地震资料的流体识别方法主要包括频率吸收衰减、流体活动性属性、地震波形结构特征等；基于叠前地震资料的流体识别方法主要包括 AVO 含气检测技术和叠前反演技术等。本小节结合元坝长兴组生物礁储层的特点，对其中有明显效果的技术进行分析。

（一）叠后地震属性流体识别技术

1. 吸收衰减技术

吸收衰减技术已在川东北含气性预测中发挥了较大作用。一般而言，如果储层含油气，它会使纵波速率降低很多，而横波速率没有太大变化，从而造成含气储层的 V_p/V_s 值不同于周围的岩石。在由固、液、气构成的多相介质中，对吸收性质影响最显著的是气态物质，在岩石孔隙饱和液中渗入少量气态物质，可以明显提高对纵波能量的吸收，因此利用频率衰减可以预测储层中的流体情况。

图 4-23 是元坝地区各井储层段高频吸收衰减分析结果对比，可以看到，在储层含气时，会出现高频吸收异常，表明衰减吸收方法可以有效地定性识别含气层段。

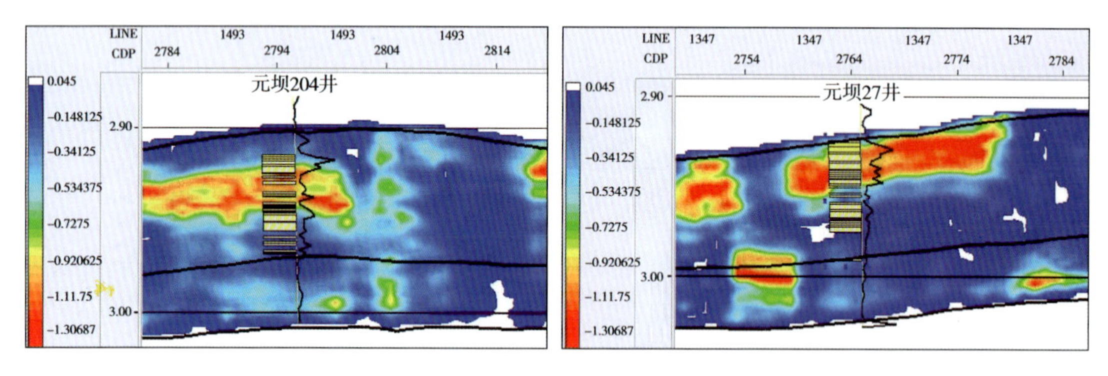

图 4-23　元坝气田各井储层段与高频吸收衰减结果对比

图 4-24 是长兴组上亚段高频吸收衰减统计图，表明上段礁相储层含气主要分布在台地边缘礁带上，元坝 27 井井区、元坝 204 井井区、元坝 103H 井井区及元坝 10 井井区，台地内发育部分点礁，含气性差，分布范围小。

2. 低频阴影技术

研究表明，如果目标储层中饱含流体（特别是油气），则地震波会发生非弹性衰减，主频降低，信号能量相对移动到低频，这为我们利用地震低频信息判断天然气的存在提供了理论依据。低频阴影即为低频强能量异常现象，首先通过频谱分解技术把地震记录分解到时间—频率联合域，然后在有效的低频范围内计算振幅谱的积分。

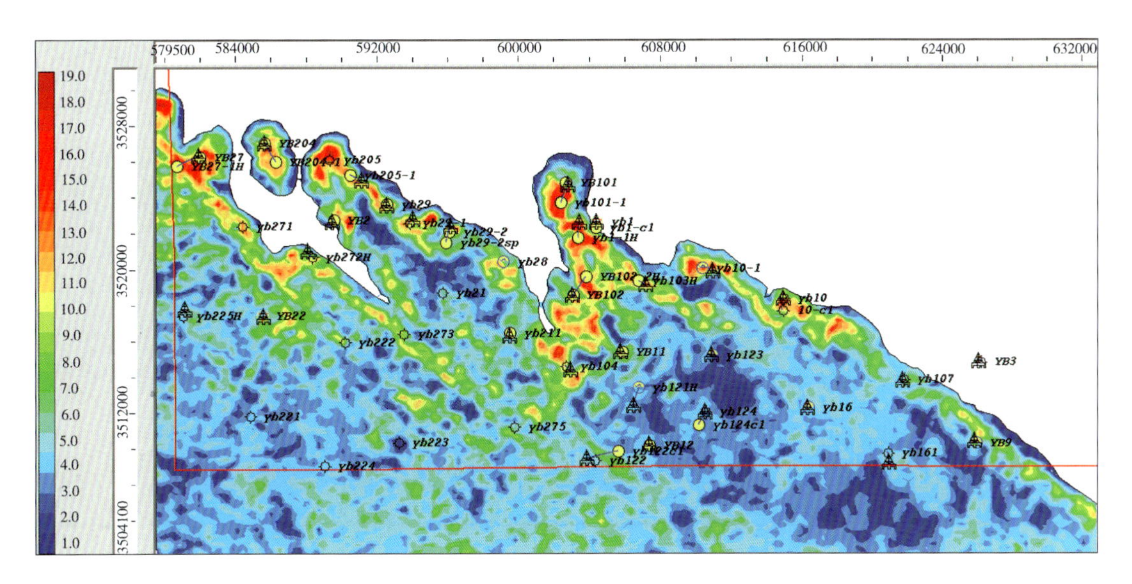

图 4-24　长兴组上段吸收衰减分析平面图

图 4-25 是对元坝 27 井进行的时频分析，可以看到在目的层段出现了低频阴影异常。

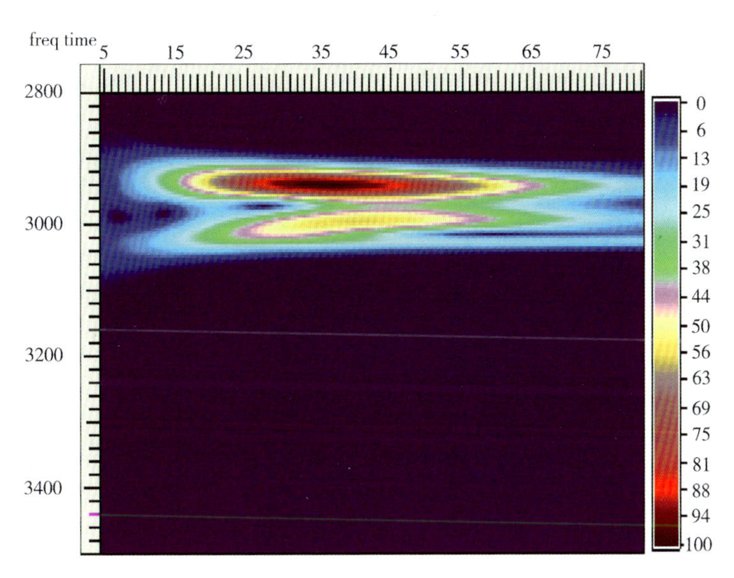

图 4-25　元坝 27 井时频分析图

图 4-26 是过元坝 27 -1H 井、元坝 204 -1 井、元坝 205 井、元坝 205 -1 井、元坝 29 井、元坝 29 -1 井、元坝 21 井的低频阴影连井剖面，可以看到，在储层含气时，基本出现低频阴影；当目的层不含气（元坝 21 井）时，没有出现低频阴影，但在泥质含量较高的区域，仍然会出现低频的异常，对认识含气区有一个干扰。图 4-27 是长兴组上亚段的低频阴影平面图，表明上段礁相储层含气主要分布在台地边缘礁带上，包括元坝 27 井井区、204 井井区、元坝 103H 井井区及元坝 10 井井区。

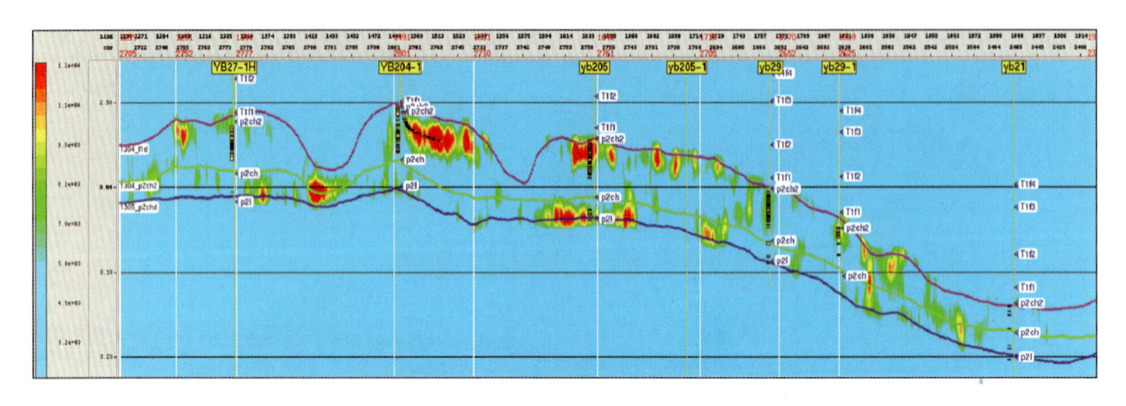

图 4-26　过元坝 27-1 井—元坝 204-1 井—元坝 205 井—元坝 205-1 井—元坝 29 井—元坝 29-1 井—元坝 21 井低频阴影剖面

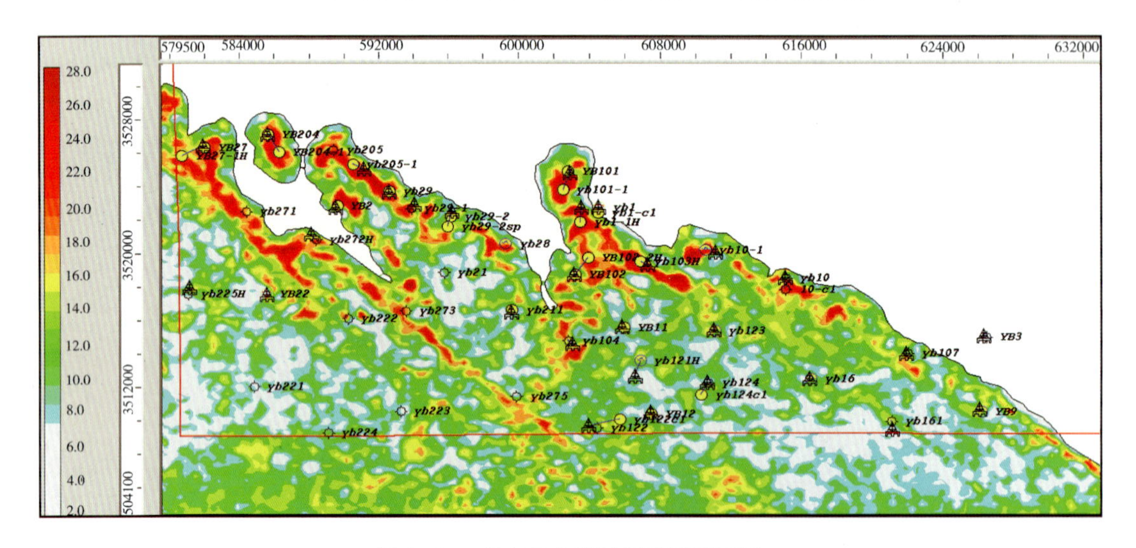

图 4-27　长兴组上段低频阴影平面图

3. 流体活动性属性技术

流体活动性属性技术是在低频域流体饱和多孔介质地震信号反射的简化近似表达式研究基础上开发的一套饱和多孔介质储集层流体预测技术。流体的活动性近似与储集层渗透率、流体密度与流体黏度比值的函数成正比，即流体的活动性与地震反射振幅对地震反射频率的偏导的绝对值成正比，其计算公式如下：

$$M \approx F(\nu,\rho,k,\eta)\left(\frac{\partial R^2}{\partial w}\right)\cdot w \tag{4-1}$$

对含流体后地震资料频谱变化（低频振幅、低频梯度、高频衰减）的研究表明：流体活动性实质上反映的是地震资料中渗透性储集层与非渗透性储集层频谱的变化率（图 4-28）。低频段频谱中渗透性储集层与非渗透性储集层的频谱变化率表现为正异常，利用地震资料中渗透性储集层与非渗透性储集层频谱的变化率就可以获得流体活动性的变化量，进而开展储集层储集性能和地层流体变化的研究。

流体活动性属性提取的具体步骤如下：①利用时频谱分解技术把地震记录变换到时间

—频率联合域；②在沿目的层计算对应时间点的局部谱中低频能量变化率时，通过上式换算为流体活动性属性。图 4-29 为元坝 205 井时频分析图，可以看到，在目的层段，当储层含气时，出现强能量异常。

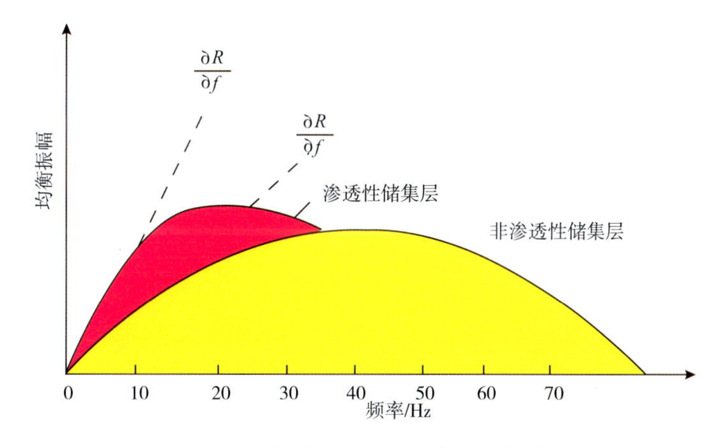

图 4-28　流体活动因子反映岩石流体示意图

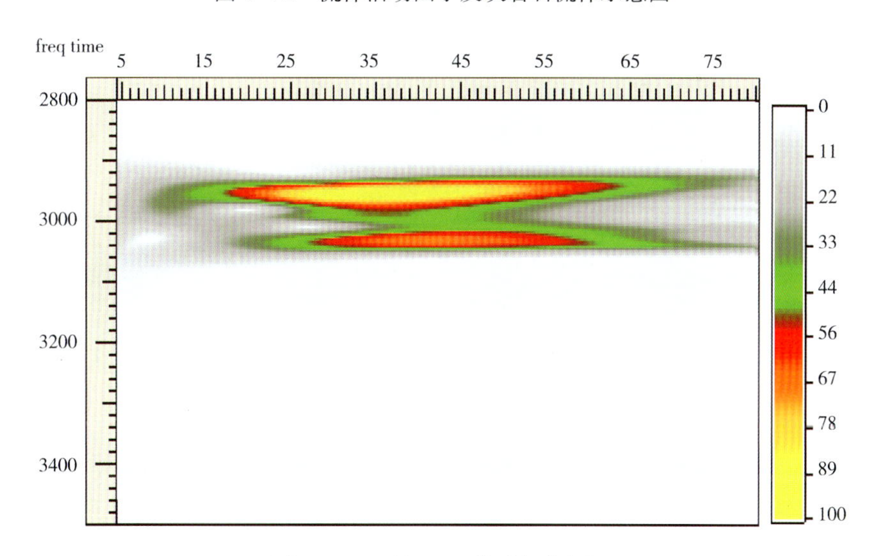

图 4-29　元坝 205 井时频分析图

图 4-30 为过元坝 11 井—元坝 102-2H 井—元坝 1-1H 井—元坝 101 井的活动性属性剖面图，可以看到，当储层含气时，出现属性异常。但当出现岩性变化，如泥质含量增加时，也会出现属性的异常，图 4-31 是元坝长兴组上亚段活动性属性平面图，表明上段礁相储层含气主要分布在台地边缘礁带上，即元坝 27 井井区、204 井井区、元坝 103H 井井区及元坝 10 井井区。

4. 地震波结构特征分析

地震道的地震数据元素是相互关联的，通过数学变换将每一道地震数据离散成按时间顺序排列的散点，然后提取每个样点的振幅数值或其他地震参数特征值，研究其排列、组合特征与含油气性的关系。其基本原理是把地震数据体的每一个数值当作离散点来研究（一次完成预测）。而应用地震数据体结构特征预测油气，是把相互独立的离散

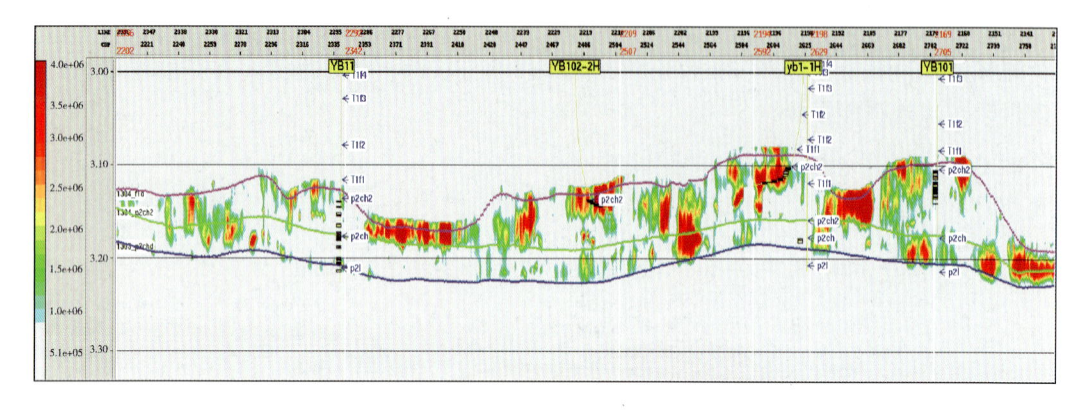

图 4-30　元坝 11 井—元坝 102-2H 井—元坝 1-1H 井—元坝 101 井活动性属性剖面图

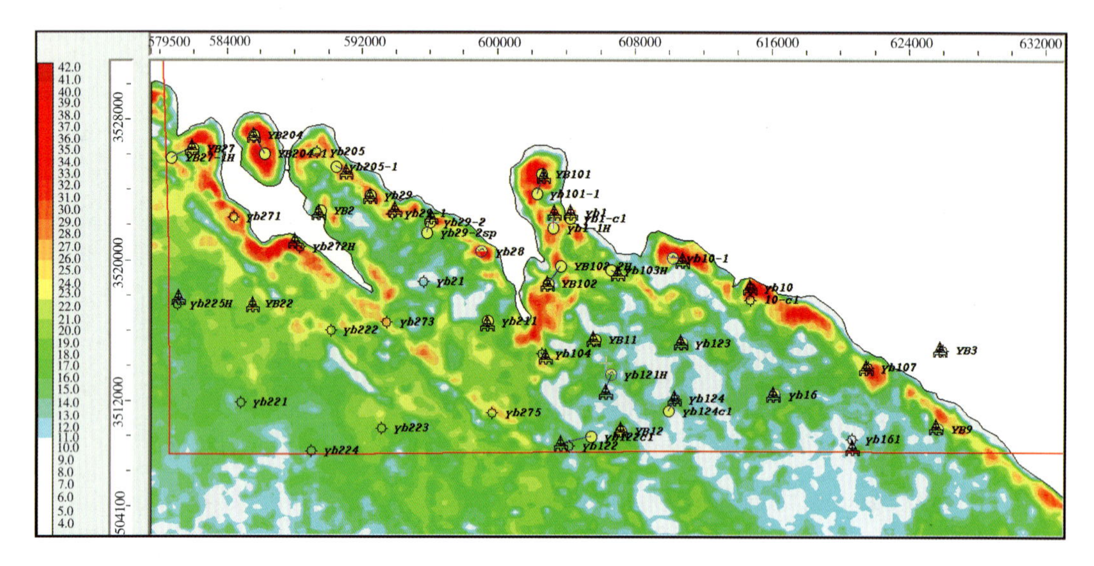

图 4-31　长兴组上段活动性属性平面图

数值（数据点）通过灰色生成数（GD）变为连续的可预测数据（不是一种数理统计方法），最后达到预测油气的目的，即逐步法：由一维（1D）到二维（2D）再到三维（3D）整体空间变化的逐步预测的动态过程。所以，应用地震数据体结构特征预测油气层的基本原理，就是通过提取每一地震道的振幅数值（或其他参数特征值），研究其数据的排列组合特征与含油气性的关系（如拐点、斜率等），最后达到预测油气层的目的。

图 4-32 为过元坝 2 井的原地震数据体结构特征剖面模型图，从该模型图可知，在含气层段内，其斜率及夹角变化都比较大，没有规律或规律性差，纵向上都分布在长兴组顶部；在不含气或含气性差的层段内，其斜率及夹角变化都比较有规律。

提取长兴组生物礁顶部储层的地震数据结构特征（图 4-33），分析表明：长兴组整体地震数据体结构特征比较集中，主要集中在④号礁带元坝 27 井—元坝 272H 井之间，③号礁带元坝 204 井—元坝 29 井之间，②号礁带元坝 101 井—元坝 104-1H 井之间，①号礁带元坝 10-1H 井井区。平面上西北段含气异常，比东南段优越，预测成果与钻井结果吻合度高。

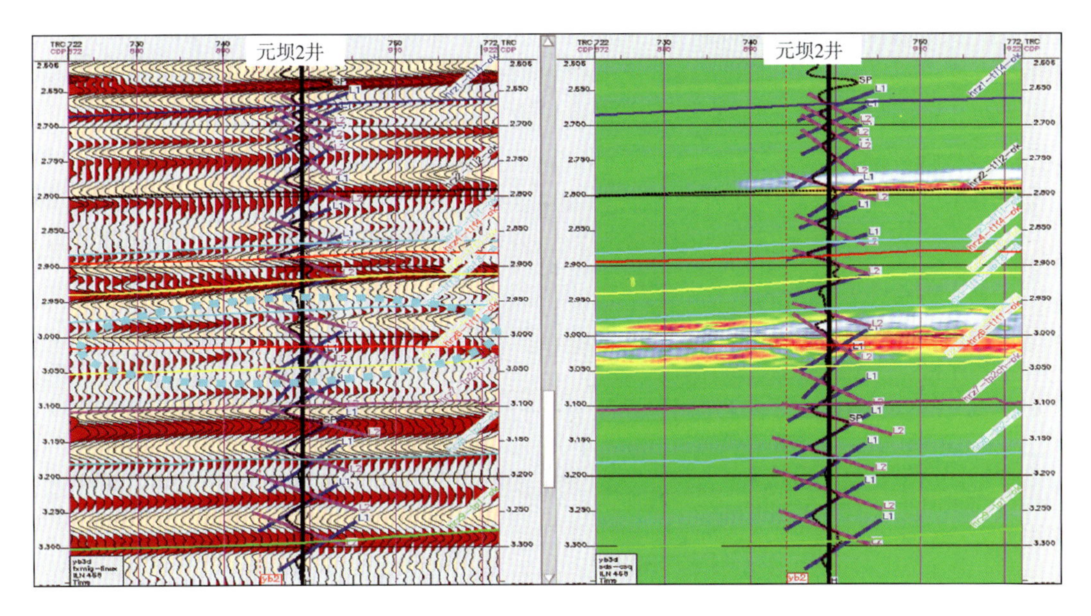

图 4-32　过元坝 2 井的结构特征剖面模型图

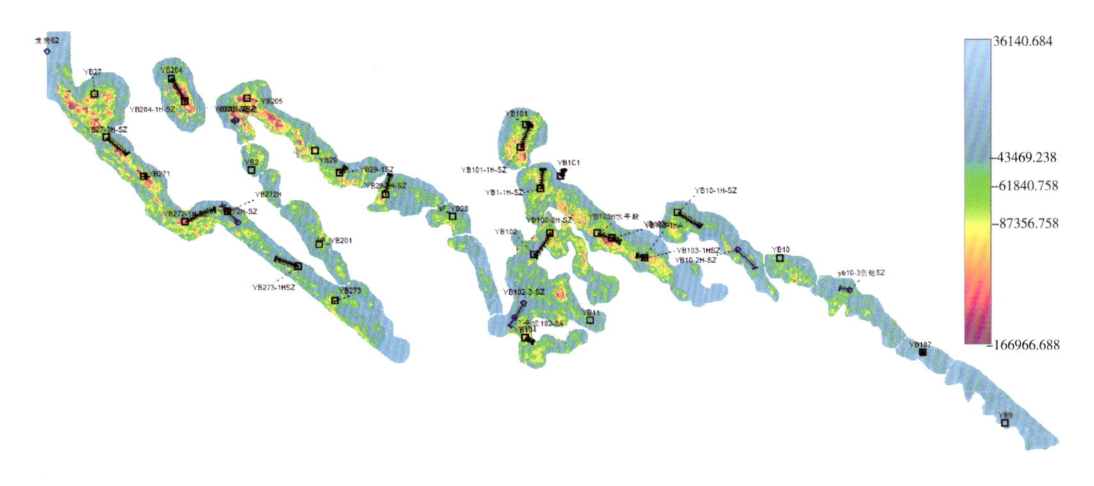

图 4-33　元坝地区长兴组生物礁地震数据体结构特征异常分布图

（二）叠前反演流体识别技术

1. 叠前弹性波阻抗反演

叠后波阻抗反演技术已经是比较成熟，并被广泛应用于地震资料解释中，但是该技术建立在地震波自激自收的基础上，是识别岩性的重要参数之一，而对流体的识别多数情况下则显得无能为力。因此，在此基础上，地球物理学者提出了从叠前地震资料角度出发，建立与地震波入射角相关的反映流体性质的弹性属性，从而降低油气预测的风险。

叠前弹性波阻抗是叠后波阻抗反演的推广和延伸。它利用振幅随偏移距变化的特点，在分角度叠加数据的基础上，运用 Zoepprtize 方程的简化公式，建立非零入射条件下反射系数与弹性波阻抗的关系，从而计算出纵波速度、横波速度和密度。其具体步骤为：①从叠前道集中提取特定入射角资料；②利用纵、横波速度和密度测井资料计算对应入射角的弹性波阻抗；③以角度资料代替叠后反演中零炮检距资料，以弹性阻抗曲线代替传统的波阻抗曲线，利用测井约束反演实现弹性阻抗反演。

1）叠前属性交汇分析

利用纵、横波速度和密度计算与流体有关的叠前弹性参数（泊松比、拉梅系数等），图4-34（a）所示为纵、横波速度交汇分析，其结果显示储层含气后纵、横波速度均有所下降，但纵波速度下降幅度远大于横波速度的下降幅度，而且无论用纵波还是横波来识别气层，均有较大范围的重叠区，尤其是差气层和干层；图4-34（b）所示为横波速度、泊松比交汇分析，虽然含气后泊松比有所降低，但受岩性影响，用泊松比来识别气层也具有较大的局限性；图4-34（c）所示为泊松比、拉梅系数交汇分析，用拉梅系数识别含气性具有较高的分辨率，能比较清晰地刻画气层、差气层和干层；图4-34（d）所示为纵、横波速度比与泊松比交汇分析，同样地，虽然储层含气后速度比有所降低，但重叠区域太多，无法较清楚地识别气层、差气层和干层。

通过多种交汇分析表明，拉梅系数对气层反映最为敏感，所以选择拉梅系数作为识别气层的首选参数。

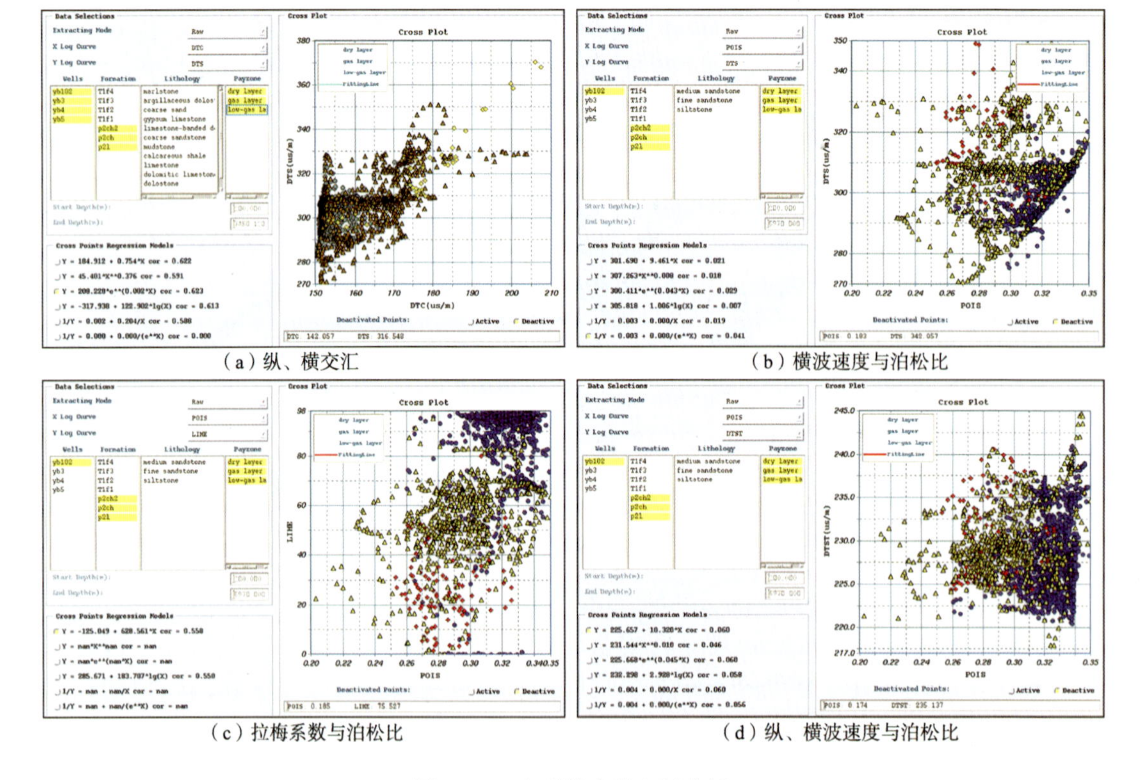

（a）纵、横交汇　（b）横波速度与泊松比

（c）拉梅系数与泊松比　（d）纵、横波速度与泊松比

图4-34　各弹性参数交汇分析

2）反演效果分析

图4-35为过元坝27井—元坝204井连井叠前弹性参数反演的拉梅系数剖面，可以看出，预测结果与测井解释结果有很好的一致性，预测结果不仅真实反映了井点处的含气情

况，还清楚地反映了井间的含气性变化。井上分析及已知的地质背景分析认为，元坝27井及元坝204井分别位于两个不同的生物礁带上，两口井均见较好的含气性显示，井间构造低部位为台缘斜坡相，结合预测结果认为，生物礁盖红色部位为有利含气潜力区，而礁间红色部位为相带变化引起的，与含气性没有关系。

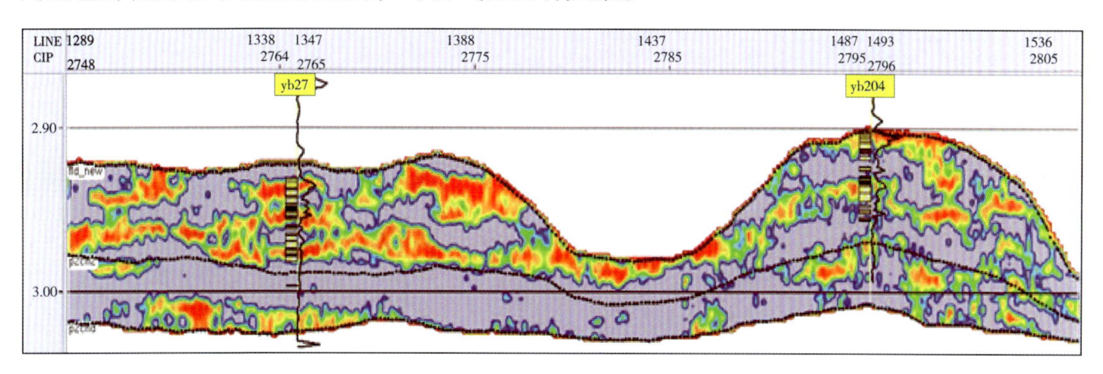

图4-35　过元坝27井—元坝204井连井测线拉梅系数反演剖面

综合分析认为，储层含气后，拉梅系数降低，物性好的气层（Ⅰ、Ⅱ类）比差气层（Ⅲ类）降低得更明显。因此，应用气层平均拉梅系数平面分布来描述气层物性的好坏。图4-36为长兴组上段气层拉梅系数平均值，研究认为，含气性较好气层主要分布在生物礁体位置，气层也相对较厚，在礁后滩位置，虽然有的部位储层较厚，但总体含气性较差。

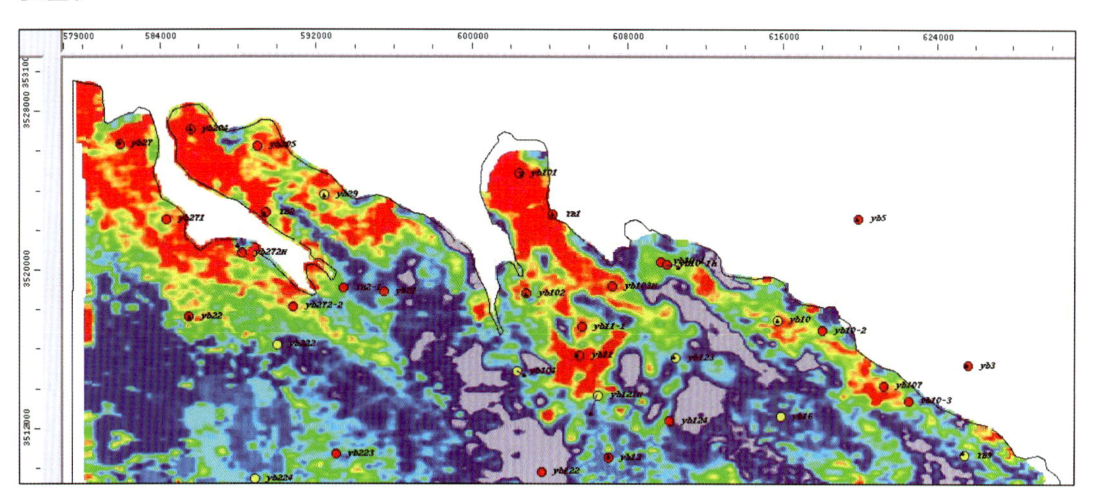

图4-36　元坝气田长兴组上段气层平均Lame系数图

2. 多属性信息融合

单一的地震属性预测流体均存在多解性，虽然叠后属性在储层含气时会有明显反应，但当岩性出现变化，例如泥质含量增加时，这些属性也会发生改变，这给含气检测带来影响，而叠前油气检测方法在缺少横波资料，且对井资料依赖较大的情况下，也会出现一些精度上的影响，这都制约了含气性预测的准确性。基于上述考虑，在对长兴组含气性进行预测的研究中，应用了多属性信息融合技术，扬长避短，通过多属性的特征融合，来提高预测精度。综合上述，储层及含气性预测成果，主要优选了反映岩性特征的伽马属性，反映储气层物性特征的波阻抗属性，反映储气层吸收衰减特性的高低频属性，反映储气叠前含气信息的拉梅系数等参数开展了多属性信息融合技术研究（图4-37），各参数权重如表4-2所示。

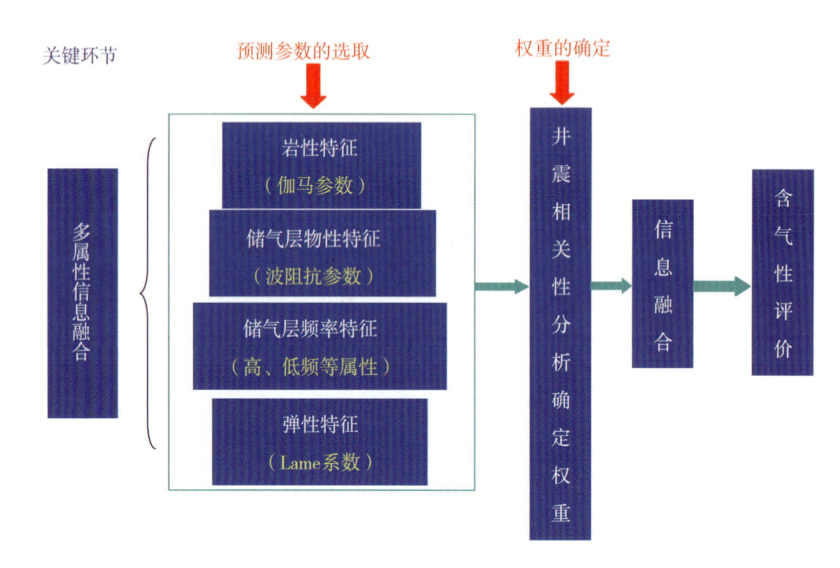

图4-37　多属性信息融合含气富集特征研究流程图

表4-2　各项属性权重表

类型	伽马	波阻抗	吸收系数	拉梅系数	合计	权重系数	融合关系
伽马	1	0.5	0.5	0.5	2.5	0.16	负相关
波阻抗	1.5	1	0.5	0.5	3.5	0.22	负相关
频率属性	1.5	1.5	1	0.5	4.5	0.28	正相关
拉梅系数	1.5	1.5	1.5	1	5.5	0.34	负相关

通过多信息融合，储层含气最为有利的区域分布在①～④号礁带西北段（图4-38）。

三、储层预测效果分析

储层预测的效果及预测精度受多方面条件的影响，其中，地震资料品质、测井分层、井震关系匹配、储层提取的时窗及速度等均可影响储层预测精度。元坝长兴组不同礁带生物礁储层厚度差异大，储层非均质性强，岩性组合上储层段含有夹层。因此，采用多种地震反演技术进行储层厚度的有效预测，利用叠后、叠前地震数据推测储层含流体情况。与设计相比，新完钻井全部达到设计指标。储层预测平均符合率高达95%，水平井储层平均钻遇率高达82%。新钻井统计结果表明，预测厚度与测井解释厚度误差范围为-0.3～10（表4-3）。

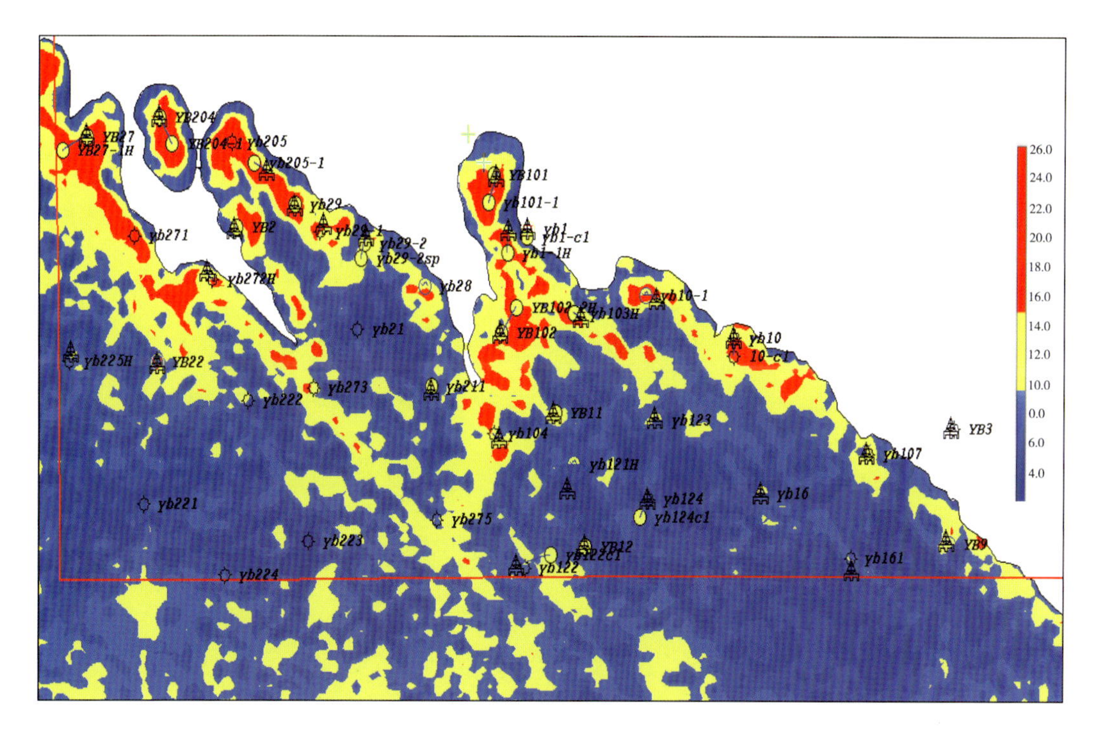

图 4-38　长兴上段多属性信息融合含气预测图

表 4-3　元坝长兴组直井预测厚度与实钻厚度统计表

井　名	预测厚度/m	实钻厚度/m	绝对误差	相对误差
元坝 103H 导眼	60	61. 3	1. 3	2. 2
元坝 272H 导眼	40	34	-6	15
元坝 29 -2 导眼	50	52	2	4
元坝 10 -1H 导眼	50	51. 6	1. 6	3. 2
元坝 27 -2	60	63. 1	3. 1	5. 2
元坝 204 -2	90	93. 2	3. 2	3. 6
元坝 205 -2	110	120	10	9. 1
元坝 205 -3	60	56. 6	-3. 4	5. 7
元坝 29 -1	40	39. 7	-0. 3	0. 1

第三节　生物礁储层精细描述

应用多种地球物理手段，对生物礁礁盖储层进行预测，预测结果表明：元坝地区长兴组生物礁主要是顺台地边缘发育，台地边缘生物礁总体呈北西—南东向展布，分 4 个礁带及一个礁滩叠合区。本节从礁带形态特征、生物礁内幕结构和储层展布 3 个方面对元坝长兴组生物礁进行描述。

一、①号礁带精细描述

（一）①号礁带形态特征

①号礁带构造东南部高、西北部低，长兴顶高差约170m，矿权区礁带长约21.9km，礁带宽度为0.8～2km。目前共钻井7口：元坝10井、元坝10－1H井、元坝10侧1井、元坝10－2H井、元坝10－3井、元坝107井和元坝9井（图4－39）。

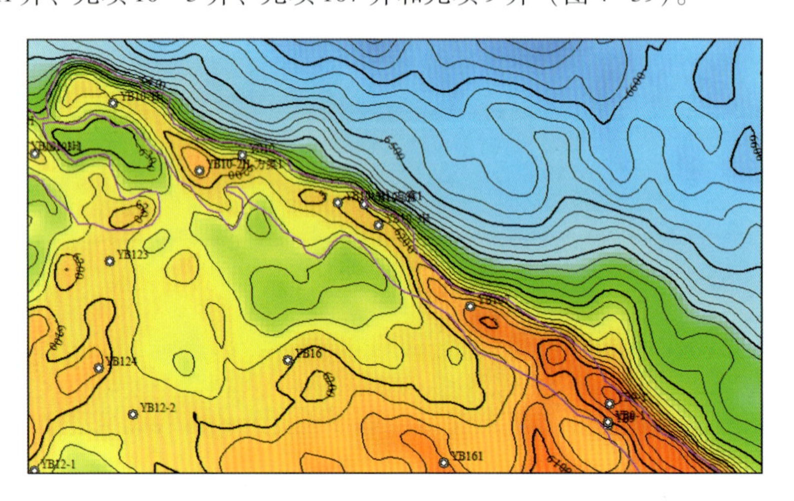

图4－39　①号礁带长兴顶构造图

拉平吴家坪底，对长兴组地层厚度进行分析，根据地层的厚度分布，可大致将①号礁带划分为5个大的礁群：元坝10－1井礁群、元坝10井礁群、元坝10井东南礁群、元坝107井礁群和元坝9井礁群。同一礁群内的生物礁生长速率差异不大，厚度也较均一，而礁群与礁群之间则厚度明显变薄，或表现为地震反射同相轴的中断（图4－40）。①号礁带生物礁整体表现为多个小礁体并列发育，但单个礁体规模较小。

元坝10－1井礁群长度约为6.8km，宽度约为0.8～2km，面积为9.4km^2；元坝10井礁群长约2.84km，宽度约为1.35km，面积为4.79km^2；元坝10井东南礁群长约5.04km，宽度约为1～2km，面积为6.43km^2；元坝107井礁群长度约2.58km，宽度为1.2km，面积为3.54km^2；元坝9井礁群长约6.25km，宽度为0.9～1.5km，面积为6.64km^2。

（二）①号礁带内幕结构

从过生物礁最高部位、顺礁带走向的相位剖面分析来看，①号礁带礁盖顶部相位零散，呈短轴状，错动频繁，表明①号礁带礁盖不连续，礁盖储层横向变化大，非均质性强。礁核内部无统一的相位界面，相位凌乱，局部表现为上、下两期礁盖的叠置，而其余部位表现为杂乱相位，表明生物礁在生长过程中不具有统一的模式，在不同部位生物礁的生长发育方式不同（图4－41）。

从横切礁带走向的相位剖面来看，①号礁带生物礁的生长兼具有垂向加积与侧向迁移生长的特征，元坝10－1H井至元坝10井间以垂向加积生长为主，元坝107井至元坝9井则以侧向迁移生长为主。由过井相位剖面可见，①号礁带内幕结构变化频繁，间接指示其沉积时水体升降频繁的特点（图4－42）。

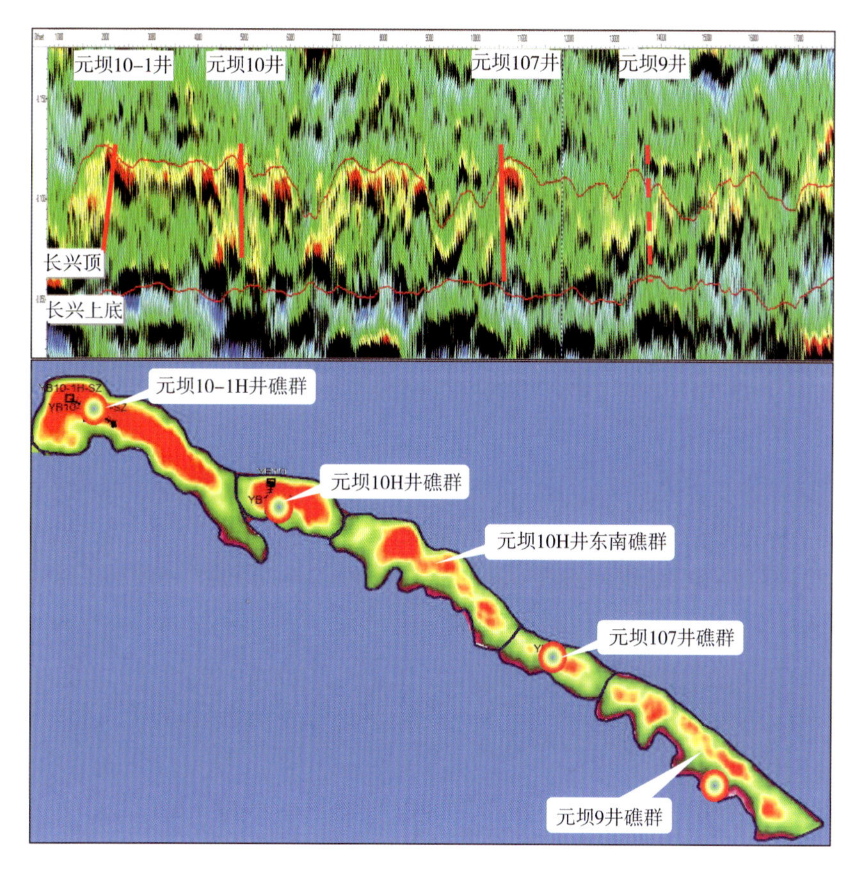

图4-40　①号礁带礁群划分

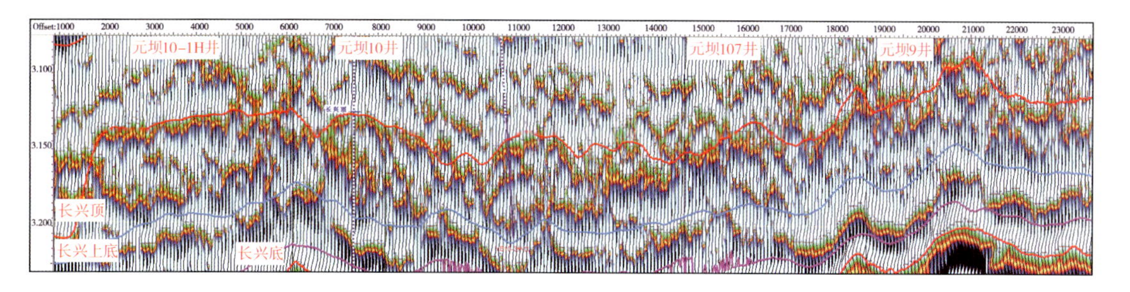

图4-41　顺①号礁带走向相位剖面

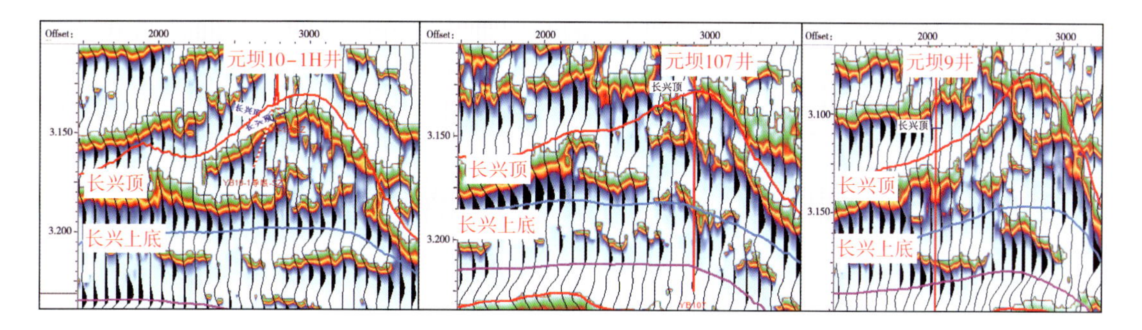

图4-42　垂直于①号礁带走向相位剖面

（三）①号礁带储层展布

由合成记录标定可知，礁盖储层在地震上表现出强波谷—强波峰的亮点反射特征，且具有低阻抗特点，储层越厚，物性越好，则波谷反射越强，阻抗越低。提取①号礁带礁盖储层的最大波谷属性及最小波阻抗属性，两种属性均表明①号礁带储层平面非均质性较强，连续的礁盖储层主要分布在礁带的西北段。对①号礁带礁盖储层进行预测和三维雕刻，有利储层主要分布在①号礁带西北段，东南段储层相对较差（图4-43）。

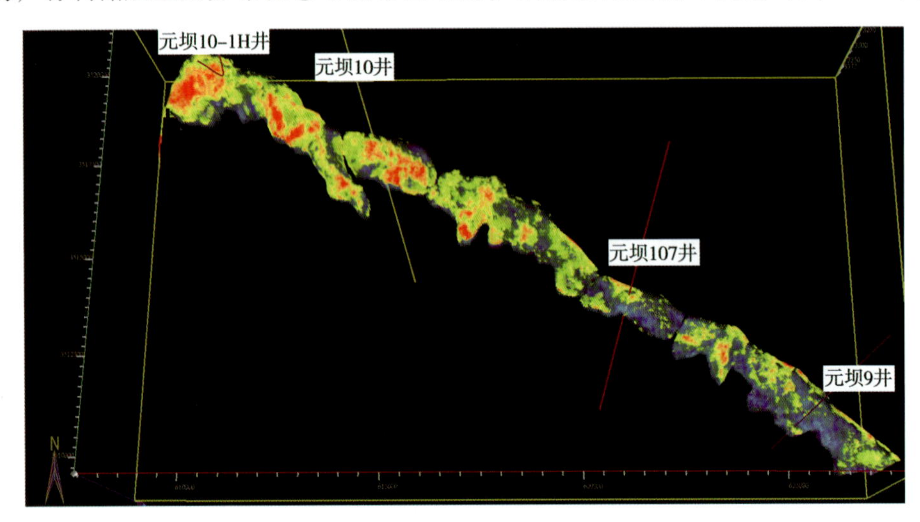

图4-43　①号礁带生物礁储层空间展布图

生物礁面积为31.5km²，储层厚度为20～140m，平均厚度为60m，Ⅰ+Ⅱ类储层厚度为12～80m，平均厚度约35m，孔隙度为5%～6%。有利储层集中分布于元坝10-1H井与元坝10井直井和元坝10井东南部，元坝107井—元坝9井井区优质储层分布较零散，规模相对较小（图4-44、图4-45）。

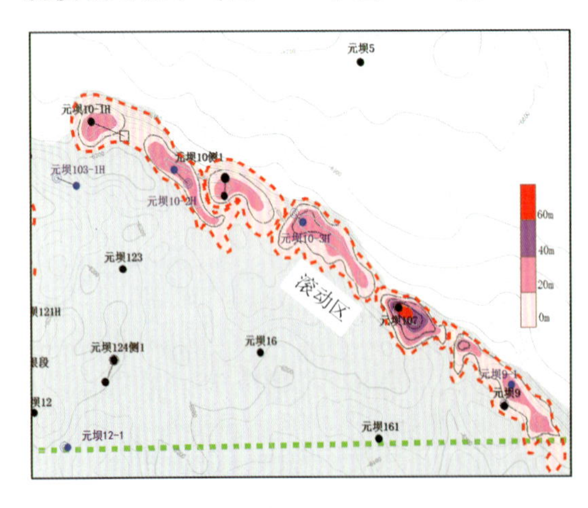

图4-44　元坝长兴①号礁带Ⅰ+Ⅱ储层厚度图

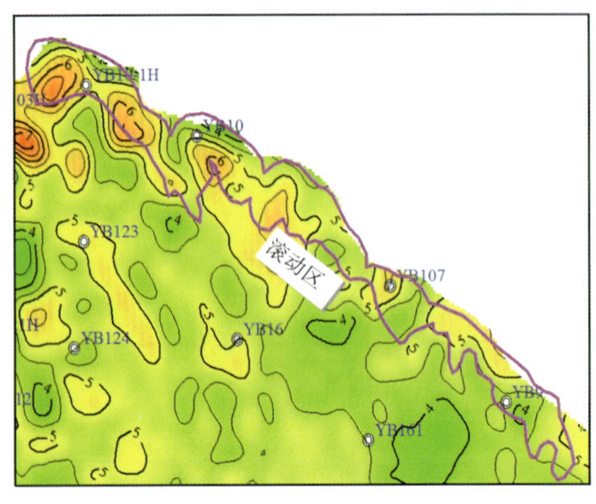

图4-45　元坝长兴①号礁带储层孔隙度平面图

二、②号礁带精细描述

（一）②号礁带形态特征

②号礁带构造整体较平缓，礁带长度为13.5km，宽度约为1.5～2.3km。目前，该礁带共钻井6口：元坝101井、元坝101－1H井、元坝1井、元坝1侧1井、元坝1－1H井和元坝103H井（图4－46）。

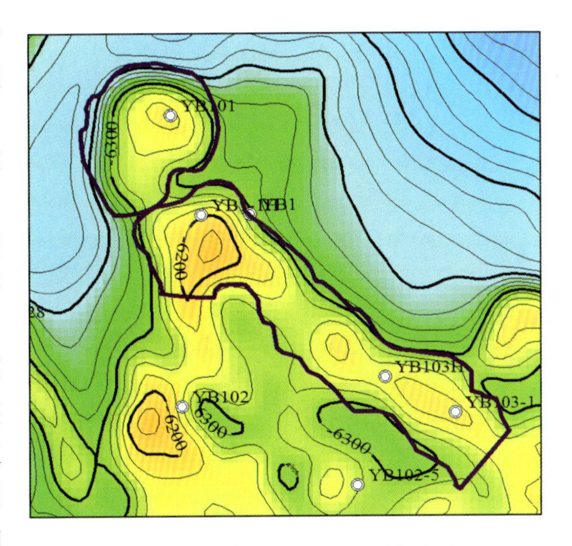

图4－46　②号礁带长兴顶构造图

拉平吴家坪底，对长兴组地层厚度进行分析，根据地层的厚度分布，可大致将②号礁带划分为3个大的礁群：元坝101井礁群、元坝1－1H井礁群和元坝103H井礁群。同一礁群内的生物礁生长速率差异不大，厚度也较均一，而礁群与礁群之间则厚度明显变薄，或表现为地震反射同相轴的中断（图4－47），礁群内则同相轴较连续，地震反射的能量也较统一。

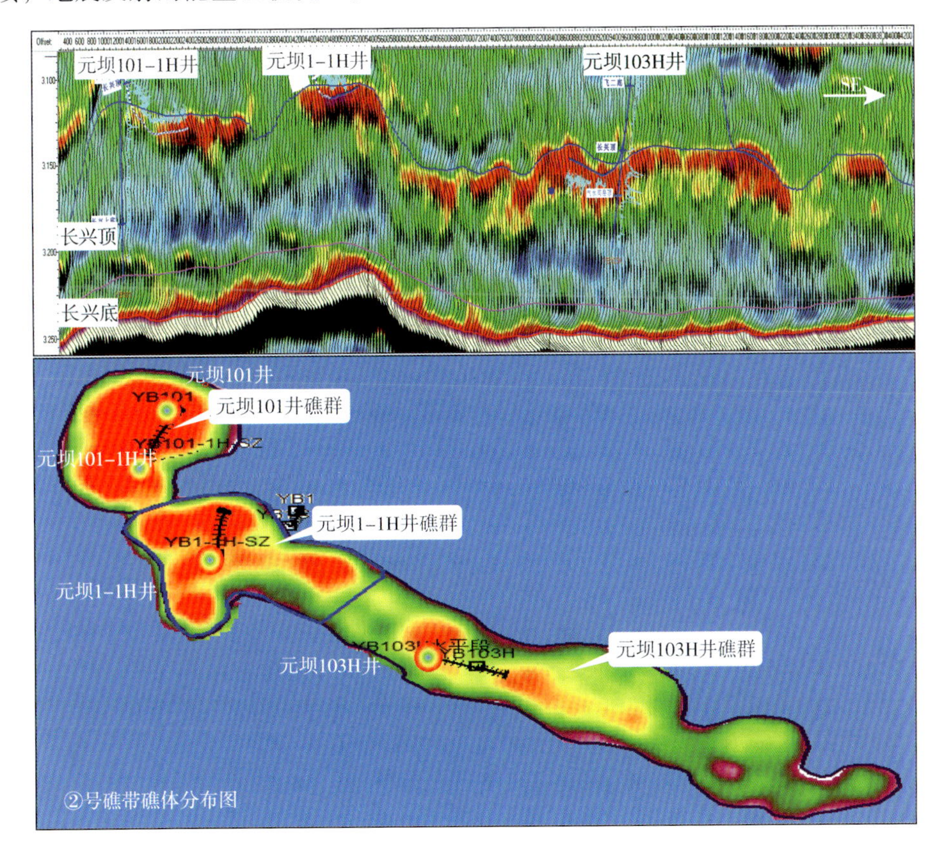

图4－47　②号礁带生物礁群的划分

元坝 101 井礁群长度约为 3km，宽度约为 2.3km，面积为 6.22km^2；元坝 1－1H 井礁群长度约为 3.25km，宽度为 1.4～2km，面积为 5.8km^2；元坝 103H 井礁群长约 5km，宽度为 1.4～1.8km，面积为 11.22km^2。

（二）②号礁带内幕结构

从过生物礁最高部位、顺礁带走向的相位剖面分析来看，②号礁带礁盖顶部相位相同且相位连续、稳定，仅在局部有小的错动，表明②号礁带该段礁盖连续稳定；礁核内部无统一的相位界面，相位凌乱，局部表现为上、下两期礁盖的叠置，而其余部位表现为杂乱相位，表明生物礁在生长过程中不具有统一的模式，在不同部位生物礁的生长发育方式不同（图 4－48）。

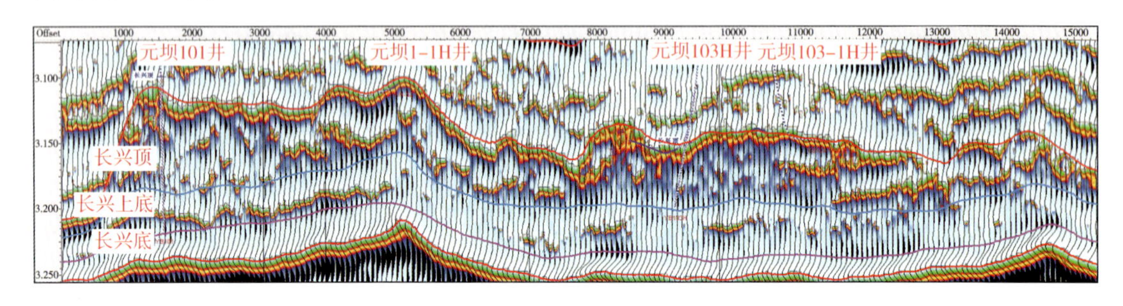

图 4－48　顺②号礁带走向相位剖面

从横切礁带走向的相位剖面来看，②号礁带生物礁的生长具有垂向加积生长的特征，礁顶宽大平直，元坝 101 井生物礁、元坝 1－1H 井生物礁以及元坝 103H 井生物礁均具有两期礁盖垂向叠加的特征，只是由于第一期礁盖暴露改造的时间较短，未能形成大面积分布的礁盖反射界面（图 4－49）。

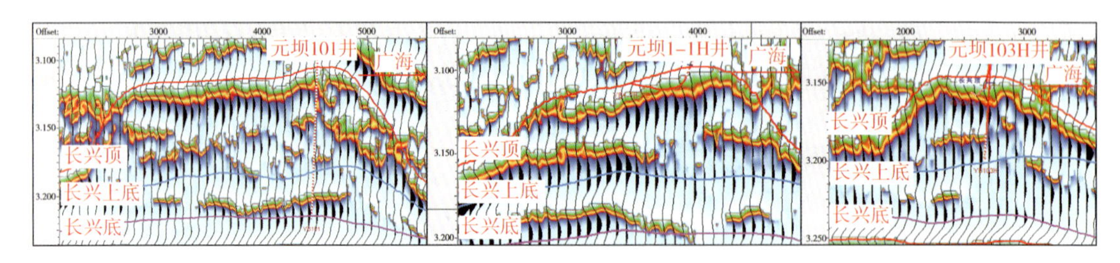

图 4－49　垂直于②号礁带走向相位剖面

（三）②号礁带储层展布

礁盖储层在地震上表现出强波谷—强波峰的亮点反射特征，且具有低阻抗特点，储层越厚，物性越好，则波谷反射越强，阻抗越低。提取②号礁带礁盖储层的最大波谷属性及最小波阻抗属性，两种属性均表明②号礁带储层发育，且平面分布较均一。对②号礁带礁盖储层进行预测和三维雕刻，有利储层主要分布在元坝 101 井西南、元坝 1－1H 井周、元坝 103H 井及元坝 103H 井以南地区（图 4－50）。

②号礁带面积为 23.8km^2，储层厚度为 20～80m，平均厚度为 60m，Ⅰ＋Ⅱ类储层厚度为 10～50m，平均厚度为 25m，孔隙度为 4%～8%。储层集中分布于元坝 101 井西南部，以及元坝 1－1H 井井区至元坝 103H 井井区（图 4－51、图 4－52）。

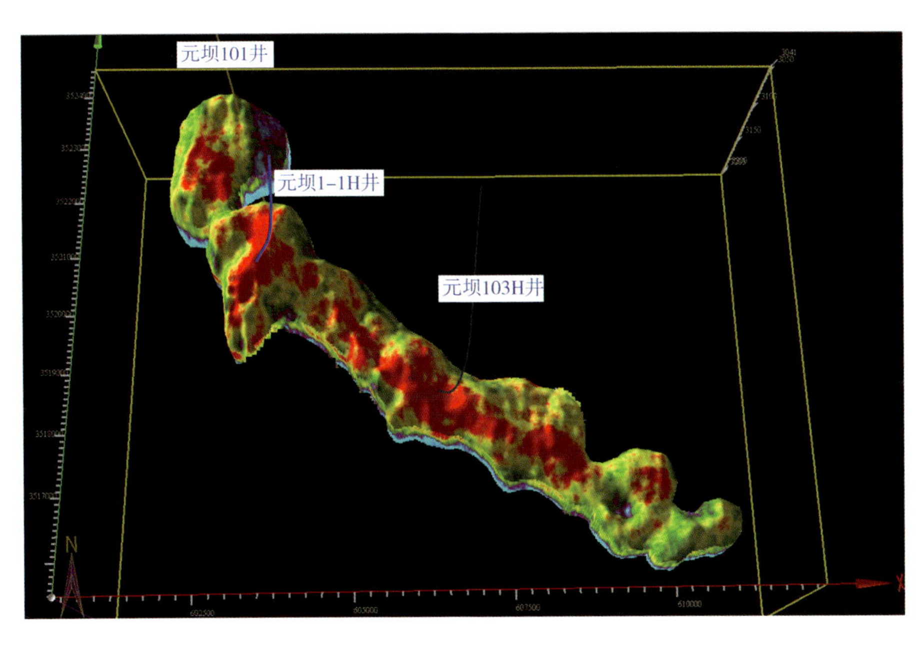

图 4-50　元坝长兴②号礁带储层空间分布图

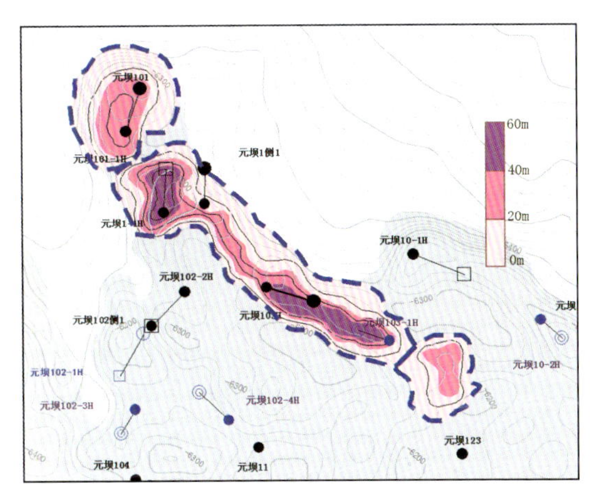

图 4-51　元坝长兴②号礁带Ⅰ+Ⅱ类储层厚度图

图 4-52　元坝长兴②号礁带孔隙度平面图

三、③号礁带精细描述

（一）③号礁带形态特征

③号礁带构造西北部高、东南部低，幅度高差近 500m，元坝 204 井处构造位置最高，向南东方向构造逐渐变低。礁带最宽处约 1.8km，最窄处约 0.7km。目前共钻井 11 口：元坝 204 井、元坝 204 -1H 井、元坝 2 井、元坝 205 井、元坝 205 -1 井、元坝 205 -2 井、元坝 205 -3 井、元坝 29 井、元坝 29 -1 井、元坝 29 -2H 井、元坝 28 井（图 4-53）。

拉平吴家坪底，对长兴组地层厚度进行分析，根据地层的厚度分布，可大致将③号礁带划分为5个大的礁群：元坝204井礁群、元坝205井礁群、元坝29－2井礁群、元坝28井礁群和元坝28井南礁群。同一礁群内的生物礁生长速率差异不大，厚度也较均一，而礁群与礁群之间则厚度明显变薄，或表现为地震反射同相轴的中断（图4－54），而礁群内则同相轴较连续，地震反射的能量也较统一。

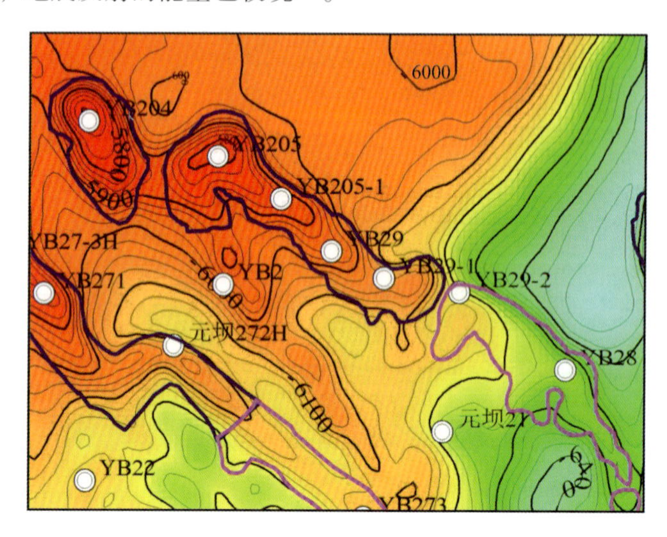

图4－53　③号礁带长兴顶构造图

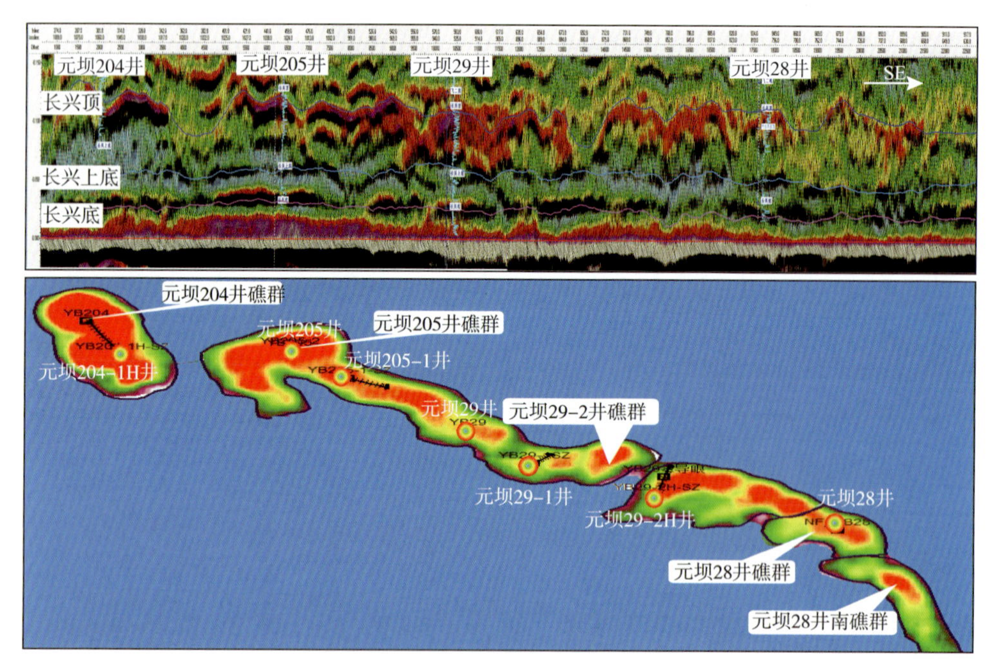

图4－54　③号礁带生物礁群的划分

元坝204井礁群长度约为3.7km，宽度约为1.85km，面积为6.66km²；元坝205井礁群长约8.3km，宽度为1.4～2.7km，面积为14.55km²；元坝29－2井礁群长约3km，宽度约为2.3km，面积为5km²；元坝28井礁群长度约为1.7km，宽度约为1.7km，面积为

2.34km²；元坝28井南礁群长度约为4km，宽度约为0.8km，面积为2.29km²。

（二）③号礁带内幕结构

从过生物礁最高部位、顺礁带走向的相位剖面分析来看，③号礁带元坝204井至元坝28井间礁盖顶部相位相同，且相位连续稳定，仅在局部有小的错动，表明③号礁带该段礁盖连续稳定；而到元坝28井东南段，相位变得零散，且扭动频繁，表明元坝28井东南生物礁礁盖储层横向变化快，非均质性强。礁核内部无统一的相位界面，表明生物礁在生长过程中不具有统一的模式，在不同部位生物礁的生长发育方式不同（图4-55）。

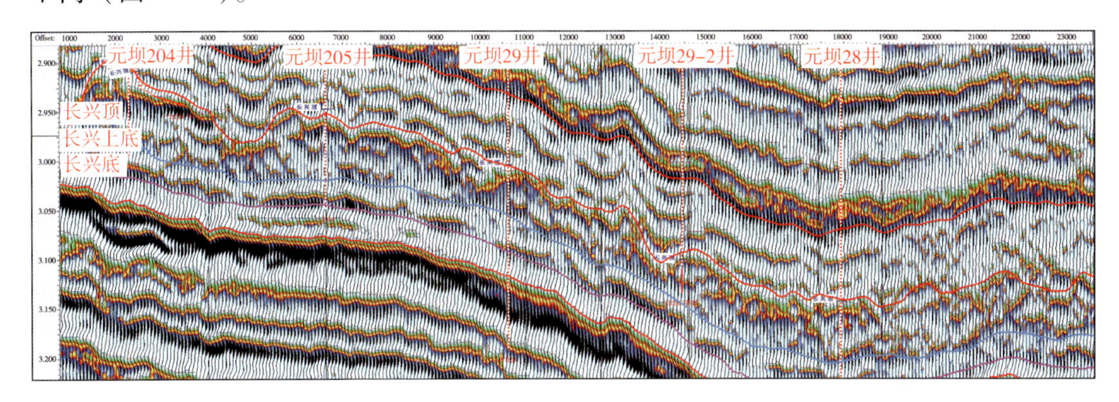

图4-55 ③号礁带顺礁带走向相位剖面

从横切礁带走向的相位剖面来看，③号礁带生物礁的生长具有垂向加积生长的特征，礁顶宽大平直，元坝205井—元坝29-2井井段生物礁具有两期礁盖垂向叠加的特征，而到了礁带的两端，两期礁盖的特征表现不明显（图4-56）。

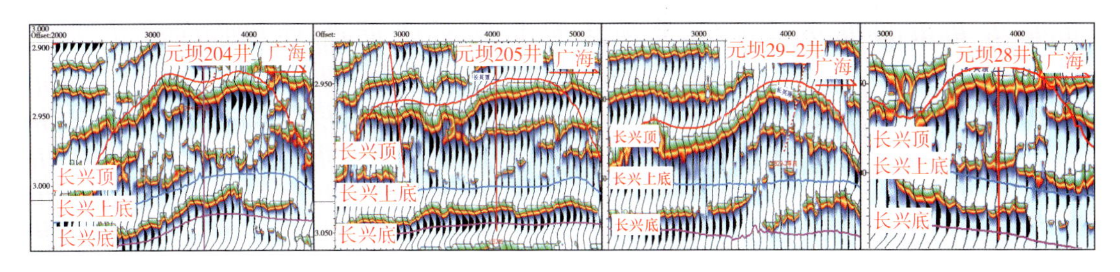

图4-56 垂直于③号礁带走向相位剖面

图4-57是过元坝204井的地震叠合剖面，从地震反射结构来看，元坝204井所在礁体是由3期发育的生物礁构成的。应用三维可视化软件VoxelGeo，对精细刻画的生物礁体（波阻抗体）进行三维可视化显示，通过对颜色、属性门槛值和透明度的调整，展示生物礁体空间内部的变化，分析生物礁体之间的连通性以及生物礁盖优势储层的空间分布情况。

图4-58为元坝204井井区生物礁空间展布图，可以看到，204井井区礁体在空间上是3个礁体的叠合，元坝204井位于较高部位，但储层在其南部更为发育。通过生物礁体精细刻画，结合三维可视化分析，从而指导开发井位部署。

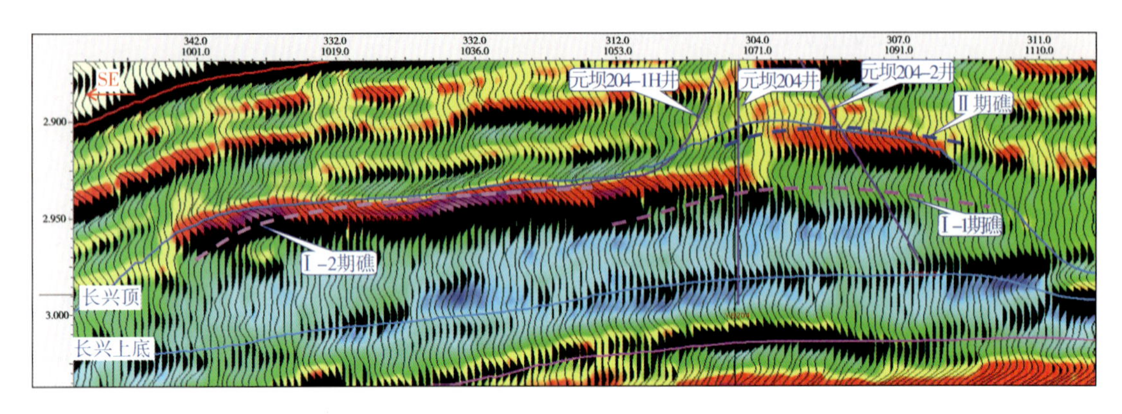

图4-57　过元坝204井地震叠合剖面

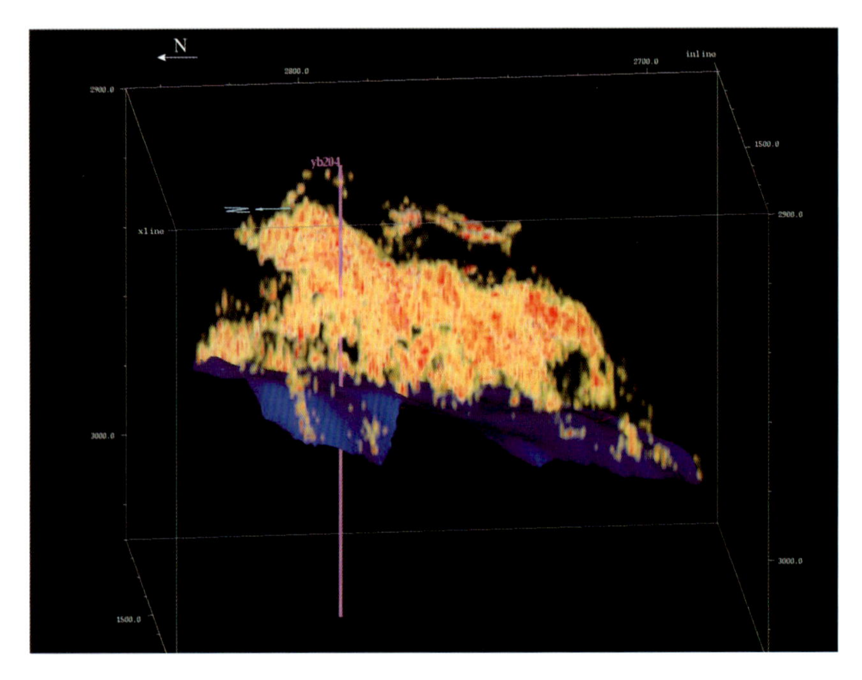

图4-58　元坝204井生物礁空间展布图

（三）③号礁带储层展布

礁盖储层在地震上表现为强波谷—强波峰的亮点反射特征，且具有低阻抗特点，储层越厚，物性越好，则波谷反射越强，阻抗越低。对③号礁带礁盖储层进行预测和三维雕刻，发现有利储层主要分布在试采区，滚动区储层相对变差（图4-59）。

③号礁带生物礁面积为40.2km^2，储层厚，储层物性较好，优质储层平面分布较连续，储层厚度为67～134m，平均厚度为68.2m，Ⅰ+Ⅱ类储层厚度为9～60m，平均厚度为34m，孔隙度为4%～8.5%。其中，试采区储层均厚度约为100m，Ⅰ+Ⅱ类储层平均厚度约为45m，孔隙度值域范围为4%～8.5%；滚动区储层平均厚度约为60m，Ⅰ+Ⅱ类储层平均厚度约为20m，孔隙度值域范围为4.5%～6%（图4-60、图4-61），优质储层由试采区向滚动区变薄，储层发育最厚的部位位于元坝205井—元坝29井井区及元坝204

井井区，元坝29井以南、元坝2井井区附近储层厚度相对变薄。

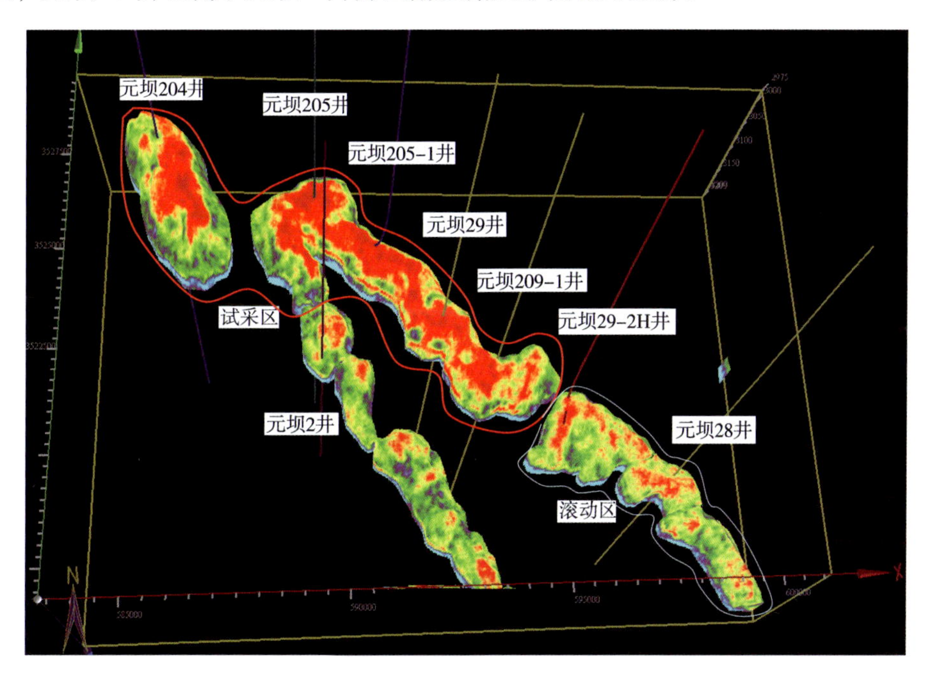

图4-59　元坝长兴③号礁带储层空间分布图

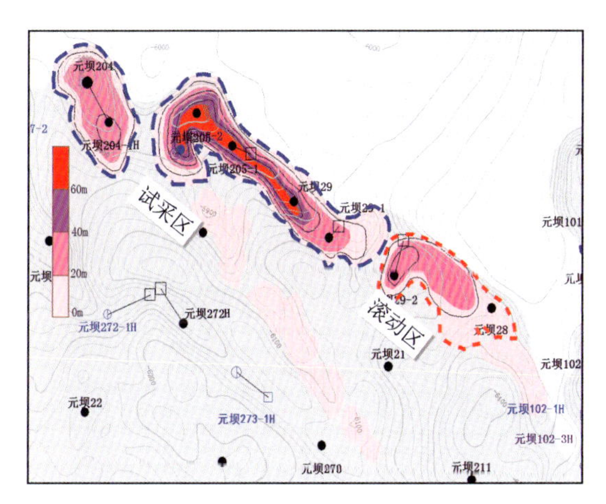

图4-60　③号礁带礁盖Ⅰ+Ⅱ类储层厚度图

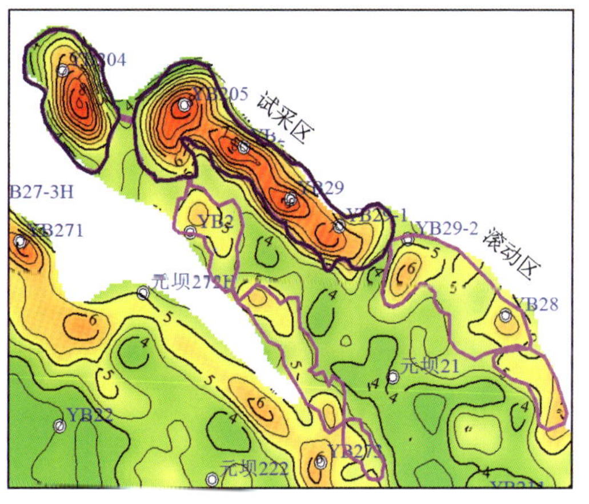

图4-61　③号礁带礁盖孔隙度平面图

四、④号礁带精细描述

（一）④号礁带形态特征

④号礁带构造特征为西北部高、东南部低，幅度近450m，由试采区向滚动区构造埋深增大（图4-62）。在矿权区内礁带长度约为24.2km，宽度为0.9~3.28km。目前该礁带共钻井9口：元坝27井、元坝27-2井、元坝27-3H井、元坝271井、元坝272H井、元坝272-1H井、元坝273井、元坝27-2井、元坝274-1H井。

拉平吴家坪底对长兴组地层厚度进行分析，可以对④号礁带的生物礁生长发育进行分析。大致可将④号礁带划分为 3 个大的礁群：元坝 27 井礁群、元坝 271 井—元坝 272H 井礁群和元坝 273 井礁群。同一礁群内的生物礁生长速率差异不大，厚度也较均一，而礁群与礁群之间则厚度明显变薄，或表现为地震反射同相轴的中断（图 4-63），而礁群内则同相轴较连续，地震反射的能量也较统一。

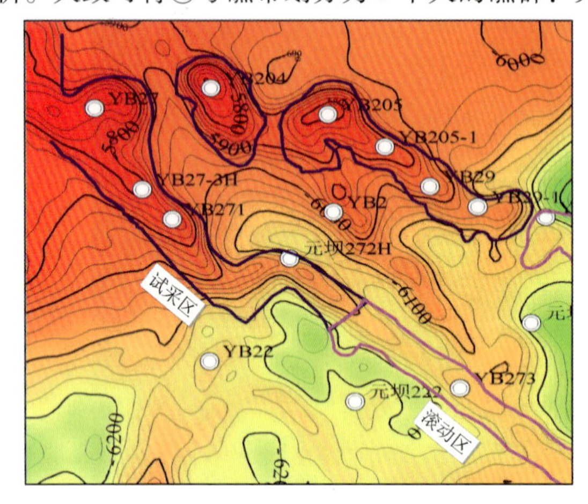

图 4-62　④号礁带长兴顶构造图

元坝27 井礁群长度约为3. 6km，宽度约为 1. 2 ~ 3. 3km，面积为 10. 8km²；元坝 271 井—元坝 272H 井礁群长度约为 8. 6km，宽度为 1. 3 ~ 1. 6km，面积为 16. 64km²；元坝 273 井礁群长度约为 12. 6km，宽度为 0. 9 ~ 1. 7km，面积为 10. 79km²。

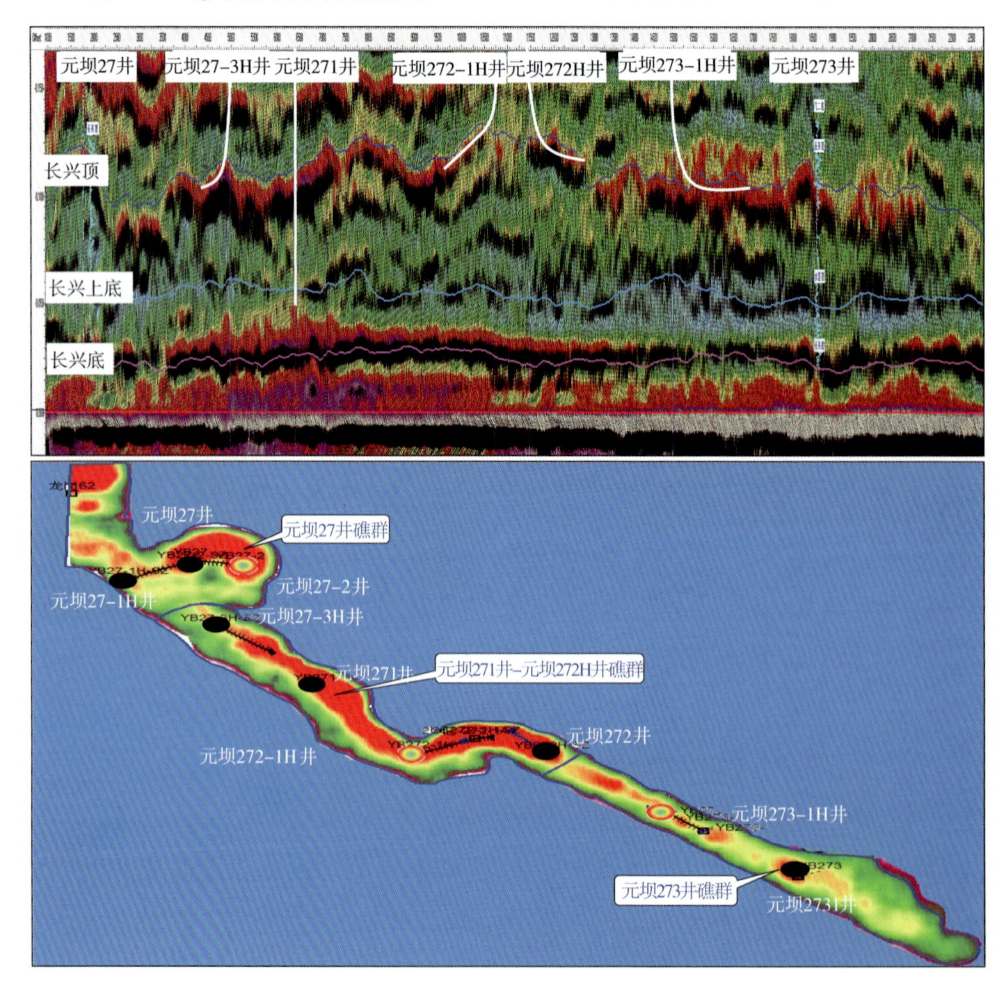

图 4-63　④号礁带生物礁群的划分

（二）④号礁带内幕结构

从过生物礁最高部位、顺礁带走向的相位剖面分析来看，④号礁带礁盖顶部相位相同，且相位连续、稳定，仅在局部有小的错动，表明④号礁带礁盖连续稳定。礁核内部无统一的相位界面，表明生物礁在生长过程中不具有统一的模式，在不同部位生物礁的生长发育方式不同（图4-64）。

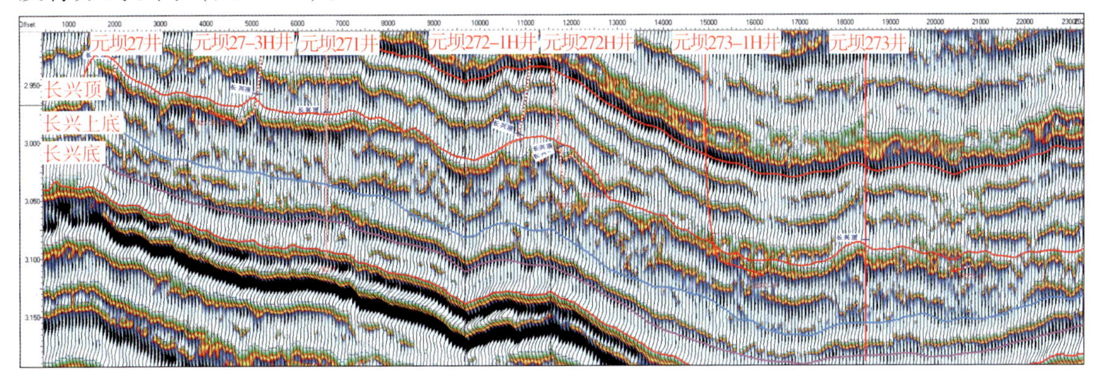

图4-64　④号礁带顺礁带走向相位剖面

从横切礁带走向的相位剖面来看，④号礁带生物礁的生长具有向海迁移生长的特征，但由于暴露改造得不充分，迁移生长的期次不明显，总体表现为向广海方向生物礁厚度较大（图4-65）。

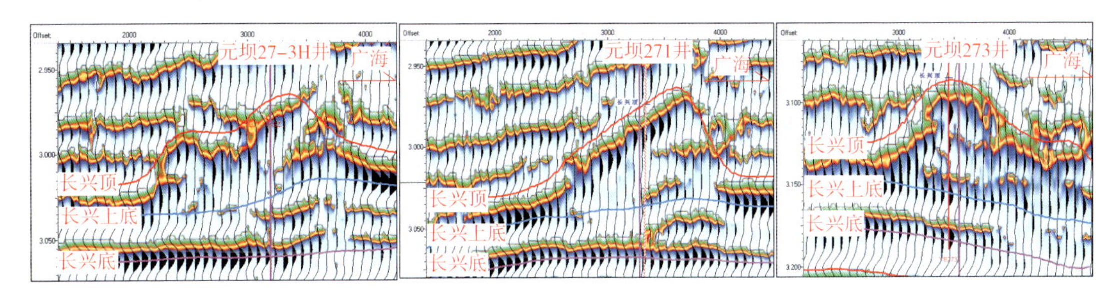

图4-65　垂直于④号礁带走向相位剖面

（三）④号礁带储层展布

礁盖储层在地震上表现出强波谷—强波峰的亮点反射特征，且具有低阻抗的特点，储层越厚，物性越好，则波谷反射越强，阻抗越低。提取④号礁带礁盖储层的最大波谷属性及最小波阻抗属性，两种属性均表明④号礁带储层主要集中在元坝27井—元坝272H井井区发育，而元坝273中井区则相对较零散。对④号礁带礁盖储层进行预测和三维雕刻，优质储层平面分布较连续，优质储层由试采区向滚动区变薄，有利储层主要分布在试采区，滚动区储层相对变差（图4-66）。

④号礁带生物礁面积为36.23km^2，储层厚度为30~90m，平均厚度为63.5m，Ⅰ+Ⅱ类储层厚度为10~45m，平均厚度约为20m，孔隙度为5%~7%，其中试采区储层平均厚度约为70m，Ⅰ+Ⅱ类储层平均厚度约为30m，孔隙度值域范围为5%~7%；滚动区储层平均厚度约为50m，Ⅰ+Ⅱ类储层平均厚度约为15m，孔隙度值域范围为5%~6%（图

4-67、图4-68)。总体来讲,元坝273井西北部分礁盖储层较厚,物性较好,但往礁带南东方向,储层厚度减薄,物性变差。

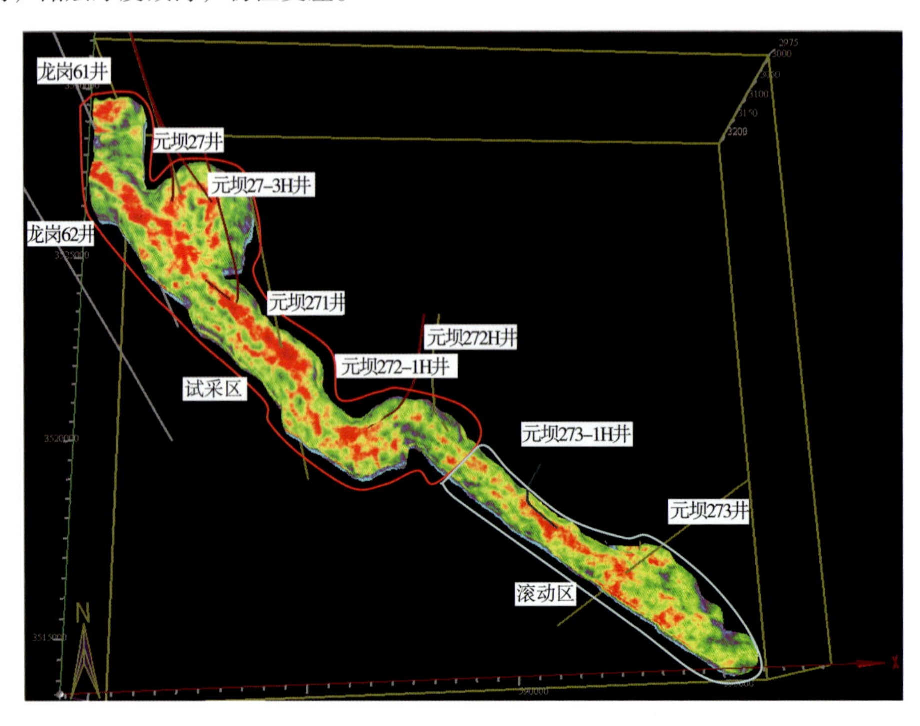

图4-66 ④号礁带储层空间展布图

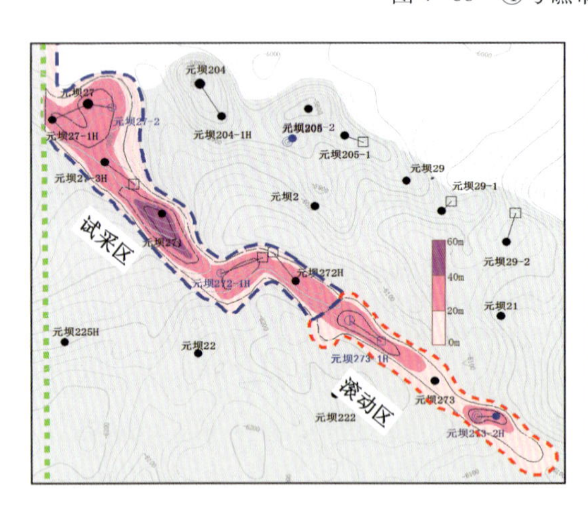

图4-67 ④号礁带礁盖Ⅰ+Ⅱ类储层厚度图

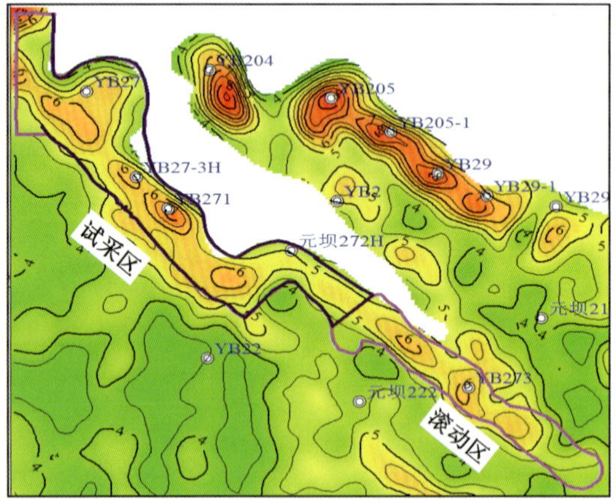

图4-68 ④号礁带礁盖孔隙度平面图

五、礁滩叠合区礁带精细描述

（一）礁滩叠合区形态特征

礁滩叠合区位于②号礁带西南部，整体构造平缓，构造起伏不大。目前已钻井 6 口：元坝 102 井、元坝 102－1H 井、元坝 102－2H 井、元坝 102－3 井、元坝 11 井、元坝 104 井（图 4－69）。

元坝 102－2H 井礁群长度约为 2.6km，宽度为 1.1km，面积为 $2.89km^2$；元坝 102 井—元坝 104 井礁群长度约为 6.3km，宽度为 2～4.1km，面积为 $17.9km^2$。元坝 103H 井西南礁群长度约为 4km，宽度为 1～2km，面积为 $4.8km^2$（图 4－70）。

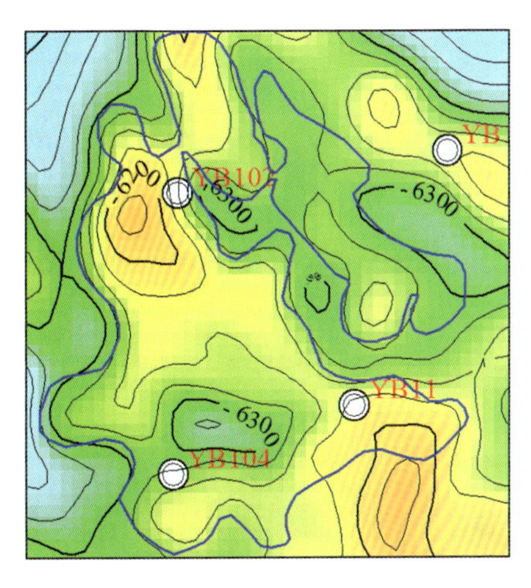

图 4－69　礁滩叠合区长兴顶构造图

（二）礁滩叠合区内幕结构

过礁滩叠合区任意方向的剖面表明，礁滩叠合区由多个不规律叠置的单礁体组成，礁体与礁体之间波形不连续（图 4－71、图 4－72）。

从过生物礁最高部位、顺海岸走向的相位剖面分析来看，礁滩叠合区礁盖顶部相位错断，表现出多个独立生物礁的形态；礁核内部相位凌乱，表明礁滩叠合区生物礁在生长过程中无规律性（图 4－73）。

（三）礁滩叠合区储层展布

利用地震属性刻画礁滩叠合区礁盖储层的平面展布，对叠合区礁盖储层进行预测和三维雕刻研究，研究表明，礁滩叠合区储层主要沿海岸线分布，远离海岸的属性异常，有较大的低能相沉积风险（图 4－74）。

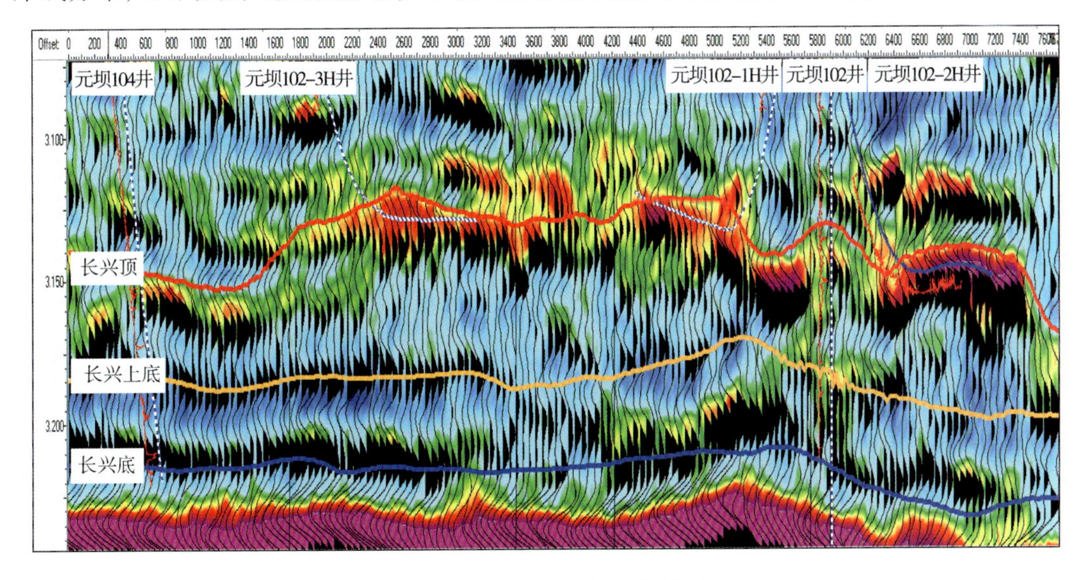

图 4－70　叠合区生物礁群的划分

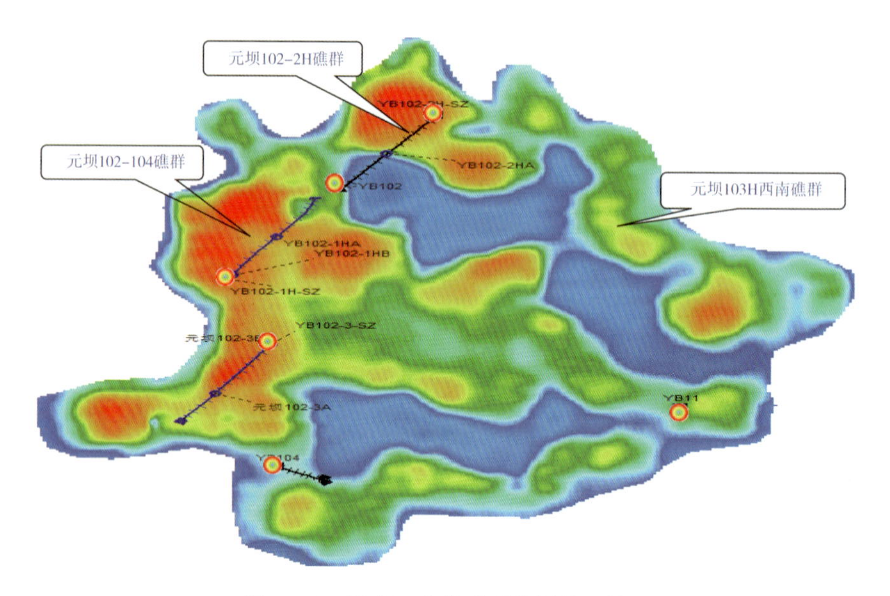

图4-70　叠合区生物礁群的划分（续）

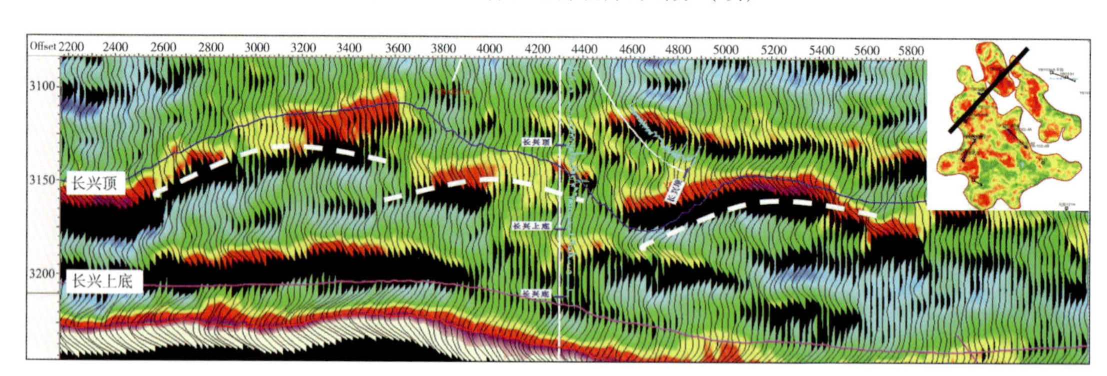

图4-71　礁滩叠合区任意方向地震剖面-1

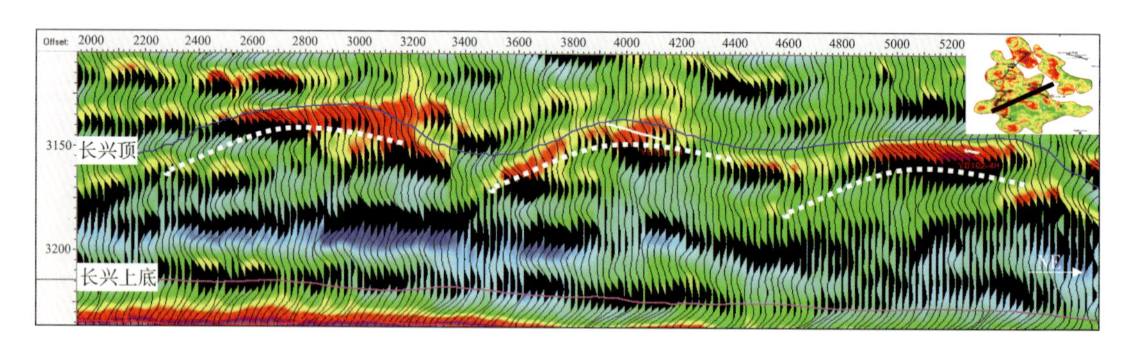

图4-72　礁滩叠合区任意方向地震剖面-2

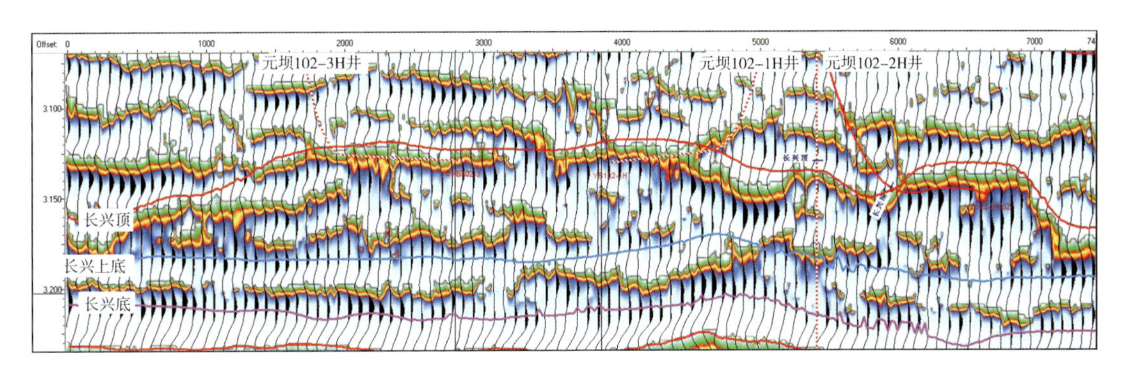

图 4-73　礁滩叠合区平行于海岸走向相位剖面

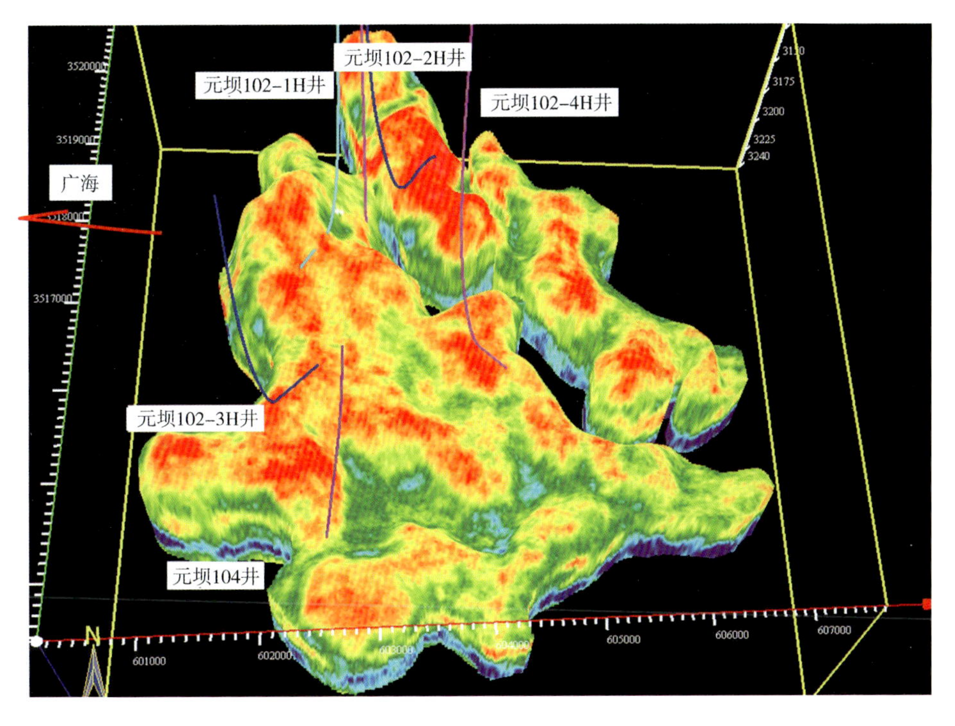

图 4-74　礁滩叠合区生物礁储层空间展布图

礁滩叠合区面积为 25.59km^2，储层厚度为 20～100m，平均厚度为 50m，Ⅰ+Ⅱ类储层厚度为 5～20m，平均厚度为 15m，孔隙度为 5%～7%，储层集中分布于元坝102 井西南及元坝 104 井井区。在礁滩叠合区，主要发育生物礁，下部发育滩体，总体较薄。在叠合区内部，储层厚度及物性因在不同部位而不同，礁体内部结构复杂，横向非均质性强，Ⅰ、Ⅱ类优质储层主要分布于西部台地边缘地区，向台内方向，优质储层逐渐变薄（图 4-75、图 4-76）。

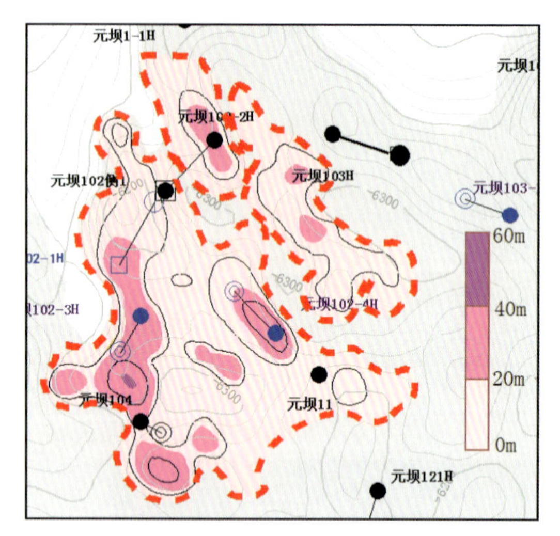

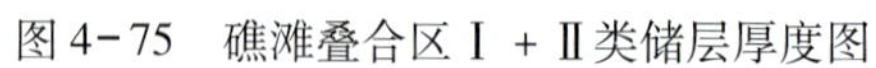
图 4-75　礁滩叠合区Ⅰ+Ⅱ类储层厚度图

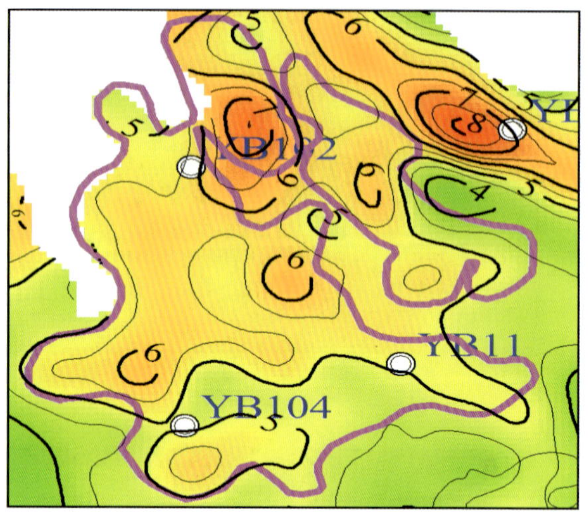

图 4-76　礁滩叠合区孔隙度平面图

第五章　气藏综合评价与目标区优选

流体及温度、压力资料分析表明，元坝地区长兴组气藏为高含 H_2S、中含 CO_2、常压、孔隙型、局部存在边（底）水、受礁体及滩体控制的构造—岩性气藏。气藏综合评价影响因素众多，其中最重要的就是要在储层及含气性预测的基础上，结合测井流体识别标准，开展储层综合评价研究，落实气藏有效储层及Ⅰ+Ⅱ类有效储层平面展布。

针对碳酸盐岩储层流体识别的难点，采用深浅双侧向电阻率绝对值，孔隙度与含水饱和度交会，电阻率与孔隙度交会，正态概率分布以及核磁共振 5 种方法综合评价元坝地区长兴组储层流体性质，结果表明，元坝地区长兴组气藏储层以Ⅱ、Ⅲ类气层为主，Ⅰ类气层欠发育，局部区域发育气水同层、水层，且不同礁滩体具有相对独立的气水系统，不存在统一的气水界面。

气藏综合评价首先参考四川盆地碳酸盐岩储层分类评价标准，对储层进行综合评价，再针对不同沉积相带及不同井型，综合利用单井测试产能等多项评价参数，采用多种评价方法对气藏进行综合评价，将元坝地区长兴组气藏储层发育区分为 3 类，分别为有利区、较有利区和次有利区。优选有利区、较有利区为开发建产区，次有利区为开发调整潜力区，采用容积法计算开发建产区及开发调整潜力区的地质储量。

第一节　气藏特征

一、流体性质

（一）天然气组分

天然气组分分析结果（表 5-1）表明：元坝地区长兴组气藏天然气中 CH_4 含量为 75.54%～93.14%，平均含量为 86.95%；C_2H_6 含量为 0.01%～0.06%，平均含量为 0.04%；H_2S 含量为 1.42%～13.37%，平均含量为 5.32%；CO_2 含量为 0.2%～15.51%，平均含量为 6.56%；N_2 含量为 0.24%～10.79%，平均含量为 1.04%。天然气相对密度为 0.5456～0.7547，平均为 0.6281。根据气藏分类标准 SY/T6168—2009，元坝长兴组属于高含 H_2S、中含 CO_2 气藏。从不同区带分析结果来看，天然气组分的平面分布有一定差异，但差异较小。

表5-1　元坝气田长兴组气藏天然气组分分析结果统计表

相带（区）	井号	组分及含量（物质的量分数）/%							相对密度	临界压力/MPa	临界温度/K
		CH_4	C_2H_6	CO_2	H_2S	N_2	He	H_2			
①号礁带	元坝10侧1	86.40	0.04	6.28	6.65	0.27	0.01	0.06	0.6602		
	元坝10-1H	86.15	0.02	6.47	6.97	0.34	0.01	0.02	0.5801	4.4532	184.38
②号礁带	元坝101	81.77	0.03	11.53	3.71	2.89	0.01	0.01	0.6582	4.7136	194.75
	元坝1侧1	86.72	0.04	6.25	6.61	0.28	0.01	0.01	0.6585		
	元坝103H	86.26	0.04	6.29	6.41	0.28	0.01	0.48	0.6567		
	元坝1-1H	93.14	0.02	6.39		0.40	0.01	0.01	0.6185	4.7715	197.54
③号礁带	元坝204	91.88	0.05	4.72	2.7	0.58	0.01	0.01	0.5883	4.5986	190.41
	元坝204-1H	92.32	0.04	4.44	2.85	0.33	0.01	0.01	0.6171		
	元坝205	89.24	0.04	4.92	5.09	0.65	0.01	0.01	0.5771	4.4935	186.03
	元坝29	89.77	0.04	4.97	4.15	0.52	0.01	0.35	0.5793		
	元坝29-2	92.1	0.04	4.68	2.79	0.33	0.01	0.05	0.6189		
	元坝2	86.11	0.04	9.06	4.03	0.54	0.01	0.03	0.6712		
④号礁带	元坝27	90.71	0.04	3.12	5.14	0.83	0.16	0	0.6200	4.9330	202.90
	元坝271	90.39	0.04	3.43	5.25	0.70	0.01	0.14	0.5614	4.4382	183.76
	元坝273	90.66	0.03	3.9	4.86	0.51	0.02	0	0.5678		
	元坝27-3H	79.58	0.02	6.54	13.37	0.43	0.01	0.02	0.5456	4.1602	172.21
	元坝272H	90.44	0.02	3.83	4.95	0.70	0.02	0.01	0.5674	4.4685	184.98
礁滩叠合区	元坝102侧1	84.33	0.05	9.72	4.36	1.45	0.01	0.02	0.6828	5.0430	208.68
	元坝104	87.86	0.04	5.31	6.32	0.24	0.01	0.03	0.6469		
	元坝11	82.16	0.06	11.31	6.18	0.25	0.01	0.02	0.6313	4.6263	191.51
	元坝102-1H	88.97	0.01	0.20	0	10.79	0.01	0.02	0.6242	4.4300	180.83
	元坝102-2H	87.38	0.02	6.63	5.50	0.42	0	0.02	0.5902	4.5246	187.31
东区滩	元坝12	75.54	0.04	15.51	6.27	2.55	0.01	0.08	0.7547		
	元坝124侧1	79.90	0.05	9.57	1.42	0.34	0.01	0.23	0.7101		
西区滩	元坝2	80.38	0.03	12.30	5.81	1.21	0.01	0	0.7172		
	元坝29	85.71	0.06	7.49	5.72	0.39	0.01	0.36	0.6650		
	元坝205	90.23	0.04	4.81	4.30	0.55	0.01	0.03	0.5799		
	元坝224	88.61	0.06	4.04	6.78	0.33	0.01	0.15	0.6373		
礁滩体平均值		86.95	0.04	6.56	5.32	1.06	0.02	0.08	0.6281	4.5888	189.64

（二）有机硫含量

有机硫含量分析结果（表5-2）表明：元坝地区长兴组气藏天然气中有机硫平均含量

为410.5mg/m^3，其中，硫氧碳含量为6.5～497mg/m^3，平均含量为118.2mg/m^3；甲硫醇含量为9.2～978mg/m^3，平均含量为168.30mg/m^3；乙硫醇含量为2.0～11.1mg/m^3，平均含量为6.27mg/m^3；二硫碳含量为6.3～51.2mg/m^3，平均含量为25.79mg/m^3；异丙硫醇含量为2.8～472mg/m^3，平均为61.25mg/m^3；正丙硫醇含量为1.4～101.0mg/m^3，平均含量为30.87mg/m^3。从不同区带分析结果来看，天然气中有机硫含量差异较大。

表5-2　元坝气田长兴组气藏天然气有机硫含量分析结果统计表

类别	井号	井段/m	有机硫组分/（mg/m^3）					
			硫氧碳	甲硫醇	乙硫醇	二硫碳	异丙硫醇	正丙硫醇
礁相区	元坝9*	6836～6857	123	70.6	3.4	18.9	36.8	18.6
	元坝10侧1	6988～7160	111	17.7				
	元坝101	6955～7022	117	978			62.4	5.6
	元坝1侧1	7330.7～7367.6					13.5	
			115	28.1		6.3	4	6.3
	元坝103H	7047～7695.5	114	10	6.4			
	元坝204	6523～6590	25	23.1				
	元坝204-1H	6582～7585	48.4					
	元坝205	6448～6480	29.5	28.1			472	
	元坝29	6636～6699	44	74.4	2		2.8	
	元坝29-2	6893.7～7686	49.3	9.2				
	元坝2	6545～6593	60.5	285	6.9	33.8	23.6	
	元坝27	6262～6319	358	144				
	元坝271	6320～6370	45.4	276			6.8	
	平均值		93.09	170.33	5.1	20.05	83.59	5.95
礁滩叠合区	元坝102侧1	6711～6791	47			29.8		1.4
	元坝11	6797～6917	497			8.1	7.6	
	元坝104	6700～6726	94.2	89.9				
	平均值		212.73	89.9		18.95	7.6	1.4
生屑滩	元坝12	6692～6780	393	316	8.4	42.9	21.9	101
	元坝16*	6950～6974	300	14				
	元坝123*	6978～6986	215	21.8			16	
		6904～6918	33.4	486	25.5		368	97.2
	元坝124侧1	6940～7483	62	77	2.8	8.4	3.4	48
	元坝2	6677～6700	36.5	367	11.1	51.2	17.2	33.9
	元坝29	6808～6820	107	99			5	19.9
	元坝205	6698～6711	6.5	38.6			156.03	
	平均值		121	179.52	7.43	34.17	40.71	50.7
礁滩体平均值			118.02	168.3	6.27	25.79	61.25	30.87

注：带“*”井为测试产水井，数据未纳入统计。

（三）地层水特征

测试产水样分析结果表明：元坝地区长兴组气藏地层水为具有臭鸡蛋气味的黑色、不透明液体；水型以 $CaCl_2$ 型为主；氯根含量为 6333～42189mg/L，平均含量为 33664mg/L；总矿化度为 11121～75544mg/L，平均为 59247mg/L。总体上，生物礁、生屑滩存在一定差异。元坝 9 井礁相地层水分析结果表明：水型为 $CaCl_2$ 型，pH 值平均为 6.61，氯根含量为 31731～37091mg/L，平均含量为 34156mg/L，总矿化度为 58727～65727mg/L，平均含量为 61737mg/L。元坝 123 井等滩相地层水分析结果表明：水型以 $CaCl_2$ 型为主，pH 值平均为 7.58，氯根含量为 6333～42189mg/L，平均含量为 33536mg/L，总矿化度为 11121～75544mg/L，平均为 58601mg/L。

二、气藏地层压力与温度

根据压力恢复测试解释结果，折算长兴组气藏气层中部压力为 66.66～70.62MPa，压力系数为 1.00～1.18，为正常压力系统［图 5-1（a）］。

根据地层温度测试结果，长兴组气藏气层中部温度介于 145.2～157.414℃之间，温度梯度介于 1.899～2.11℃之间，为低地温梯度。根据川东北地区多个气藏各井测试层段温度—深度的拟合关系综合分析，元坝气田长兴组气藏温度梯度与其他区块气层接近，为 1.97℃/100m［图 5-1（b）］。

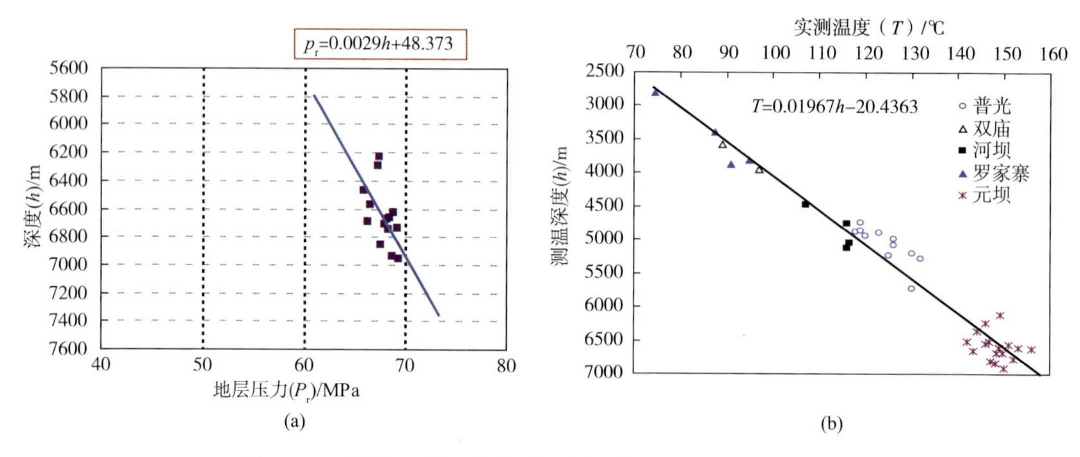

图 5-1　元坝气田长兴组气藏地层压力及温度与深度关系图

三、气藏类型

按照《天然气藏分类》GB/T 26979—2011 标准气藏组合分类方案中各种单因素的组合顺序，根据气藏评价研究和测试等成果综合分析认为，元坝长兴组气藏属于超深层（6500～7100m）、高含 H_2S（5.32%）、中含 CO_2（6.56%）、常压（压力系数为 1.00～1.18）、孔隙型、局部存在边（底）水、受礁体及滩体控制的构造—岩性气藏（图 5-2）。

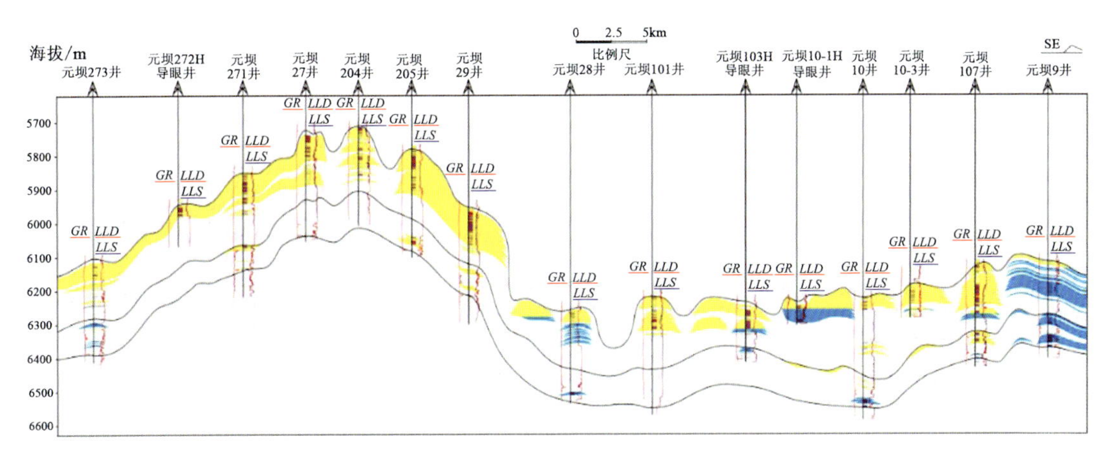

图 5-2　元坝气田长兴组气藏东西向气藏剖面图

第二节　气藏综合评价

一、气水分布特征

（一）测井流体识别

1. 深浅双侧向电阻率绝对值法

电阻率测量法对水是很敏感的，深浅侧向的差异也在一定程度上反映气水特征，因而该曲线可作为划分气水层的主要的依据。元坝地区长兴组储层，当双侧向正差异，且深侧向电阻率大于 100 Ω·m 时为气层（图 5-3）；当深浅双侧向呈负差异，且电阻率低于 100 Ω·m 时为水层，但是，电阻率绝对值除了与地层流体性质相关外，还与地层水电阻率、泥浆电阻率、孔隙、裂缝及其类型有密切关系，比如，双侧向差异受裂缝属性变化的影响很大，在以高角度裂缝为主的储层中，水对电阻率的作用急剧减小，从而掩盖了气水层在电阻率上的差异。此外，裂缝、泥质薄互层等对电阻率绝对值都有影响。因此，当泥浆深侵或裂缝发育、地层束缚水含量高时，不能只采用此法判别储层流体性质，应结合其他方法综合识别流体性质。

2. 孔隙度—含水饱和度交会

孔隙度（ϕ）—含水饱和度（S_w）交会图法的原理主要是可动水分析方法。通过大量实验观察结果表明：对于气层，ϕ—S_w 交会图上的交会点呈近似双曲线分布特征；对于水层，ϕ—S_w 交会图上的交会点则为不规则的散点分布（图 5-4）。

3. 正态概率分布法

正态概率分布法是对视水电阻率开方，并命名为 $P^{1/2}$，即 $P^{1/2}=(R_t\cdot\phi_m)^{1/2}$。当储层完全含水时，全部孔、洞、缝均被地层水充满，故视水电阻率理论上应为一常数，实际上的变化也仅由测量原因造成，因此它统计的正态概率曲线十分尖锐、狭窄。反之，当储层含油气时，不同大小的孔、洞、缝中，其含水饱和度不同，视水电阻率亦随之变化，加

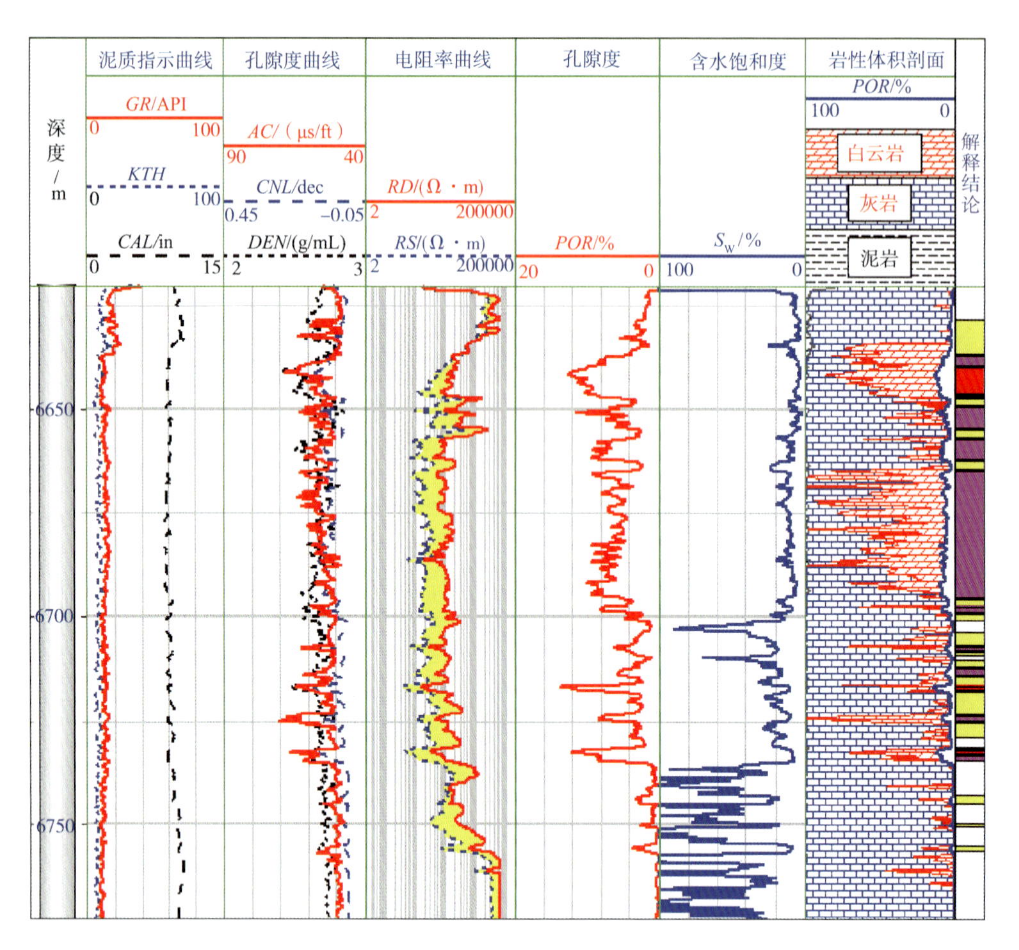

图 5-3　元坝 29 井深浅双侧向电阻率绝对值法判别气层

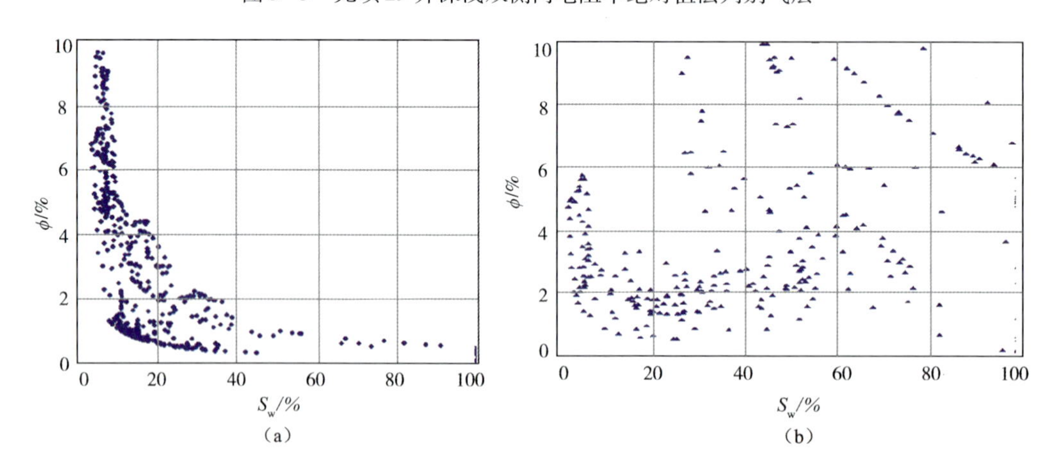

图 5-4　元坝 101 井（a）和元坝 9 井（b）长兴组气层 ϕ—S_w 交会图

之测量误差的存在，使得统计所得的正态概率曲线较缓、较宽。但由于正态概率曲线的“胖瘦”程度是一个相对概念，不好掌握，不便于对流体性质作出准确判别，为此，将 $P^{1/2}$ 的累计频率点在一张特殊的正态概率纸上，其纵坐标为 $P^{1/2}$ 值，横坐标为累计频率，并按下述函数进行刻度：

$$f(x) = (1/\sqrt{2}\pi\sigma)e^{-(x-\mu)^2/2\sigma^2} \quad (5-1)$$

这样就将一条正态概率曲线变成了一条近似的直线，当曲线越“胖”，即 σ 值越大时，直线的斜率就越大；反之，曲线越“瘦”，σ 值越小，直线的斜率就越小。因此，可根据累计频率曲线斜率的变化对储层含流体性质作出判断，即水层斜率小，油气层斜率大（图 5-5）。

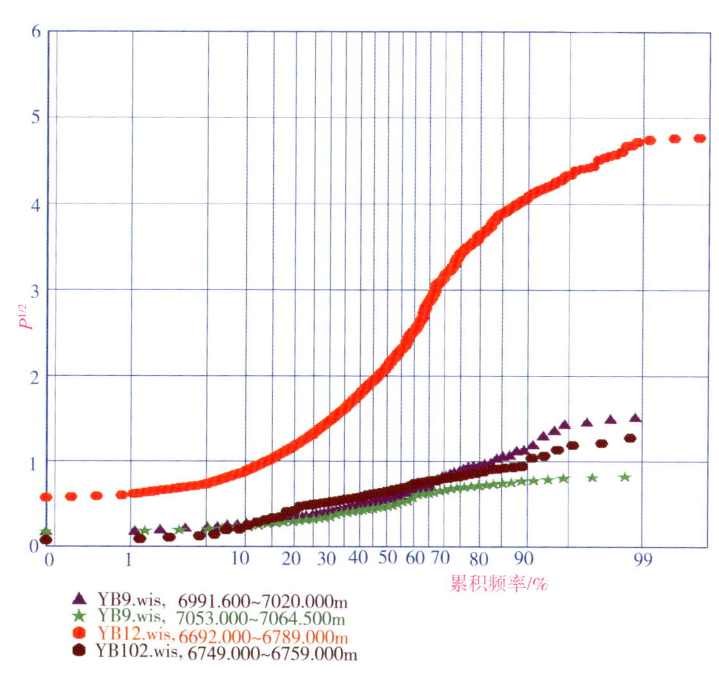

图 5-5　$P^{1/2}$ 概率法识别流体性质

4. 核磁共振测井流体识别

1）核磁共振测井油气识别基础

（1）标准 T_2 测井方式的流体判别。

核磁共振测井驰豫过程有 3 种驰豫作用，即表面驰豫、体积驰豫、扩散驰豫。对于元坝礁滩相储层，表面驰豫作用较小，体积驰豫起主要作用，溶蚀孔洞越发育，体积驰豫作用越强，横向驰豫时间越短。对于天然气，其扩散比油或水快得多，气体的扩散系数和气体的密度及分子运动速度有关，而气体的密度及分子运动速度与温度、压力有关，随着压力增大，气体密度增大，随着温度的升高，分子运动速度加快，分子间碰撞几率增加，扩散系数增大，横向驰豫时间越短。对于地层水，当其附着于碳酸盐岩溶蚀孔洞中时，体积驰豫起主要作用。因此，通过上述分析，以测试资料为依据，并结合礁滩相储层 T_2 分布谱特征，分析认为礁滩相储层气水分布主要表现为：气层的 T_2 分布谱靠前，水层的 T_2 分布谱靠后。元坝礁滩相储层孔隙流体成分以气、水为主，根据长兴组 T_2 分布谱特征，借鉴新疆塔河油田和川东北龙岗气田核磁共振测井气水分析资料，可初步确定元坝长兴礁滩相溶蚀孔洞型储层 T_2 气水分布界限（表 5-3）。

表 5-3　元坝礁滩相储层 T_2气水界限值

岩　性	$T_{2cutoff}$值/ms	天然气的 T_2分布范围/ms	地层水的 T_2分布范围/ms
礁滩相白云岩储层	100	100～250	250～800

（2）双 T_E测井方式的流体判别。

双 T_E测井设置足够长的等待时间，使 T_R >（3～5）T_{1h}（T_{1h}为轻烃的纵向弛豫时间），每次测量时，使纵向弛豫达到完全恢复，利用两个不同的回波间隔 T_{EL}和 T_{ES}，测量两个回波串。由于水与气或水与中等黏度的油扩散系数不一样，使其各自在长、短回波间隔的核磁共振测井 T_2分布上的位置发生变化，由此对油气水进行识别。

在短回波间隔 T_{ES}得到的 T_2分布上，能观测到油气水的信号；在长回波间隔 T_{EL}得到的 T_2分布上，只能观测到水与轻质油的信号，而气的信号却消失了。这是因为气体的扩散太快，还没有观测到就衰减掉了。这便是所谓的移谱分析法，利用该法可以较好地识别储层中的天然气。

（3）双 T_W测井方式的流体判别。

双 T_W测井利用了水与烃（油、气）的纵向弛豫时间 T_1相差很大以及水的纵向恢复远比烃快的特点，采用长、短等待时间测量方式来观测油气层与水层的 T_2分布差异，从而达到识别流体性质的目的。在长等待时间测量的 T_2分布上，由于油气水都完全被极化，因此测量信号包含 3 种流体的信息。当等待时间较短时，水层完全被极化，而油气层由于极化时间较长，还没有被完全极化，此时只有水层信号，将长等待时间的 T_2分布减去短等待时间的 T_2分布，便只有油气层的信号了。这就是所谓的差谱分析法，利用该法可以较好地识别储层中的油气。

2）应用实例

元坝 103H 井长兴组 6900～6920m 储层岩性为云岩或灰质云岩，常规曲线响应特征反映该储层储集物性较好，气水界面不明显。核磁共振处理成果图（图 5-6）显示 T_2分布谱幅度较高，谱分布范围相对较宽，即基质物性好。长、短等待时间 T_2分布谱呈“双峰”指示特征，左峰对应束缚水，右峰对应可动流体信息，长等待时间基本完全反映出束缚水和可动流体信息，储层 6907.5m 上部右峰靠前，其主峰分布范围在 150ms 左右，含气特征明显。此外，差谱法也显示该储层段具明显可动天然气信息。而 6907.5m 以下，其主峰分布范围在 250ms 左右，具有含水特征。因此，综合分析认为，元坝 103H 井气水界面为 6907.5m，上部为气层，下部为气水同层。在后期水平井钻井中，主要针对测井解释的 6825～6855m 裂缝—溶孔型气层进行水平钻遇，从目前已完钻的测井曲线响应特征来看，水平钻遇的生物礁储层具明显含气特征，这为高效、经济地开发元坝长兴组气藏提供了有力的技术支撑。对此类礁滩相储层，核磁共振测井新技术在流体性质判别中发挥了极其重要的作用。

5. 电阻率与孔隙度交会判别法

以测试结果为依据，选择典型气层、气水同层、含气水层和水层的测井样本数据制作了电阻率与孔隙度交会图版（图 5-7），图中选择了元坝 12 井、元坝 101 井、元坝 102

井、元坝27井气层段和元坝9井、元坝123井含水层段，对数据进行适当地简化，建立了气水差异识别模版。图5-7中显示，气层、气水同层、含气水层与水层样本数据在交会图上能清晰分开。根据样本数据特征，划出含气储层和含水储层区域，以此作为划分气水储层的模版，从而对其他未知储层性质进行判别。

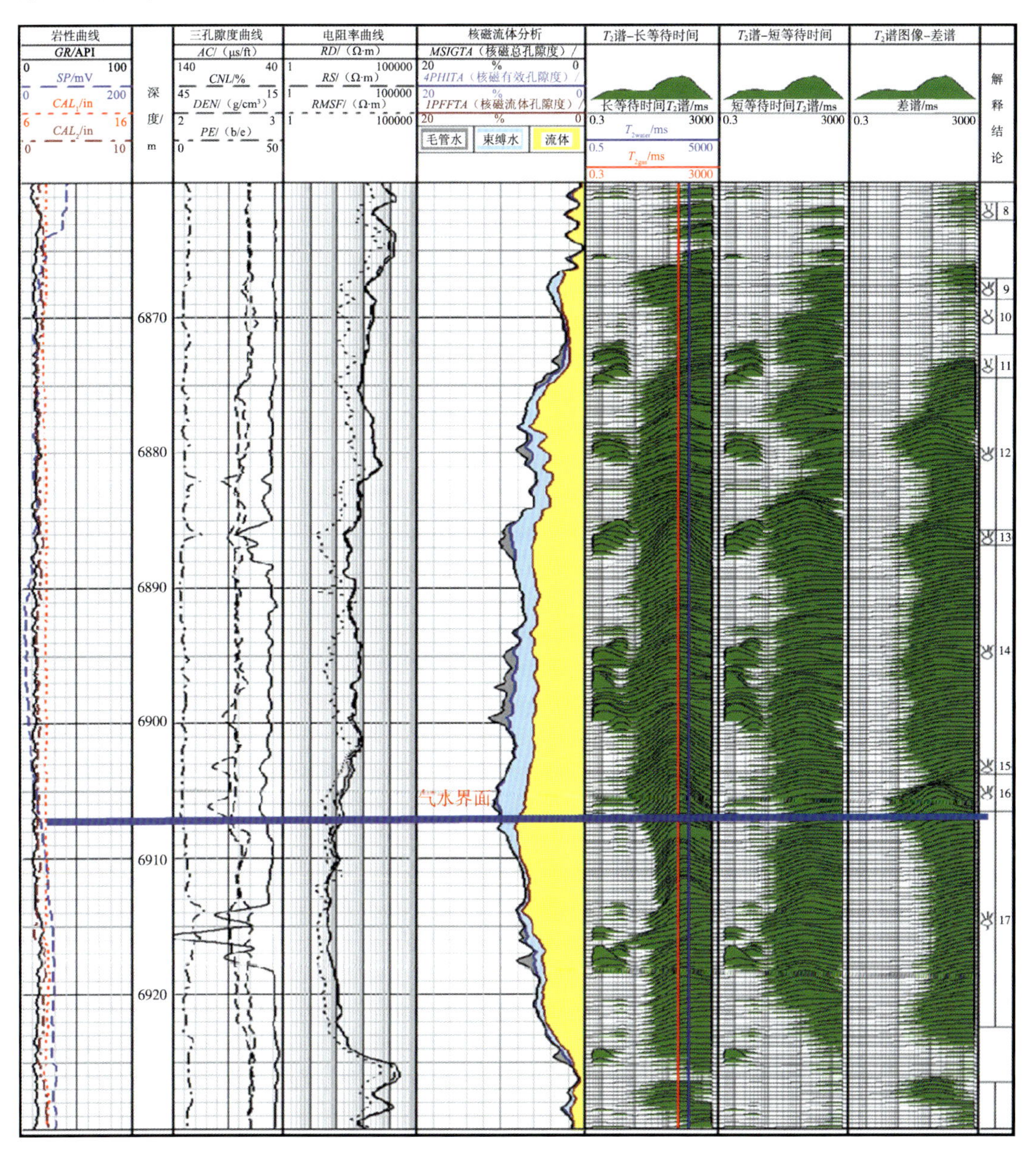

图5-6　元坝103H井礁滩相储层核磁共振测井流体性质判别成果图

根据储层测井流体识别结果与测试结果对比表明：采用深浅双侧向电阻率绝对值、孔隙度与含水饱和度交会、电阻率与孔隙度交会、正态概率分布以及核磁共振5种方法综合评价元坝地区长兴组储层流体性质效果较好，结合储层“四性”关系研究成果，总结出气层、含气层、气水同层、含气水层、水层等不同储层类型的电性响应特征及储层参数（表5-4）。

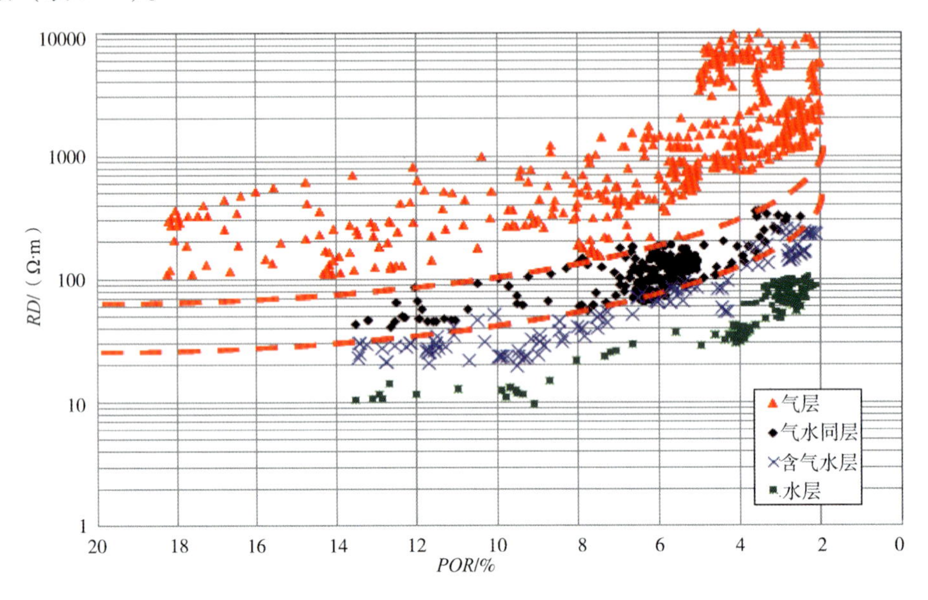

图5-7　元坝长兴组电阻率与孔隙度气水差异识别图版

表5-4　气层、气水同层、含气水层、水层的电性响应特征及储层参数表

解释结论	储层类型	POR/%	RD/（Ω·m）	S_w/%
气层	Ⅰ类	≥10	$RD \geq 100$	0～20
	Ⅱ类	5～<10	$RD_{min} \geq 100$，$RD_{max} \geq 250$	0～20
	Ⅲ类	2～<5	$RD_{min} \geq 250$，$RD_{max} \geq 600$	0～20
含气层	—	2～<2.5	$RD_{min} \geq 600$，$RD_{max} \geq 800$	10～30
气水同层	Ⅰ类	≥10	$40 \leq RD < 100$	20～30
	Ⅱ类	5～<10	$40 \leq RD_{min} < 100$	20～40
			$100 \leq RD_{max} < 250$	
	Ⅲ类	2～<5	$100 \leq RD_{min} < 250$	20～40
			$220 \leq RD_{max} < 600$	
含气水层	Ⅰ类	≥10	$20 \leq RD < 40$	30～40
	Ⅱ类	5～<10	$20 \leq RD_{min} < 40$	40～60
			$45 \leq RD_{max} < 100$	
	Ⅲ类	2～<5	$45 \leq RD_{min} < 100$	40～60
			$150 \leq RD_{max} < 320$	
水层	Ⅰ类	≥10	$RD < 20$	>40
	Ⅱ类	5～<10	$RD_{min} < 20$，$RD_{max} < 45$	>60
	Ⅲ类	2～<5	$RD_{min} < 45$，$RD_{max} < 100$	>60

储层和流体解释结果（图5-8）表明：元坝地区长兴组气藏储层以Ⅱ、Ⅲ类气层为

主，Ⅰ类气层欠发育，局部区域发育气水同层、水层，主要分布在②、③、④号礁带低部位，①号礁带大部分井含水，礁滩叠合区不含水。长兴礁相储层平均厚度为60.3m，其中Ⅰ、Ⅱ类气层平均厚度为24.4m，Ⅰ、Ⅱ类气层占40.5%。

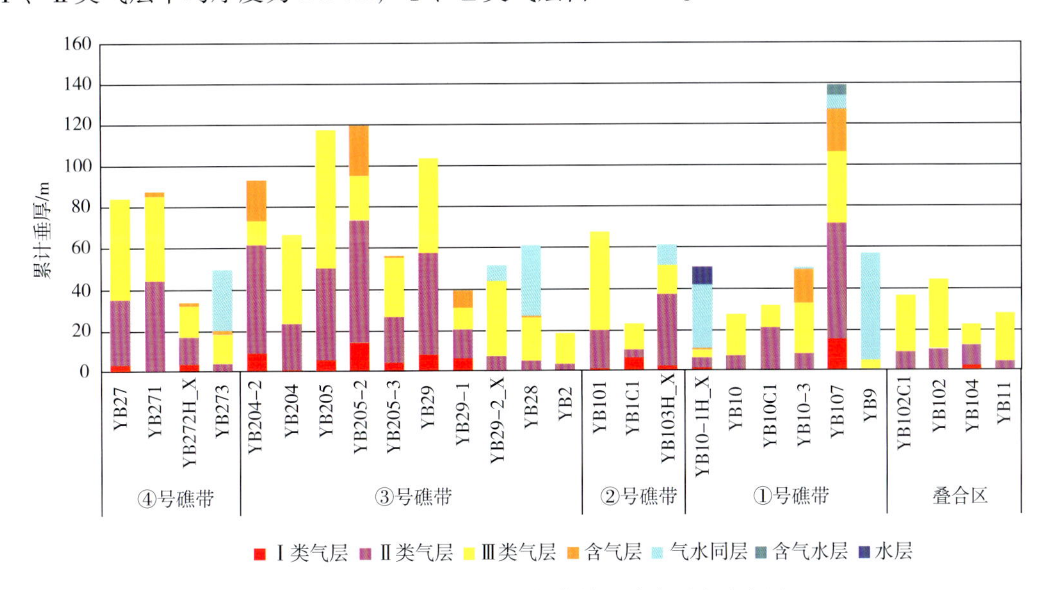

图5-8　元坝气田长兴组气藏储层分类厚度直方图

（二）气水分布特征

根据测井资料及测试结果，类比川东北地区龙岗、普光等气田主体气藏的气水关系，分析元坝气田长兴组气藏的气水关系，结果表明：元坝气田长兴组气藏不同礁滩体具有相对独立的气水系统，不存在统一的气水界面，水体展布形态总体表现为边水或底水。具体表现为：礁相储层水体主要分布在①号礁带以及②、③、④号礁带东南段构造低部位；滩相储层测井及测试均发现不同程度产水；礁滩叠合区整体不含水（图5-9）。

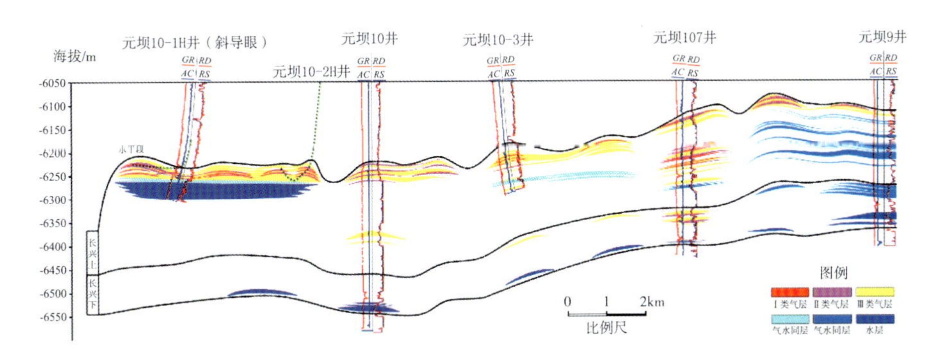

图5-9　元坝气田长兴组气藏不同礁带气藏剖面图

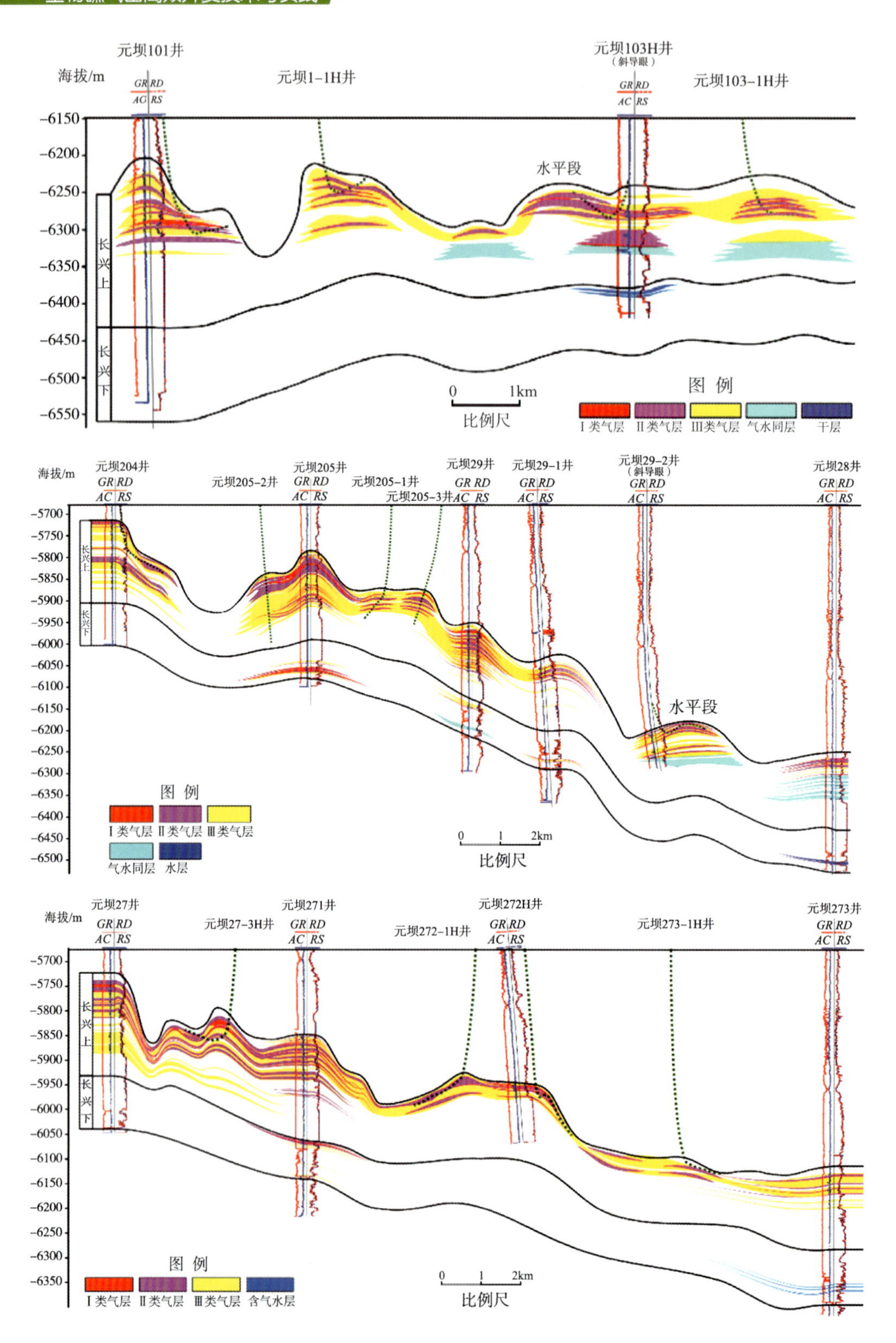

图5-9 元坝气田长兴组气藏不同礁带气藏剖面图（续）

二、气藏综合评价标准

元坝地区长兴组气藏礁滩相储层厚度薄、物性差，非均质性强，气水关系复杂，单井测试无阻流量平面变化大，气藏定量、半定量评价难度大。气藏综合评价首先参考四川盆地碳酸盐岩储层分类评价标准，对储层进行综合评价，将储层分为好、较好和较差 3 类。在此基础上，再针对不同沉积相带及不同井型，综合利用单井测试产能等多项评价参数，采用多种评价方法对气藏进行综合评价，标准如表 5-5所示。按此标准，将元坝地区长兴组气藏储层发育区分为 3 类，分别为有利区、较有利区和次有利区。

表 5-5　元坝地区长兴组气藏综合评价参数表

有效储层厚度/m	Ⅰ+Ⅱ类有效储层厚度/m	储层综合评价	沉积相	无阻流量/（$\times10^4m^3/d$）		气藏综合评价
				直井和（定向井）	水平井（大斜度井）	
≥40	≥20	好	生物礁，生屑滩	≥200	≥300	有利区
10～<40	5～<20	较好	生物礁，生屑滩	50～200	100～300	较有利区
<10	<5	较差	生物礁，生屑滩	<50	<100	次有利区

三、气藏综合评价结果

综合储层精确预测、含气性检测及测井综合评价成果，编制元坝地区长兴组气藏有效储层厚度及Ⅰ+Ⅱ类有效储层厚度等值线图（图 5-10、图 5-11），并以此为基础，根据气藏综合评价标准，确定元坝地区长兴组气藏有利区面积为 57.10km^2，较有利区面积为 107.56km^2，次有利区面积为 22.30km^2（图 5-12，矿权区外未进行评价）。其中，生物礁有利区发育面积为 48.04km^2，较有利区发育面积为 64.14km^2，次有利区发育面积为 17.43km^2。平面上，有利区主要分布于①号礁带的元坝 10-1H 井井区及其东南部、元坝 107 井井区及其西北部；②号礁带的元坝 101 井、元坝 1 侧 1 井、元坝 103H 井井区；③号礁带的元坝 204 井井区、元坝 205 井—元坝 29 井井区及元坝 29-2 井井区；④号礁带的元坝 27 井—元坝 272H 井—元坝 273 井井区（图 5-12）。

礁滩叠合区中礁相有利区发育面积为 6.74km^2，较有利区发育面积为 13.98km^2，次有利区发育面积为 4.87km^2。有利区平面上主要位于元坝 102 井西南部及东部、元坝 104 井南部（图 5-12）。生屑滩有利区发育面积为 2.32km^2，较有利区发育面积为 29.44km^2。有利区及较有利区主要发育在元坝 12 井井区（图 5-12）。

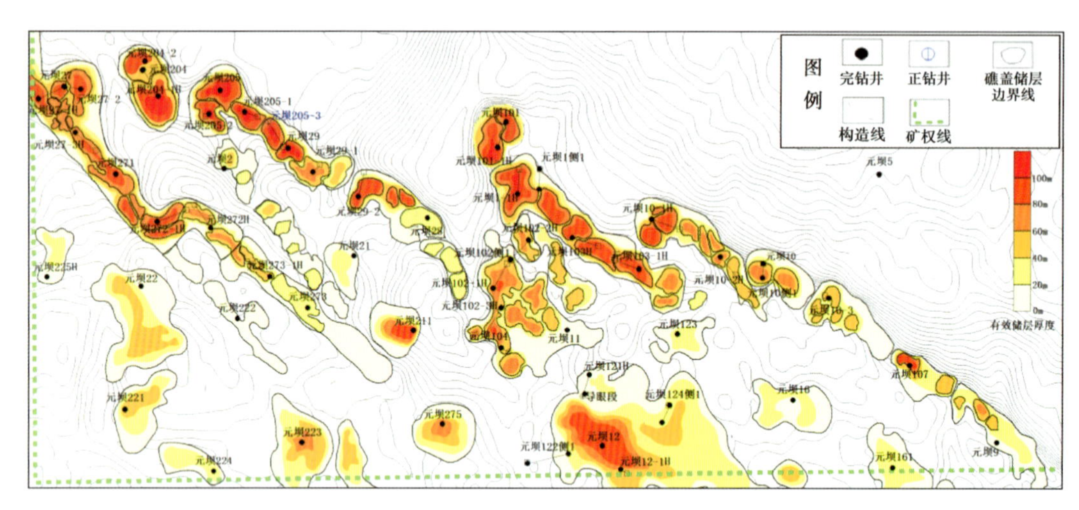

图 5-10　元坝地区长兴组有效储层厚度预测图

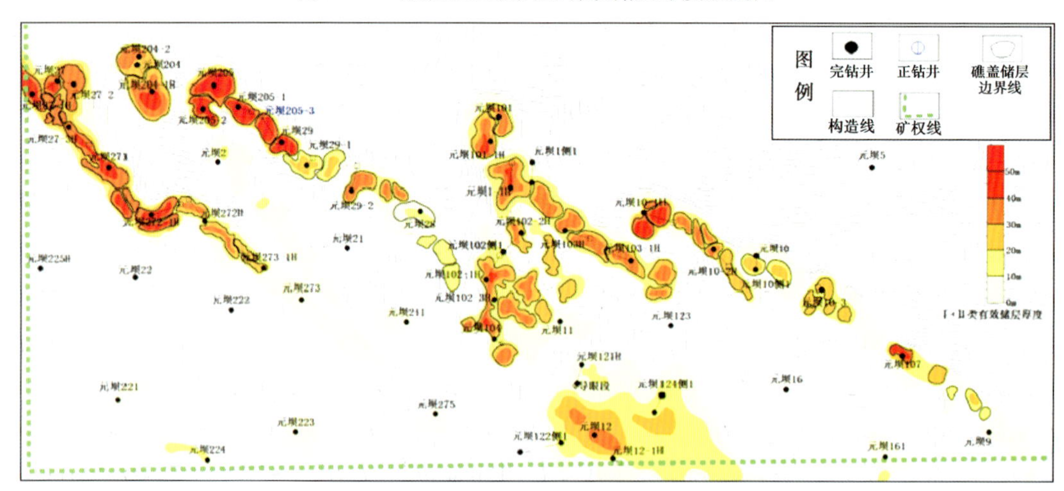

图 5-11　元坝地区长兴组Ⅰ+Ⅱ类有效储层厚度预测图

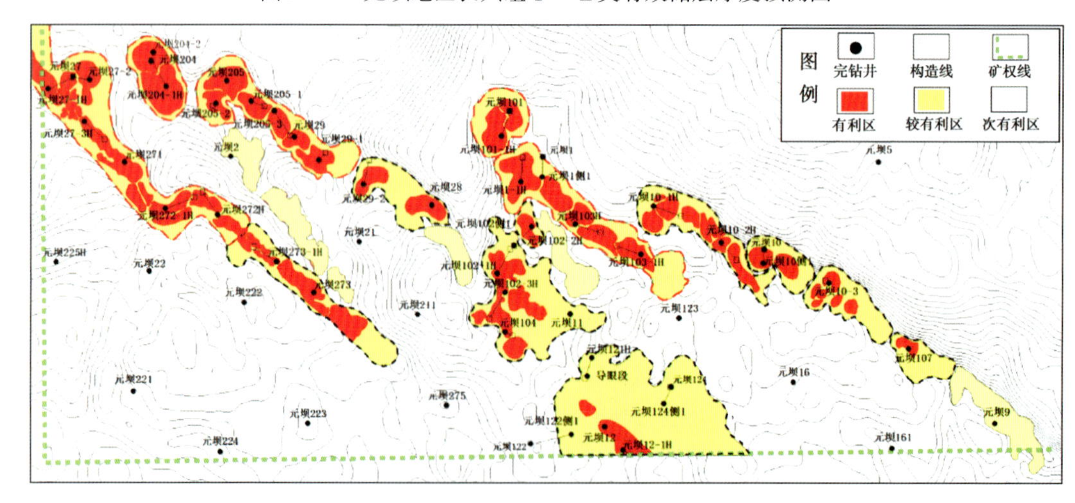

图 5-12　元坝气田长兴组礁滩相储层综合评价图

第三节　目标区优选与储量计算

一、开发建产区目标优选

在气藏综合评价的基础上，优选有利区与较有利区为气藏开发建产区，次有利区为开发调整潜力区。开发建产区包括①号礁带元坝10－1H井—元坝10侧1井—元坝107井井区，②号礁带元坝101井、元坝1侧井1井—元坝103H井井区，③号礁带元坝204井、元坝205井—元坝29井—元坝28井井区，④号礁带元坝27井—元坝271井—元坝273井井区、礁滩叠合区、元坝102侧1井—元坝104井—元坝11井井区及滩区、元坝12井—元坝122侧1井—元坝121H井—元坝124侧1井井区（图5-13）。开发调整潜力区包括①号礁带元坝9井井区，③号礁带元坝2井井区及元坝28井东南部，礁滩叠合区为元坝103H井西南部（图5-13）。

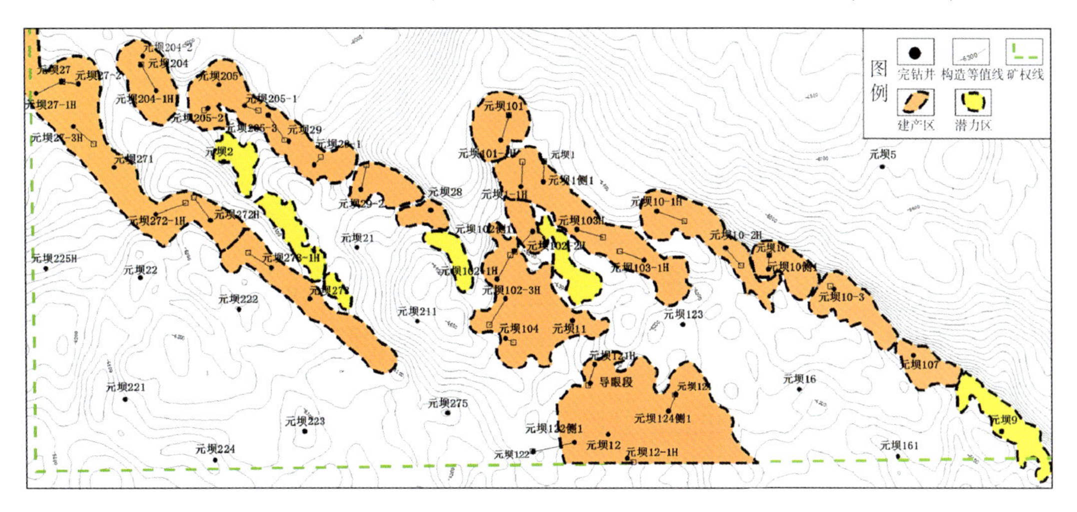

图5-13　元坝气田长兴组气藏开发建产区及调整潜力区分布图

二、目标区储量计算

（一）储量计算单元选取

在气藏综合评价的基础上，采用容积法计算开发建产区及开发调整潜力区的地质储量。平面上，根据礁体精细刻画等成果，将4条礁带、礁滩叠合区及元坝12井滩区进一步细分为21个储量计算单元；纵向上，长兴组储层分为礁相、滩相两类，本次储量计算4条礁带及礁滩叠合区，纵向上以上段礁相储层为1个计算单元，元坝12井滩区纵向上以滩相储层为1个计算单元。

（二）储量计算参数选取

1. 含气面积确定

在储层综合评价及开发建产区目标优选的基础上，综合确定含气面积为186.96km^2（表5-6），其中开发建产区含气面积为164.66km^2，开发调整潜力区含气面积为22.30km^2（表5-6）。

表 5-6　元坝气田长兴组气藏储量计算表

区域		井区	含气面积/km^2	厚度/m	校正后孔隙度/%	含气饱和度/%	换算因子	储量/$\times 10^8 m^3$	储量丰度/($\times 10^8 m^3/km^2$)
有利区及较有利区	①号礁带	元坝 10-1H 井井区	9.40	27.57	6.81	90.00	339.00	53.85	5.73
		元坝 10 侧 1 井井区	4.79	31.97	5.55	78.40	339.00	22.59	4.72
		元坝 10 侧 1 井东南部	6.43	45.99	5.37	80.00	339.00	43.07	6.70
		元坝 107 井井区	3.54	49.12	6.60	82.00	339.00	31.90	9.01
	②号礁带	元坝 101 井井区	6.22	48.00	5.10	91.00	345.00	47.80	7.69
		元坝 1-1H 井—元坝 103H 井井区	13.94	54.50	5.30	88.40	345.00	122.80	8.81
		元坝 103H 井东南部	3.08	34.29	5.30	88.40	345.00	17.07	5.54
有利区及较有利区	③号礁带	元坝 204 井井区	6.66	43.80	5.20	91.10	353.00	48.78	7.32
		元坝 29 井井区	14.55	68.20	6.50	90.50	353.00	206.06	14.16
		元坝 29-2 井—元坝 28 井井区	7.34	42.96	5.65	80.50	353.00	50.63	6.90
	④号礁带	元坝 27 井—元坝 272H 井井区	25.44	61.30	5.70	90.10	341.00	273.11	10.74
		元坝 273 井井区	10.79	39.40	6.02	87.20	353.00	78.78	7.30
	礁滩叠合区	元坝 102 井—元坝 104 井井区	18.10	49.82	5.50	86.70	339.00	145.77	8.05
		元坝 102 井东北部	2.62	53.50	5.50	86.70	339.00	22.66	8.65
	滩相区	元坝 12 井井滩区	31.76	44.55	5.03	87.00	339.00	209.90	6.61
	合计		164.66					1374.77	8.35
次有利区	①号礁带	元坝 9 井井区	6.64	35.98	4.50	80.00	339.00	29.16	4.39
	③号礁带	元坝 28 井东南部	2.29	19.43	4.91	78.00	353.00	6.02	2.63
		元坝 2 井井区	3.10	26.13	4.60	91.10	353.00	11.98	3.87
		元坝 2 井井区东南 1	4.27	25.15	4.60	91.10	353.00	15.89	3.72
		元坝 2 井井区东南 2	1.13	29.29	4.60	91.10	353.00	4.90	4.33
	礁滩叠合区	元坝 103H 井西南部	4.87	41.30	5.50	86.70	339.00	32.51	6.68
	合计		22.3					100.46	4.50
合计			186.96					1475.21	7.89

2. 有效厚度确定

以孔隙度≥2.0%作为有效储层下限，根据完钻井的测井解释有效厚度，结合储层综合预测成果，采用有效厚度等值线面积权衡法取值（表 5-6）。

3. 有效孔隙度的确定

以测井二次解释的孔隙度（≥2.0%）为基础，有效厚度加权平均值作为单井有效孔隙度取值。对于有井控的计算单元采用算术平均取值，对于无井控的计算单元借用同相带内邻近井取值（表 5-6）。

4. 原始含气饱和度和原始天然气体积系数的确定

以测井二次解释的含气饱和度为基础，有效厚度加权平均值作为单井含气饱和度取值。对于有井控的计算单元采用算术平均取值，对于无井控的计算单元借用同相带内邻近井取值。原始天然气体积系数根据高压物性分析数据和气藏中部的地层压力和温度来确定（表5-6）。

（三）储量计算

1. 计算方法

采用容积法计算地质储量，将以上各储量计算参数代入容积法公式：

$$G = 0.01 \cdot A_i \cdot h_i \cdot \phi_i \cdot S_{gi} / B_{gi} \quad (5-2)$$

式中 G——天然气地质储量，$\times 10^8 m^3$；

A_i——含气面积，km^2；

h_i——平均有效厚度，m；

ϕ_i——平均有效孔隙度，%；

S_{gi}——平均原始含气饱和度，%；

B_{gi}——原始天然气体积系数。

2. 计算结果

采用容积法计算开发建产区及开发调整潜力区总地质储量为 $1475.21 \times 10^8 m^3$。其中，开发建产区总地质储量为 $1374.77 \times 10^8 m^3$，储量丰度介于 $4.72 \times 10^8 \sim 14.16 \times 10^8 m^3/km^2$ 之间，平均为 $8.35 \times 10^8 m^3/km^2$；开发调整潜力区总地质储量为 $100.46 \times 10^8 m^3$，储量丰度介于 $2.63 \times 10^8 \sim 6.68 \times 10^8 m^3/km^2$ 之间，平均为 $4.50 \times 10^8 m^3/km^2$（图5-14、表5-6）。

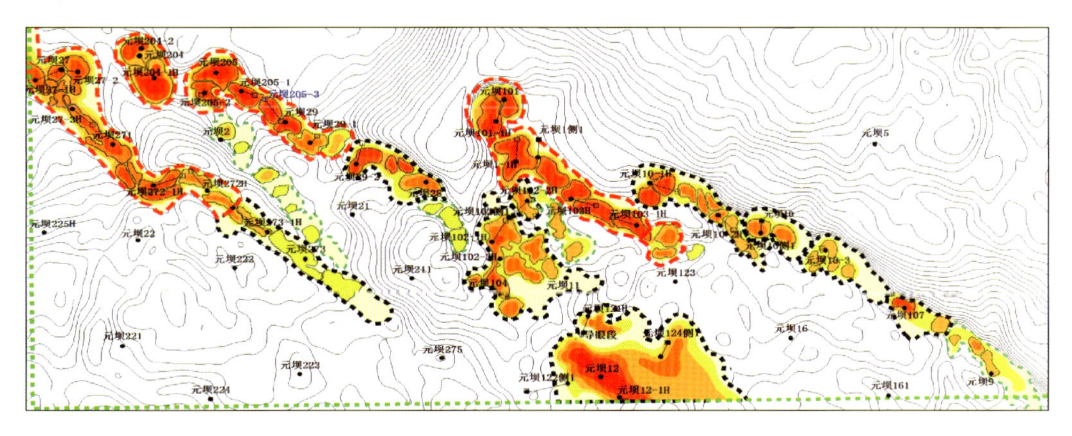

图5-14　元坝长兴组礁滩相储层有利区、较有利区和次有利区有效储层厚度等值线图

第六章　开发方案设计与优化

合理的开发方案将直接影响气藏采收率的高低，投资规模的大小和经济效益的好坏。因此，设计并优化开发方案是保证气藏实现高效开发的关键。元坝长兴组气藏礁滩相储层薄、物性差，Ⅲ类储层占比达50%；气藏埋藏深，埋深近7000m；含气面积大，井控制程度低；储量丰度低，单井控制储量规模有限；气水关系复杂；气藏高含 H_2S、中含 CO_2；产能测试时间短，产能相对较低；气井单井投资大，气田净化处理及地面集输投资高，生产管理难度大，成本高，经济有效开发难度大。鉴于元坝长兴组气藏的实际情况，在开发方案的设计方面与常规气藏相比存在一定的差异。

本章首先通过非稳态和稳态产能研究，明确了生物礁气藏产能的主控因素与影响因素；考虑不同礁带的地质差异性，分区优选合理井型组合；结合气藏的开发效果和经济效益，采取气藏工程与数值模拟等手段，优化了井距、制定了合理的配产方案、明确了采气速度控制范围，从而形成了适合于元坝长兴组超深层礁滩相的含水气藏开发技术政策。然后按照“先礁后滩、整体部署、分步实施、滚动调整”的总体原则，并基于“积极稳妥、先优后劣”的思路，确定了长兴组气藏分两期开展产能建设，并编制了相应的开发方案。最后，以地质认识为基础，结合气藏渗流特征，分区（13个流动单元）建立了元坝长兴组气藏三维地质模型和数值模型，提出了不同开采方式以及不同配产量下的多套开发方案，并预测了方案的各项开发指标，为元坝长兴组气藏的科学开发奠定了基础。

第一节　开发技术政策优化

针对元坝长兴组礁滩相气藏开发面临的诸多难点，在地质研究的基础上，开展产能综合评价，并分析产能影响因素，优选井型组合，优化井网井距，确定稳气控水的气井合理产量以及气藏采气速度，形成超深层礁滩相气藏开发技术政策，确保气藏安全、高效开发，获得最大的经济社会效益。

一、气井产能评价

（一）非稳态产能分析

非稳态产能评价是根据开井生产所取得的产气量、井口（底）压力等测试资料，建立气井产能方程，计算绝对无阻流量，分析气井的生产能力。元坝气田长兴组气藏较多采用单点试气，部分井开展了多点测试或系统测试，针对多点测试资料的气井主要采用二项式产能评价方法，对于不能建立二项式产能方程的气井以及单点测试的气井采用“一点法”经验公式计算气井无阻流量。

“一点法”公式是在二项式产能方程的基础上，通过统计分析气井的稳定试井、等时试井或修正等时试井资料，归纳总结得到的经验公式。气藏储层特征、储层物性不同，得到的“一点法”经验公式有较大的不同。目前，川东北地区普遍采用陈元千“一点法”、川东北“一点法”、普光“一点法”。陈元千“一点法”是对四川嘉陵江组碳酸盐岩气藏16口气井稳定试井资料回归所得到的，气井的无阻流量为$4\times10^4\sim190\times10^4m^3/d$，但认为它对于无阻流量大于$300\times10^4m^3/d$的井适用性较差；川东北“一点法”来源于川东北地区不同类型气井（179井次）的稳定试井资料；普光“一点法”是基于普光气田4口井多工作制度测试分析得到的。

对于元坝长兴组气藏，利用校正后及正常的系统测试资料，建立了8口井共9个层的气井二项式产能方程。利用其二项式系数A值、B值，计算出每口井的一点法系数值，取值为0.05~0.45不等，平均值为0.16，但高、低产井的值相差较大。因此，需要根据无阻流量与一点法系数（α）的相对关系，将气井进行分类统计，以便建立气井的一点法产能方程（图6-1）。

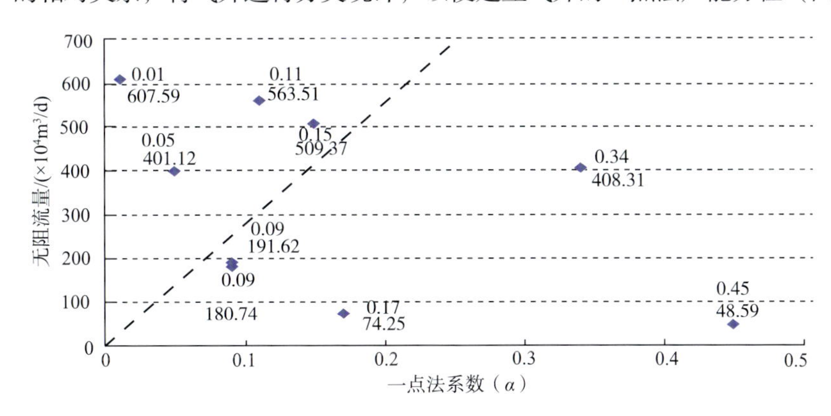

图6-1　各井一点法系数（α）与无阻流量的关系图

严格来讲，每口气井的α值均不同，其单点产能计算公式也应不同，但对同一类型气井而言，由于地质特征差异不大，其α值差异也不大。因此，参考川东北“一点法”产能计算经验公式的分类方法，根据试气无阻流量将气井分为中低产井（$Q_{AOF}<300\times10^4m^3/d$）和高产井（$Q_{AOF}\geq300\times10^4m^3/d$）两类（表6-1），其一点法系数（$\alpha$）的平均值分别为0.2和0.13，由此可得出元坝长兴组“一点法”经验公式。

表6-1　各井一点法系数（α）统计表

无阻流量/（$\times10^4m^3/d$）	<300	≥300	全　部
井次/（口/层）	4	5	9
最小α	0.09	0.01	0.01
最大α	0.45	0.34	0.45
平均α	0.20	0.13	0.16

当无阻流量小于 $300\times10^4 m^3/d$ 时，$\alpha=0.2$，计算公式为：

$$Q_{AOF}=\frac{8Q_g}{\sqrt{1+80P_D}-1} \tag{6-1}$$

当无阻流量大于等于 $300\times10^4 m^3/d$ 时，$\alpha=0.13$，计算公式为：

$$Q_{AOF}=\frac{13.38Q_g}{\sqrt{1+205.92P_D}-1} \tag{6-2}$$

应用以上建立的元坝长兴组气藏一点法产能方程，计算部分井的无阻流量，并与由系统试井资料回归的二项式产能方程、陈元千“一点法”及川东北“一点法”产能方程的计算结果进行对比。以系统测试资料回归的二项式产能方程计算结果作为对比标准，元坝长兴组“一点法”的相对误差为0.07%～34.84%，平均为11.27%；川东北“一点法”的相对误差为0.87%～34.08%，平均为11.79%，二者比较接近；而陈元千“一点法”的相对误差为1.57%～40.1%，平均相对误差为19.45%。结果表明元坝长兴组“一点法”比陈元千“一点法”计算准确度提高了8.18%，较川东北“一点法”提高了0.52%（图6-2）。

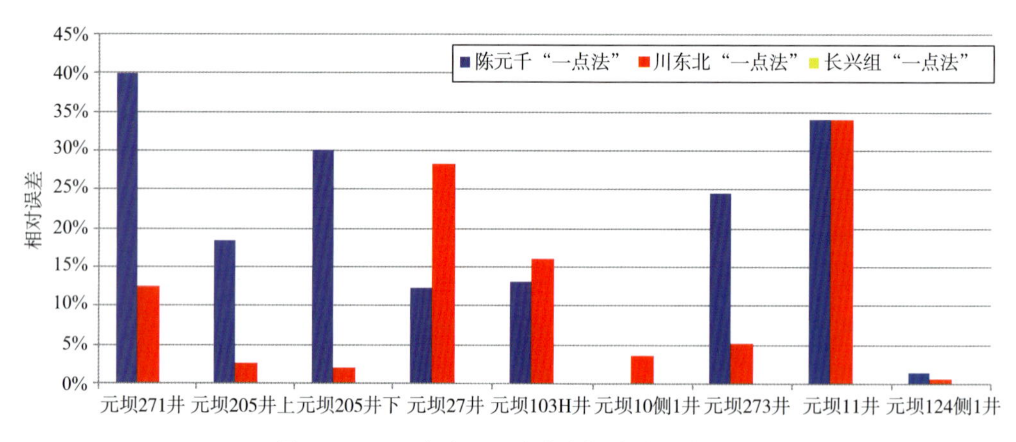

图6-2 “一点法”经验公式相对误差对比图

截至2016年年底，对元坝长兴组气藏37口方案井进行投产测试，采用建立的长兴组“一点法”经验公式以及二项式产能方程计算得37口井的无阻流量为 $5\times10^4\sim619\times10^4 m^3/d$，平均为 $236\times10^4 m^3/d$。

（二）稳态产能分析

因井型不同，直井、水平井和大斜度井的稳态产量公式各不相同，除直井外，水平井和大斜度井的产量公式都有多种形式。通过对比分析不同公式的推导原理、简化条件、优缺点及适用范围，并结合元坝长兴组储层及渗流特征，对水平井、大斜度井产量公式进行优选；并在此基础上考虑酸性气体组分对气体高压物性的影响，对公式进行修正。

1. 水平井产量公式

元坝长兴组气藏属于海相碳酸盐岩气藏，其渗透率的各向异性和偏心距不容忽略，各向异性系数和偏心距越大，水平井产量降低越明显。因此，基于对水平井产能解析公式的对比分析，认为陈元千“一点法”公式更适用于计算元坝长兴组的水平井产能。

基于陈元千“一点法”公式（水平井），利用得到的偏差系数的模型组合和黏度的模型组合，计算校正后的酸性气体黏度 μ_{gs} 和偏差系数 Z_{gs}，得到考虑酸性气体组分对偏差系数和黏度影响的修正后水平井产量公式：

$$Q_g = \frac{0.2714K_h h(p_e^2 - p_{wf}^2)}{\ln\left[\sqrt{\left(\frac{4a}{L} - 1\right)^2} - 1\right] + \frac{\beta h}{L}\left[\frac{(0.5h)^2 - \delta^2}{0.15hr_w}\right]} \cdot \frac{T_{SC}}{\mu_{gs}Z_{gs}Tp_{sc}} \tag{6-3}$$

2. 大斜度井产量公式

由于大斜度井渗流过程复杂，如果采用常规方法建立产能方程较困难，故采用拟表皮系数方法来评价大斜度井的产能。采用 J. Besson 于 1990 年提出的适用于井斜角（θ_w）满足 $0° \leqslant \theta_w \leqslant 90°$ 的斜井拟表皮系数，同时考虑酸性气体组分对偏差系数和黏度的影响，得到修正后的大斜度井产量公式：

$$Q_g = \frac{0.2714K_h h(p_e^2 - p_{wf}^2)}{\ln\frac{r_e}{r_w} + \ln\left(\frac{4r_w}{L_s}\frac{1}{\beta\gamma}\right) + \frac{h}{\gamma L_s}\ln\left(\frac{\sqrt{hL_s}}{4r_w}\frac{2\gamma\sqrt{\gamma}}{1+\gamma}\right) + S} \cdot \frac{T_{SC}}{\mu_{gs}Z_{gs}Tp_{sc}} \tag{6-4}$$

根据已有测试资料，采用修正后的产量公式对各井稳态产能进行预测。修正后的稳态产能方程能较好地预测气井的无阻流量，与非稳态产能评价（二项式、长兴组“一点法”）的相对误差为 1.01% ~5.31%，平均为 3.50%（表 6-2）。由对比分析结果可知，修正后的稳态产能方程计算结果能满足平均误差 <5% 的要求，适用于元坝长兴组气藏高含硫气藏水平井、大斜度井等井型的产能预测。

表 6-2 稳态与非稳态产能评价对比表

井 号	修正后的气体偏差系数	修正后的气体黏度/（mPa·s）	无阻流量/（$\times10^4m^3/d$）		对误差/%
			非稳态	稳态	
元坝 103H	1.3719	0.035192	602	589	2.16
元坝 204－1H	1.299	0.03317	520	533	2.50
元坝 10 侧 1	1.3548	0.035336	189	180	4.76
元坝 101－1H	1.4313	0.037	207	196	5.31
元坝 29－2	1.3815	0.0341	363	344	5.23
元坝 1－1H	1.3708	0.0349	199	201	1.01

（三）产能控制因素研究

1. 气井产能受沉积微相控制，礁相储层无阻流量高于滩相

根据方案井无阻流量评价结果（图 6-3）可以看出，总体上表现为礁相储层无阻流量高于滩相，钻遇礁盖储层气井产能优于礁前（后）、滩核气井。礁相已测试井平均单井无阻流量为 $265.2\times10^4m^3/d$，滩相相应为 $48.6\times10^4m^3/d$。其中，礁盖储层 27 口井平均无阻流量为 $293.9\times10^4m^3/d$；礁前、礁后储层 5 口井平均无阻流量为 $110.4\times10^4m^3/d$；滩相

（滩核）储层 5 口井平均无阻流量为 $48.6\times10^4m^3/d$（图 6-3）。

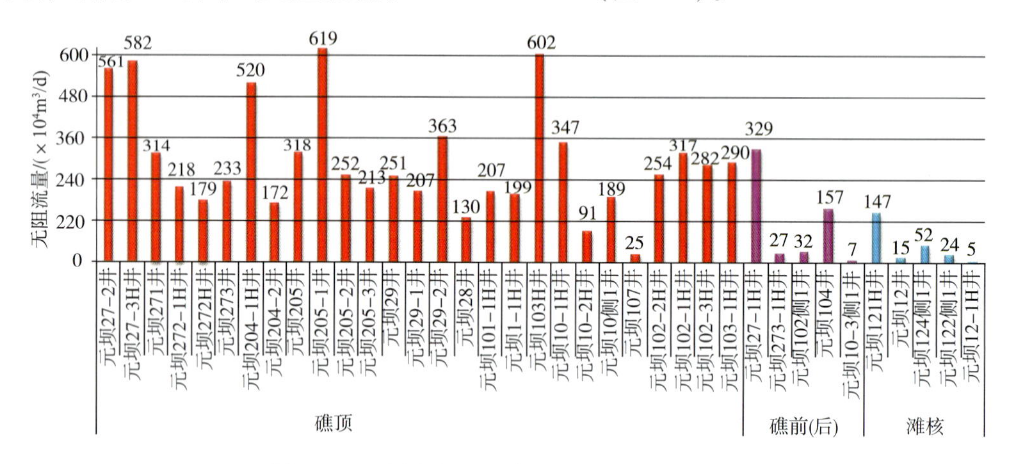

图 6-3　不同微相测试井无阻流量柱状分布图

2. 单井产能与Ⅰ＋Ⅱ类储层厚度及储能系数有明显的正相关关系

根据已测试直井、水平井的测试结果，分析直井段及水平段Ⅰ、Ⅱ、Ⅲ类气层长度及储能系数与测试无阻流量的相关关系。从回归关系可以看出，无阻流量与Ⅰ＋Ⅱ类储层厚度及储能系数有明显的正相关关系（图 6-4、图 6-5）。

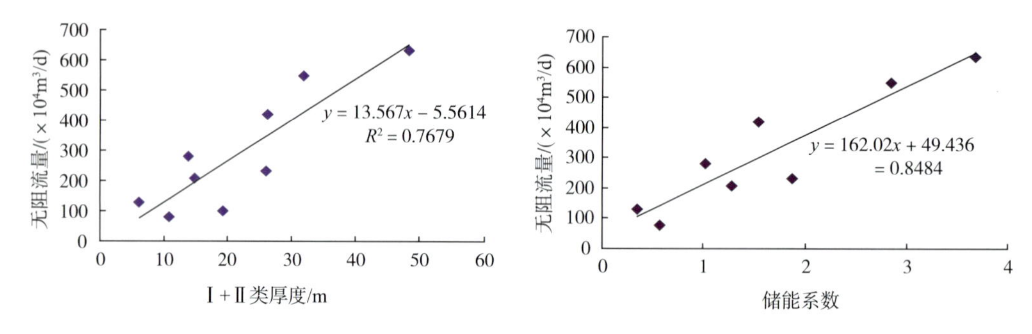

图 6-4　直井无阻流量与Ⅰ＋Ⅱ类储层厚度及储能系数关系图

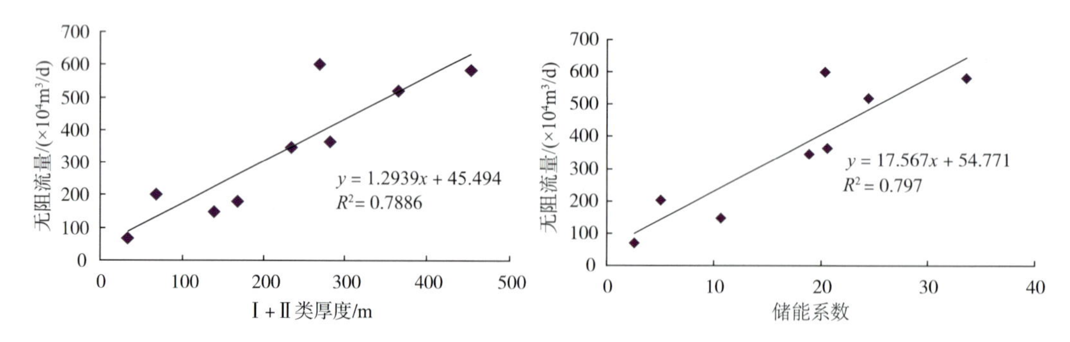

图 6-5　水平井无阻流量与Ⅰ＋Ⅱ类储层厚度及储能系数关系图

3. 地层水是影响气井产能的关键因素，硫沉积在稳产期对产能影响小

采用两区复合模型来研究气井见水前后以及硫沉积对产能的影响。研究表明，地层产水后使气体的相对渗透率降低，气体无阻流量逐渐降低。当气相相对渗透率降低为 0.4～

0.6 时，气体的无阻流量降低 49% ~64.3%（图 6-6），故地层水对气井产能影响较大。高含硫气井投产开发后，原则上整个地层中都会出现硫沉积，前人研究表明，硫沉积主要发生在近井地带。采用元坝 204-1H 井基本资料进行研究，气井生产 1 年后产能下降幅度为 2.4%，7 年后受硫沉积影响，产能下降幅度为 17.9%。由此可知，在气藏稳产期末期（6~8 年），硫沉积对气井产能的影响较小（图 6-7）。

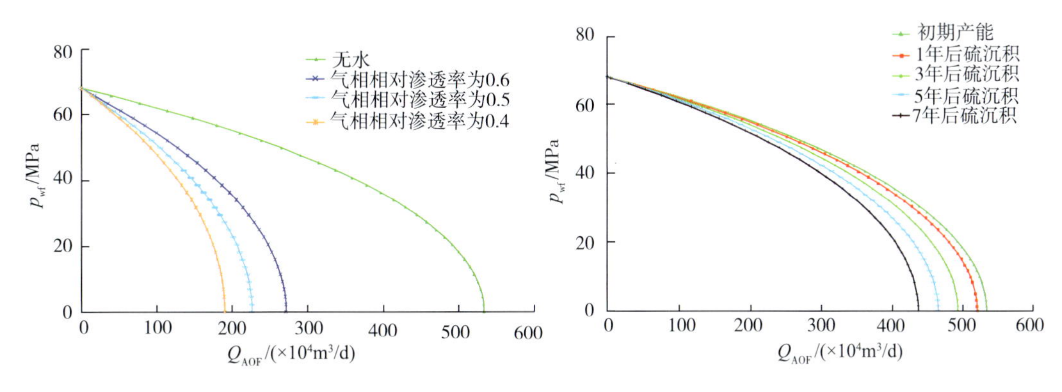

图 6-6 气井见水后不同相渗下的 IPR 曲线

图 6-7 气井受硫沉积影响的 IPR 曲线

二、井型优选

（一）具有底水的储层井型选择

含水气藏开发过程中，当气井以较大的生产压差生产时，会使水锥推进速度加快，导致气水同采，降低气井产量，导致气藏采收率降低。

水平井开发含水气藏的最大特点是能够有效地减缓水锥锥进趋势并推后气井的见水时间。由于水平井生产井段长，与气层接触面积大，因而水平井压力梯度呈线性变化，在供气范围内变化幅度小，而直井及大斜度井的压力梯度呈对数线性变化，变化幅度大。在相同产量下生产时，水平井要求的生产压差小，水锥锥进慢，而直井及大斜度井周围压力梯度高，生产压差大，相对水平井水推进速度快。

利用元坝 103H 井地质特征建立含水气藏数值模型，研究不同井型开发控水效果。数值模拟结果表明：相同配产下，水平井的见水时间及出水量远低于直井及斜井（图 6-8、表 6-3）。对于含水气藏，水平井有利于延缓边水的锥进速度，提高无水期采出程度。因此，元坝长兴组气藏可优选水平井开发。

表 6-3 元坝 103H 井不同井型开发指标预测

配产/（$\times10^4m^3/d$）	井型	稳产年限/a	稳产期末累计产量/$\times10^8m^3$	稳产期末采出程度/%	预测期末累计产量/$\times10^8m^3$	预测期末采出程度/%	见水时间/a
40	直井	8	11.69	20.2	18.7	32.4	3
	斜井	11	16.07	27.8	20.95	36.2	5
	水平井	15	21.92	37.9	23.22	40.2	10.5

续表

配产/($\times10^4m^3/d$)	井型	稳产年限/a	稳产期末累计产量/$\times10^8m^3$	稳产期末采出程度/%	预测期末累计产量/$\times10^8m^3$	预测期末采出程度/%	见水时间/a
50	直井	5	9.13	15.8	19.6	33.9	2
	斜井	8	14.61	25.3	22.74	39.3	4
	水平井	11	20.09	34.8	25.23	43.7	8.7
60	直井	3	6.58	11.4	20.03	34.7	1.5
	斜井	6	13.15	22.8	23.63	40.9	3.5
	水平井	8	17.53	30.3	26.68	46.2	7.5

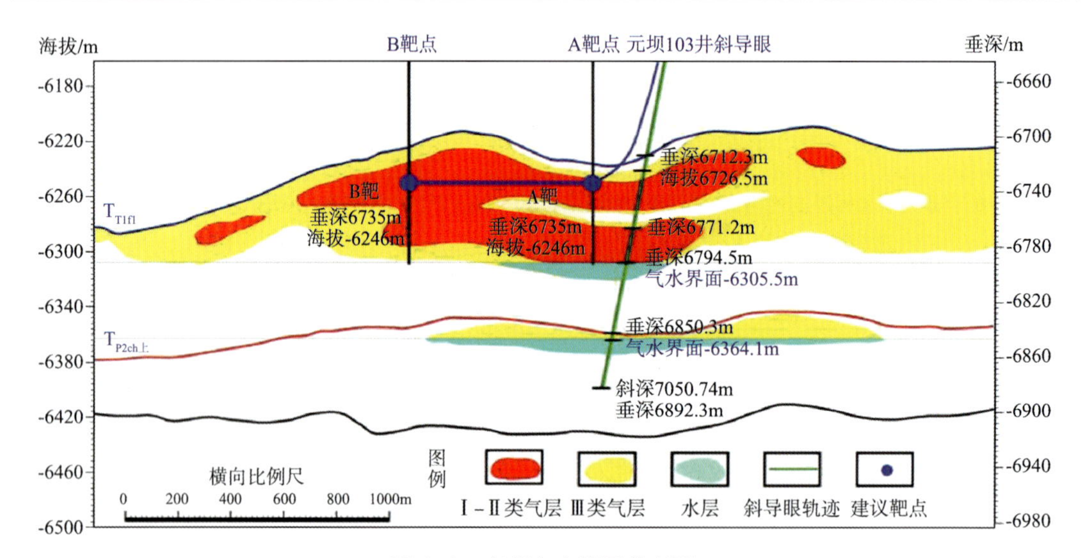

图 6-8 底部有水储层井型图

(二) 平面上多礁体井型选择

数值模拟研究表明：水平井平面动用范围相对较大，单层储量动用好，纵向储量动用较差，水平段附近压力下降快，储量动用相对较高（图 6-9 ~ 图 6-11）。针对元坝长兴组礁体连通性不一的特征，采用水平井可实现多礁体穿越，提高产能和储量动用程度(图 6-12)。

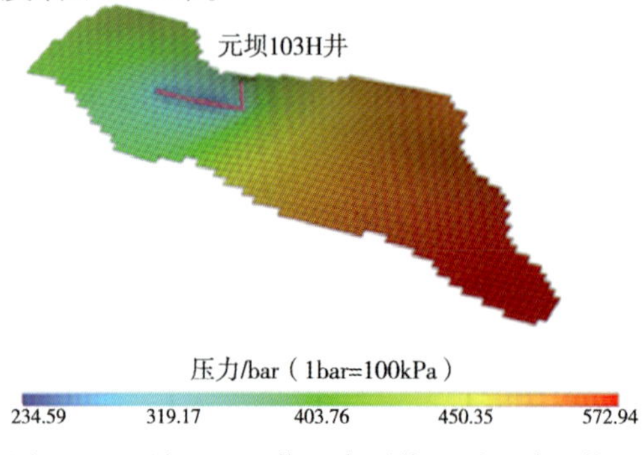

图 6-9 元坝 103H 井（水平井）平面动用状况

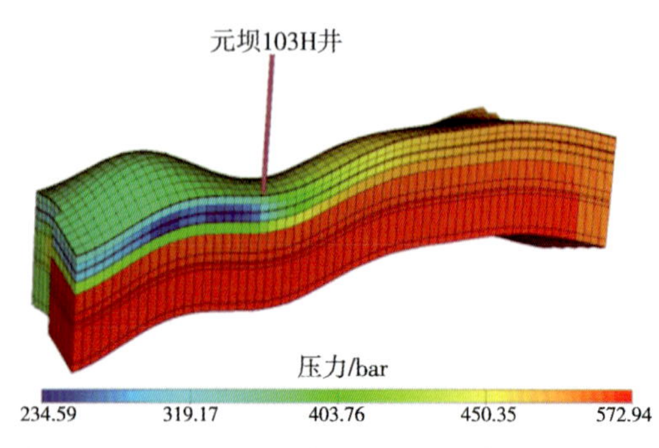

图 6-10 元坝 103H 井（水平井）剖面动用状况

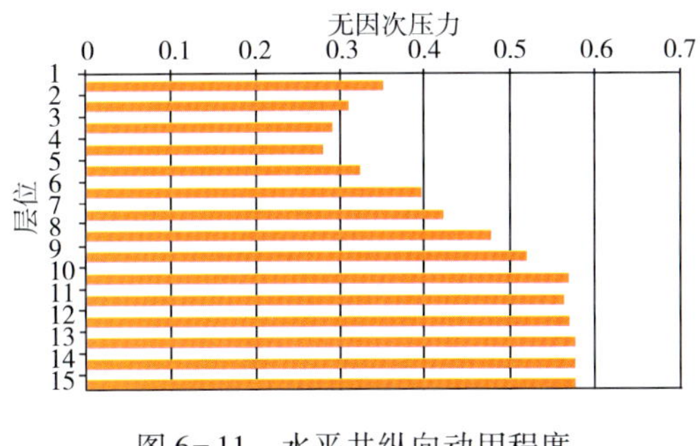

图 6-11　水平井纵向动用程度

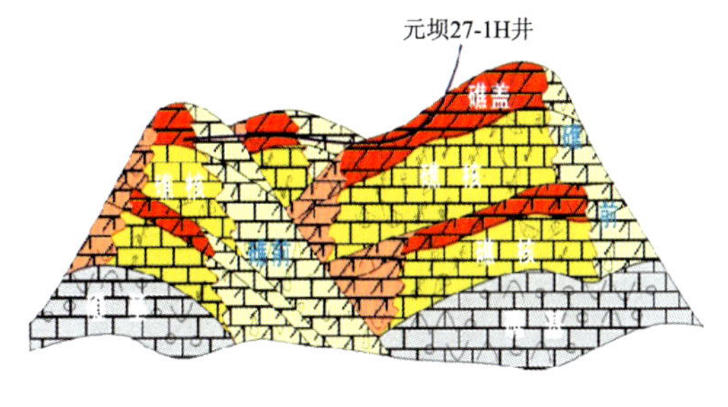

图 6-12　平面多礁体储层井型图

(三) 纵向多期礁井型选择

数值模拟研究表明，直井平面动用范围相对较小，纵向储量动用较好；高渗储层压力下降快，储量动用相对较高；低渗储层压力下降慢，储量动用相对较低，但二者总体差别相对较小（图 6-13 ~ 图 6-15）。对于多层叠合的区域，直井动用相对较好。针对长兴组发育纵向多期礁的区域，采用水平井与大斜度井结合可提高纵向储量动用程度，实现气井的高产与稳产（图 6-16）。

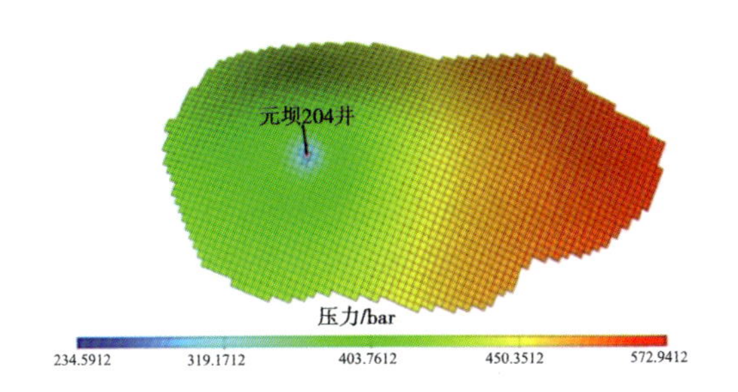

图 6-13　元坝 204 井（直井）平面动用状况

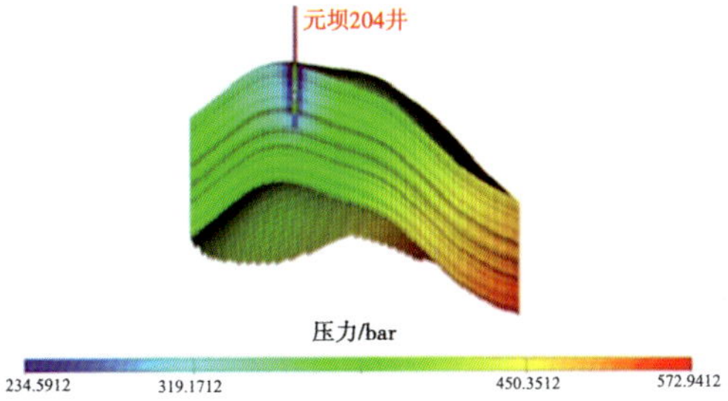

图 6-14　元坝 204 井（直井）剖面动用状况

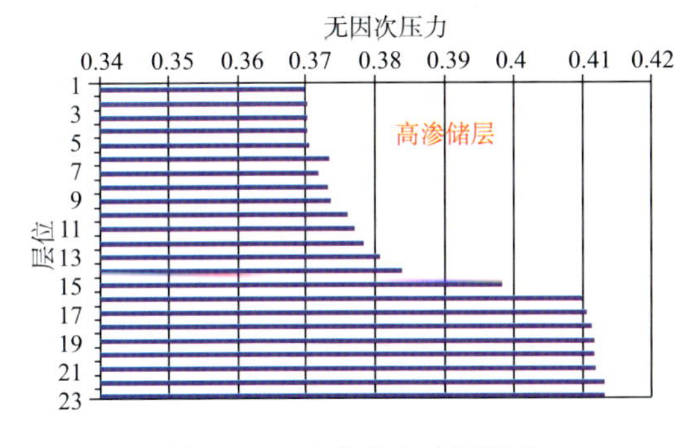

图 6-15　直井纵向动用程度

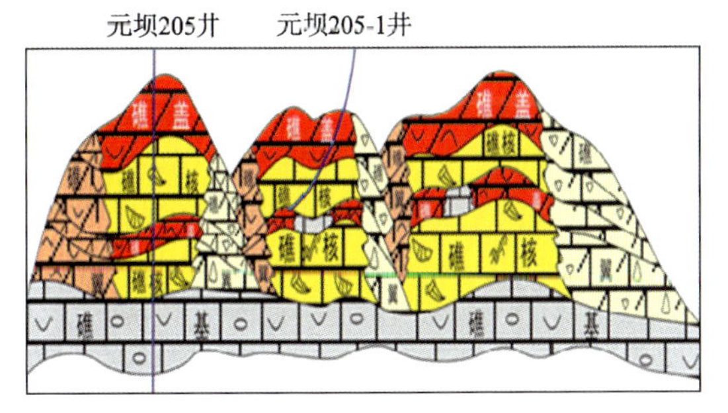

图 6-16　纵向多期礁储层井型图

(四) 分区井型组合

根据对国内外水平井开发经验的总结可知，适合钻水平井的条件为：油气层厚度（h）与气层各向异性系数（$\beta, \beta = \sqrt{K_h/K_v}$）的乘积小于 100m。这说明水平井开发油气藏具有一定的适用条件：一是气层不能太厚；二是垂向渗透率不能太低。

元坝气田气层有效厚度变化大，长兴组Ⅰ、Ⅱ类储层厚度平均为40～60m，根据$\beta \cdot h <$ 100m的限制条件，要求气层垂直渗透率是水平渗透率的3/5以下。根据地质研究成果可知，长兴组气藏局部发育裂缝，且气藏有效厚度小于100m的区域可以满足这个条件。

综合分析，对于元坝气田储层纵向上呈薄互层为主、隔夹层发育、层数多、分布散的储层，采用大斜度井可充分发挥其纵向上的气层产能，且在实施酸压等增产措施方面有其优势，能够满足开发的要求。对于储层较薄、纵向上发育集中或底部有水层的储层，采用水平井可大幅度提高单井产能及井控储量，同时可有效控制含水气藏中水的锥进。

考虑不同礁带的地质差异性，针对不同地质情况选择不同井型，具体如下：

①号礁带储量丰度较低，条带较窄，元坝9井、元坝10井测井解释有含气水层和水层，元坝9井测试时产水，未获工业气流，地震预测储层存在一套较厚的优质储层，因此①号礁带可采用水平井开发。

②号礁带储层以薄层为主，元坝103H井井区钻遇两套物性较好的礁盖储层（隔层垂厚为13m），为避开下部水层，可采用水平井开发上部礁盖。

③号礁带礁相储层丰度较高、条带较宽；储层以薄互层为主，隔层发育；下部滩体发育，测试获得高产。要考虑礁体和滩体同时动用，采用直井+大斜度井开发，但当下部滩相气层较薄，且与上部礁相气层间有较厚隔层时，亦可考虑采用水平井开发上部气层。

④号礁带礁相储层丰度低、条带较窄，储层集中发育于顶部，采用水平井开发。

礁滩叠合区及元坝12井井区是储层相对集中的区域，考虑水平井开发；而对于薄互层厚度较大的区域，可考虑大斜度井开发。因此礁滩叠合区及元坝12井井区可采用水平井和大斜度井开发。

因此，元坝长兴组气藏井型选择主要以水平井为主。考虑不同区域的地质特征，应该采用不同的井型组合。

三、井距优化

长兴组气藏地质研究表明：上段礁体与下段滩体互不连通；从沉积相平面分布看，台缘礁呈窄条带状发育，宽度较小。为了提高井控程度，有效动用地质储量，针对元坝气藏平面非均质性强、储层连通性差的特点，开发井距不能太大。合理井距应结合气藏的开发效果和经济效益综合确定，主要采用气井波及范围法、单井规定产能法以及经济评价（不同井型经济极限井距确定）等方法综合确定。

（一）气井波及范围

为了确定元坝长兴组气藏的合理井距，根据元坝气藏地质特征建立机理模型，利用数值模拟计算不同类型储层气井波及范围。数值模拟结果表明：渗透率越低，外围地层压力越高，外围动用越差。计算不同渗透率稳产期末压力分布，同时考虑压力变化，对压力进行求导，二阶导数最小值为一阶导数的拐点，压力变化开始趋于平缓即确认为可动用半径。

初期日产气量为$30 \times 10^4 m^3/d$，计算Ⅲ类储层井控半径为500m左右，Ⅱ类储层井控半径为1000m左右，Ⅰ类储层井控半径为1500m左右（表6-4、图6-17、图6-18）。储层以Ⅰ、Ⅱ类为主的区域，渗透率较高，合理井距离为2.0～2.4km，储层以Ⅱ、Ⅲ类为主的区域，渗透率较低，井距应控制在1.1～2.2km。

表6-4 不同渗透率要求井控半径

压力保持水平	95%	90%	85%
渗透率为$0.2\times10^{-3}\mu m^2$	1250m	550m	300m
渗透率为$0.5\times10^{-3}\mu m^2$	1350m	1100m	700m
渗透率为$1\times10^{-3}\mu m^2$	1850m	1550m	900m

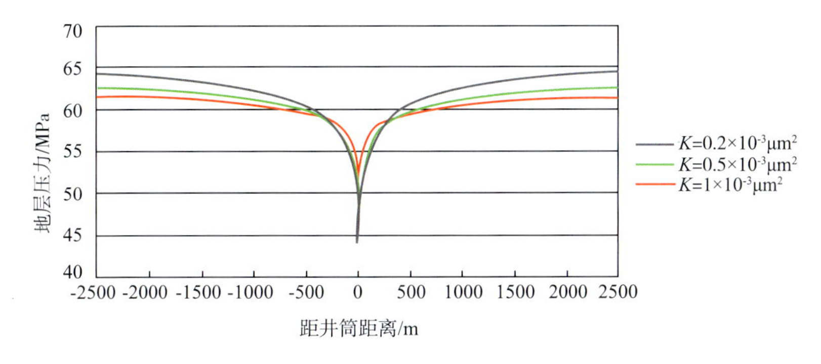

图6-17 稳产期末不同产量压力分布图

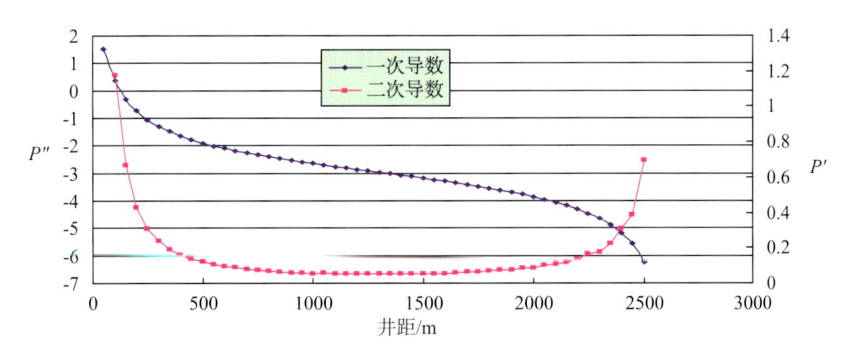

图6-18 Ⅱ类储层稳产期末压力导数分布图

（二）规定单井产能法

规定单井产能法确定合理井距的思路是：气藏开发要考虑合理的单井控制储量，还要考虑气井产量及稳产期，根据单井配产，按稳产期末采出可采储量计算出单井控制储量，依据储量丰度及不同礁体平均发育宽度，计算不同井区合理井距。

试采区不同单井配产下不同井区的合理井距（稳产8年采出可采储量为45%）如表6-5所示。按照$40\times10^4m^3/d$配产，考虑稳产的气井合理井距要求为1.82～2.59km，其中②号礁带合理井距为2.41km，③号礁带合理井距为1.82km，④号礁带合理井距为2.59km。

表 6-5　长兴组气藏不同单井配产下不同区块合理井距

项　目	区　块	丰度/($\times10^8m^3/km^2$)	礁体宽度/km	不同配产/($\times10^4m^3/d$)			
				20	30	40	50
试采区	②号礁带	8.46	1.87	1.2	1.81	2.41	3.01
	③号礁带	13.05	2.13	0.91	1.36	1.82	2.27
	④号礁带	10.74	1.58	1.3	1.94	2.59	3.24
滚动区	①号礁带	6.3	1.8	0.87	1.30	1.74	2.17
	③号礁带	8.3	2.13	0.76	0.98	1.32	1.60
	④号礁带	7.3	1.4	0.97	1.45	1.94	2.42
	礁滩叠合区	8.8	—	1.20	1.47	1.70	1.90
	元坝12井井区	7.5	—	1.30	1.59	1.83	2.05

滚动区不同单井配产下不同井区的合理井距（稳产6年采出可采储量40%）见表6-5。按照$30\times10^4m^3/d$配产，考虑稳产的气井合理井距为0.98～1.6km，其中①号礁带合理井距为1.3km；③号礁带合理井距为1km；④号礁带合理井距为1.45km；礁滩叠合区合理井距为1.47km；元坝12井井区合理井距为1.59km。

（三）不同井型经济极限井距确定

根据不同井型单井经济控制储量，依据储量丰度及不同礁体平均发育宽度计算不同井区经济井控面积，在礁体宽度一定的前提下，重点考虑气井极限经济井距。

通过分析元坝气田不同井区的经济井控范围，考虑不同井型控制直径，如果合理经济井距小于某井型气井控制井距，则认为该井型可控制该储层，反之则认为该井型控制不住。

分析认为，试采区礁体宽度在1.58～2.13km之间，基本能满足不同井型井控宽度要求。根据经济井控范围计算结果（表6-6），直井要求的合理经济井距为1.8～2.19km，④号礁带直井控制不住；大斜度井要求的合理经济井距为2.03～2.45km，各井区大斜度井均可控制；水平井要求的合理经济井距为2.37～2.86km，水平井各井区均可控制。

表 6-6　长兴组气藏不同井区经济井控范围计算表

项目	井区	丰度/($\times10^8m^3/km^2$)	礁体宽度/km	经济合理井距/km		
				直井	大斜度井	水平井
试采区	②号礁带	8.46	1.87	2.04	2.27	2.65
	③号礁带	13.05	2.13	1.82	2.03	2.37
	④号礁带	10.74	1.58	2.19	2.45	2.86
滚动区	①号礁带	6.3	1.8	0.87	—	1.57
	③号礁带	8.3	2.13	1.13	—	1.76
	④号礁带	7.3	1.4	0.97	—	1.77
	礁滩叠合区	8.8	—	1.20	—	1.8
	元坝12井井区	7.5	—	1.29	—	2.09

滚动区礁体宽度平均在1.4～2.13km之间，基本能满足不同井型井控要求。直井要求

的合理经济井距为0.87～1.29km，水平井要求的合理极限井距为1.57～2.09km。③号礁带要求井距小，滩区要求井距大一些。

综合上述结果，元坝长兴组气藏直井合理井距为1800～2000m，大斜度井合理井距为2000～2400m，水平井合理井距为2000～3000m。

四、合理配产研究

（一）合理产量确定的原则

根据元坝气田地质特征，结合测试、试采评价、稳定供气要求及单井技术经济界限评价结果，确定出单井合理产量应遵循如下原则：

（1）考虑井底流入与井口流出协调，合理利用地层能量；

（2）单井产量应大于技术经济界限产量；

（3）气井应确保一定的稳产期（试采区7～8年，滚动区6年）；

（4）具边底水气井应控制采气速度，避免边水突进或底水锥进过快；

（5）产水气井合理配产应高于临界携液流量。

（二）合理产量研究方法

在临界携液产量界限的基础上，采用采气指示曲线法、节点分析法、试采经验法、采气速度法、数值模拟法综合确定气井合理产量。

1. 采气指示曲线法

采气指示曲线确定的合理产量着重考虑的是减少气井渗流过程中的非达西流效应。以元坝205－1井为例，采气指示曲线法确定气井测试段不出现湍流的合理配产为$60\times10^4m^3/d$（图6-19）。

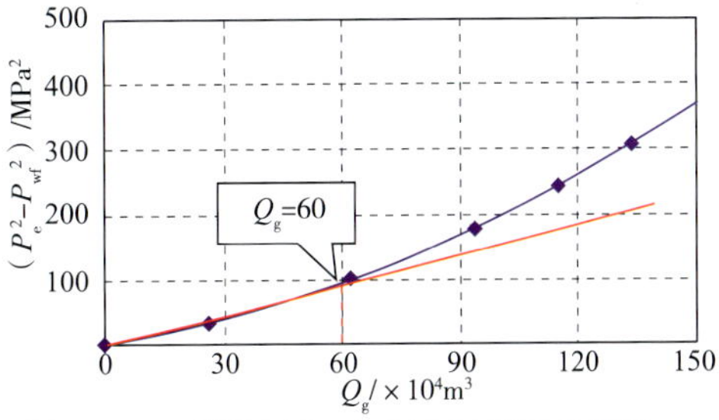

图6-19　元坝205－1井采气指示曲线法

2. 节点分析法

气井流入、流出动态曲线在同一坐标系上的交点就是气井协调工作的合理产量，确定不同井口压力下气井协调点产量，作出井口压力和产量关系图。用切线法分析合理产量临界值，低于临界值的配产着重考虑的是减少井筒压力损失（图6-20、图6-21）。

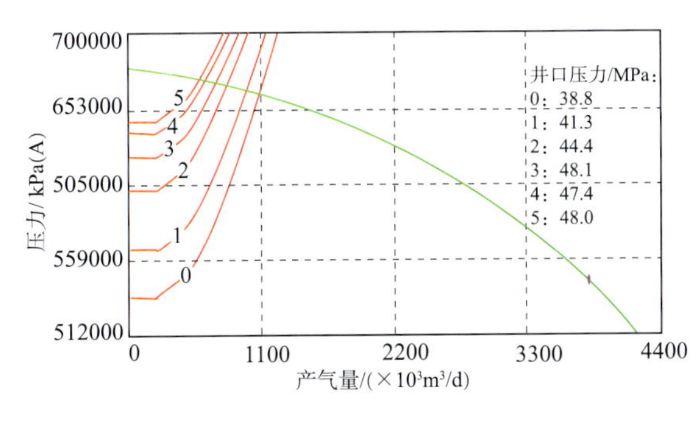

图6-20　井口压力敏感性分析图（元坝204－1井）

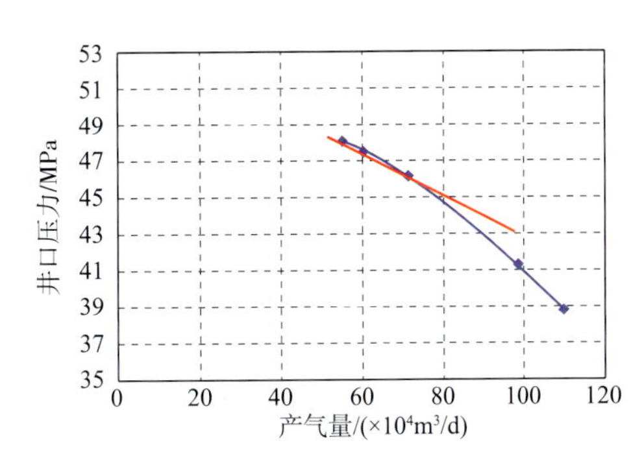

图6-21　井口压力—产量曲线图（元坝204－1井）

3. 试采经验法

气井测试产能大小主要受产能系数 KH 值、表皮系数 S 以及地层压力 P_R 所决定。元坝长兴组气藏多采用水平井和大规模酸压改造措施，极大改善了近井地带储层渗流能力，加之产能测试时间短，因此有必要对不同产能气井采用不同经验比例进行配产。

利用气藏两口井短期试采资料分析稳定产量与无阻流量的比例。元坝 204 井无阻流量为 $268\times10^4m^3/d$，配产 $41\times10^4m^3/d$ 压力稳定（图 6-22），稳定产量约为无阻流量的1/7。元坝 103H 井无阻流量为 $602\times10^4m^3/d$，焚烧试采产量为 $60.69\times10^4m^3/d$，油压稳定在 45.7MPa 左右（图 6-23），稳定产量约为无阻流量的 1/10。

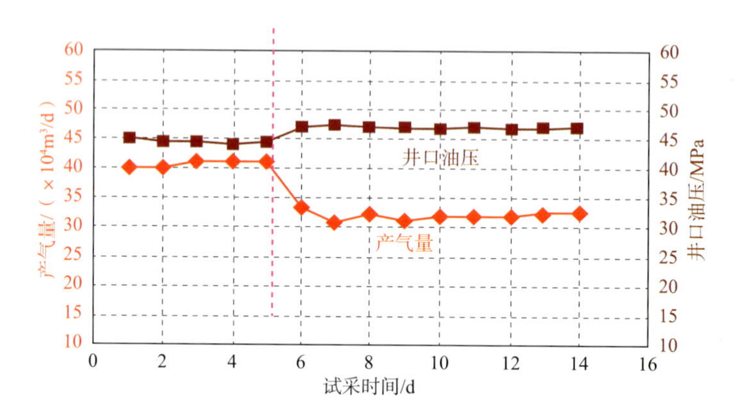

图 6-22　元坝 204 井短期试采曲线

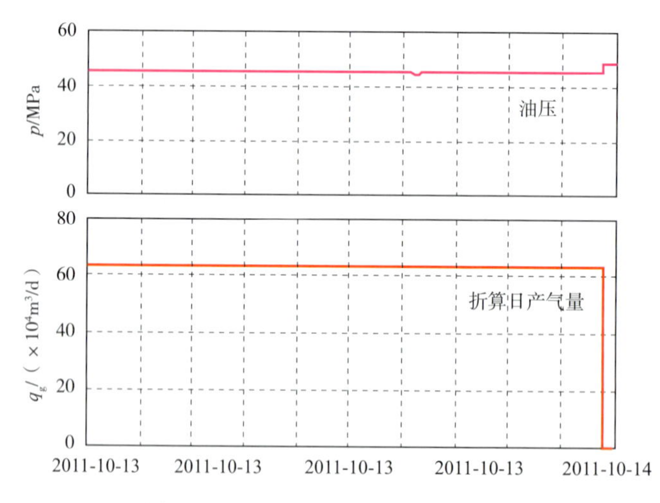

图 6-23　元坝 103 井长兴组试采曲线

4. 采气速度法

采气速度法确定气井合理产量主要用于可能产水的气井，主要考虑的是不同水体的大小、储层类型及不同程度非均质性等条件下，不同采气速度对气藏采收率的影响，以此为基础确定气井的合理配产。对于以Ⅰ、Ⅱ类储层为主的气井，如果水体规模较小，采气速度可达到3%～4%，如果水体规模大，采气速度应控制在小于3%；对于Ⅱ、Ⅲ类储层为主的气井，水体规模较小时的采气速度为2%～3%，如果水体规模较大，采气速度应小于 2%。

5. 数值模拟法

对测井解释有水层或者测试产水的气井建立单井模型，开展数值模拟研究，以确定其合理产量。以元坝 10－1H 井为例，其在 3 种配产下均快速见水（见水时间小于 1 年），配产越高的日产水量越大，开采中后期受产水量的影响，气井停喷。综合各项指标认为，该井配产 $10\times10^4m^3/d$ 更为合理，累产气最高，稳产期可达 3.8 年（表 6-7）。

表 6-7　元坝 10－1H 井不同配产条件下的生产预测

配产/（$\times10^4m^3/d$）	稳产时间/a	累产气/$\times10^8m^3$	最高日产水/m^3
10	3.75	1.357	91
15	2.75	1.309	112
20	2.15	1.266	124

结合长兴组气藏实际情况，基于“气井高含 H_2S 测试时间短、存在底水、Ⅲ类储层占比高达到 50%”等特点，提出“高产低配”原则。为保证气井达到方案设计的稳产期，总体按无阻流量的 1/8 配产。其中，产水气井与无阻流量高于 $300\times10^4m^3/d$ 的气井按无阻流量的 1/9～1/11 配产；低于 $300\times10^4m^3/d$ 的气井按无阻流量的 1/5～1/7 配产。

五、采气速度优化

气藏合理的采气速度以储量为基础，在现有的开采技术条件下，尽可能满足国家和社会对天然气的需求，使气藏开采具有一定的规模和稳产期，有较高的采收率，从而能获得最佳的经济效益和社会效益。

对于活跃的边底水气藏，慎重地选取采气速度是十分重要的。采气速度过高，气藏无水采气期短，最终会导致采收率低。对于一些活跃的边底水气藏，通过选取适当的采气速度可以降低水侵强度，使地层水缓慢而均匀地推进，从而提高气藏最终采收率。这在国内外都有许多成功的范例，如加拿大的卡布南礁灰岩气藏，用数值模拟方法计算了合理的生产压差，采气速度控制在 2% 左右，虽为底水驱动，预测采收率仍达 80% 以上。元坝地区长兴组气藏局部井区已基本证实含水，并且水体类型不明，因此含水区域采气速度应适当降低。

（一）无水区合理采气速度

利用元坝 204 井单井数值模型计算不同采气速度（5%、4.5%、4%、3.5%、3%）下气井的稳产年限及稳产年限采出程度。数值模拟结果表明，要保证长兴组气藏无水区域 5～10 年的稳产期，采气速度应控制在 3%～4%（图 6-24）。

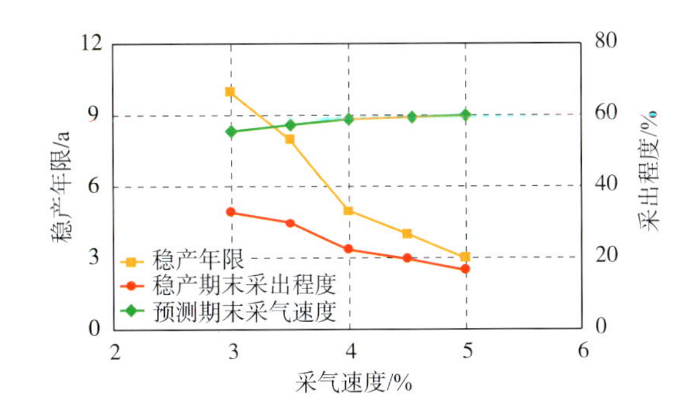

图 6-24　采气速度与稳产年限、稳产期末采出程度及预测期末采出程度的关系

（二）含水区合理采气速度

对于可能产水的气井，采用数值模拟手段从水体能量、储层垂向渗透率与平面渗透率之比（K_v/K_h）等方面研究采气速

度对气藏采收率的影响。

通过数值模拟机理研究表明，当 $K_v/K_h=0.1$ 时，采气速度大小对采收率影响不大（图6-25）；当 $K_v/K_h=1$ 时，渗透率高于 $1\times10^{-3}\mu m^2$，水体倍数较大时，采气速度大于3%，采收率下降快（图6-26）。

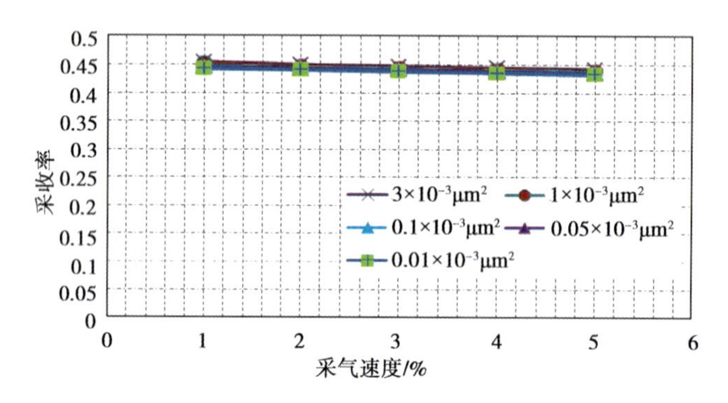

图6-25　采气速度与采收率关系（$K_v/K_h=0.1$，水体规模为10GPV，气藏厚度为50m）

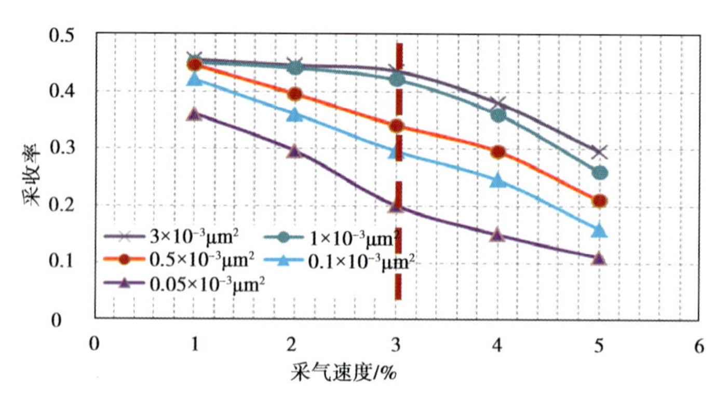

图6-26　采气速度与采收率关系（$K_v/K_h=1$，水体规模为10GPV，气藏厚度为50m）

对于礁滩相块状气藏，垂向渗透率高，加上可能存在的垂向裂缝，采气速度对采收率影响大，特别是滚动区物性差，需控制气藏采气速度。当水体规模较小（1GPV～2.5GPV）时，采收率受水体影响不明显，随着水体倍数增加，由于早期水突破，采收率降低（图6-27）。若采气速度低，且为高渗储层，低 K_v/K_h，则采收率受影响不明显（图6-28）。而对于低渗，高 K_v/K_h 储层，则需要控制产量生产。

如果是大水体，以Ⅰ、Ⅱ类储层为主的气井，其采气速度应小于3%；以Ⅱ、Ⅲ类储层为主的气井，采气速度应控制在2%左右；如果是小水体，以Ⅰ、Ⅱ类储层为主的气井，采气速度应保持在3%～4%；以Ⅱ、Ⅲ类储层为主的气井，采气速度应保持在2%～3%（表6-8）。

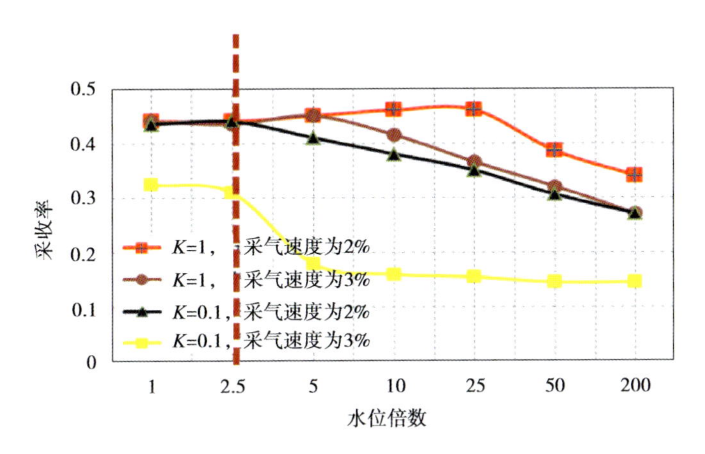

图 6-27 水体倍数与采收率关系（$K_v/K_h=1$，气藏厚度为 50m）

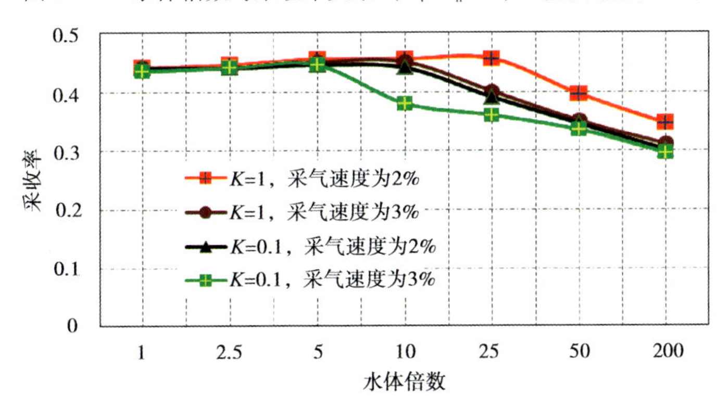

图 6-28 水体倍数与采收率关系图（$K_v/K_h=0.1$，气藏厚度为 50m）

表 6-8 含水区采气速度推荐表

项　目	含水区			
	大水体		小水体	
储层类型	Ⅰ、Ⅱ类	Ⅱ、Ⅲ类	Ⅰ、Ⅱ类	Ⅱ、Ⅲ类
采气速度/%	<3	<2	3~4	2~3

（三）分区块、分气藏类型的采气速度

元坝气田长兴组气藏储量丰度低，储层渗透性差、产能低，部分礁滩体存在边底水。为保持气藏长期稳产，防止边底水上升速度较快，元坝气田采气速度不宜过高。同时考虑元坝气田储量规模大，目前还没有合适的后备气源，为了保持气藏长期稳定供气，采气速度不宜过高。

但考虑高含硫气藏对管柱及管线的腐蚀，实际开采速度不能太低。综合考虑各因素，元坝气田采用3%左右的开采速度开发较为合理。

对于试采区物性较好、厚度较大的礁相储层，采气速度较高，可达到4%左右；对于滚动区物性相对较差，厚度较薄的滩相储层，采气速度应较低，应控制为2%~3%；而对于含水井区，为避免水推进较快，采用较低的采气速度，控制在2%~3%。

第二节　开发方案设计与优化

根据气藏综合评价及开发建产目标区优选结果，按照“先礁后滩、整体部署、分步实施、滚动调整”的原则和分期建成产能目标的思路，分别对长兴组气藏一期 $20\times10^8m^3$ 和二期 $20\times10^8m^3$ 产能建设进行规划部署。方案部署设计遵循以下原则：

（1）勘探开发一体化的原则。考虑探井及开发井井位优化部署，充分利用勘探井开发，加快勘探开发进程，提高经济效益。

（2）储量富集区带优先动用的原则。为降低开发风险，前期开发井尽可能部署在礁体发育带，基本控制动用区内储量。

（3）生产能力与处理能力相协调的原则。高含硫气藏天然气处理能力决定其生产能力，气田开发要与净化处理相协调。

（4）以效益为中心的原则。不断优化方案设计，开发井以大斜度井、水平井为主，提高单井产能，力争少井高产，保证气田开发效益。

（5）开发井尽可能利用已有井场，主要采用“一井一场”的布井方式；靶点优选构造高部位部署，尽量避开水层。

（6）开发井采取“一次布井、分批实施、整体投产”的方式。

一、一期试采工程 $20\times10^8m^3/a$ 开发方案设计优化

优选优质储层发育、产能相对较高、储量丰度相对较大、构造部位有利和井控程度高的礁相区，即②号礁带元坝 101 井—元坝 103H 井井区、③号礁带元坝 204 井—元坝 29 井井区以及④号礁带元坝 27 井—元坝 271 井井区为一期试采工程开发建产区。

（一）开发概念设计部署方案

一期试采工程开发概念设计部署生产井 14 口，其中利用老井 7 口、部署新井 7 口，新部署井均利用老井场实施大斜度井或水平井（图 6-29）。设计 14 口生产井动用储量约 $615.7\times10^8m^3$，地质储量动用率约为 90%。单井配产 $35\times10^8\sim60\times10^8m^3/d$，平均配产 $43.3\times10^8m^3/d$；新建混合气产能 $20\times10^8m^3/a$（表 6-9）。

表 6-9　元坝气田长兴组气藏一期试采工程 $20\times10^8m^3/a$ 开发概念设计部署表

分区部署	设计总井数/口	利用老井/口	部署新井/口	动用储量/$\times10^8m^3$	新建产能/($\times10^8m^3/a$)
②号礁带	3	1	2	135.97	4.62
③号礁带	5	3	2	245.37	8.28
④号礁带	6	3	3	234.36	7.10
小计	14	7	7	615.70	20.00

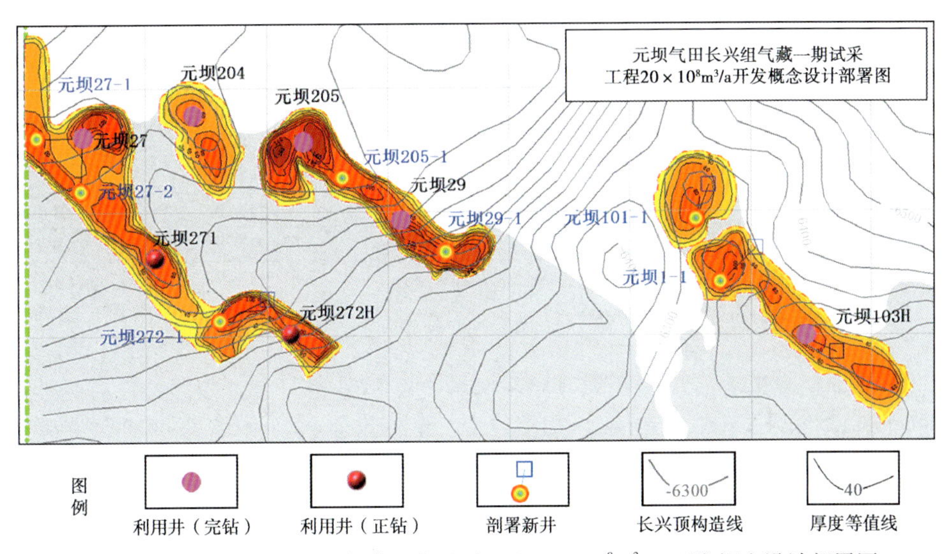

图6-29 元坝气田长兴组气藏一期试采工程 $20\times10^8m^3/a$ 开发概念设计部署图

（二）开发方案部署优化

元坝27井及元坝204井由于井下工程事故，经评价无法利用，开发方案部署设计需优化调整，优化后开发方案部署设计总井数保持为14口不变，其中，利用老井5口（元坝271井、元坝272H井、元坝205井、元坝29井、元坝103H井），部署新井9口（利用老井场4口，新建井场4口，元坝27-1H井和元坝27-2井共用元坝27井场）（图6-30），新井井型为大斜度井，或视储层情况转为水平井。

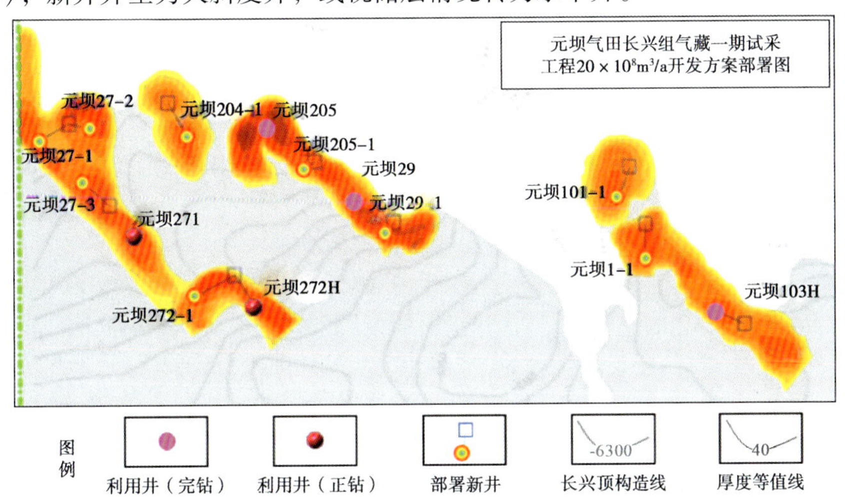

图6-30 元坝气田长兴组气藏一期试采工程 $20\times10^8m^3/a$ 开发方案部署图

试采工程开发方案设计14口生产井动用储量 $639.38\times10^8m^3$（由于受水平井和地层水等的影响，纵向上部分储量不能动用，采用容积法计算建产区设计井网无法动用储量约 $81.27\times10^8m^3$），地质储量动用率约为89%。5口利用老井单井配产 $35\times10^4\sim55\times10^4m^3/d$，平均配产 $46.0\times10^4m^3/d$；9口新部署井单井配产 $30\times10^4\sim55\times10^4m^3/d$，平均配产 $41.1\times10^4m^3/d$；14口井单井平均配产 $42.8\times10^4m^3/d$，新建混合气产能 $20\times10^8m^3/a$（表6-10）。

表 6-10　元坝气田长兴组气藏一期试采工程 $20\times10^8m^3/a$ 开发方案部署表

分区部署	设计总井数/口	利用老井/口	部署新井/口	动用储量/$\times10^8m^3$	新建产能/($\times10^8m^3/a$)
②号礁带	3	1	2	136.51	4.29
③号礁带	5	2	3	252.48	7.92
④号礁带	6	2	4	250.39	7.59
合计	14	5	9	639.38	19.80

二、二期滚动建产 $20\times10^8m^3/a$ 开发方案设计优化

优选优质储层较发育、产能相对较高、储量丰度相对较大、构造部位较有利和井控程度较高的①号礁带、③号礁带东南段元坝 29－2 井至元坝 28 井区、④号礁带元坝 273 井井区、礁滩叠合区及元坝 12 井滩区为二期滚动建产开发建产区。

（一）框架部署方案

二期滚动建产框架部署方案设计生产井 18 口，其中利用老井 8 口、部署新井 10 口（利用老井场 4 口、新建井场 6 口，大斜度井结合水平井）（图 6-31）。设计 18 口生产井动用储量约 671.64 $\times10^8m^3$，地质储量动用率约为 90%。单井配产 $30\times10^4\sim40\times10^4m^3/d$，平均配产为 $33.7\times10^4m^3/d$，新建混合气产能为 $20\times10^8m^3/a$（表 6-11）。

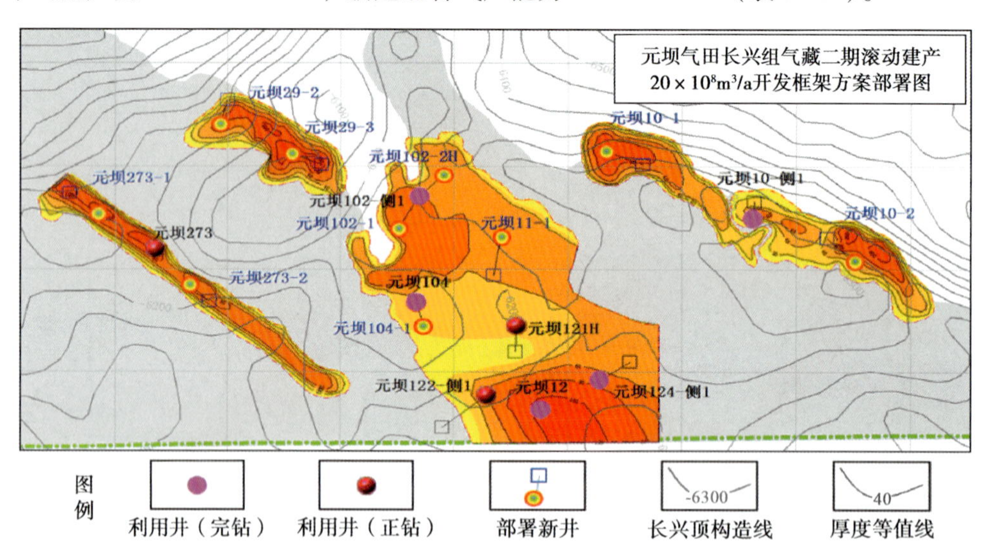

图 6-31　元坝气田长兴组气藏二期滚动建产 $20\times10^8m^3/a$ 开发框架方案部署图

表 6-11　元坝气田长兴组气藏二期滚动建产 $20\times10^8m^3/a$ 开发框架方案部署表

分区部署	设计总井数/口	利用老井/口	部署新井/口	动用储量/$\times10^8m^3$	新建产能/($\times10^8m^3/a$)
①号礁带	3	1	2	116.50	3.30
③号礁带	2	0	2	86.70	2.97
④号礁带	3	1	2	108.84	3.63
礁滩叠合区	10	6	4	359.60	9.90
合计	18	8	10	671.64	19.80

（二）开发概念设计部署方案

元坝 121H 井实钻表明，滩相储层垂向厚度较薄，平面非均质性强，且礁滩叠合区及元坝 12 井滩区测试产能均较小，框架部署方案设计 18 口井产能难以达到 $20 \times 10^8 m^3/a$。为实现产能建设目标，需调整框架部署方案，增加设计井。调整后滚动建产 $20 \times 10^8 m^3$ 开发概念设计总井数 23 口，其中利用老井 13 口（含正钻井 3 口）；新部署井 10 口，井型以水平井为主（图 6-32）。

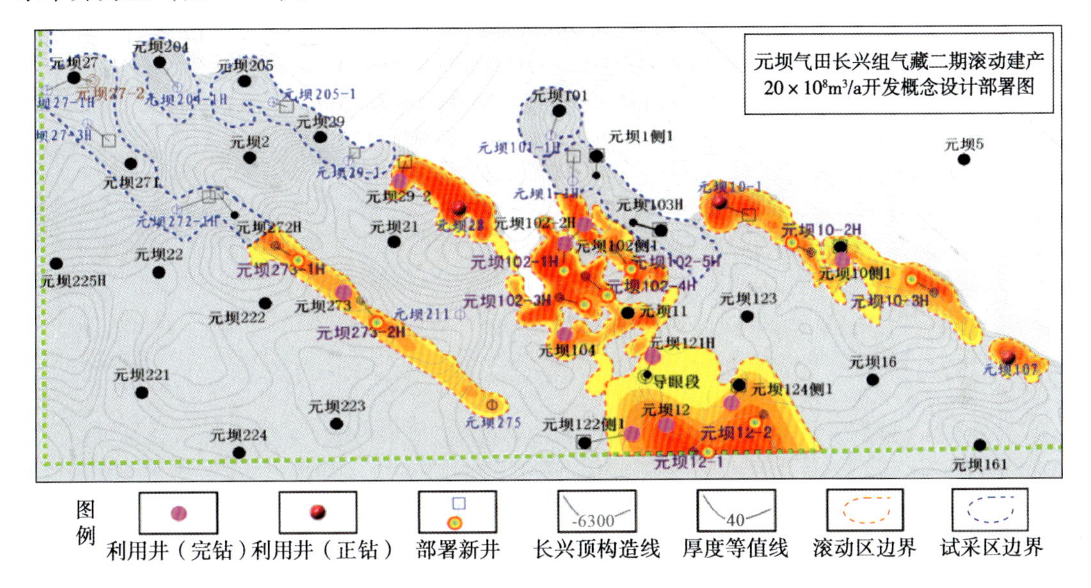

图 6-32　元坝气田长兴组气藏二期滚动建产 $20 \times 10^8 m^3/a$ 开发概念设计部署图

设计 23 口生产井动用储量 $671.5 \times 10^8 m^3$，地质储量动用率约为 90%。13 口利用老井单井配产 $10 \times 10^4 \sim 45 \times 10^4 m^3/d$，平均配产 $21.0 \times 10^4 m^3/d$；10 口新部署井单井配产 $30 \times 10^4 \sim 40 \times 10^4 m^3/d$，平均配产 $32.7 \times 10^4 m^3/d$；23 口井单井平均配产 $26.1 \times 10^4 m^3/d$，新建混合气产能 $20 \times 10^8 m^3/a$（表 6-12）。

表 6-12　元坝气田长兴组气藏二期滚动建产 $20 \times 10^8 m^3/a$ 开发概念设计部署表

分区部署	设计总井数/口	利用老井/口	部署新井/口	动用储量/$\times 10^8 m^3$	新建产能/($\times 10^8 m^3/a$)
①号礁带	5	3	2	134.4	5.45
③号礁带东南端	2	2	0	72.3	1.65
④号礁带东南端	3	1	2	82.7	2.74
礁滩叠合区	7	3	4	197.8	6.44
元坝 12 井滩区	6	4	2	184.2	3.53
合计	23	13	10	671.5	19.80

（三）开发方案部署优化

由于元坝 12 井滩区储量难以有效动用，礁滩叠合区向台内方向储层逐渐变薄，开发方案设计中将开发概念设计的元坝12－2H井和102－5H井调整部署到②号礁带东南部和③号礁带元坝205井西南部，其余地区利用井与部署新井保持不变。设计总井数23口不变，其中利用老井13口，新部署井10口，新井井型以水平井为主（图6-33）。

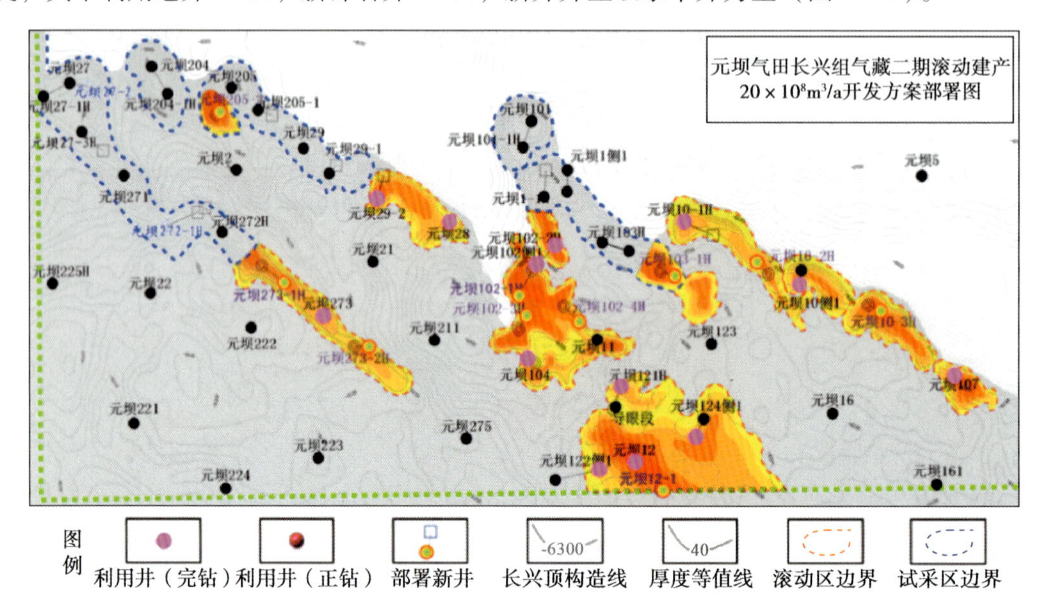

图6-33　元坝气田长兴组气藏二期滚动建产$20\times10^8m^3/a$开发方案部署图

设计23口生产井动用储量为$640.75\times10^8m^3$（与此对应试采区14口生产井动用储量约为$620.59\times10^8m^3$），地质储量动用率约为87%。13口利用老井单井配产$10\times10^4\sim35\times10^4m^3/d$，平均配产$21.3\times10^4m^3/d$；10口新部署井单井配产$23\times10^4\sim40\times10^4m^3/d$，平均配产$32.3\times10^4m^3/d$；23口井单井平均配产$26.1\times10^4m^3/d$，新建混合气产能为$20\times10^8m^3/a$（表6-13）。

表6-13　元坝气田长兴组气藏二期滚动建产$20\times10^8m^3/a$开发方案部署表

分区部署	设计总井数/口	利用老井/口	部署新井/口	动用储量/$\times10^8m^3$	新建产能/($\times10^8m^3/a$)
①号礁带	5	3	2	140.02	4.62
②号礁带东南端	1		1	32.88	0.99
③号礁带	3	2	1	81.09	2.97
④号礁带东南端	3	1	2	78.78	2.97
礁滩叠合区	6	3	3	148.42	5.78
元坝12井滩区	5	4	1	159.6	2.48
合计	23	13	10	640.75	19.80

（四）开发方案优化调整

1. 部署井优化调整

通过储层预测可知，礁滩叠合区东部储层较差、元坝273井投产测试产水、元坝12

井滩区投产测试普遍含水且产能较低，在此种情况下，对滚动区开发方案进行了优化调整：原方案位于叠合区的元坝 102－4H 井调整为③号礁带西北元坝 204－2 井；原方案位于④号礁带东南部的元坝 273－2H 井调整为③号礁带中段元坝 205－3 井（图 6-34）。调整后初步计算试采区 14 口井动用储量约为 $574.4\times10^8m^3$，滚动区 23 口井动用储量约为 $612.8\times10^8m^3$。

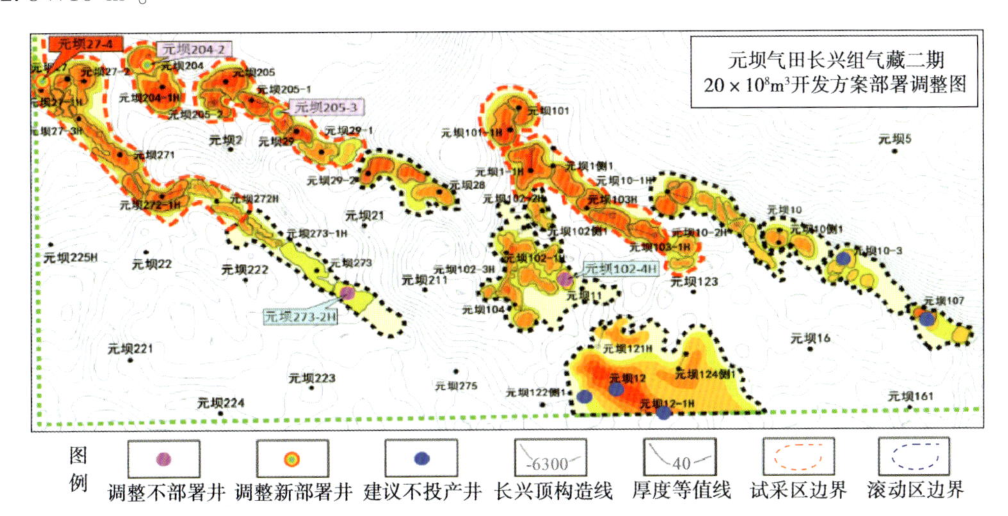

图 6-34　元坝气田长兴组气藏二期 $20\times10^8m^3$ 开发方案部署调整图

2. 投产井优化调整

由于元坝 12 井等 5 口井（图 6-34）测试产能低（$5\times10^4\sim24.5\times10^4m^3/d$），配产 $1\times10^4\sim4.5\times10^4m^3/d$，低于气井临界携液流量，投产后水淹风险大。从经济利用性分析，5 口井配产低于经济日产界限 $6.1\times10^4m^3/d$，建议不利用，对方案井进行调整。调整后元坝气田长兴组气藏生产井数为 32 口，动用储量为 $1020\times10^8m^3$。采用产量不稳定分析、数值模拟等多种方法确定 32 口生产井混合气生产能力可达 $1200\times10^8m^3/d$。

3. 开发调整井部署

由于元坝 12 井等 5 口井测试产能低，不能利用，①号礁带及元坝 12 井滩区整体产能低于方案设计，虽然 32 口生产井混合气产能可达 $1200\times10^4m^3/d$，稳产期也可达到 6 年，但为进一步保证方案产能和稳产目标的实现，在元坝 27－1H 井、元坝 27－2 井及元坝 27－3H 井等投产效果好，且元坝 27－1H 井西北井控程度较低的情况下（未动用储量约 $35\times10^8m^3$），部署开发调整井元坝 27－4 井（图 6-34）。

第三节　开发指标预测与优化

气藏地质建模和气藏数值模拟是气藏开发的两个关键，特别是在元坝长兴组礁滩相气藏开发方案的编制以及开发指标优化方面更为显著，也更具挑战。以“分区”“等时”“相控”“震控”“确定性结合随机性”等建模原则为基础，充分结合气藏地质认识以及生产动态数据，建立了复杂生物礁气藏三维精细地质模型。再基于渗流特征、流体属性及流体饱和度分布的非均质性等，建立了 13 个流动单元的数值模型。最终，预测并优化了各方案的稳产期及评价期各项开发指标，获得了气藏高效开发的最优方案。

一、礁滩相气藏三维地质建模

储层建模是气藏描述的最终表达方式，是在三维空间内对储层展布进行精细刻画。元坝长兴组气藏开发动用储量达千亿立方米，为了尽可能地提高储量动用程度及开发效益，需要建立精度相对较高的储层模型，以适应于该阶段生产科研工作的需要。

（一）建模难点及技术对策

经过几代学者的努力，碎屑岩储层建模已取得了长足的发展，并日趋完善，然而礁滩相储层建模研究则刚刚起步，并已成为当今地质建模研究的热点。元坝气田长兴组气藏具有“礁带内储层连通性差，纵横向非均质性强，气水关系复杂，井网密度低”等特点，储层建模工作具有如下难点。

（1）元坝气田长兴组气藏埋藏深度大（平均深度为6800m），建产区主要分布于呈条带状展布的礁带及礁滩叠合区内。为了尽可能多穿礁盖优质储层，增加井控储量面积，提高单井产量，井型以大斜度井、水平井为主，该特点决定了井网稀疏且不规则，平均井距达4km。当开发区井网分布不规则或井网分布范围远小于储层展布范围时，资料样本点难以符合地质统计学的数学要求，难以利用测井或岩心资料精确预测井间储层参数分布，必须充分发挥三维地震资料大面积的覆盖性和很好的横向对比性优点，利用地震资料进行约束建模。

（2）任何一种地震属性是地下多种信息的综合反映，长兴组—飞仙关组地震纵向可分辨储层厚度约为35~40m，薄储层的预测难度较大。对地震资料进行可行性分析后，采用稀疏脉冲反演进行储层预测，虽然这种方法不能明显提高地震反演分辨率，但却可以比较好地保持地震信号的原始特征，从而较好地展示储层的三维空间展布形态。

（3）利用波阻抗反演资料进行约束建模，如何选择合理的速度模型计算方法，将地震数据引入储层建模的模拟计算中，寻找两者之间对应性最好的参数是又一难点。

针对以上建模特点，综合考虑储层垂向厚度、平面连通性及气水分布特征等研究成果，提出了“多级双控”超深复杂生物礁气藏三维精细地质建模技术。“多级”即建模单元在平面上由礁带到礁群再到单礁体逐级深入，在纵向上由低频的三级层序构造单元推进到高频的四级层序流动单元，模型精度逐级提高；“双控”指综合利用储层相和地震反演成果进行双重控制和约束。通过储量模拟及抽稀井验证等方法对模型进行优化筛选，进一步提高模型的精度及可靠程度。

（二）“多级双控”精细建模方法

1. 平面分区原则

平面分区原则主要依据不同礁带滩体具有不同的地质地球物理特征。在地质上表现为各个礁带不相连，每个礁带沿走向由多个礁群组成，且为相对独立的气水以及压力系统。在物探方面，生物礁滩体边界刻画技术已经基本将各礁带滩体边界范围刻画清楚，通过对不同礁带滩体岩性波阻抗值域分布范围进行统计，发现各礁带滩体之间门槛值不同且对应的储层划分标准不同。采取平面分区原则进行建模，一方面可以解决面积大、井距不规则的问题；另一方面可以在横向上提高波阻抗与储层参数的相关系数。

2. 纵向等时原则

纵向等时原则主要指应用高分辨率层序地层学原理在建模过程中进行等时地层约束。利用长兴组四级层序等时界面，纵向上划分为5个等时层、4个沉积体现单元（图6-35）。其中，大斜度井、水平井以Zone1为主要目的层。如图6-36所示为纵向分区之后波阻抗值域分布特征更为清晰，对储层识别能力进一步增强。在建模时，针对不同的等时层输入反映各自地质特征的不同的建模参数，从而在纵向上提高波阻抗与储层参数的相关系数。

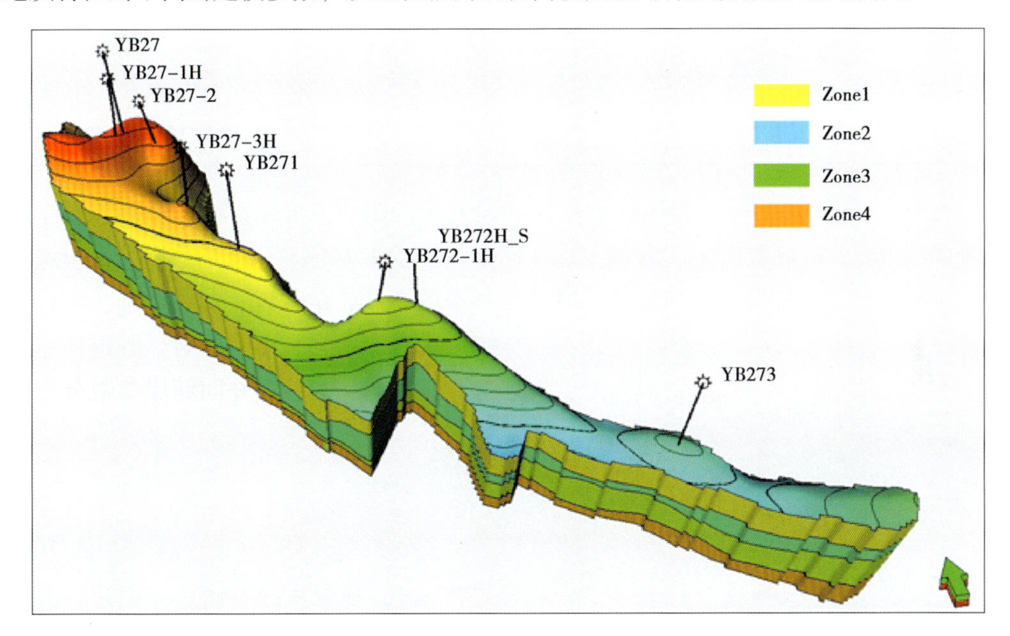

图6-35 纵向建模单元示意图

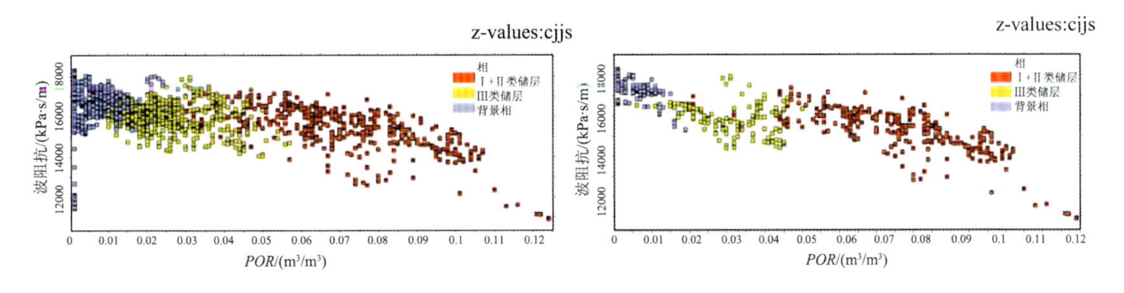

图6-36 孔隙度与波阻抗交汇图

3. “相控”“震控”原则

“相控”主要是指储层相控制。首先，根据生产实际与建模研究的需要，依据研究区钻井揭示的储层发育实际情况及地震资料对储层的响应程度，综合岩心描述、测试资料、测井解释等多种资料对单井储层类型进行划分，将该区储层分为3种类型：①可以获得工业产能（包括酸化压裂）的储层，代码用“0”表示（Ⅰ+Ⅱ类储层）；②具有油气显示或是经过酸化压裂，能产出一定的油气，但油气产量一般达不到商业产能的标准（井深大于6000m，产量低于$40\times10^4m^3/d$）的储层，代码用“1”表示（Ⅲ类储层）；③非储层，代码用“2”表示（Background），作为背景相（表6-14）。

表6-14 单井储层相类型划分

建模储层划分	代码名	岩性	波阻抗范围 ③号礁带	孔隙度/%	渗透度/$\times10^{-3}\mu m^2$	裂缝发育状况	测试状况
Ⅰ+Ⅱ类储层	0	细—中晶白云岩	12000～15000	≥10	≥1	发育	高产工业气流
		微—粉晶白云岩	15000～16500	<10～5	<1～0.25	较发育	中产工业气流
Ⅲ类储层	1	灰质云岩		<5～2	<0.25～0.02	欠发育	低产气流
		云质灰岩					
非储层	2	灰岩	>16500	<2	<0.02	不发育	无

图6-37所示，从④号礁带时间域反演剖面上看，储层主要发育于长兴组顶部，表现为低阻抗至中阻抗、丘状反射。总体上已对储层的基本轮廓有了一定的反映，充分利用好波阻抗反演数据可以较好地反映储层三维空间展布形态，从而进行“震控”。

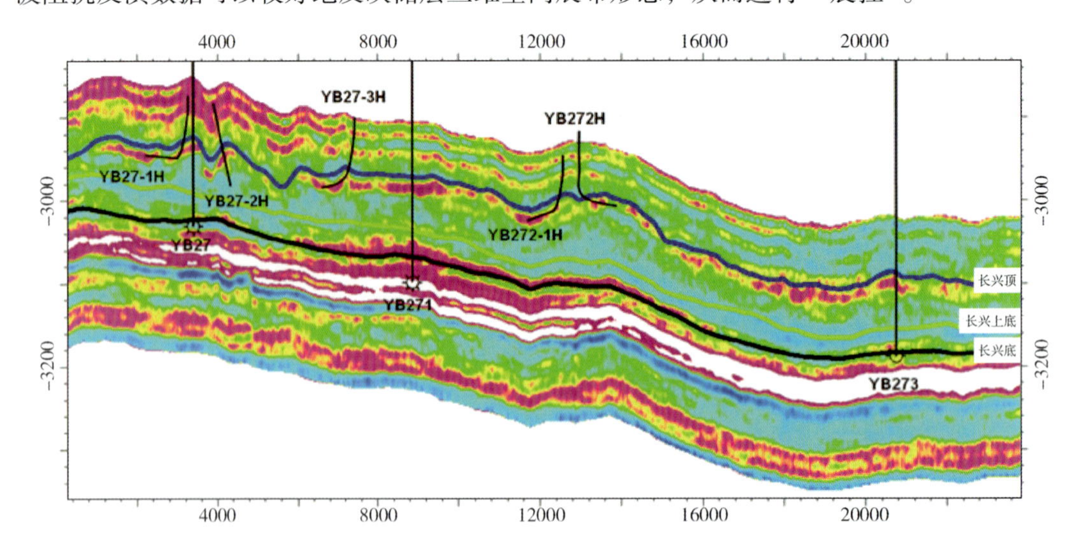

图6-37 过YB27井—YB273井时间域反演剖面图

（三）模型建立

1. 构造模型

构造模型是三维储层地质模型的格架和基础，构造模型的关键是要建立高精度的速度模型，高精度的速度模型不仅决定着构造模型的精度，而且在其后运用地震反演数据约束建模的过程中起着至关重要的作用。储层建模的初衷是得到一个能够较为真实地反映地下油气藏在三维空间的展布形态，因此它是海平面以下深度域数据，而波阻抗数据与时间域数据两者并不匹配。最好的办法是将采集的地震数据在处理过程中处理成叠前或者叠后深度偏移数据，但往往由于过高的成本和过长的操作周期而放弃。

在勘探阶段通常选择利用地震处理的叠前速度进行相应的整理并进行时深转换，

在开发后期井网较密的情况下，可采用制作合成记录的形式直接进行时深转换，这两种方式都不适合元坝地区的实际地质情况。因此，可以通过单井时深关系与地震叠加速度谱相互校正的方法建立研究区速度模型。首先，对叠加速度谱经过加载后，可直接利用迪克斯公式将均方根速度转换为初始的三维层速度体，将叠加速度谱加载进建模软件中转换成层速度，并将层速度采样到网格中，然后插值生成速度属性；最后用井上的速度（合成记录）插值，用已采样到网格中的层速度属性作协约束（叠加速度）建立速度模型。

利用已建立的高精度速度模型（如图 6-38 所示为时深转换后的④号礁带的波阻抗深度域数据）可以看出，水平井井轨迹沿着中低阻抗反射轴穿过，总体上具有较好的一致性，可以满足高精度建模对波阻抗数据的要求。

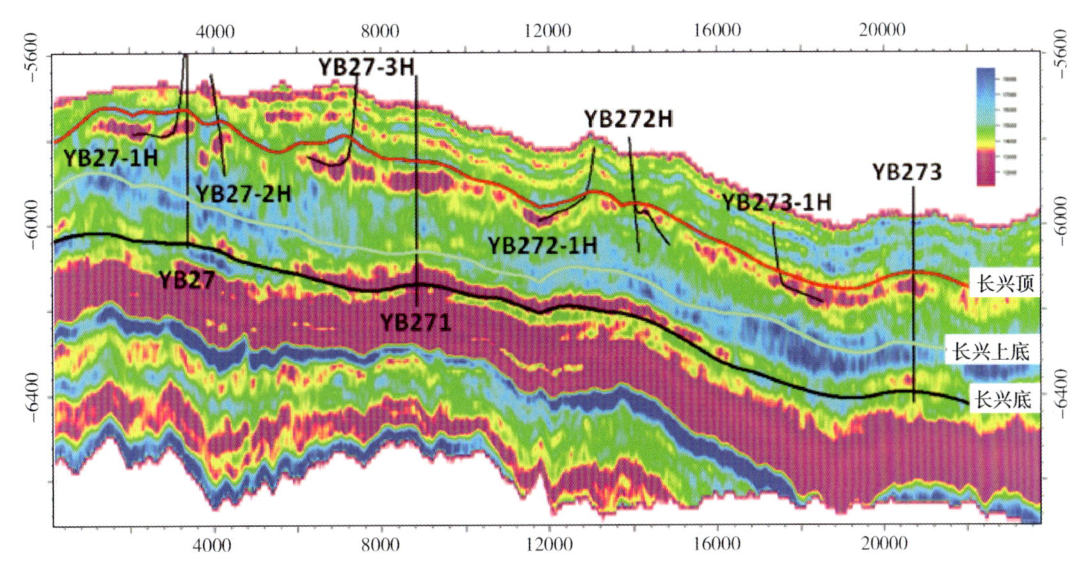

图 6-38　过元坝 YB27 井—元坝 273 井深度域反演剖面图

2. 储层相模型

在构造模型的控制下，采用序贯高斯同位协同模拟方法，对长兴组气藏各礁带滩体进行了储层相模拟。如图 6-39 所示，从③号礁带储层相三维分布图上看，储层主要呈条带状展布，有效储层集中沿礁带走向发育；从过剖面图上看，储层刻画更精细，储层集中发育于礁顶部位（Zone1），总体上与前期地质认识较为吻合。利用波阻抗约束测井信息，既能在大尺度上保持各储层类型的真实宏观分布，又能在一定程度上解决纵向分辨率的问题。

3. 储层物性模型

不同岩石类型（储层相）和波阻抗值域分布范围建立起关系后，不同的储集相内具有不同的储层类型及物性参数分布规律，储集相分布模型为准确建立物性参数模型提供了基础保证。

孔隙度与储层相类型具有直接的联系，从而可以间接建立起孔隙度与波阻抗之间的联系。采用序贯高斯协同模拟方法，该算法易于利用次级变量，适合于储层物性参数建模。前人研究表明，当主变量与次变量之间的相关系数大于 0.4 时，主变量可以起到有效地空间约束和指示作用。由于储层相分布与物性参数变化有共同的数据来源，因此两者具有很好的一致性，这样就避免了储集相与物性参数分布不匹配的“两层皮”现象。

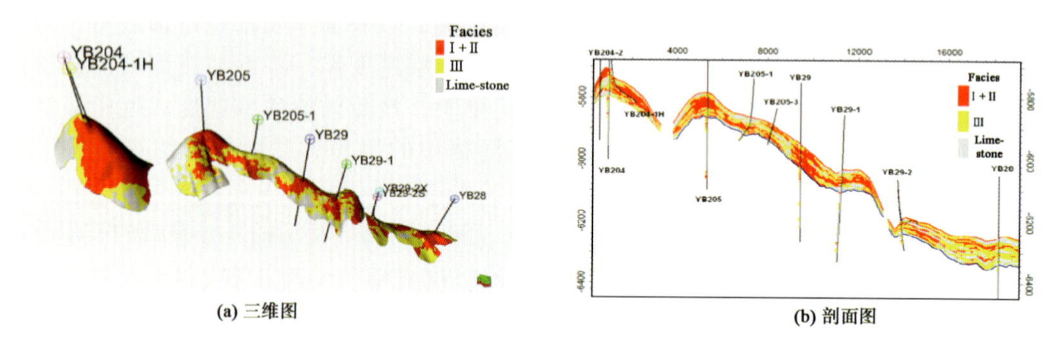

图 6-39　元坝气田长兴组气藏③号礁带储集相分布模型

如图 6-40 所示，长兴组气藏气水关系复杂，不同礁体、滩体具有独立的气水系统，气水界面不统一。水体展布主要受礁体发育范围和局部构造控制。以③号礁带为例，元坝 28 井水体面积为 0.79km^2，气顶厚度为 50m 左右（图 6-40）。

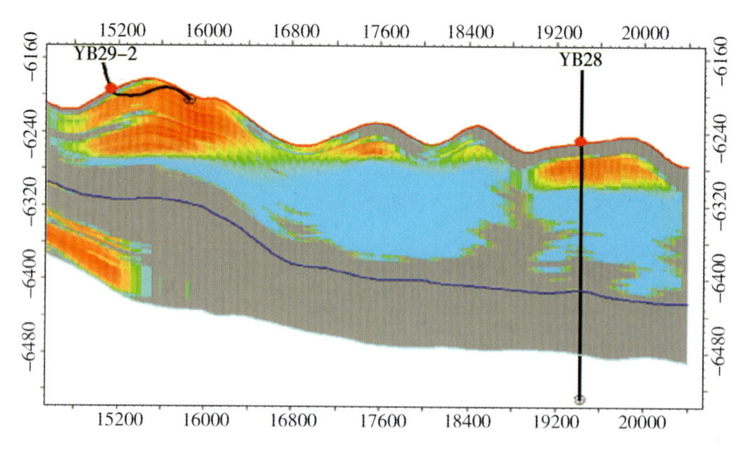

图 6-40　过元坝 29－2 井—元坝 28 井含水饱和度剖面图

（四）模型精度验证

模拟结果是否合理，是否比较真实地反映了地下的实际情况，可以利用抽稀井验证、储量拟合等多种方法进行检查。

对于模型来说，最可靠的数据为井数据，通常验证模型可靠程度的重要手段之一就是利用井抽稀来验证。由于元坝 27－2 井工程原因的影响，没有测井数据，因此将该井作为④号礁带验证井。元坝 27－2 井录井资料显示：117m 中气层为 55m，含气层为 43m，微含气层为 19m［图 6-41（a）］。

如图 6-41（b）所示，元坝 27－2 井射孔段与储层综合评价图具有较高的一致性，从另一个方面来说，可认为模型精度较高是合理的。

通过对模型提取过元坝 27－2 井合成曲线，统计表明该井处 Ⅰ ＋ Ⅱ 类储层厚度为 55.627m，Ⅲ类储层为 63.971m，与录井显示结果相近（表 6-15）。

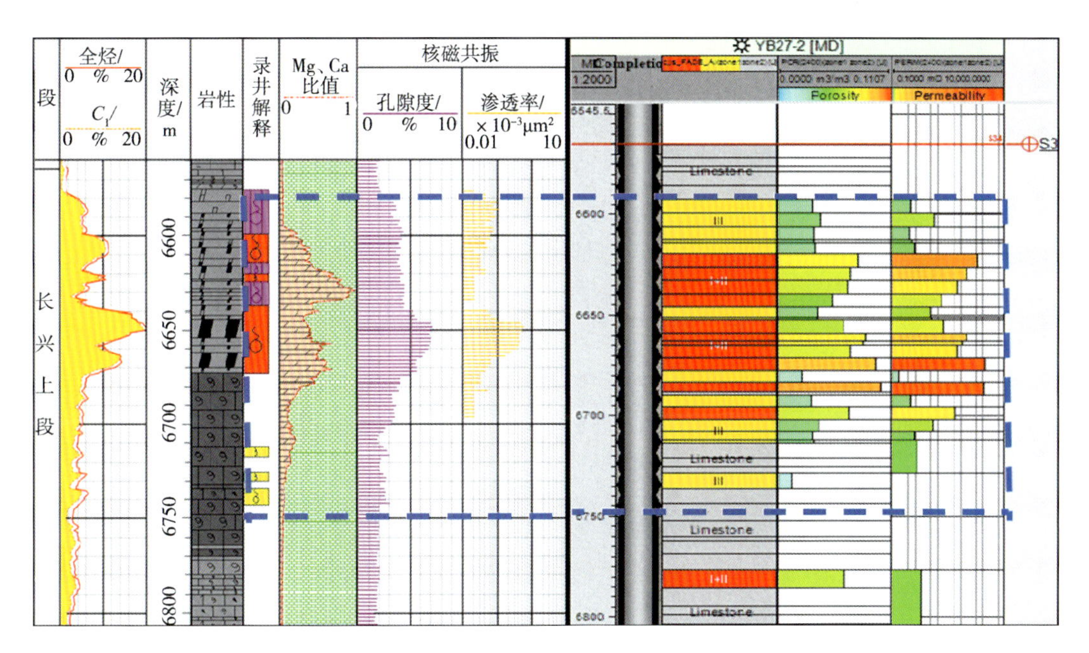

图 6-41　元坝 27-1 井储层综合评价图

表 6-15　元坝 27-2 井储层厚度对比表

类　别	Ⅰ+Ⅱ类储层厚度/m	Ⅲ类储层厚度/m	合计/m
录井显示	55	62	117
建模拟合	55.637	63.971	119.608

应用三维储层模型计算储量时，储量的基本计算单元是三维空间上的网格。经验表明，地质储量与建模储量相对误差为5%～10%或更小，因而可以认为这个模型是可靠的。分礁群、滩体计算了建产区的储量，与地质储量相对误差为8.2%，满足规范要求。

二、礁滩相气藏数值模拟

根据地质建模的研究成果，提取储层的构造模型、孔隙度、渗透率、饱和度以及有效厚度的模型，再结合渗流特征、流体属性及流体饱和度分布的非均质性等方面，将整个长兴组分为13个流动单元，并分区建立了模拟区域的气藏数值模型。

（一）网格系统

各礁带网格类型均为三维角点网格系统，网格步长根据每个流动单元横向、纵向储层分布的非均质性情况分别进行粗化。平面网格步长为25～50m，纵向网格步长为0.4～50m，网格数为11万～258万个。模拟区边界根据礁体展布情况，未进行特殊处理，采用封闭边界。

（二）流体属性

高含硫气藏流体相态行为和相态规律十分复杂，流体相态特征参数的准确与否，将直接影响气藏开发方案设计和开发指标动态预测的准确性和可靠性。长兴组气藏25口井的

28层天然气分析资料统计结果表明，总体上生物礁 CH_4 含量高于礁滩叠合区，生屑滩区最低；H_2S 与 CO_2 含量均是生物礁区低于礁滩叠合区，生屑滩区最高。从各礁带、滩区内部来看，也存在局部差异，如 H_2S 与 CO_2 含量在③号礁带最低，④号礁带次之，然后是①号礁带、②号礁带；CH_4 含量呈相反规律。这些规律除了受取样时机、误差影响外，总体上还与礁滩位置有关。

目前元坝长兴组有元坝103H井、元坝204－1H井、元坝121H井、元坝27井、元坝29－2井5口井有流体相态实验成果，在此基础上，根据各礁带、礁群的流体物性特征，进行流体高压物性分区。④号礁带模拟所应用的储层流体参数主要来自于元坝27井高压物性实验数据；③号礁带模拟采用元坝204－1H井和元坝29－2井高压物性实验数据（表6-16）；②号礁带模拟采用元坝103H井高压物性资料；①号礁带、礁滩叠合区及滩相区模拟采用元坝121H井高压物性实验数据。

表6-16　元坝29－2井流体 *P*—*V* 关系测定数据（153.43℃）

压力/MPa	体积系数/($\times10^{-3}m^3/bm^3$)	密度/(g/cm^3)	黏度/($\times10^{-2}mPa\cdot s$)	压缩系数/($\times10^{-2}\cdot MPa^{-1}$)
10	14.5799	0.0509	1.7516	
20	7.3581	0.1009	1.9781	4.9928
30	5.0774	0.1462	2.2197	2.9477
40	4.0318	0.1842	2.5368	1.947
50	3.4499	0.2152	2.8388	1.3349
60	3.0815	0.241	3.1408	1.019
68.34	2.8607	0.2596	3.3824	0.8191

注：bm^3 为标准立方米。

（三）渗流属性

根据长兴组气藏岩心相渗实验资料情况，按储层类型分别选择若干条具有代表性的相对渗透率曲线，在此基础上进行分类归一化处理，从而得到Ⅰ、Ⅱ、Ⅲ类储层对应的相渗曲线（图6-42、图6-43）。

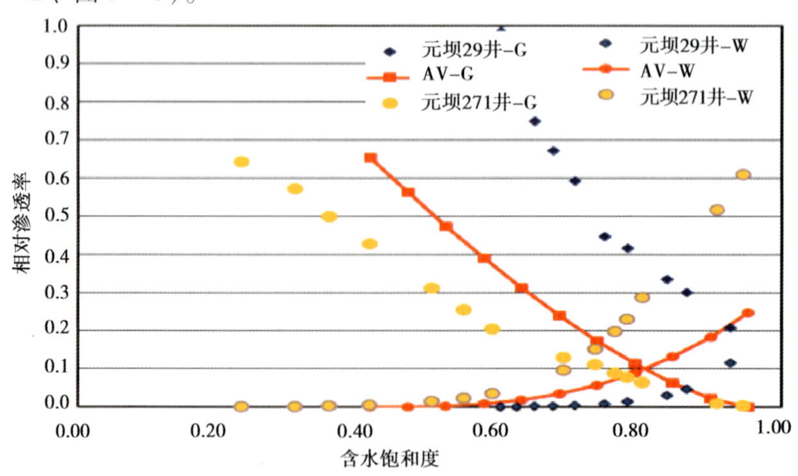

图6-42　Ⅰ类储层相渗曲线归一化

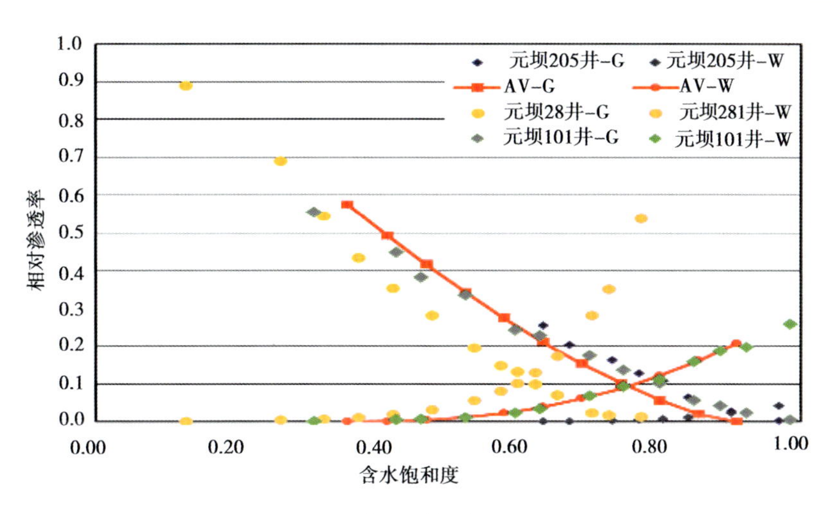

图 6-43 Ⅱ类储层相渗曲线归一化

（四）地质模型渗透率校正

对元坝气田长兴组气藏单井的试井解释渗透率和测井解释渗透率进行回归，得出试井解释渗透率和测井解释渗透率存在以下关系式：

$$K_{试井} = 0.2267K_{测井} - 0.2792 \tag{6-1}$$

由于试井解释结果能够更加真实地反映地层属性，故对地质模型按照上述关系式进行校正。

（五）气藏连通性

对于流动单元内部储层连通性设置，主要参考小礁体刻画等地质认识可知。结合气藏试井认识可知，气井以径向复合模型为主，内部礁盖储层发育，外部储层物性变差。在气藏数值模型中考虑了渗透率平面变化规律（图 6-44、图 6-45）。

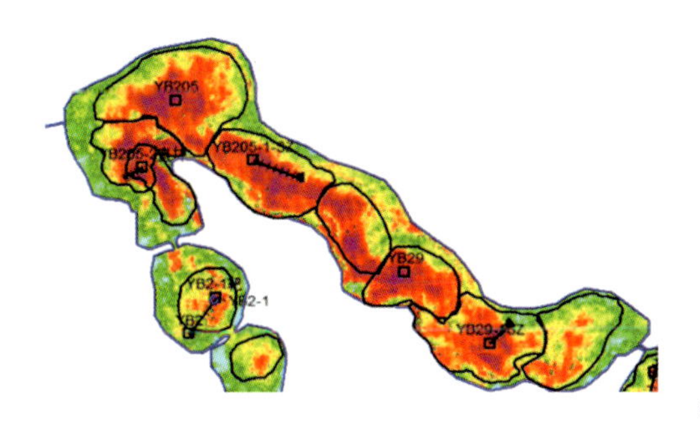

图 6-44 礁群小礁体刻画图

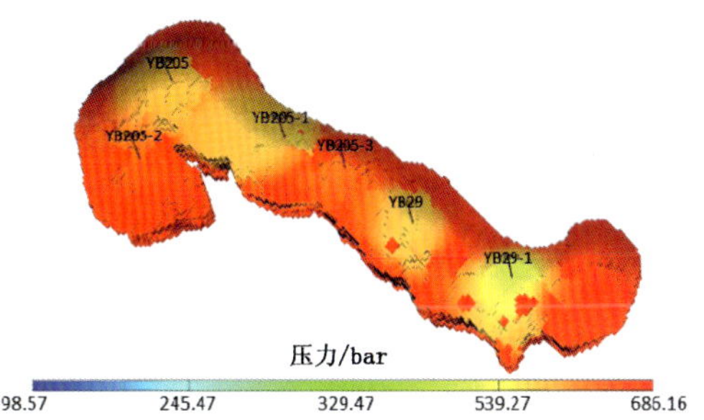

图 6-45 礁群地层压力分布预测图

（六）储量计算

根据所建立的各礁带、礁群的数值模型，分别考虑了各单元的流体属性，进行了储量计算。数模拟合储量为 $1213.52 \times 10^8 m^3$，与建模储量 $1239 \times 10^8 m^3$ 平均相对误差为 -2.06%，建模储量与地质储量（$1350.8 \times 10^8 m^3$）平均相对误差为 -8.28%。因此，可采用该数模拟合储量作为元坝气藏数值模拟研究的基础。

三、开发指标预测

在前期气藏工程研究的基础上，利用最新建立的地质模型，对部署方案进行数值模拟研究，预测各方案的稳产期及评价期各项开发指标。

（一）方案1

方案1采用无增压开采方式，并根据地面建设的要求，井口定压为7.5MPa。气藏开发过程分为两个阶段：稳产阶段，气井井口压力高于7.5MPa，气井以稳定产量生产；定压阶段，气井定井口以7.5MPa进行生产，气井进入产量递减期，当气井产量达到废弃产量（$2\times10^4m^3/d$）时关井。各井配产按照每年开井330d进行碾平；方案评价期为20年。

预测结果表明，整个气藏各井稳产期为2.9~14年；稳产期累产气量$303.06\times10^8m^3$，采出程度为25.0%；预测期末累产气量$579.55\times10^8m^3$，采出程度为47.76%（表6-17）；各单元采气速度为1.16%~6.01%，整体为3.31%。

表6-17　13个数值模拟单元各口井生产指标预测表

礁滩体	数模单元	原配产/（$\times10^4m^3/d$）	稳产时间/a	稳产期末		预测期末		采出程度/%
				累产/$\times10^8m^3$	采出程度/%	累产/$\times10^8m^3$	采出程度/%	
④号礁带	元坝27井—元坝273井礁群	315	5~9.5	79.06	26.18	171.1	56.66	3.44
③号礁带	元坝204井礁群	82	5~7.5	17.66	39.23	29.44	65.42	6.01
	元坝205井礁群	260	5~13	72.57	36.93	121.6	61.88	4.37
	元坝28井礁群	50	7.5~10.5	12.26	29.61	21.69	52.39	3.99
②号礁带	元坝101井礁群	45	10	14.9	29.98	25	50.30	2.99
	元坝103井礁群	120	7~14	37	34.84	62.8	59.13	3.73
①号礁带	元坝10井侧1礁群	30	5.6	5.54	28.54	11.8	60.79	5.10
	元坝10-1井礁群	60	3.8~6.8	11.0	19.55	23.45	41.73	3.52
	元坝10-3H井礁群	30	6	5.94	13.94	10.6	24.88	2.32
	元坝107井礁体	15	6	2.97	12.69	8.42	35.98	2.12
礁滩叠合区	元坝102-2H井井区	35	3.9	4.54	23.39	10.8	55.64	5.95
	元坝11井井区	108	4.4~7	19.7	14.24	47.42	34.29	3.00
滩区	元坝12井井区	68	2.9~7	19.92	10.33	35.43	18.38	1.16
合　计		1218	2.9~14	303.06	25.0	579.55	47.76	3.31

（二）方案2

考虑井场设备、管线对供气量和稳产期的要求，以稳产6~8年为条件，对单井配产进行相应调整，形成新的方案（方案2），并进行方案指标预测。

从方案1预测结果可以看出，元坝271井、元坝272H井、元坝27-2H井、元坝205

井、元坝 205 -3 井、元坝 28 井、元坝 101 -1H 井、元坝 1 -1H 井、元坝 103 -1H 井、元坝 12 井、元坝 124 侧 1 井、元坝 122 侧 1 井 12 口井稳产时间均大于 8 年，需要按照稳产时间要求对其产量进行适当提高；元坝 204 -2 井、元坝 29 -1 井、元坝 10 侧 1 井、元坝 10 -1H 井、元坝 102 -2H 井、元坝 102 侧 1 井、元坝 102 -3H 井、元坝 12 -1 井 8 口井稳产时间均小于 6 年，需要对其产量进行适当降低，以满意稳产要求。由于井间连通的干扰，除了上述 20 口井需要调产外，还需要对相应干扰井进行配产调整，以保证整个方案稳产 6 ~8 年。

预测结果表明，整个气藏稳产期累产气量为 297 $\times 10^8 m^3$，采出程度为 24.47%；预测期末累产气量为 551.5 $\times 10^8 m^3$，采出程度为 45.45%（表 6-18）；各单元采气速度为 1.59% ~6.23%，整体为 3.39%。

表 6-18　13 个单元各口井生产指标预测表

礁滩体	数模单元	配产/($\times 10^8 m/d$)	稳产期末		预测期末		采气速度/%
			累产/$\times 10^8 m^3$	采出程度/%	累产/$\times 10^8 m^3$	采出程度/%	
④号礁带	元坝 27 井—元坝 273 井礁群	319	76.65	25.38	143.9	47.65	3.49
③号礁带	元坝 204 井礁群	85	22.64	50.32	24.41	54.24	6.23
	元坝 205 井礁群	253	62.22	31.66	117.80	59.95	4.24
	元坝 28 井礁群	53	13.32	32.17	19.02	45.94	4.23
②号礁带	元坝 101 井礁群	50	13.20	26.56	25.6	51.51	3.32
	元坝 103 井礁群	147	32.11	30.23	65.9	62.05	4.56
①号礁带	元坝 10 侧 1 井礁群	25	6.60	34.00	11.5	59.25	4.25
	元坝 10 -1 井礁群	53	11.83	21.05	23.2	41.28	3.11
	元坝 10 -3H 井礁群	30	5.94	13.94	8.42	19.77	2.32
	元坝 107 井礁体	152	97	12.69	8.42	35.98	2.12
礁滩叠合区	元坝 102 -2H 井井区	26	6.26	32.27	10.5	54.10	4.42
	元坝 11 井井区	99	21.96	18.47	47.7	39.59	2.75
滩区	元坝 12 井井区	93	21.25	11.02	45.79	23.75	1.59
合　计		1248	297.0	24.47	551.53	45.45	3.39

从对预测结果的分析对比可以看出，方案 2 采气速度略有提高（提高 0.1%），稳产期末采出程度略有下降（下降 0.5%）；预测期末采出程度下降 2.3%（表 6-19）。分析认为这是由于对部分井的调产虽然满足了稳产要求，但是却没有更好地发挥其实际产能所导致的。

表 6-19　长兴组各开发方案指标预测结果对比表

方案名称	原方案	方案 1	方案 2
总井数/口	37	37	37
新钻井/口	19	19	19
老井利用/口	18	18	18

续表

方案名称		原方案	方案 1	方案 2
动用储量/$\times 10^8 m^3$		1261.4	1213.52	1213.52
稳产期末开发指标	年产气/$\times 10^8 m^3$	39.6	40.2	41.2
	日产气/（$\times 10^4 m^3/d$）	1200	1218	1248
	采气速度/%	3.1	3.3	3.4
	稳产年限/a	6	7.9	7.1
	累产气/$\times 10^8 m^3$	237.1	303.1	297.0
	采出程度/%	18.8	25.0	24.5
预测期末开发指标（20 年）	累产气/$\times 10^8 m^3$	570.2	579.55	551.5
	采出程度/%	45.2	47.76	45.45

第七章　超深水平井设计及优化技术

元坝气田长兴组气藏具有埋藏超深，礁体小、散、多期发育，储层厚度薄、非均质性强，气水关系复杂、不同礁滩体具有相对独立的气水系统等特点，对于如此复杂的气藏，开发建设成功的关键在于确保开发井钻井成功率及气井的全面达产，由于直井产量和井控储量普遍达不到经济极限要求，气藏开发方案设计开发井以水平井为主。

对于超埋深、薄储层、小礁体气藏水平井，水平段如何有效避开水层和长穿优质储层，提高单井产量和井控储量以实现开发井全面达产的目标，在礁体精细刻画、储层定量预测、含气性检测以及开发井网、井型、井距等研究成果的基础上，在水平井设计过程中，面临水平段方位如何设计、靶点如何选择、水平段长度优化等难题，而在水平井实施过程中，则面临水平井轨迹是否需要调整、如何调整等难题。

针对上述问题，在水平井设计过程中，一是根据储层预测成果，按照轨迹尽可能沿礁盖储层脊部的原则，优选储层最发育、连续性最好的方位为井轨迹方位；二是开展数值模拟研究，根据是否发育底水来确定水平段垂向位置；三是采用数值模拟、经济评价及增产倍比法等方法优化水平段长度。

在水平井实施过程中，必须把握入靶前的轨迹控制和入靶后即目的层的轨迹控制，后者能够确保提高气层钻遇率。入靶前采用标志层逼近控制及近井约束反演技术提高储层埋深随钻预测精度，确保水平段在设计的位置着陆。在目的层段，采用元素录井、核磁共振等录井新技术，以储层发育模式为指导，气藏地质特征与钻井工程工艺相结合，形成了系统地“找云岩、穿优质、控迟深、调靶点”的超深水平井目的层轨迹实时优化技术，建立了不同类型储层水平井轨迹优化调整方法。

该技术成果在元坝气田开发建设中成功应用，获得了良好的效果，十余口水平井储层钻遇率平均达 82% 以上，较该技术应用前提高了 42%。

第一节　水平井轨迹优化设计

一、水平段方位

根据储层平面展布预测成果及不同方位储层、含气性预测研究成果，优选储层最发育、连续性最好的方位为井轨迹方位。以元坝10－2H井水平段方位选择为例：首先根据井控半径等研究成果确定合理的靶前距，再根据储层预测结果优选水平段A靶点；A靶点确定后，分析过A靶点不同方向储层的发育状况及连续性，优选储层最发育、连续性最好的方位为井轨迹方位（图7－1）。

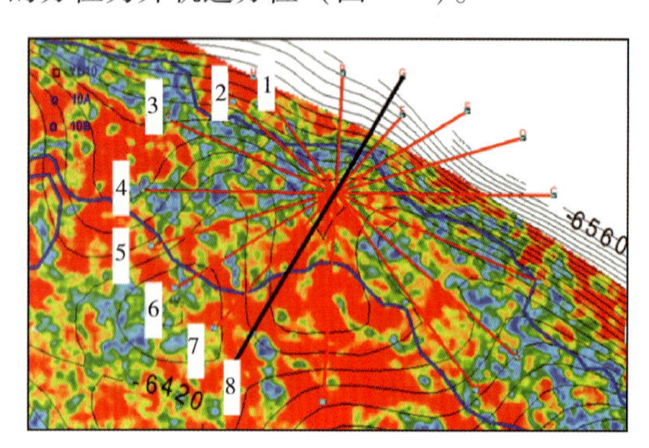

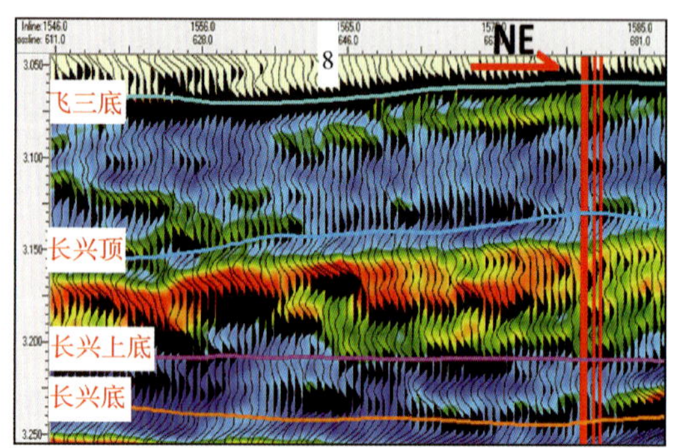

图7－1　元坝10－2H井水平段轨迹方位优化设计平面及剖面图

二、水平段垂向位置

水平井的渗流特征决定了水平段在垂向的位置对气井的产能有较大影响。对不同的油气藏，水平井在储层中的垂向位置有不同的要求。根据理论公式和实践分析认为，在无底水、夹层不发育的气藏中，水平段的位置应该位于垂向上物性较好部位，这样才能有利于气体渗流。为了分析水平段在不同垂向位置对气井产能的影响情况，不考虑储层物性在垂向上的差异，利用数值模拟进行对比分析（图7－2）。

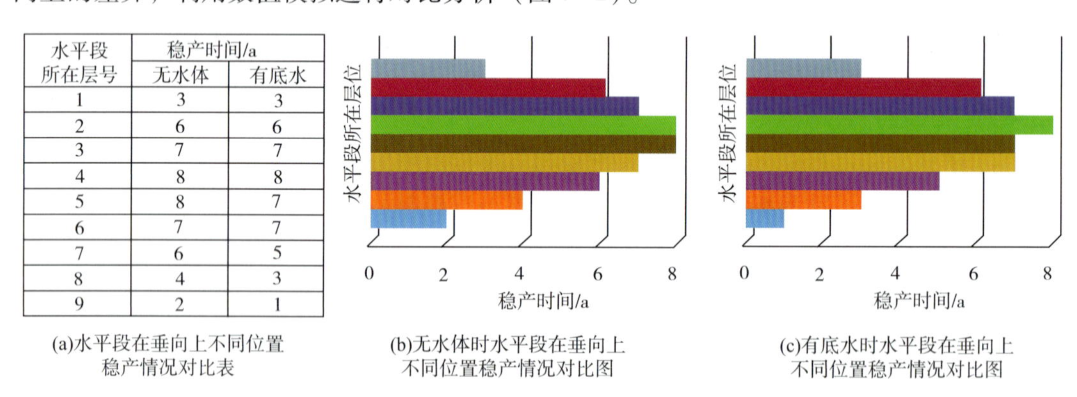

水平段所在层号	稳产时间/a	
	无水体	有底水
1	3	3
2	6	6
3	7	7
4	8	8
5	8	7
6	7	7
7	6	5
8	4	3
9	2	1

(a)水平段在垂向上不同位置稳产情况对比表

(b)无水体时水平段在垂向上不同位置稳产情况对比图

(c)有底水时水平段在垂向上不同位置稳产情况对比图

图7－2　水平段在垂向上不同位置稳产情况对比

由图7－2可以看出，在没有水体时，如果井的水平段位于储层的上部，气井稳产3年；而当水平段在储层的中部时，稳产期最长（8年）；当水平段位于储层底部时，稳产期最短（2年）。在有底水的情况下（图7－2），如果井的水平段位于储层的中上部，稳产期与无底水时相同，但位于中部以下时，由于产水的影响，稳产期变短，均减少1年。同时也可以看出，当水平段在储层的中上部时，底水未能锥进，对稳产时间几乎没有影响；但是当水平段在储层的中部以下时，底水突破后产水，稳产期变短。

根据储层预测研究成果，确定靶点处有利储层发育范围，为最大限度穿过最有利储层，水平井设计应从有利储层的中上部进入，从有利储层中下部穿出；底部有水层的储层，水平段轨迹应距离含水层或水层有一定距离。图 7-3 为元坝 1-1H 井水平段轨迹垂向位置设计示意图。

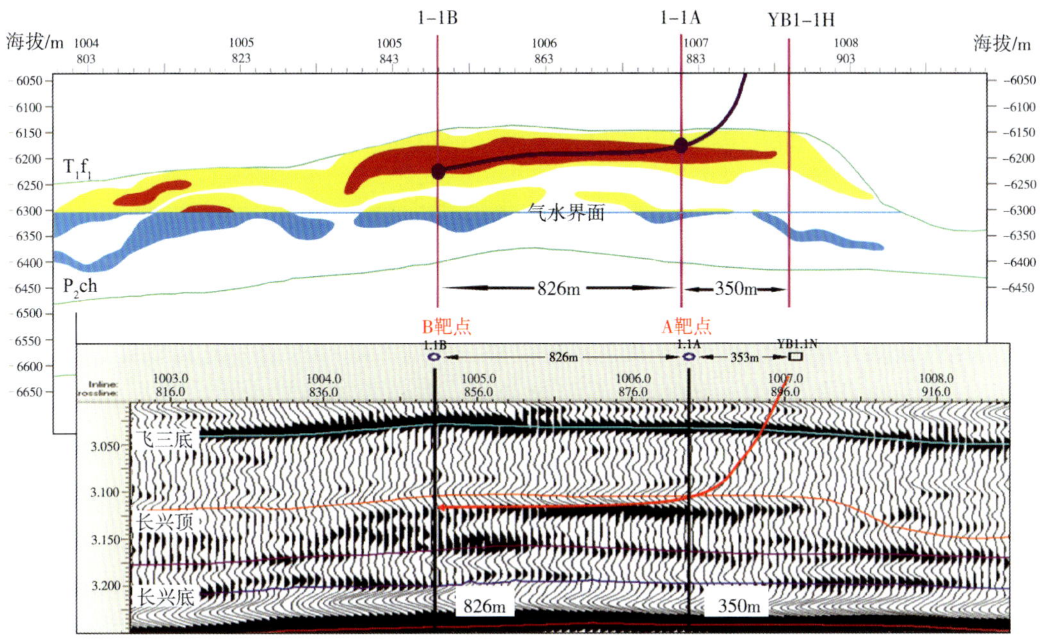

图 7-3　元坝 1-1H 井水平段轨迹垂向位置设计示意图

元坝 1-1H 井 A 靶点礁盖（顶）储层顶界垂深 6858m，底界垂深 6942m；设计靶点垂深 6880m，斜深 7063m；元坝 1-1H 井 B 靶点礁盖（顶）储层顶界垂深 6862m，底界垂深 6940m；设计靶点垂深 6940m，斜深 7827m

三、水平段长度

元坝长兴组气藏储层埋藏深，开发投资大，技术要求高，经济有效开发难度大。元坝长兴组气藏有效开发需要从元坝气田长兴组气藏的地质特点、经济性出发，在优化井型的基础上，对水平井长度进一步优化。

根据国内外已开发气田水平井开发经验，统计国内外气田水平井水平段长度（表 7-1），可知国内外实钻水平段长度大多在 600m 左右，最长水平井段长度达 2000m 左右。

表 7-1　国内外气田水平井水平段长度统计表

气　田	岩　性	储层厚度/m	水平段长度/m
美国 Carthage 气田			437
加拿大阿尔伯达 Westerose 气藏			596
哥伦比亚 Chuchupa 气田		51	610
加拿大阿尔伯达 Westerose 气藏		6.5	610
英国 Barque 天然裂缝砂岩气藏	砂岩	薄层	692
英国 Anglia 气藏		边际以下产层	896
荷兰 zuidwai 砂岩气藏	砂岩	100	200+200

续表

气　田	岩　性	储层厚度/m	水平段长度/m
德国 Nortnviliant 气藏		薄层	549
阿联酋	致密灰岩		429～1932
塔里木雅克拉气田上下气层			600+400
大庆徐深气田升深 2-1 井井区	火山岩		600
大庆徐深气田徐深 1 井井区	火山岩		800
长庆长北气田	砂岩		2000
长庆靖边气田	砂岩		1000

（一）数值模拟及经济评价结合

采用数值模拟及经济评价结合的方法对元坝长兴组气藏水平段长度进行优化。根据元坝长兴组气藏测井解释结果，建立机理地质模型。利用 Eclipse 软件建立的双孔介质模型，模拟不同水平段长度（200～1400m）的开发效果。数值模拟结果表明：随着水平段长度的增加，稳产年限及稳产期末采出程度都增大，但增幅都逐渐变小（表 7-2）。

表 7-2　不同水平段长度数值模拟预测指标

水平段长度/m	200	400	600	800	1000	1200	1400
稳产期末累产气/$\times 10^8 m^3$	2.19	6.58	8.77	9.86	10.96	12.05	13.15
稳产期末累产气增幅/$\times 10^8 m^3$	0	4.38	2.19	1.1	1.1	1.1	1.09

从计算结果可以看出，当水平段长度达到 800m 后，稳产年限及稳产期末累产气增加幅度变缓［图 7-4（a）］。随着水平段长度的增加，预测期末采出程度增大，但增幅逐渐变小［图 7-4（b）］。单井的财务净现值随着水平段加长先增加后减小，在水平段长度为 800m 时达到最大。总体上，水平段长度为 600～800m 时，财务净现值比较接近，且达到峰值［图 7-4（c）］。

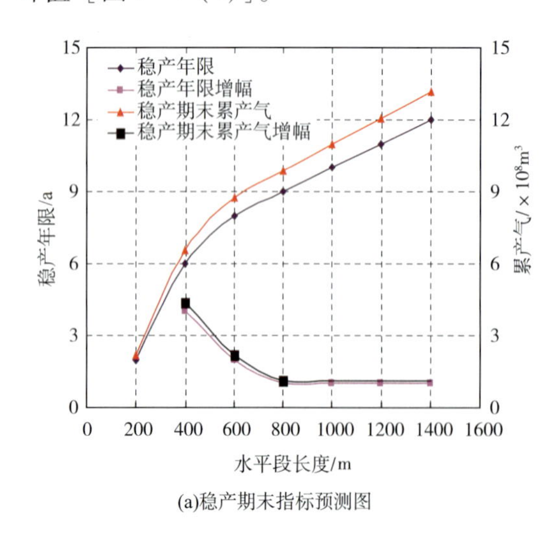

(a)稳产期末指标预测图

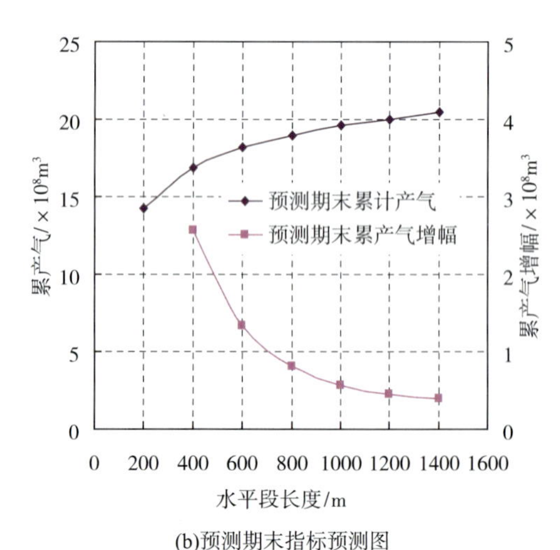

(b)预测期末指标预测图

图 7-4　不同水平段长度指标预测图

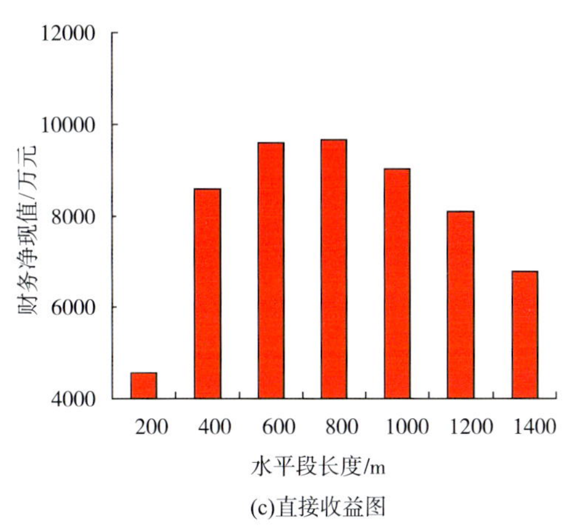

(c)直接收益图

图 7-4　不同水平段长度指标预测图（续）

（二）增产倍比法

根据水平井与直井理论公式，模拟计算了不同水平段长度下的增产倍比（图 7-5）。结果表明：随着水平段长度的增加，增产倍比增大，但增幅逐渐变小，当超过 800m 后，增幅几乎持平，因此水平段优选值应为 600～800m。综合上述结果，元坝长兴组气藏水平井部署优选水平段介于 600～800m 之间。

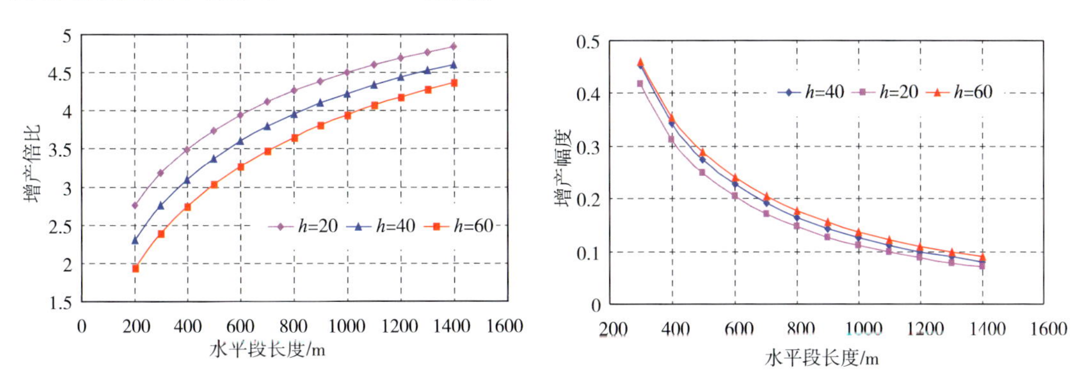

图 7-5　不同水平段长度的增产倍比图及增产幅度对比图

第二节　超深水平井轨迹实时优化技术

一、入靶前轨迹优化调整技术

（一）标志层逼近控制技术

超深水平井非目的层段实钻与设计有一定的差距，在进入目的层之前，需要调整好井斜，防止进入目的层时井斜偏大或偏小，导致钻不到储层或钻穿储层，对此可通过标志层对比和随钻预测技术的结合，在入窗前对轨迹进行优化调整。首先，要掌握钻井区域目的层的分布、走向、厚度、深度等基本情况，选取控制对比井，建立起邻井海拔垂深和岩电对比图；其次，通过区域上的构造和地层情况，选取横向上分布稳定的标志层来做对比分析，随钻预测目的层垂深。

元坝地区飞仙关组二段+一段的厚度不稳定（130~200m），飞三段底部发育一套分布稳定、电性特征明显的泥（泥灰）岩，可作为标志层。现场卡准飞仙关组三段的底深，与邻井进行对比分析（图7-6），预测长兴组的顶深及储层的顶深，根据井区飞二段—长兴组纵、横向上岩性、岩相组合以及特殊岩性段的特征，再结合井区构造特征，确认目的层横向展布，钻井过程中再通过标志层的变化情况，对已预测的目的层深度进行适当修正，根据与设计的偏差对轨迹进行优化调整，确定靶点的深度。如元坝272-1H井实钻飞三底垂深6342.5m（比设计深37.5m），根据邻井飞二段+一段的厚度为135~155m，预测沿轨迹走向长兴组顶界垂深在6480~6500m（较设计垂深6434m偏深46~66m）；实钻飞二段+一段的厚度为136m，长兴组顶界垂深为6478.5m（较设计垂深6434m偏深44.5m），如不降斜优化轨迹，将无法保证长穿优质礁盖储层。

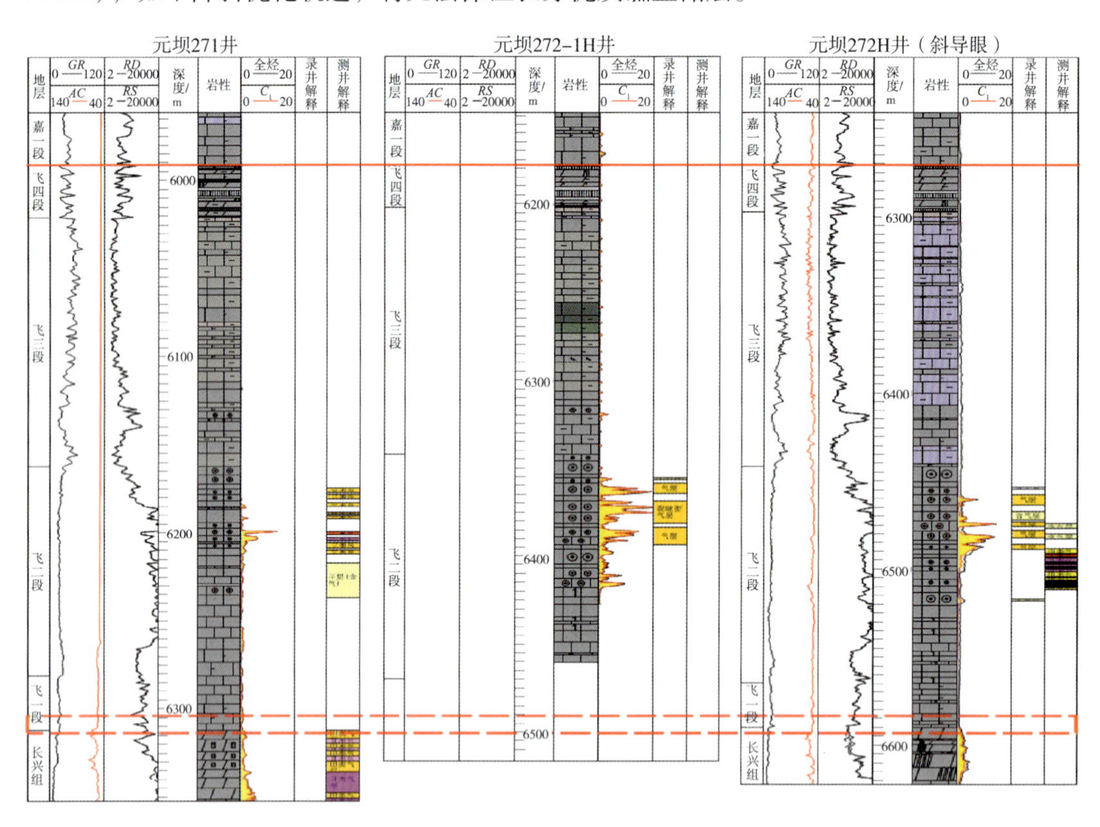

图7-6　元坝272-1H井飞仙关组与邻井对比图

（二）储层埋深随钻精细预测技术

元坝长兴生物礁滩体储层埋深普遍超过6500m，储层厚度为20~80m，为了提高井控储量和单井产能，普遍采用水平井进行开发，且为了降低投资成本，绝大部分井不打导眼。对于如此超深且储层薄的地质情况，准确定位储层位置，引导钻井准确入窗，实现长穿优质储层的难度较大。

由于沉积相带的横向变化而引起地层岩性平面分布、纵向岩性组合均有较大差异，这些差异会导致地震波在地层中的传播速度在不同区域会有不同。即使在相同的相带内，由于沉积微相不同、储层横向非均质性的影响，地震波的传播速度也有细微的差异，在全区没有统一的速度场，这也为储层埋深的精确预测带来了较大的困难。

针对元坝气田储层埋深普遍超过6500m的地质情况，为了准确预测储层的埋深，为水平井的设计提供准确参数，通过对钻井与地震匹配关系的深入研究，创新性地探索出超深礁滩体储层深度预测的两步法：第一步，采用邻井速度场粗略预测部署井的主要地层界限深度；第二步，将正钻井用作虚拟导眼井，用正钻井四开测井曲线标定建立井点处精确速度场，利用本井的速度场来精细预测储层埋深。

以元坝27－3H井为例说明储层深度预测两步法。元坝27－3H井位于④号礁带元坝27井与元坝271井之间，距离元坝27井约3km，距离元坝271井约1.8km。由于该井不钻导眼井直接采用水平井进行开发，为了保障该井钻井取得成功，对该井的储层埋深预测采用了两步法：第一步，采用与元坝27－3H井最靠近的已完钻井元坝271井速度场对元坝27－3H井长兴顶埋深进行了初步预测，预测在顺轨迹走向方向上元坝27－3H井长兴顶垂深在6503m左右，根据储层的纵向展布特征设计A靶点垂深为6560m、B靶点垂深为6560m；第二步，根据四开曲线合成记录标定建立起本井的准确速度场，预测在顺轨迹走向方向上长兴组顶界垂深在6470～6490m之间，并根据储层的埋深预测建议将A靶点垂深调整到6538～6542m之间，将B靶点垂深调整到6526～6530m之间。经实钻证实，长兴组顶界垂深为6478.70m，实钻A靶点垂深为6541.08m。通过深度预测两步法，准确地预测了元坝27－3H井的储层埋深，以此为依据指导的轨迹优化调整，最终创造了在922m的水平段中钻遇有效气层厚度779.4m的新纪录，有效气层钻遇率达84.53%（图7-7）。

经钻井检验，储层深度预测两步法有效地提高了储层埋深的预测精度，在目的层埋深超过6500m的地质条件下，将储层埋深预测的误差控制在了0.2%以内（表7-3），预测储层埋深与实钻深度差在13m范围内，多数井的预测与实钻深度差小于10m，有效降低了水平井因深度预测不准而造成的风险，为水平井钻井轨迹设计奠定了坚实的基础，为随钻轨迹优化调整提供了可靠的依据，大大提高了水平井钻井成功率。

表7-3　元坝气田水平井目的层预测深度与实钻深度对比统计表

井　名	设计长兴顶垂深/m	四开曲线标定预测长兴顶垂深/m	实钻长兴顶垂深/m	设计与实钻深度差/m	设计与实钻深度误差	随钻预测与实钻深度差/m	随钻预测与实钻深度误差/%
元坝10－1H井	6718	6718～6725	6720.3	－2.3	－0.003%	－2.3	－0.003
元坝1－1H井	6850	6807	6820	30	0.44%	－13	－0.19
元坝101－1H井	6875	6855～6865	6865.5	9.5	0.14%	－10.5	0.15
元坝102－2H井	6755	6755～6765	6755	0	0	0	0
元坝29－2井	6840	6839	6848.5	－8.5	－0.12%	－9.5	－0.14
元坝29－1井	6805	6780	6784	21	0.31%	－4	－0.006
元坝205－1井	6480	6525～6532	6520.5	－40.5	－0.62%	4.5	0.007
元坝204－1H井	6561	6528	6536.7	24.3	0.37%	－8.7	－0.13
元坝27－1H井	6265	6251	6242.5	22.5	0.36%	8.5	0.13
元坝27－3H井	6503	6480	6479	24	0.37%	1	0.002
元坝272－1H井	6434	6480～6490	6478.7	－44.7	0.69%	1.3	0.002

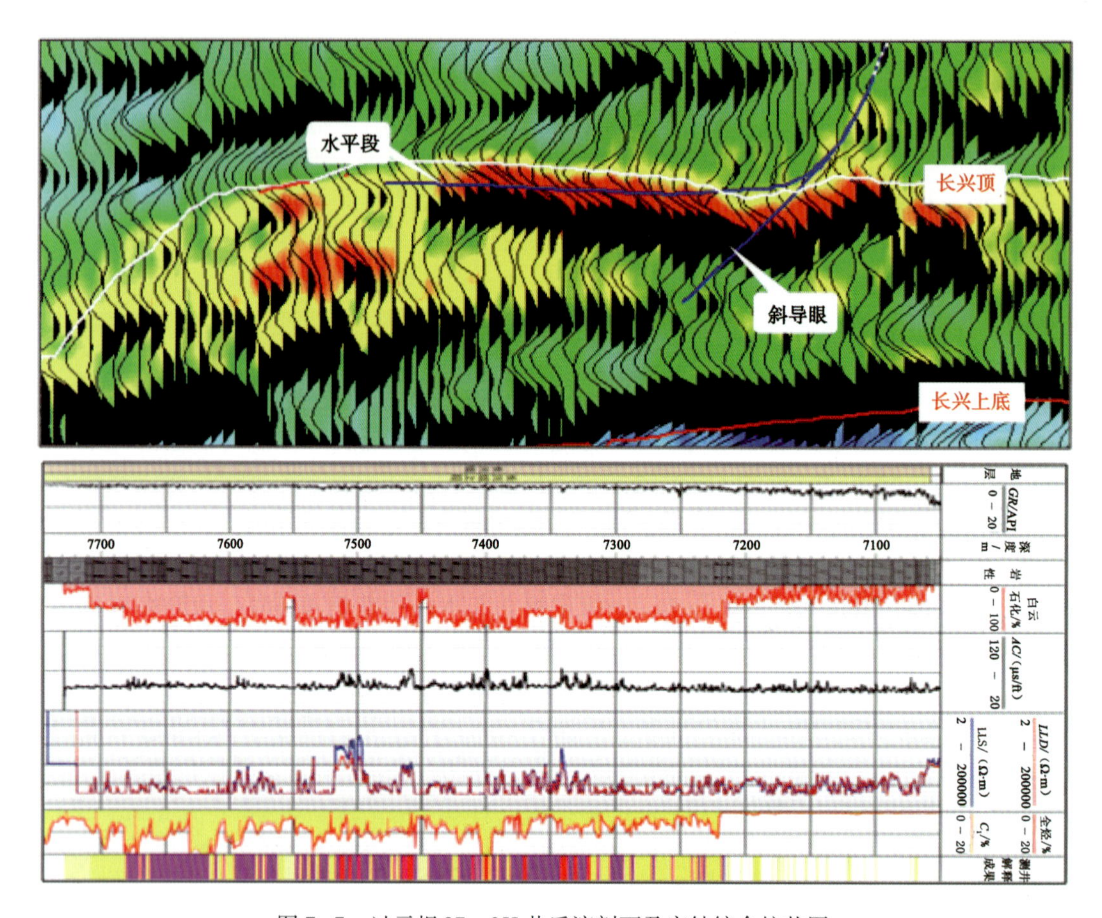

图 7-7　过元坝 27-3H 井反演剖面及实钻综合柱状图

二、目的层轨迹优化调整技术

要提高优质储层钻遇率，加强现场地质跟踪，及时发现问题并进行轨迹优化调整最为关键。一方面，安排经验丰富的地质研究人员驻守现场，应用录井新技术，结合岩屑、气测录井和薄片鉴定，确定入靶后的储层变化情况，及时、准确地了解水平段钻遇岩性、物性和含气性的细微变化。另一方面，根据实钻资料的变化，及时修正地质模型，并结合邻井剖面和录井、测井成果进行精细对比，预测优质储层纵、横向展布，提出轨迹调整方案，然后及时与钻井工程结合，指导调整实钻轨迹，使钻头尽可能在优质储层中穿行。

针对长兴组气藏储层纵、横向非均质性强，局部存在边（底）水，受礁滩体控制的特征，同时考虑气藏地质特征与钻井工程工艺的结合，建立了系统地“找云岩、穿优质、控迟深、调靶点”即“找寻白云岩，长穿优质储层，控制迟到井深与钻头井深差，精细微调井斜确保中靶”的超深水平井目的层轨迹实时优化技术。

（一）随钻岩性快速识别技术

元坝长兴组气藏最好的储层岩石类型为白云岩，水平井达产的基础是确保目的层轨迹位于白云岩之内。钻井实施过程中，需通过各种岩性识别技术，及时、准确地判断岩性变化，以确定是否需要调整轨迹。

1. 常规岩性识别技术

录井现场对岩屑的鉴定首先是通过肉眼观察，然后再运用其他手段来鉴定岩屑的岩性。岩屑代表性好的情况下，肉眼结合放大镜能很好地识别砂岩和泥岩地层，但在碳酸盐岩地层中，依靠肉眼是无法区分白云岩和灰岩的，录井现场鉴定碳酸盐岩的常规方法主要分为化学试剂法和镜下薄片法两种方法。

最常见的化学试剂法主要是利用稀盐酸和镁试剂来区分灰岩和白云岩。首先挑选清洗干净且代表性好的岩屑，然后进行滴试剂鉴定，岩屑滴稀盐酸起泡剧烈，滴镁试剂无反应则为纯灰岩；若岩屑滴稀盐酸无反应，滴镁试剂溶液变为蓝色，则鉴定认为该岩屑为白云岩。

薄片鉴定是将矿物或岩石标本磨制成薄片，在偏光显微镜下观察矿物的结晶特点，测定其光学性质，确定岩石的矿物成分，研究它的结构、构造，分析矿物的生成顺序，确定岩石类型及其成因特征，最后定出岩石的名称。它是地质找矿工作中经常使用的重要方法，对岩石的微观描述是最细致、最准确的，是鉴定岩石最好的方法。但是薄片鉴定对岩屑大小有一定要求，岩屑要达到10mm×10mm左右才能磨制薄片，且制样和鉴定分析周期较长。

2. 元素录井岩性识别技术

元坝长兴组气藏岩性复杂，加之钻井多为超深井，普遍采用PDC钻头施工，导致岩屑细小且混杂，传统的岩屑录井技术难以准确识别岩性。近年来兴起的伽马岩屑分析技术对碳酸盐岩地层的识别效果非常有限，而岩屑成像技术应用效果也不佳。通过国内外相关新技术的调研，采用元素录井技术进行超深复杂礁滩体岩屑岩性快速识别。

元素录井技术采用分析岩屑中Ca、Mg、Fe等元素的含量来判定岩性，克服了细小岩屑选样及鉴定困难的缺陷。此外，每个样品的分析周期在4～6min，基本可以与现场地质录井同步，能满足快速录井及轨迹实时优化调整的需求。

针对元坝气田长兴组气藏礁滩相储层的元素录井岩性识别方法包括标准图谱法、曲线解释法、曲线交会、曲线比值、定量解释等，综合分析表明，元坝地区长兴组地层中灰岩的显著特征为Ca含量高，Ca、Mg含量比高，白云岩为Mg含量高，Ca、Mg含量比低。

元坝27－1H井等井元素录井岩性解释结果与测井解释、实验室薄片鉴定的4种主要岩性对比，其岩性解释吻合度较高（图7-8），取得了理想的应用效果。

（二）随钻物性快速评价技术

钻水平井的主要地质目的是长穿优质储层，在水平段施工中，重点工作是准确追踪和识别优质储层，为后续井轨迹实时优化调整提供数据支持。

1. 薄片储层物性定性评价

水平井钻井的主要目的是长穿优质储层，为增加泄油气面积，提高单井产量打下坚实基础，它是薄层油气藏开发钻井中提高可动用储量的重要施工手段之一。在水平井段施工中，地质导向重点工作是准确追踪和识别优质储层，为后续井身轨迹调整施工提供数据支持。常规录井无物性评价手段，主要依据气测显示来判断储层含气性的好坏。而在碳酸盐岩地层中，现场可以通过薄片来分析岩石物性的好坏。薄片主要包括常规薄片和铸体薄

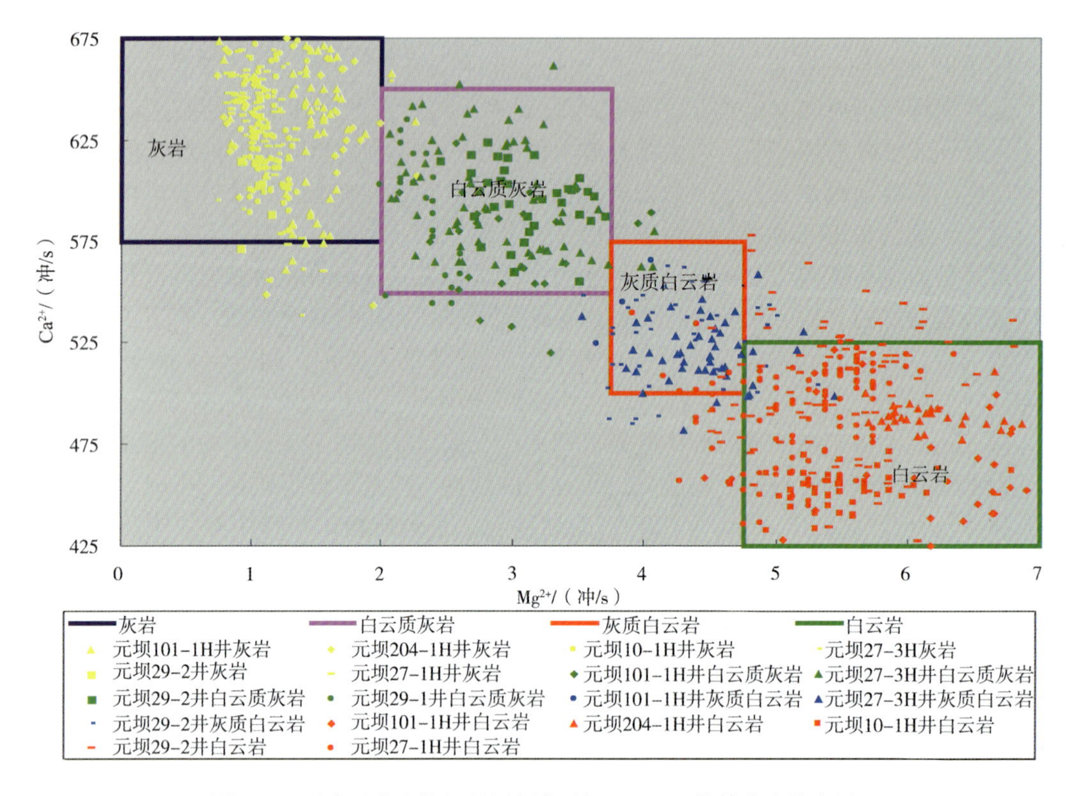

图 7-8 元素录井岩性解释图版在元坝 10-1H 井等井中的应用

片，铸体薄片由于岩石孔隙被有色胶充填，能够在镜下清晰地观察岩石孔隙结构并精确统计岩石孔隙大小，但钻井现场不具备做铸体薄片的条件，仅能做常规薄片鉴定，故只能大致观察、判断孔隙发育情况。

如图 7-9 和图 7-10 所示，通过镜下薄片可以直观地观察到碳酸盐岩颗粒中晶间孔、溶孔、裂缝等的发育情况，目估样品的面孔率，从而定性评价储层物性的好坏。该方法为现场水平井地质导向判断储层物性好坏提供了参考依据，为钻头多穿优质储层提供了有力支持。薄片鉴定要求岩屑样品大小要达到 10mm × 10mm 左右，因此，薄片技术对岩屑大小要求较高，录井现场只有在岩屑代表性好且颗粒大的情况下才能进行分析鉴定。

2. 核磁物性随钻定量评价技术

常规的薄片观察仅能定性地判断孔隙是否发育和目估面孔率，不能解决随钻储层定量分类。采用核磁共振分析技术开展随钻岩屑孔隙度和渗透率分析，建立Ⅰ、Ⅱ、Ⅲ类储层核磁物性评价分类指标及分类评价图版，从而实现复杂礁滩体随钻储层定量分类与评价，可为未钻井段轨迹是否调整和优质储层标定与预测提供科学依据。

此外，传统的实验分析获取储层物性参数的周期较长，而核磁共振物性定量分析技术分析速度快，实现了随钻物性快速评价，能够满足开发快速决策的需要。

根据元坝 2 井等井核磁共振分析的储层与测井解释结果对比，可知核磁评价标准基本合理。而利用元坝 2 井等井测井解释结果与核磁共振分析结果对比（图 7-11），可以看出测井解释与核磁共振储层评价吻合度较高。

图 7-9 元坝 2 井溶孔白云岩晶间孔（晶间孔、晶间溶孔发育，充填沥青质；井深：6582.00m；层位：P_2ch；正交偏光，染色）

图 7-10 元坝 204 井溶孔白云岩溶孔（见较多溶孔，未被充填；井深：6548.60m；层位：P_2ch；单偏光，染色片，放大 4×10；面孔率：8%）

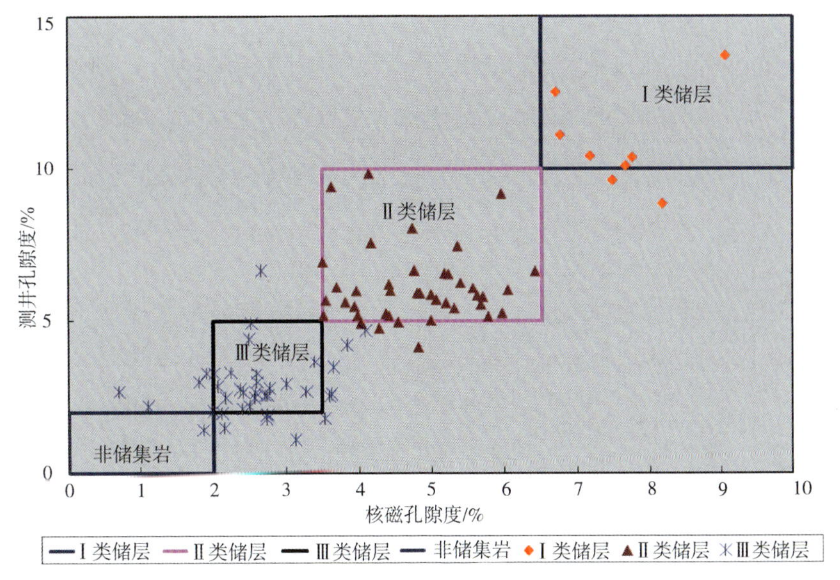

图 7-11 元坝 2 井等井测井解释成果与核磁共振分析结果对比图

（三）储层随钻综合评价技术

1. 储层识别

通过岩性、物性、含油气性分析单项技术的研究，结合现场工作实践，建立了元坝气田地区海相储层与非储层的分层原则：

（1）元素岩性识别技术等方法评价的泥岩和膏盐岩为非储层岩性，储层岩性为灰岩、白云岩及其过渡岩性；

（2）核磁共振物性分析岩屑孔隙度大于 2 或综合录井 *B* 指数小于 1 为储层；

（3）气测组分中的甲烷测量值与背景值比值大于 2 为储层。

2. 储层评价

通过研究各项地质指标与测井、测试结果的相关性，优选出储层综合评价指标和相应的权重，建立起元坝气田储层综合识别评价技术。

1）地质指标的优选

主要地质指标与测试获产的关系如下所述。

岩性：元坝气田海相储层岩性成分以白云岩为主，灰岩次之，但结构比较复杂，不同区块储层的岩性成分有区别。据国内大量研究证实，白云岩化作用对元坝气田海相优质储层的形成作出了重要贡献。通过统计元坝区块 9 口长兴组测试获产井段 71 层储层的岩性，计算出各种岩性的平均孔隙度，从表 7-4 可以看出，储层物性与白云石含量有一定正相关性，白云石含量越高，物性越好（溶孔、溶洞、晶间孔、粒间孔发育），故白云岩类物性明显优于灰岩类。灰岩类中的鲕粒灰岩和生物礁灰岩的孔隙度又比其他灰岩好。

储层物性：元坝气田海相储层类型主要为裂缝—孔隙型，对于该类型储层，孔隙度是评价储层的一个重要指标，有效孔隙度的大小与油气产量有正相关性。现场可以通过对岩屑进行核磁共振分析建立单井物性剖面，当岩屑直径小于 3mm，不能满足核磁共振分析条件时，利用综合录井参数储层划分指数也能评价储层物性。

表 7-4　元坝区块部分井长兴组测试获产段岩性与孔隙度关系统计表

岩　性	累计厚度/m	平均孔隙度/%
灰岩	147.7	3.93
白云质灰岩	23.3	5.96
灰质白云岩	29.2	7.9
白云岩	169.77	6.11

气测参数：气测录井主要是通过对钻井液中天然气的组成成分和含量进行测量分析，依此来判断地层流体性质。气测录井能够及时地发现油气层，并对井涌、井喷等工程事故进行预警，是地面评价油气最有效的手段之一。气测值的高低，与储层的产能大小密切相关。气测资料也是储层评价的一个重要指标。

综上所述，该 3 项地质指标都能反映储层综合性能，与储层评价密切相关，为了突出各项地质指标在储层综合评价中的作用，使用了指标权重法来计算综合评价系数。

2）综合评价系数的计算

某一指标的权重是指该指标在整体评价中的相对重要程度，是被评价对象不同侧面重要程度的定量分配，对各评价因子在总体评价中的作用进行区别对待。碳酸盐岩地质指标能够反映钻遇储层信息、性质及程度的差异，引入权重的方法对地质指标进行综合分析，对每个地质指标的评价取值，决定于其贡献的大小，贡献大的其权重取值较大，反之则较小。每个地质指标显示等级的取值范围均在 1 ~ 10 之间，对不同显示等级的取值大小，反映了储层性质的差别，这是通过经验或统计方法来确定的。该方法很好地消除了单指标对储层评价的影响，提高了储层评价的准确性。因此，利用与储层获产密切相关的地质指标建立了综合评价系数。

综合评价系数是指各单项地质指标与该项指标权重的乘积之和，计算公式为：

$$G_i = \sum_{j=1}^{3} A_{ij} G_{ij} \tag{7-1}$$

式中　G_i——第 i 层综合评价系数；

G_{ij}——第 i 层第 j 项评价参数值；

A_{ij}——第 i 层第 j 项评价参数的权重。

按上述方法，计算出元坝气田海相3口井9层地质综合评价系数，将系数与该层的测井、测试成果进行对比拟合分析（表7-5），结合 B 指数、全烃曲线形态对储层类型的识别，可初步建立元坝气田海相储层随钻综合评价指标（表7-6）。

表7-5　元坝气田部分井海相储层随钻综合评价系数与测井、测试成果对比表

井名	井段/m	层位	岩性评价	核磁评价	气测评价	G_i 系数	测井解释	测试情况
元坝2井	6545.0～6563.0	长兴组	好	中等	好	22	Ⅱ、Ⅲ类储层	6545～6593m，产气 $10.24\times10^4m^3$
元坝2井	6576.0～6592.0	长兴组	中等	中等	好	21	Ⅱ、Ⅲ类储层	
元坝2井	6677.0～6692.0	长兴组	中等	中等	好	23	Ⅱ类储层	6677～6700m，产气 $4.36\times10^4m^3$
元坝12井	6688.0～6725.0	长兴组	中等	中等	好	21	Ⅱ、Ⅲ类储层	6692～6780m，产气 $53.14\times10^4m^3$
元坝12井	6728.0～6760.0	长兴组	中等	好	好	25	Ⅰ、Ⅱ类储层	
元坝12井	6760.0～6789.5	长兴组	中等	中等	好	23	Ⅱ类储层	
元坝101井	6968.0～6978.0	长兴组	中等	好	好	25	Ⅰ、Ⅱ、Ⅲ类储层	6955～7022m，产气 $32.06\times10^4m^3$
元坝101井	6980.0～6998.0	长兴组	中等	中等	好	23	Ⅱ、Ⅲ类储层	
元坝101井	7011.0～7013.5	长兴组	中等	中等	好	23	Ⅱ类储层	

表7-6　元坝气田现场储层综合分类评价标准表

储层综合评价	优	良	差
G_i 系数	>20	20～14	<14
岩性	溶孔、溶洞、溶缝和晶间孔发育的白云岩	溶孔、溶缝和晶间孔较发育的白云岩和灰质白云岩	孔隙欠发育的白云岩或灰岩
核磁物性评价	Ⅰ、Ⅱ类储层	Ⅱ、Ⅲ类储层	Ⅲ类储层
含气性	气层	气层或含气层	含气层或微含气层
备注			

表7-6中，岩性评价的优、中、差分别取值1.5、1、0.5，其权重赋值2；核磁优、中、差分别取值3、2、1，其权重赋值3；气测优、中、差分别取值3、2、1，其权重赋值4。

现有资料表明，测试获产的储层段大部分见气测异常显示。因此，在现场实际应用中，不是对所有识别出的储层进行评价，评价储层的首要条件是甲烷测量值与背景值的比值大于2，或出现良好的钻井显示。如果未出现上述情况则进行岩性判断，仅在灰岩、白云岩及其过渡岩性中开展核磁共振孔隙度大于4%储层的评价工作。

（四）控制迟到井深与钻头井深差技术

由于元坝气田水平井井深约达7500m，钻井迟到时间较长（约200min）、迟到井深与钻头井深相差约为20m，为实时分析与落实岩性、物性、相带类型等储层特性的细微变化，及时为轨迹优化调整提供准确的资料依据，以及更好地进行轨迹优化调整，控制钻进过程中迟到井深与钻头井深差是关键，当二者井深差达到一定位时采取地质循环、采样分析，判断储层可能有变化时控制迟到井深与钻头井深相差5~8m。

（五）精细微调井斜确保中靶技术

水平井实施过程中，在进入目的层后派遣经验丰富的地质研究人员现场驻井，根据邻井小层划分、储层特征对比研究，结合实钻录井及近井约束反演等工作，同时与工程施工队伍紧密结合，提出增加或降低井斜角等优化调整的建议，这是确保快速钻进，准确入靶，水平轨迹多穿优质储层，实现开发井高产高效的重要手段。

第三节　不同类型储层水平井轨迹优化调整方法及效果

长兴组气藏不同礁带、不同井区具有不同的储层组合特征，针对不同的特征，水平井轨迹宜采用不同的优化调整方法。研究及实钻结果表明，元坝地区长兴组气藏主要发育3种类型的储层组合。在室内地质、地球物理研究与现场跟踪评价的基础上，以前述目的层轨迹优化调整模式为指导，针对不同的储层组合，形成了一系列水平井轨迹优化调整方法，为不同类型储层水平井开发提供了技术保障。

一、不同类型储层水平井轨迹优化调整方法

（一）具底水储层水平井轨迹优化调整方法

具底水储层的合理高效开发，最重要的就是有效避开水层，以避免钻采过程中的底水突进。针对此类型气藏，水平井轨迹优化调整需要沿构造高部位，控制轨迹位于礁盖储层顶部，以保证足够大的避水厚度。元坝103H井长兴组储层为典型的具底水储层组合类型，其成功实施为“具底水储层”的开发提供了思路与模式。

元坝10-1H井在斜导眼仅钻遇12.5m有效储层的不利情况下，调整水平段轨迹为沿构造高部位，且控制在礁盖储层顶部（距气水界面垂深约31.68~37.56m），实钻长兴组段长度为691m，钻遇储层长度为514.3m，储层钻遇率为74.4%（图7-12）。

（二）台阶式储层水平井轨迹优化调整方法

元坝长兴组气藏以礁相储层为主，由于各礁体生长规模不同，在局部范围内储层顶面构造起伏不定；其次，长兴组纵向上发育多期礁盖储层，不同期次礁盖储层白云岩化程度不同，导致优质储层在纵向上非均质性非常强，储层表现为台阶式展布。针对此类储层，水平井轨迹优化调整时首先要沿礁带走向多设控制点，使轨迹位于高部位的礁盖储层之内；此外，要严格控制钻井过程中的迟到井深，及时发现储层变化情况，以判断轨迹是否需要调整。

④号礁带中段元坝272H井区储层为典型的台阶式储层组合类型，钻井过程中经过5

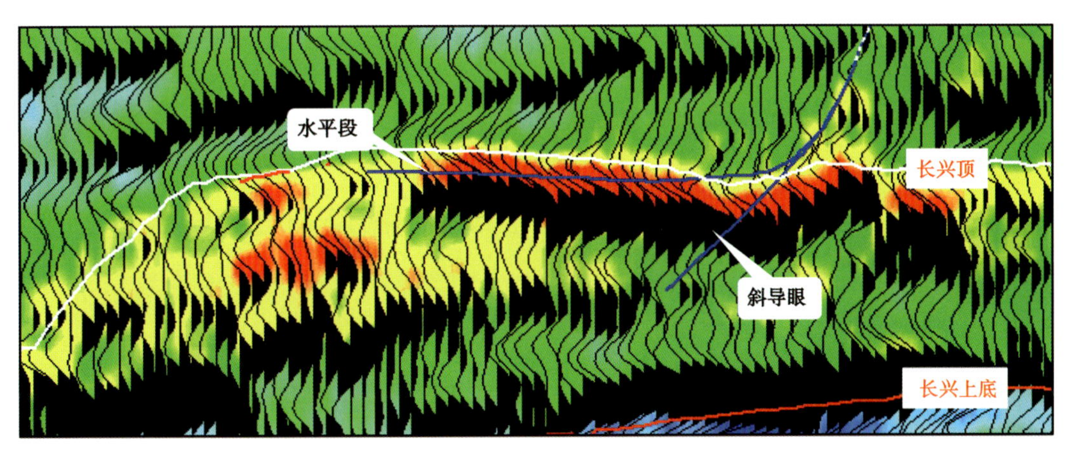

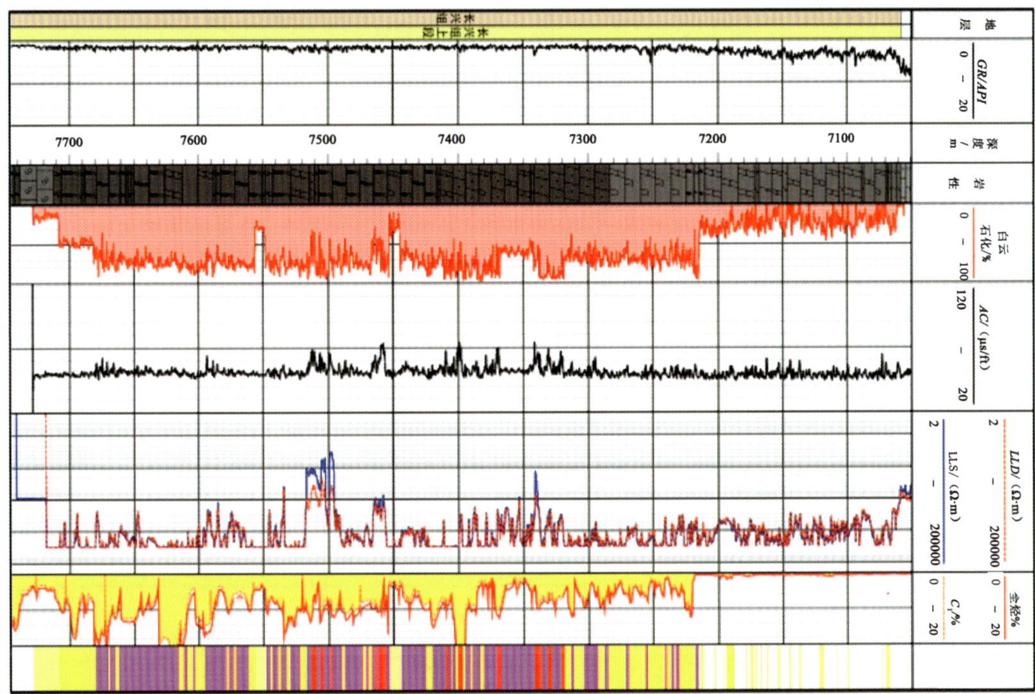

图 7-12　元坝 10-1H 井水平段轨迹剖面及长兴组储层综合评价柱状图

次细微调整，水平段三升两降，成功钻遇两套礁盖储层，实钻长兴组段长度为 841m，储层长度为 732.3m，储层钻遇率达 87.1%（图 7-13）。元坝 272H 井的成功实施为“台阶式、多期次、纵向非均质性强储层”的开发提供了技术保障。

（三）多礁体储层水平井轨迹优化调整方法

沉积相及礁相储层预测与精细刻画研究表明，长兴组气藏每条礁带沿走向由多个礁群组成，每个礁群又由多个小礁体组成，单礁体规模小；各个礁带不相连，同一礁带内礁群之间并不完全相连，而礁群内部各个小礁体之间横向连通性较差。为长穿优质储层、提高优质储层钻遇率以提高单井产量和单井控制储量，水平井轨迹优化调整首先要使其沿礁带方向穿越多个礁体；其次须在不同礁体之间增设控制点，根据今地貌的起伏增加或降低井

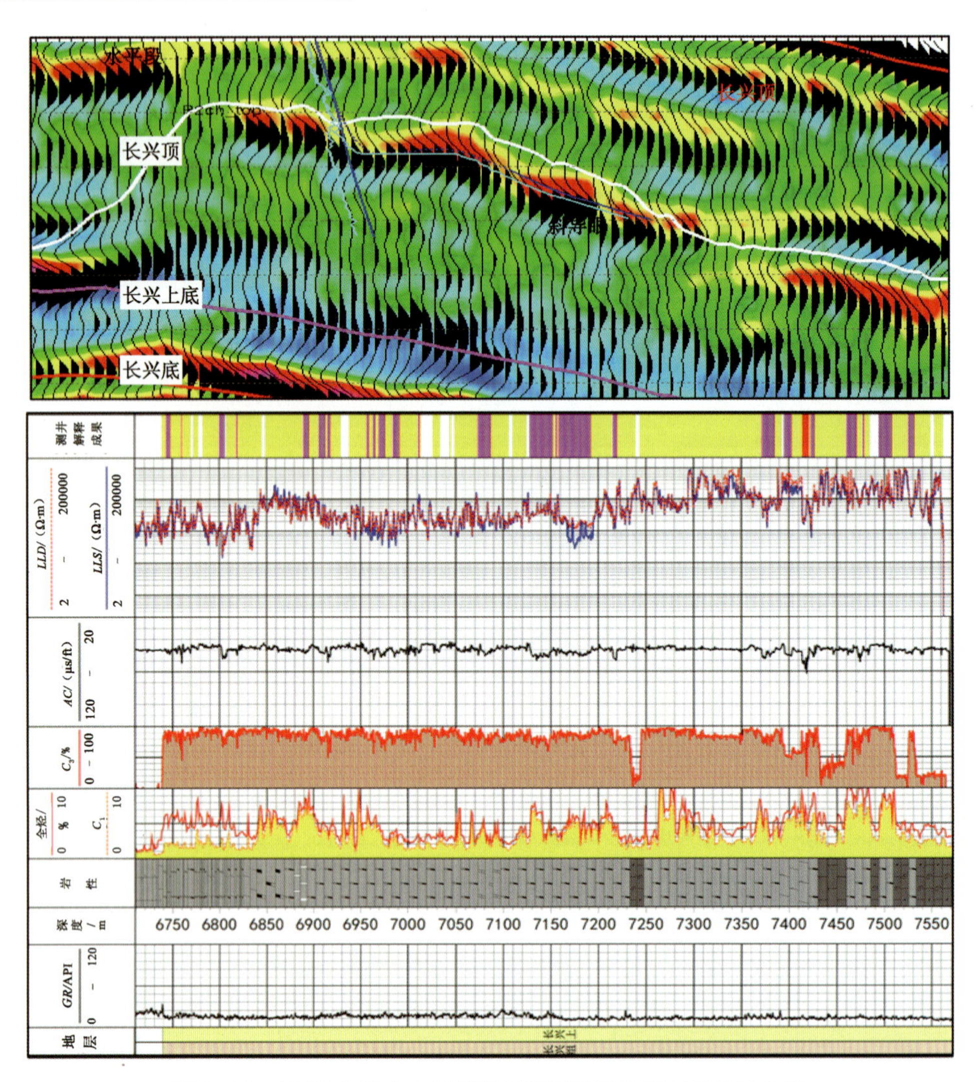

图 7-13　元坝 272H 井水平段轨迹剖面及实钻储层发育柱状图

斜角，控制轨迹均位于不同礁体礁盖储层之内，此外，要严格控制钻井过程中的迟到井深，及时发现储层变化情况，以判断轨迹是否需要调整。

④号礁带元坝 27-1H 井井区发育多个小礁体，钻进过程中水平段经过多次优化调整，钻遇 3 套礁盖储层，实钻长兴组段长度为 1150m，有效储层长度为 882.8m，有效储层钻遇率达 76.8%（图 7-14）。元坝 27-1H 井等井的成功实施为“单礁体规模小、横向连通性差储层”的开发提供了宝贵的经验。

（四）滩相薄互层储层水平井轨迹优化调整方法

滩相储层发育特征及分布规律研究表明，元坝地区滩相储层除高能滩滩核部位储层厚度较大、连通性较好外，滩核往滩缘部位相变快，储层厚度减薄，纵、横向非均质性强，储层以Ⅲ类为主，呈薄互层产出。针对此类型储层，为实现长穿优质储层的目的，首先要为沿滩体走向多设控制点，使轨迹位于高部位的滩核储层之内；其次要严格控制迟到井深，及时发现储层变化情况，以判断轨迹是否需要调整。

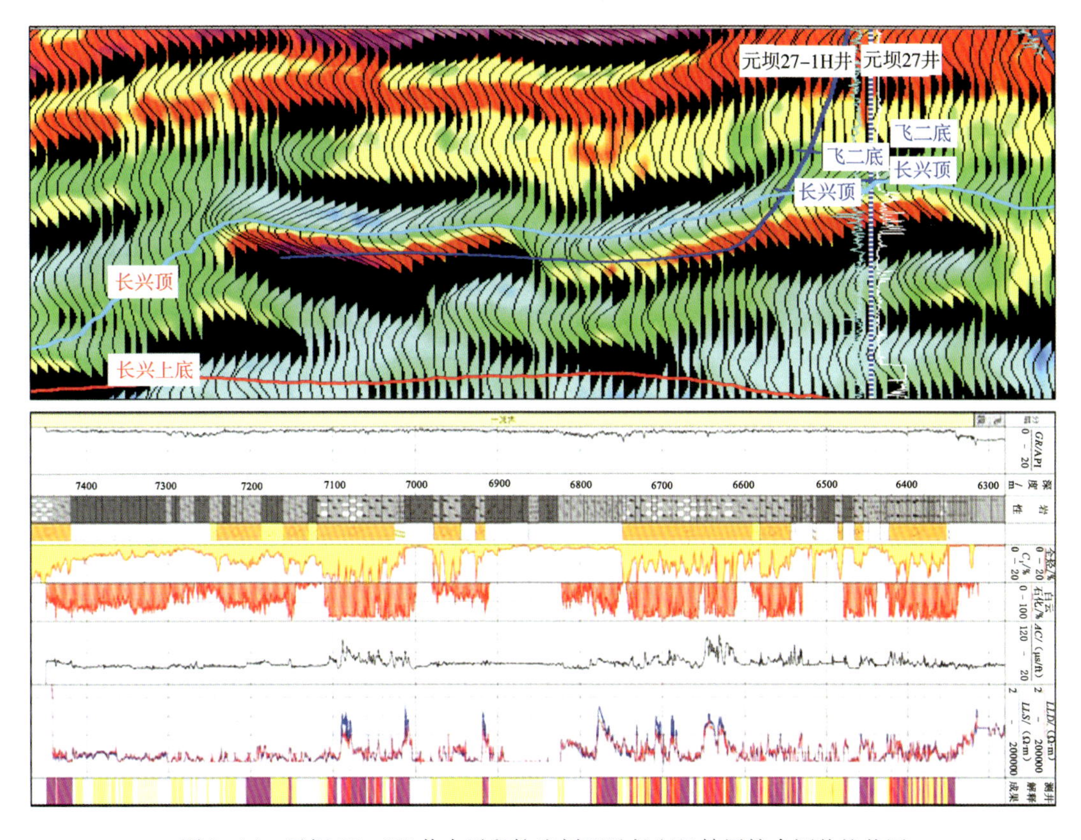

图 7-14　元坝 27-1H 井水平段轨迹剖面及长兴组储层综合评价柱状图

元坝 121H 井斜导眼测井解释Ⅲ类气层 5 层、斜厚为 22.2m（垂厚为 16.4m），含气层 1 层（0.7m）；水平段钻进过程中经过 5 次优化调整，钻遇储层段长度为 283.5m，其中，Ⅰ+Ⅱ类气层 138.9m（图 7-15）。元坝 121H 井的成功实施为滩相薄互层储层的开发提供了一种可供借鉴和指导的思路与模式。

二、超深水平井轨迹实时优化效果

超深水平井轨迹实时优化技术成果已在元坝气田开发建设中成功应用，获得了良好的效果，为实现油气成果最大化奠定了基础。已完钻水平井均实现了长穿优质储层，有效储层钻遇率大幅提高，并创造了多项记录。

（一）水平井储层钻遇率高

复杂礁滩体超深水平井轨迹优化技术有效地指导了元坝水平井轨迹优化调整，提高了有效储层钻遇率。

在新技术成果推广应用前，完成了 4 口水平井，平均钻遇率仅 39.9%，最高也仅为 54.9%。新技术成果在 12 口水平井应用后，取得了良好的地质成果，成功实现了“蛇行”长穿 2~3 个礁盖优质储层，储层平均钻遇率达 82.1%（表 7-7），较推广应用前提高了 42.2%，12 口水平井中有 8 口井有效储层钻遇率达到 80% 以上，最高储层钻遇率（元坝 29-2 井）达 92.1%。

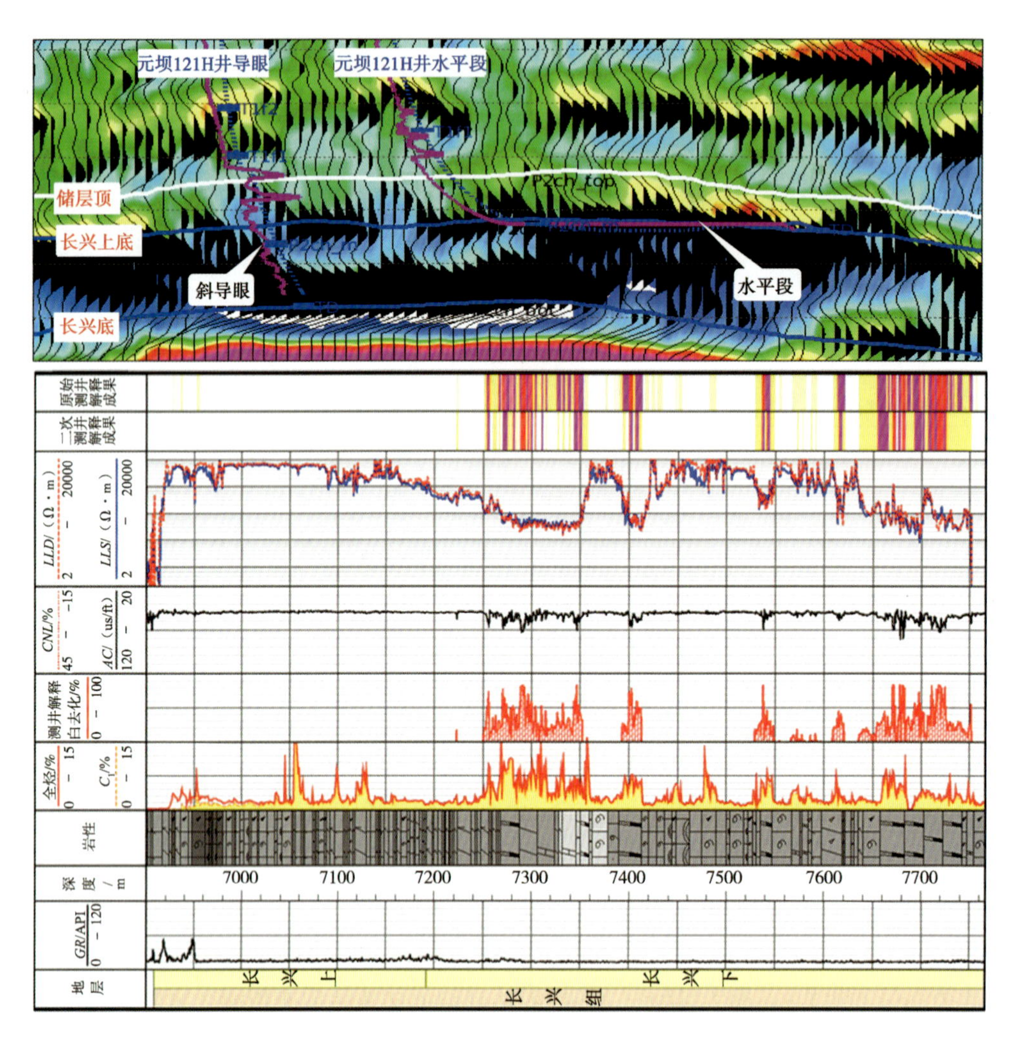

图 7-15　元坝 121H 井水平段轨迹剖面与储层发育柱状图

表 7-7　元坝完钻水平井储层钻遇情况统计表

应用前后	序号	井名	完钻井深/m	闭合距/m	长兴组段长度/m	水平段长度/m	储层段长度/m	钻遇率/%
推广应用前	1	元坝 103H 井	7729.8	1131	914	780	501.9	54.9
	2	元坝 10 侧 1 井	7273	673	344	373	143.1	41.6
	3	元坝 124 侧 1 井	7483	877	497	384	122.7	24.7
	4	元坝 121H 井	7786	989	877	626	283.5	32.3
	平均		7568	918	658	541	262.8	39.9
推广应用后	1	元坝 272H 井	7580	1148	841	757	732.3	87.1
	2	元坝 10-1H 井	7749	1176	691	802	514.3	74.4
	3	元坝 10-2H 井	7777	1167	796	700	691	86.8
	4	元坝 101-1H 井	7971	1107	1003	611	807.3	80.5
	5	元坝 103-1H 井	7508	968	705	492	595	84.4
	6	元坝 204-1H 井	7676	1244	1093	915	799.3	73.1

续表

应用前后	序号	井名	完钻井深/m	闭合距/m	长兴组段长度/m	水平段长度/m	储层段长度/m	钻遇率/%
推广应用后	7	元坝 29 - 2H 井	7686	993	724	690	666.7	92.1
	8	元坝 27 - 1H 井	7468	1355	1150	1003	882.8	76.8
	9	元坝 27 - 3H 井	7626	1219	1087	922	929.9	85.5
	10	元坝 272 - 1H 井	7788	1502	1164	1073	907.2	77.9
	11	元坝 273 - 1H 井	7550	1217	879	846	763.5	86.9
	12	元坝 102 - 3H 井	7728	1234	785	701	675	86.0
	平均		7676	1194	910	793	747	82.1

（二）水平井实施创多项世界纪录

元坝 272H 井通过 3 次增斜、2 次降斜施工，水平段成功穿行 2 个礁盖储层，成为元坝气田第一口台阶式水平井，完钻井深 7580m，储层钻遇率达 87.1%。

元坝 101 - 1H 井通过 6 次轨迹调整，水平段成功穿行 2 个礁盖储层，测井解释气层 807.3m，有效储层钻遇率为 80.5%，并创高硫气藏完钻水平井最深达 7971m 的世界纪录。

元坝 27 - 3H 井通过 3 次轨迹优化调整，水平段成功穿行 2 个礁盖储层，测井解释气层 929.9m，储层钻遇率达 85.5%，创元坝地区水平井钻遇气层的最长纪录。

元坝 29 - 2 井构造位置较低，储层为气水同层，通过与地质工程紧密结合，先后 3 次进行实钻轨迹的优化与调整，水平段长度从设计 340m 增加到 690m，成功穿行 2 个礁盖储层，测井解释各类气层 666.7m，钻遇率达 92.1%，创元坝地区有效储层钻遇率的最高纪录。

元坝 272 - 1H 井通过 5 次轨迹优化调整，水平段成功穿行 2 个礁盖储层，水平位移 1502m，水平段长 1073m，测井解释气层 907.2m，创元坝地区水平段最长、水平位移最大两项纪录。

第八章　优快钻井提速提效

元坝长兴组气藏平均埋藏深度为6770m，约比普光气田深1500m，受特殊沉积环境及区域构造运动影响，陆相地层厚度大，井壁稳定性差，岩石致密、可钻性差，海相地层非均质性强，高含H_2S，在特殊的地质、工程因素综合作用下，钻井施工常出现涌、漏、塌、卡等井下复杂情况，主要体现在以下方面。

（1）地层压力系统复杂。纵向上压差超过0.2g/cm^{3}的压力系统达9套，自流井组和须家河组具有异常高压特征，压力系数为1.6～2.0；部分区域飞仙关组和嘉陵江组存在高压水层，压力系数超过2.0；主要目的层长兴组为常压地层，压力系数为1.0～1.15，受套管层次限制，难以完全封隔不同的压力层系。

（2）地层裂缝发育。其中，一类为近地表裂缝，主要和地貌有关；另一类为深层裂缝，主要和古构造运动有关，多发育在自流井组、须家河组及雷口坡组上部地层，裂缝越发育、地层漏失越严重，从而给正常钻进造成困难。

（3）地层稳定性差，沙溪庙组、自流井组、须家河组地层存在泥页岩、炭质页岩和煤层坍塌，雷口坡组、嘉陵江组及飞仙关组等层位膏岩发育，累计厚度可达400m，易导致井壁塑变缩径引起卡钻等井下复杂情况。

（4）岩石致密、可钻性差，上沙溪庙组以浅地层可钻性极值为4～6，下沙溪庙—须家河组地层可钻性为6～9。另外，自流井组和须家河组不同程度地发育砾石层，研磨性强，钻头磨损速度快，钻井提速难度大。

（5）长兴组生物礁储层薄、分布不均匀，同一个礁带发育多个礁体，直井开发控制储量有限，需采用超深水平井连续穿越多个小礁体，超深长水平段钻进摩阻扭矩大，钻柱易发生屈曲，井眼轨迹精确控制难度大。

（6）元坝气田长兴组气藏高含H_2S、中含CO_2，且气藏单井产量高。高产情况下，高含有毒、腐蚀性气体的气藏条件给施工安全及生产安全造成了严重威胁。

针对元坝超深水平井钻井技术难点，提出了复杂多压力系统减应力降压差井身结构设计方法，集成形成陆相地层气体钻井、PDC钻头+等壁厚螺杆/孕镶钻头+高速涡轮、海相地层PDC钻头+抗高温螺杆高效破岩技术、水平井井眼轨迹设计与实时优化调整控制技术、长水平段钻井液润滑防卡技术和高温高压复杂地层固井技术。现场应用22口井，平均完钻井深为7441m，平均钻井周期为368d，平均钻速为2.26m/h，解决了元坝气田

7000m 垂深、160℃高温、70MPa 高压含硫环境下的超深水平井钻井技术难题。创造了 3 项世界钻井纪录和 30 余项国内工程纪录，其中元坝 101－1H 井完钻井深度为 7971m，创世界陆上超深水平井最深纪录；元坝 102－3H 井完钻井深为 7728m，钻井周期为 282d，创造了元坝气田“十个月完成一口超深水平井”的纪录。

第一节　超深水平井井身结构优化设计

一、井身结构设计依据

（1）根据平衡地层压力钻井原则，确定钻井液密度。

（2）钻开下部地层采用的钻井液，产生的井内压力不致压破上层套管鞋处地层以及裸露的破裂压力系数最低的地层。

（3）下套管过程中井内钻井液液柱压力与地层压力之差不超过压差卡钻极限。

（4）考虑地层压力设计误差，限定一定的误差增值，井涌压时在上层套管鞋处所产生的压力不大于该处地层破裂压力。

（5）含 H_2S 地层、严重坍塌地层、塑性泥岩层、严重漏失层、盐膏层和暂不能建立压力曲线图的裂缝性地层，均应根据实际情况确定各层套管的必封点深度。

（6）设计时需综合考虑当前钻井工艺技术水平并考虑钻井工具、设备的配套情况。

二、井身结构设计方法

元坝气田主要目的层长兴组埋藏深度平均达到 6770m，地质条件非常复杂，单纯利用自下而上或自上而下的井身结构设计方法很难满足安全钻进要求。针对其特殊地质环境，结合两种设计方法，提出了自中间向两边推导的井身结构设计方法。

根据地质情况，首先确定必封点的位置，确定需要下入的技术套管层次和深度，再结合常规设计方法计算技术套管下深是否合适。技术套管以上至表层套管按自上而下方法进行设计，技术套管以下至生产套管按照自下而上方法进行设计，根据完井要求，确定生产套管尺寸，逐层向上设计，从而实现从中间向两边推导的设计方法。必封点的确定需要考虑以下因素。

（1）易坍塌页岩层、塑性泥岩层、盐岩层、岩膏层等。在钻井施工中它们以坍塌、缩径等形式出现，多数情况下控制这些层位的合理钻井液密度是未知的，而且与地层裸露时间有关。

（2）易漏层。一般情况下，地层破裂压力剖面未包括裂缝溶洞型漏失以及破裂带地层、不整合交界面型漏失，钻至这些层位时，钻井液柱压力稍大于地层压力就易发生井漏。

（3）井眼轨迹控制等施工方面的特殊要求。

（4）表层套管的下入深度要满足政府有关的法律法规，一般需要封隔浅部疏松层、淡水层，有时还受到浅层气的影响。

另外，超深高酸性气井井身结构设计存在套管管材应力水平高、在 H_2S 条件下安全余量小的问题，需要考虑降低套管应力水平的方法。

三、井身结构设计方案

（一）地层压力剖面

根据工程地质预测，结合邻区实钻和实测数据，建立元坝气田地层孔隙压力、破裂压力、坍塌压力剖面（表8-1）。

表8-1　元坝气田地层三压力剖面

层位	孔隙压力梯度/（MPa/100m）		坍塌压力梯度/（MPa/100m）		破裂压力梯度/（MPa/100m）	
	东区	西区	东区	西区	东区	西区
蓬莱镇组—上沙溪庙组	1.0～1.05	1.0～1.1	0～1.2	0～1.2	约3.0	约3.0
下沙溪庙组	1.2～1.5	1.35～1.5				
千佛崖组			0.9～1.4	0.8～1.2	2.89～3.13	2.93～3.19
自流井组	1.8～2.0	1.5～1.7	1.20～1.7	1.0～1.6	2.74～3.17	2.82～3.14
须家河组		1.7～2.0	1.3～1.7	1.2～1.5	2.82～3.08	2.84～3.06
雷口坡组	1.3～1.5，局部>1.7	1.3～1.5	0.2～1.1	0.3～1.2	2.46～2.80	2.57～2.83
嘉陵江组		1.5～2.0	0.3～1.4	0.3～1.2	2.24～2.79	2.52～2.88
飞仙关组	1.1～1.5	1.5～1.85	0.5～1.2	0.5～1.2	2.32～2.79	2.49～2.92
长兴组	1.0～1.1	1.0～1.15	0.2～0.8	0.6～1.1	2.19～2.55	2.37～2.59

（二）必封点设置及优化

元坝早期勘探井主要采用四开制井身结构，设置3个必封点，使用ϕ406.4mm钻头钻至侏罗系上沙溪庙组顶部，井深2000m左右，下入ϕ339.7mm表层套管；使用ϕ311.2mm钻头钻至须家河组顶部，下入ϕ273.1mm套管，下深4550m左右，ϕ273.1mm套管先悬挂、后回接；使用ϕ241.3mm钻头钻至嘉一段顶部，井深6500m左右，下入ϕ193.7mm套管；四开使用ϕ165.1mm钻头钻至设计井深，井深7100m左右，下入ϕ146.1mm尾管。该井身结构能够节省套管费用，但不利于整体钻井提速，一开空气钻井受浅部地层出水影响，难以钻达2000m深度；二开空气钻井钻至井深3200m左右时需转换常规钻井液钻井，在气液转换和后期钻井过程中易发生井壁失稳，可能导致井下复杂情况；由于二开未封隔须家河组，导致三开开钻密度高，影响下部海相地层的提速。

针对探井钻井过程中存在的问题，在元坝开发井的设计中，依据工程地质资料，结合新工艺技术特点，体现“科学性、先进性、针对性和经济性”原则，以“发现和保护油气层、油气井的寿命，保障钻井安全生产和油气井的长期效益”为目标，开展必封点位置优化：必封点1封隔浅层地下水，满足含硫气井标准规范的表层套管下深要求，为二开ϕ444.5mm井眼的空气钻井创造条件；必封点2为充分发挥空气钻井提速优势，以空气钻井最大安全应用深度为原则，同时封隔不稳定和低压易漏层，为三开ϕ314.1mm井眼高压地层钻井提供井筒条件；必封点3封隔雷四段气层以浅地层，将陆相和海相地层分开，防止采用高密度钻井液压漏海相地层；飞仙关组预测地层压力系数为1.50~1.85，而长兴组地层压力系数为1.00~1.15，将飞仙关组高压地层与长兴组常压地层放在同一裸眼段，易发生压差卡钻事故，在长兴组顶部设置必封点4，分隔高、低压地层，具体必封点设置如图8-1所示。

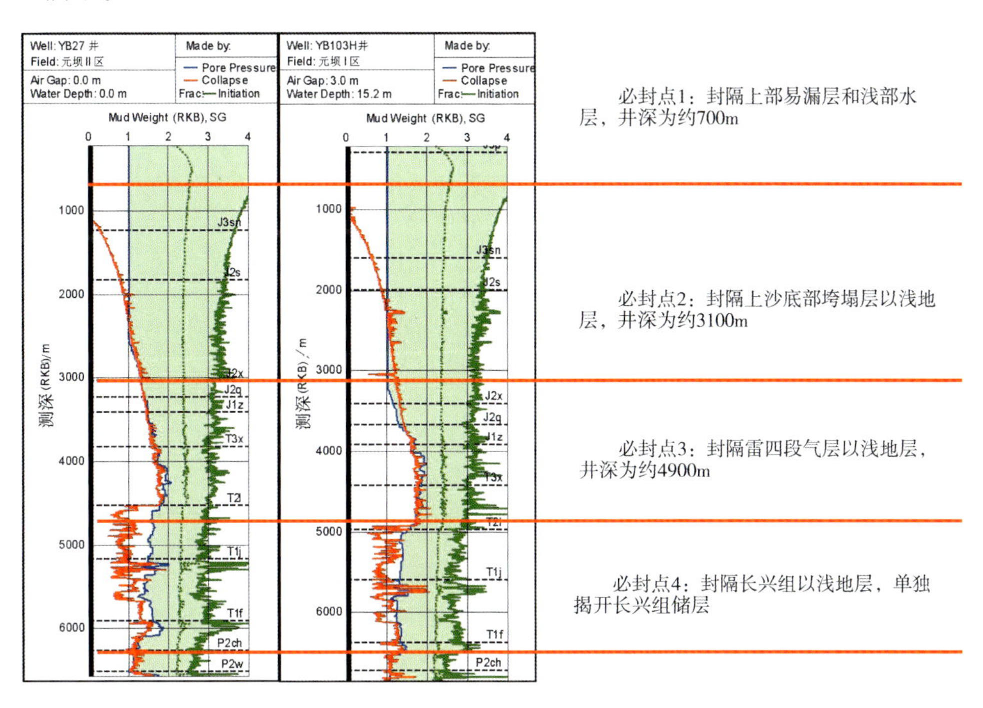

图8-1 必封点设置

（三）井身结构优化设计

1. 必封点位置降压差优化

飞仙关组地压系数为1.50~1.85，钻井液实钻密度达2.10g/cm^3，而长兴组地压系数为1.00~1.15。前期的元坝103H井、元坝121H井按照水平井设计的一般做法，将四开必封点设置在A靶点处，在长兴组地层钻进时，由于钻井液密度高，压差达到60MPa左右，易发生压差卡钻事故。因此在开发井设计中，将必封点4上移至飞仙关组一段底部，不揭开长兴组（图8-2），可将井底压差降低至16MPa左右，大大降低了压差卡钻风险。

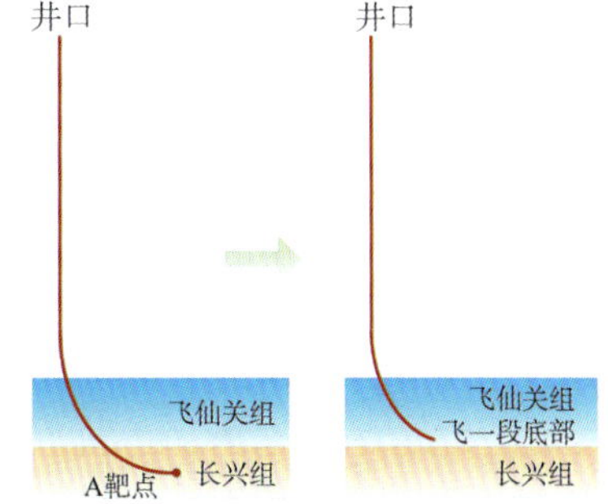

图8-2 必封点设置优化示意图

2. 钻头/套管配合尺寸优化

前期勘探井使用ϕ311.2mm钻头下入ϕ273.1mm标准套管，套管本体与井眼之间的间隙为19mm，套管接箍间隙较小，存在下套管和固井质量难以保证的问题。为扩大套管本体与井眼之间的配合间隙，将ϕ311.2mm钻头适当扩大为ϕ314.1mm钻头，即在上层套管允许的最大下入直径内，使用尽可能大尺寸的钻头。同时优化ϕ273.1mm套管接头，使用ϕ283mm小接箍系列套管。

3. 井身结构设计方案

井身结构设计原则上采用 ϕ273.1mm 技术套管封过雷口坡组上部气层，四开井段采用 ϕ241.3mm 钻头钻至飞一段底部，下入 ϕ193.7mm 油层套管，再采用 ϕ165.1mm 钻头钻至设计井深，下入 ϕ127mm 衬管完井或裸眼完井（表 8-2）。

表 8-2　井身结构设计表（元坝 273-1H 井为例）

开钻程序	钻头程序		套管程序		备　注
	井眼尺寸/mm	完钻深度/m	尺寸/mm	下入井段/m	
导管	ϕ914.4	32	ϕ720.0	0～30	根据需要设置
1	ϕ660.4	702	ϕ508.0	0～700	表层套管，封隔上部易漏层和水层
2	ϕ444.5	3050	ϕ346.1	0～3048	技术套管，封隔上沙底部地层
3	ϕ314.1	4872	ϕ273.1/ϕ282.6	0～4870	技术套管，封隔雷四段气层以浅地层
4	ϕ241.3	6640	ϕ193.7/ϕ206.4	0～6638	油层套管，封隔长兴组顶界以浅地层
5	ϕ165.1	7681	ϕ127	6588～7681	衬管完井

（四）套管柱设计

元坝气田长兴组气藏，H_2S 分压为 2.46～4.58MPa，CO_2 分压为 2.21～10.7MPa。根据 QSH 0015—2006《含硫化氢含二氧化碳气井油套管选用技术要求》，结合高含硫气藏开发经验，油层套管选择 SS 抗硫套管，封隔器座封位置以上 100m 斜深至产层段下入高镍基合金钢。由于油层套管采用尾管+回接固井，在施工水平段时，上层套管暴露在含硫环境中，因此三开技术套管需采用 SS 抗硫套管，一开和二开套管采用普通材质（表 8-3）。管材选用流程如图 8-3 所示。

表 8-3　套管性能参数表

套管程序	外径/mm	通径/mm	钢级	壁厚/mm	推荐扣型	每米质量/(kg/m)	接箍外径/mm	抗拉强度/kN	抗挤强度/MPa	抗内压强度/MPa
表层套管	ϕ508.0	ϕ471.8	J55	16.13	常规	197.93	ϕ533.4	8950	10.3	16.0
技术套管	ϕ346.1	ϕ315.5	Q125	12.85	气密	105.60	ϕ371.5	10987	17.9	56.0
技术套管	ϕ273.1	ϕ241.4	110TSS	13.84	气密	90.33	ϕ293.45	7709	44.6	64
	ϕ282.6	ϕ241.4	110TSS	17.32	气密	113.40	ϕ282.6	6018	76.0	81.3
油层套管	ϕ193.7	ϕ165.1	110SS	12.70	气密	58.09	ϕ215.9	5476	76.4	87.0
	ϕ193.7	ϕ165.1	110TSS	12.70	气密	58.09	ϕ215.9	5476	84.0	87.0
	ϕ193.7	ϕ165.1	4C 类-125	12.70	气密	58.09	ϕ213.8	6223	83.2	98.9
	ϕ206.4	ϕ165.1	110TSS	19.05	气密	87.97	ϕ206.4	4170	143.6	118.1

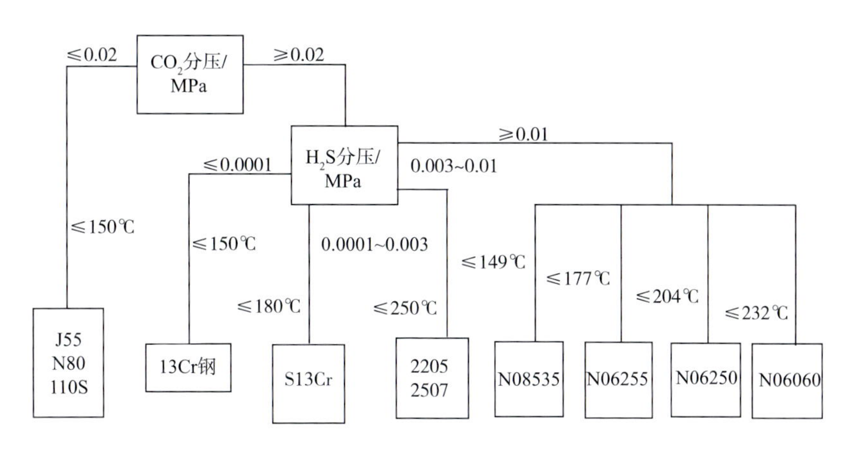

图 8-3 管材选用流程图

为适当降低套管成本，根据腐蚀试验研究结果，油套管合金钢可选用 4C 类（BG2830、BG2235、BG2242、BG2532、SM2535、SM2242）镍基合金，其中 BG2830 抗腐性能最好（平均腐蚀速率是 0.0112mm/a），满足气藏的抗腐蚀要求。

套管柱采用 SYT 5724—2008《套管柱结构与强度设计》进行强度校核。抗内压按下开次最大井口关井压力、未考虑外载荷进行校核；抗外挤按各开次掏空深度、外载荷按预测地层压力进行强度校核。目前技术条件下，技术套管和油层套管全掏空抗挤强度普遍不足。针对区域特殊性，在满足安全钻井和生产的基础上，通过定制特殊尺寸壁厚套管、提高工艺和加工水平等措施以提高套管强度；同时加强地层油气水层分布规律研究和邻井情况对比，强化井控操作，严格控制喷空高度，防止套管在压力突变的情况下发生挤毁。同时，采取安装防磨套、在钻井液中添加减磨剂等措施，有效减小套管磨损量。

套管柱减应力方法：对于元坝超深水平井，三开套管下入深度约为 4700～5000m，四开套管下入深度约为 6800m，为减小井口套管的应力水平，采取套管先悬挂、再回接的方式，井口段承受的拉应力均降低 30% 以上；同时，三开井口段和尾管悬挂段采用外加厚套管以提高硫化物开裂抗力，井口关井压力由 51.2MPa 提高到 65.0MPa，有利于增强下一步施工的井控能力。

第二节 超深水平井钻井提速技术

一、大尺寸复杂井眼气体钻井技术

（一）泡沫钻井技术

元坝地区上部地层砂泥岩互层频繁、硬度大、可钻性较差，一开钻头尺寸达到 ϕ660.4mm，由于井眼尺寸大，受排量限制，钻井液环空返速低、井眼清洁程度低，导致钻井液钻井方式机械钻速仅为约 1.0m/h。采用空气钻井可以减轻钻井液对岩屑的压持效应，有利于提高钻速，但 500m 以浅地层易出水，影响空气钻井井下安全。泡沫钻井可应用于两种特殊状况：①地层出水导致空气钻井和雾化钻井继续施工存在井下复杂；②即使地层不出水，但由于井眼尺寸大，空气经钻头水眼后不能形成稳定或均匀的流场，从而导致携岩不畅。与常规钻井液钻井相比，泡沫携岩能力强，并且由于泡沫密度较低，因而使其对井底岩石的压持效应大大减少，有利于岩石的有效破碎，从而使钻速大幅度提高。

1. 泡沫配方研制

根据元坝地区上部地层资料及地层出水情况，通过处理剂优选评价实验，确定充气泡沫钻井液配方为：0.5% 发泡剂 + 0.5% 井壁稳定保护剂 + 0.1% 稳泡剂 + 其他辅助剂。采用线性膨胀仪测定岩心在去离子水、发泡剂溶液和泡沫钻井液中浸泡 16h 的线性膨胀率，结果表明该泡沫钻井液具有较好的抑制性，有利于井壁稳定。

2. 泡沫钻井关键参数

目前使用的泡沫钻井是一种可循环式的空气泡沫钻井，合理的充气量应满足钻井携砂要求和井底循环当量密度要求。根据 Angel 最小注气量方程，建立气体钻井参数计算模型，优选最佳注入参数，确定钻井参数为：注气量为 120 ~ 200m^3/min，注气压力为 2.0 ~ 5.0MPa，钻压为 80 ~ 200kN，转速为 50 ~ 60r/min。

泡沫质量及井口回压的控制。[气体量/（气体量 + 液体量）] 应不大于 98%，井底泡沫质量应不小于 55%，最佳泡沫质量应控制为 75% ~ 98%。半衰期应满足井深、循环周期的要求。现场施工应满足井底携岩携水要求，同时返出泡沫须质量良好、受连续稳定泵液体流量的控制：泵液体流量的选定应满足循环当量密度要求，还要在雾泵充气量较低的条件下提高携岩能力。必要时应用节流回压以保持泡沫质量，增加泡沫黏度，改善携岩性能，提高井眼清洁能力。

钻具组合设计：ϕ660.4mm 钻头 + 浮阀 + ϕ279.4mm 钻铤（3 根） + ϕ228.6mm 钻铤（3 根） + ϕ203.2mm 无磁钻铤（1 根） + ϕ203.2mm 钻铤（2 根） + ϕ177.8mm 钻铤（6 根） + ϕ139.7mmG105 斜坡钻杆。

泡沫钻井液具有较好的携岩携水性能，通过有效控制充气量和液体流量，使返出的钻屑棱角分明，不混杂，较好地满足了大井眼岩屑携带要求及地质资料的录取要求。元坝海相开发井应用 22 井次，总进尺 12833m，平均机械钻速 4.64m/h，与常规钻井方式相比，钻速提高了 4 ~ 5 倍，一开钻井时间由 20d 缩短至 7d 左右，有效解决了大尺寸井眼的提速难题。

（二）空气钻井技术

二开井眼尺寸为 ϕ444.5mm，钻遇地层为蓬莱镇组、遂宁组和上沙溪庙组，地层可钻性为 4 ~ 6 级（元坝地区 1500 ~ 3500m 不同钻井方式下岩石可钻性如图 8-4 所示）。由于井眼尺寸大，地层可钻性较差，常规钻井面临机械钻速低的问题。在过平衡钻井中，钻井液密度越高，压差越大，钻速越低，这主要是由于钻井液压持效应，导致岩屑重复破碎，降低了破岩效率。在密度一定的条件下，单靠增大钻压或提高转速，提速比例约为 20% ~ 40%，钻速提高程度有限。随着钻井液密度降低，理论钻速逐渐提高。在空气钻井条件下，随着钻井液压持效应消失，地层岩石可钻性降至 1.5 ~ 3.5，理论钻速达到 30.0m/h 以上，比过平衡钻井钻速提高 10 倍以上。

1. 空气钻井适应性评价

蓬莱镇组—上沙溪庙组中部井段岩石内聚力理论计算值普遍高于空气钻井内聚力临界值（图 8-5），原始地层坍塌密度普遍低于空气钻井临界坍塌密度，空气钻井井壁较为稳定，具备实施空气钻井的条件。而从上沙溪庙组底部开始，部分层段内聚力计算值低于空气钻井内聚力临界值，坍塌密度高于空气钻井临界坍塌密度值，在空气钻井过程中易发生垮塌掉块。

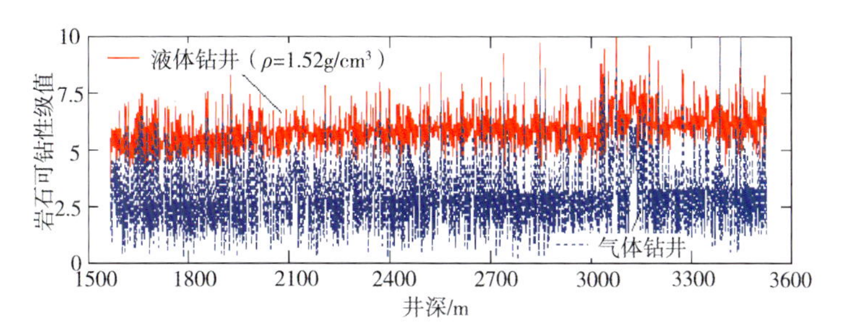

图 8-4　元坝地区 1500~3500m 不同钻井方式下岩石可钻性剖面

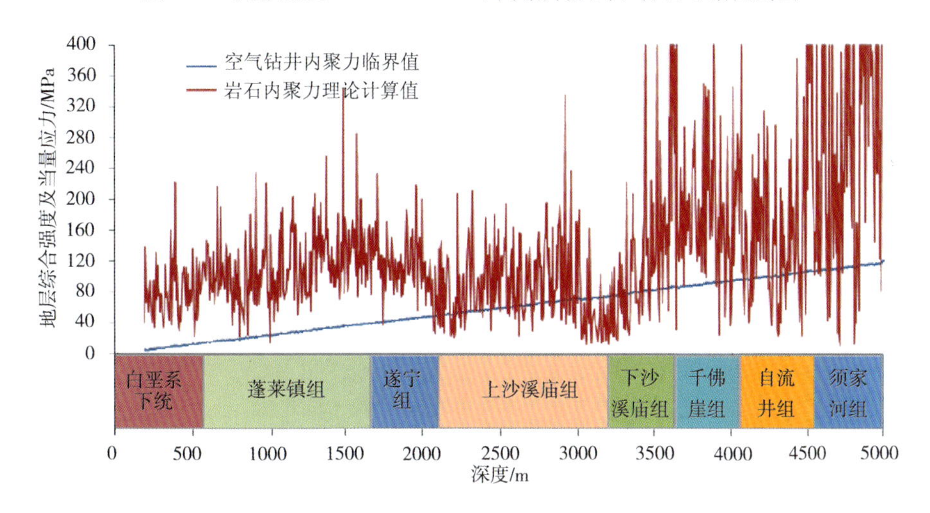

图 8-5　岩石内聚力理论计算值与空气钻井内聚力临界值对比图

根据井壁稳定性模拟结果，结合元坝地区气体钻井实际施工情况，元坝东区气体钻井至离上沙溪庙组底部 200m 附近井塌程度程度加重，元坝西区气体至距离上沙底部 100m 附近井壁坍塌程度加重，可考虑在上述深度中止空气钻进，及时进行气液转换。

2. 空气钻井参数优化

钻具组合设计：ϕ444.5mm 钻头 + 浮阀 + ϕ279.4mm 钻铤（3 根）+ ϕ228.6mm 减震器 + ϕ228.6mm 钻铤（6 根）+ ϕ203.2mm 钻铤（3 根）+ ϕ139.7mm 钻杆。

推荐使用空气锤，它是依靠注入的压缩空气推动空气锤活塞向下高频做功进行冲击旋转破岩，钻井参数要求小，钻压和转速低，具有针对硬地层保持机械钻速和防斜打直的显著效果，一般配合采用塔式钻具组合，井下钻具扭矩相对较小，可减少钻具事故。新一代的空气锤均设计了保径齿和防掉落装置，安全性能高。

钻井参数：注气量为 180~260m^3/min，注气压力为 2.5~5.5MPa，钻压为 60~180kN，转速为 50~60r/min。空压机供气能力达到280m^3/min，增压机一级增压 300m^3/min，二级增压达到 180m^3/min；一台雾化泵；排气管线分两路分别到放喷池和沉砂池。

当注气压力、转盘扭矩变化不大时可以采取以下措施来应对地层出水及井壁垮塌：

①通过加大注气量的方法疏通井眼，保证井眼畅通，控制钻进速度；②接单根前充分循环，多次划眼；③起下钻过程中裸眼段一般使用一挡，不能强提、强扭；④起下钻遇阻要接方钻杆注气循环，或采用倒划眼办法，正常后再进行起钻作业；⑤加强短起下拉井壁，确保井眼畅通和井下安全；⑥钻时较快时要根据情况控制钻时在适当的范围。

3. 气液安全、快速转换技术

元坝前期气液转换采用原钻具组合井下直接转浆，易发生井壁失稳。通过对井壁失稳因素的分析，结合现场实践（表8-4），形成了气液快速转换技术。

表8-4　气液转换井壁失稳机理及稳定措施

项目类别	失稳机理	井壁稳定技术对策
工程因素	空气钻井产生大量微裂缝，井壁存在较多的锯齿台阶	常短起下钻，保证井壁的规则性
物理化学因素	亲水微裂缝的毛细管自吸及水基滤液扩散导致黏土矿物水化	替入水基钻井液前旋转喷淋油基润湿反转剂，改变近井壁岩石润湿性；选择具有较强抑制和封堵能力的防塌钻井液体系
坍塌压力	钻井液液柱压力不能有效平衡坍塌压力	选择合理的钻井液密度，及时建立液柱压力
其他	地层出水，各层位流体矿化度不一致导致渗透压差	合理控制转换钻井液的活度与矿化度

在替钻井液之前，首先注入一定量的润湿反转前置液，将地层岩石表面润湿特性由亲水变为疏水，降低毛细管自吸作用力。经润湿反转前置液对井壁预处理后，使岩石表面或内部孔喉表面由亲水性变成亲油性，同时辅以物理隔离，能有效阻止水基钻井液滤液的侵入，防止干燥井眼在转化后由于泥页岩吸水膨胀而垮塌。润湿反转剂与常用钻井液体系有很好的配伍性，气液转换完成后，润湿反转剂可以直接混入钻井液中，提高钻井液体系的抑制性。转换后，下钻一次成功，大大缩短了转换时间，提高了转换成功率，取得了很好的效果。

前置液配方：30%～45%润湿反转剂+35%～50%柴油（或机油）+10%～30%氧化沥青。

前置液性能要求：$FV=50\sim100s$，润湿角≥70°，水分≤0.5%，沥青质含量为10%～30%。

气液转换前期坚持短起下作业，规整井壁，减小井壁失稳趋势；气液转换时，采用前置液技术进行井壁预处理，结合强抑制、强封堵钻井液的应用，减少钻井液滤液侵入；同时及时提供液柱压力，支撑井壁。

自空气钻井投入应用以来，应用井次逐年增加，元坝22口开发井均采用空气钻井提速，累计进尺50956.91m，平均机械钻速为11.69m/h；通过气液转换技术的实施，中完划眼时间由3～19d缩短至2d以内，总转换时间由5～22d缩短至4d以内，且转换后井眼相对规则，通井下套管顺利，二开钻井和中完时间由3个月缩短至1个月以内。其中，元坝102-3H井二开应用空气钻井，进尺2237m，钻井周期11.25d，创元坝气田二开空气钻井施工时间最短纪录。

二、陆相致密高研磨性地层钻井技术

（一）扭力冲击器钻井技术

下沙溪庙组及以深地层岩性为砂、泥岩互层，软硬变化大，砂岩多为硅质胶结，岩性致密、可钻性级值平均约在6级以上。由于地层不稳定，井壁易发生掉快、垮塌现象，导致气体钻井无法实施。牙轮钻头磨损严重，钻头失效快，单只钻头进尺较少。PDC钻头复合片难以吃入地层，在软硬交错地层，钻头工作不平稳，对钻头损伤很大。

扭力冲击器作为一种纯机械动力工具，将钻井液的流体能量转换成扭向的、高频的（750～1500次/min）、均匀且稳定的机械冲击能量，并直接传递给PDC钻头，这就使钻头不需要等待积蓄足够的扭力能量就可以切削地层，改变了PDC钻头的运作方式，消除了PDC钻头在硬地层发生的“卡—滑”现象，有利于提高钻速、延长钻头寿命。使用扭力冲击器配合PDC钻头钻进，可改变钻头工作方式，将切削地层的扭力最大化并直接作用在钻头上，减少有危害的钻头振动，降低夹层对PDC的影响，使钻头可以在井底平稳运作，从而延长钻头寿命。扭力发生器也有其应用的局限，当钻井液密度大于1.70g/cm^{3}时，机械钻速将显著下降，因此主要用于下沙溪庙组和千佛崖组地层。

扭力冲击器钻井技术在陆相地层应用14井次，累计进尺2365m，平均机械钻速2.45m/h，单趟进尺195.30m，较常规牙轮钻井的0.86m/h钻速提高了2.85倍。扭力冲击器配合PDC钻头较好地解决了元坝陆相地层常规钻井机械钻速低的难题，在提高机械钻速的同时，延长了钻头的使用寿命。

（二）孕镶金刚石钻头+高速涡轮钻井技术

陆相深部自流井组和须家河组地层硬度高，可钻性级值随深度增大而增加，须家河组地层可钻性>8级，研磨性为5～6级。牙轮钻头吃入地层困难，对钻压不敏感，需通过增加转速来提高钻头的破岩效率。前期探索了孕镶钻头配合国产涡轮钻具试验，但国产涡轮钻具性能不稳定，井下工作时间短，需要优选抗高温高压、转速高、动力强的高速涡轮钻具和配套钻头。

根据完钻井测井曲线解释得到岩石力学参数，自流井组—须三段地层首选刀翼数量较少、攻击性强的K705和DD3540M孕镶钻头，以较高的机械钻速提高钻井效率。须三段以下地层硬度和研磨性比上部地层有所提高，选用刀翼数量较多、抗研磨性较强的K507和DD3560M孕镶钻头，以较长的使用寿命提高钻头的回次进尺，从而提高综合效益。孕镶钻头牙齿具有类似仿生的再生自锐特点，体现为其牙齿的层叠铺置制造工艺：顶层磨损后，次层牙齿又发挥作用。多层铺置的特点，确保了钻头牙齿的长时间自锐能力，提高了钻头的破岩能力和工作寿命。

涡轮钻具根据转速高低可分为高速涡轮钻具、中高速涡轮钻具、中低速涡轮钻具。要实现与孕镶钻头的最佳搭配，应满足以下条件：能够实现孕镶金刚石钻头以高转速微剪切高效破岩的要求；使用寿命长，最好能够与孕镶金刚石钻头的使用寿命接近，以减少钻井过程中的起下钻次数；钻井液密度高、复杂情况较多，要求选用的涡轮钻具能够满足在复杂井况下稳定、可靠地工作，能预留有处理手段并快速处理。通过对比涡轮钻具性能参数，结合现场使用效果，选择138级/150级高速涡轮钻具，工作转速为1000～1444r/min，与100级涡轮相比，输出扭矩和功率更大，工作转速更高，是普通螺杆的7倍，没有橡胶件，抗高温高压，可在井下工作400h以上。

钻具组合：ϕ314.1mm孕镶钻头+ϕ240mm涡轮+ϕ228.6mm钻铤（3根）+ϕ203mm钻铤（5根）+ϕ203mm震击器+止回阀+旁通阀+ϕ178mm钻铤（3根）+ϕ127mm加重钻杆（15根）+ϕ139.7mm钻杆。

钻井参数：钻压为100～120kN；转盘转速为50～60r/min；排量为38～45L/s。

孕镶金刚石钻头+高速涡轮复合钻井共在元坝海相超深井ϕ311.2mm/ϕ314.1mm井眼应用11口井，累计钻进进尺6837.08m，平均机械钻速1.51m/h，同比牙轮钻头常规钻井机械钻速提高122%。实践证明，孕镶金刚石钻头+高速涡轮复合钻井技术是元坝陆相致密地层提速的一种有效手段。

（三）PDC钻头+等壁厚螺杆钻井技术

孕镶金刚石钻头主要用于含砾地层的提速，对于非含砾地层，使用高效PDC钻头配合等壁厚螺杆更具有经济性。等壁厚螺杆具有输出扭矩大、抗高温高压、使用寿命长的特点，可以增加PDC钻头破岩能力，减轻钻柱的扭转振动和钻头打滑现象。

针对下沙溪庙组和千佛崖组地层岩性特点，选用具有5刀翼、16mm切削齿，攻击性强的PDC钻头，并要求其针对地层可钻性差、软硬夹层交错变化频繁的特点，具备力平衡布齿设计，使钻头整体受力动态平衡，避免钻头早期破坏。

在同一井眼其他条件不变的情况下，以螺杆钻具综合指标最优为筛选条件，兼顾安全和工作效率。对于可钻性好的中软地层，适合选用头数少、转速高的螺杆；对于可钻性差的中硬地层，应以输出大扭矩、破碎岩石达到快速钻进为目的，因此选用多头螺杆钻具效果较好。5头螺杆转速为80～210r/min，复合钻时钻头理论转速可以达150～290r/min，符合PDC钻头对转速的要求，而且扭矩适中，适用于中等硬度地层钻进。对于ϕ314.1mm井眼，选择5LZ216/244螺杆。

元坝273－1H井应用高效PDC+大功率螺杆复合钻井技术，总进尺为1563.92m，纯钻时间为842.31h，平均机械钻速为1.86m/h，比邻井钻速提高了1.26倍，突破了元坝陆相硬地层钻进瓶颈，创元坝区块下沙溪庙组、千佛崖组地层日进尺最高记录。在此基础上，陆续在元坝205－2井等推广应用，累计总进尺6669m，平均机械钻速为2.0m/h，比常规钻井钻速提高1.5倍，三开平均钻井周期由175d缩短至113.5d，累计节约钻井时间246d。

三、海相超深碳酸盐岩地层复合钻井技术

元坝气田长兴组气藏为常压低地温梯度气藏，四开井段钻遇地层为雷口坡组、嘉陵江组和飞仙关组，井底垂深为6300～6700m，预测井底温度为146～155℃。飞仙关组地层预测最高地压系数为2.0，按照钻井液附加密度为0.15g/cm^{3}计算，设计钻井液密度为2.15g/cm^{3}左右，井底压力约为135～144MPa。若在嘉陵江组钻遇高压水层，钻井液密度可以达到2.30g/cm^{3}以上，最高压力达到154MPa。在满足井下要求的条件下，优先选用国产螺杆，要求螺杆钻具抗温达160℃以上，抗压达150MPa以上。

深井采用螺杆 + PDC 复合钻井工艺，这不仅是由于复合钻井能大幅度提高海相地层钻进速度，更主要的原因在于复合钻井工艺大多采用低钻压—高转速模式，钻具组合中所加钻铤数量相对较少，钻具组合相对简单，降低了深井段施工的安全隐患。

（1）直井段钻具组合为：ϕ241.3mmPDC 钻头 + ϕ172mm/185mm 或 ϕ197mm 直螺杆 + ϕ177.8mm 钻铤（1 根） + ϕ241mm 螺旋扶正器 + ϕ177.8mm 钻铤（3 ~ 5 根） + ϕ159mm 钻铤（3 ~ 5 根） + ϕ127mm 加重钻杆（12 根） + ϕ127mm 钻杆 + ϕ139.7mm 钻杆（4500m）。

钻井参数为：钻压为 40 ~ 60kN，转盘转速为 40 ~ 60r/min，排量为 25 ~ 35L/s。

（2）在确定造斜段钻具组合时，根据设计造斜率和地层造斜难易程度选择定向弯接头或弯壳体动力钻具，使用有线随钻侧斜仪定向，对轨迹进行随钻监控，常用钻具组合为：

①钻头 + 直壳体动力钻具 + 定向弯接头 + 无磁钻铤（或无磁钻铤 + 钻铤）；

②钻头 + 弯壳体动力钻具 + 定向接头 + 无磁钻铤（或无磁钻铤 + 钻铤）。

针对斜井段长，钻具摩阻、扭矩大，滑动钻进过程中托压现象明显的状况，设计的钻具组合应该减小摩阻、扭矩。ϕ241.3mmPDC 钻头 + ϕ172mmLZ 或 ϕ185mmLZ（0.75° ~ 1.25°单扶） + ϕ159mm 无磁钻铤（1 根） + MWD 短节 + ϕ159mm 钻铤（8 根） + ϕ159 随钻震击器 + ϕ127mm 加重钻杆（18 根） + ϕ127mm 钻杆 + ϕ139.7mm 钻杆（4500m）。

钻井参数为：钻压为 60 ~ 80kN，转盘转速为 50 ~ 60r/min，排量为 25 ~ 35L/s。

PDC 钻头 + 螺杆复合钻井技术在元坝海相地层应用 22 口井，累计进尺 3.31×10^4m，平均机械钻速达 2.47m/h，而常规方式钻速为 1.35m/h，相比之下，平均机械钻速提高了 82.96%。在地层岩性化不大的情况下，螺杆配合 PDC 钻头的机械钻速比使用普通牙轮的机械钻速有较大幅度地提高，且螺杆故障率低，提速效果显著。

第三节　超深水平井井眼轨迹优化及控制技术

一、井眼轨道剖面优化设计

水平井井眼轨道剖面优化的目的是满足长兴组气藏开发需求，达到地质与工程的协调统一，满足设计限制条件下井眼轨迹最短、摩阻扭矩相对最小、有利于降低钻完井施工和后期生产作业成本的需求。水平井井眼轨道剖面优化主要包括以下几个方面：水平井类型和轨道类型选择，造斜点和造斜率的选择，斜井段和水平段的长度、井身剖面摩阻分析及钻具组合优选。

从减小摩阻扭矩的角度来讲，悬链线剖面具有优势，但以目前的定向技术条件，难以钻出真正的悬链线轨迹，而且斜井段长度所占井深比例并不太高，因此，一般采用圆弧轨道，目前常用的有单增剖面、双增剖面和三增剖面，即单圆弧剖面、双圆弧剖面和三圆弧剖面（图 8-6）。

相同钻具组合条件下，双增剖面和三增剖面均比单增剖面的摩阻和扭矩小，更有利于安全施工。从便于定向钻井角度考虑，推荐采用双增剖面，造斜率控制在 20°/100m 以内。

二、工具面稳定控制技术

元坝超深水平井采用滑动导向进行定向钻井施工的过程中，工具面漂移严重且规律性不强，严重影响定向钻井施工效率。造成工具面不稳定的主要原因是：超长钻柱难以为定向钻具组合提供稳定反扭矩，不稳定钻压造成钻头扭矩不稳定、摩阻扭矩大及井眼清洁等问题，因而导致工具面调整难度大。

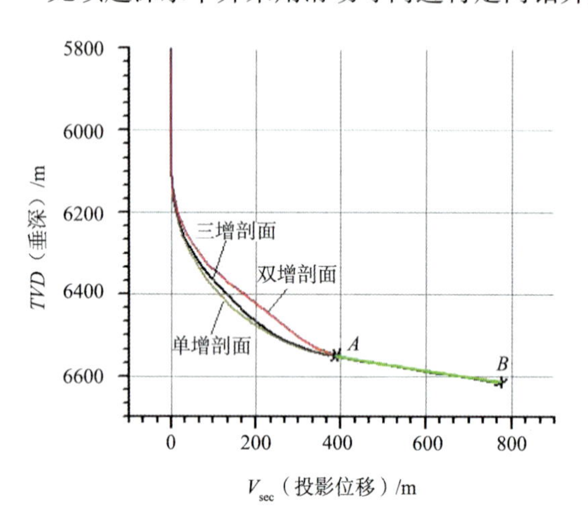

图 8-6　井身剖面垂直投影

针对工具面可控性差的关键因素，提出了提高工具面稳定性的技术措施。

（1）合理选择螺杆尺寸。选择满足井眼安全的最大外径的螺杆，保证足够的动力，从而有利于工具面的稳定。螺杆尺寸越大，输出扭矩越稳定，ϕ185mm 螺杆增加了动力的同时，排量要求比 ϕ197mm 螺杆低，因此 ϕ241. 3mm 井眼推荐应用 ϕ185mm 螺杆。而对于 ϕ165. 1mm 井眼，推荐应用 ϕ127mm 非标螺杆。

（2）优选匹配钻头。综合考虑钻井效率与工具面稳定性，制定了组合使用两种钻头的方案，即井斜角小于 15°时使用牙轮钻头，井斜角大于 15°时使用 PDC 钻头。

（3）定向现场操作措施。渐进调整工具面，调整过程中，每隔 30°～45°暂停观察一次，根据工具面变化情况逐步稳定操作；提高钻井液的润滑性能，减低摩阻系数；加强钻具短起下，提高井壁光滑度和井眼清洁度，可有效提高工具面稳定性，降低“托压”发生率。

形成的工具面稳定控制技术方案在元坝超深水平井应用，有效提升了滑动导向钻井技术的轨迹控制能力（图 8-7），为元坝气田全面采用滑动导向钻井技术提供了有力支撑，摆脱了对国外旋转导向技术的依赖。

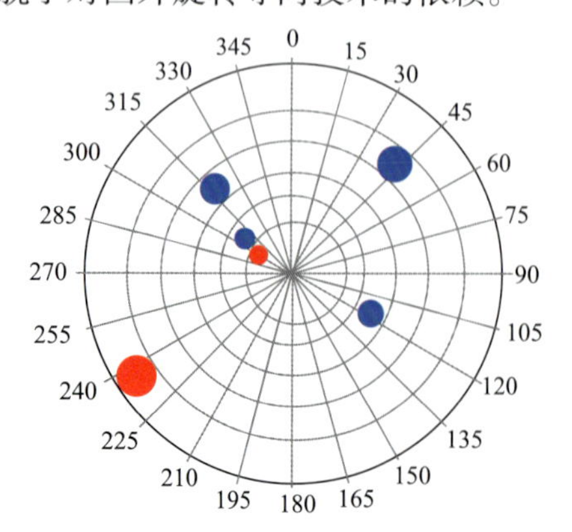

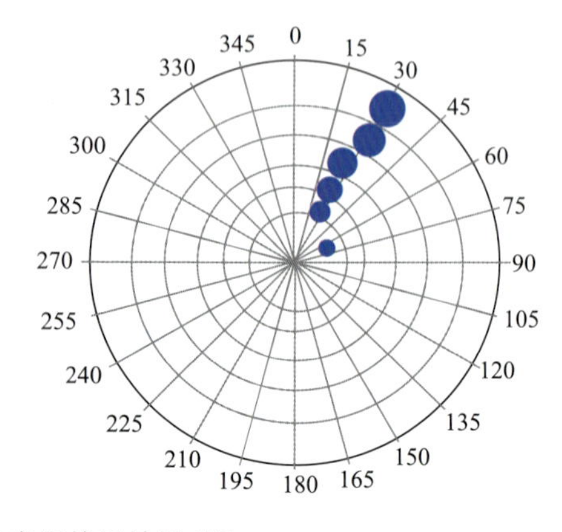

图 8-7　工具面稳定控制技术应用前后效果对比

三、超深长水平段轨迹控制技术

（一）钻具组合设计方案

对于高温高压定向井，国外无线随钻测量仪器在抗压强度方面有很大的优势，国内的仪器在精度和工作温度方面与国外的差距较小。国内的 YST—48R、PMWD—BH、ZT—MWD 等测斜仪器工作环境温度均能达到 150℃，满足元坝地区抗高温 MWD 的要求，并且由于是国产设备，费用低于国外产品，因此在满足测斜要求的情况下，优先选择国内产品。要求 MWD 自带发电机，能够与进口同类型的 MWD/LWD 系统全面兼容，当国产 MWD 失效时，能及时启用国外 MWD 仪器，避免影响钻井施工进度。采用三点定圆法对不同尺寸螺杆、扶正器的钻具组合造斜能力进行了理论计算分析，确定了元坝超深水平井斜井段耐高温定向工具仪器配套方案（表 8-5）。

表 8-5　元坝超深水平井定向工具配套方案

井段	螺杆					MWD	
	类型	尺寸/mm	扶正器	耐温性/℃	脉冲器	耐压性/MPa	耐温性/℃
四开	等壁厚/常规	185	单扶	150	正脉冲	150	175
五开	等壁厚/常规	127	单扶/无扶	180	正脉冲	150	175

造斜段根据设计造斜率和地层造斜难易程度选择定向弯接头或弯壳体动力钻具，配合 MWD 随钻监控轨迹，进行定向造斜或扭方向施工。常用钻具组合为：钻头 + 直壳体动力钻具 + 定向弯接头 + 无磁钻铤（或无磁钻铤 + 钻铤），为减小摩阻、扭矩，解决滑动钻进过程中的托压问题，采用倒装钻柱组合。

稳斜段采用带稳定器的钻具结构，通过增大下部钻具组合的刚性，控制下部钻具在钻压作用下的弯曲变形，达到稳定井斜和方位的效果。同时，考虑到地层自然增斜，在钻具组合中加入双扶正器，通过调整钻压和改变扶正器尺寸来获得微增或微降的钻具组合效果。

水平段采用常规稳斜钻具组合，根据地质跟踪研究提出的轨迹调整方案，及时调整钻井参数和钻具组合，进行滑动增斜或降斜钻进，实现“变轨”长穿礁滩薄储层。

（二）着陆控制技术

元坝长兴组气藏礁滩体规模小，不同礁滩体具有独立的气水系统，区域上非均质性强，地质设计预测的储层顶界井深与实钻情况可能出现较大误差，因此 A 靶点垂深不易确定。水平井井眼轨迹控制的目的是准确着陆入靶，保证水平井钻井的成功率。在现场储层可能变化情况下，一般在实钻轨迹和设计靶点 10m 垂深处，开始使用稳斜探顶技术：维持稳斜钻进，控制找到储层顶，以免增加进靶钻进的造斜率，在稳斜探顶段钻进放慢机械钻速，同时监测钻井液中返出的砂样，判断是否达到储层。

（三）轨迹调整控制技术

元坝超深水平井为提高控制储量，水平段多设计穿越两个以上的礁滩体储层，由于钻遇地层复杂，实钻水平井的靶点和轨迹不明确，需要根据礁滩体的形态和储层空间展布特征，结合现场地质跟踪导向，不断进行轨迹的优化调整。在实钻过程中，要准确地预测井眼轨迹的延伸方向，选择合适的造斜工具或钻具组合，使实钻轨迹偏离设计轨道“不要太远”。一方面，如果偏离“太远”便可能造成脱靶，成为不合格井；另一方面，如果始终要求实钻轨迹与设计轨道误差很小，则势必要求频繁测斜、更换造斜工具，造成多次钻进间断。所以，何时用更换钻具的方法来控制井眼轨迹，是井眼轨迹控制的关键。轨迹控制要点如下所述。

（1）在待钻井段内，如果因地层因素产生的自然漂移或通过调整工艺参数可使井眼轨迹恢复到设计轨道上，则可通过调整钻井工艺参数继续钻进，否则须更换其他钻具组合进行控制。方法是根据当前工具的造斜率，利用定向理论计算公式预测继续待钻井眼所需的造斜率，当预测造斜率与设计相符时，可继续钻进，否则应起钻更换钻具组合。

（2）遵循“多复合，少滑动”的原则，多利用复合钻进的增斜效果，在增斜段复合钻进和滑动钻进交替进行，尽量减少滑动钻进的比例。在滑动钻进井段减少划眼，减小井径扩大率的影响，不破坏造斜趋势。

（3）稳斜段选择平稳性较高的钻具组合复合钻进，勤划眼处理，保持一定的井径扩大率，确保井斜平稳或微增。

（4）在满足靶前位移的前提下，双增剖面稳斜段第一稳斜段优化为微增段，充分利用复合钻进使井眼轨迹平滑。

（5）水平段钻进需要根据储层展布调整轨迹时，通过调整钻井参数、螺杆弯度、扶正器大小和位置等措施，利用复合钻进的自然增斜或降斜来满足地质要求。

第四节　超深水平井钻井液润滑防卡技术

一、超深水平井钻井液减摩降阻技术

在大斜度井与水平井施工中，钻具与井壁的接触面积大，钻井摩阻和扭矩均比直井大，极易发生托压现象；斜井段中的增斜、稳斜、纠斜和频繁测量，使起下钻次数多，停钻时间长；岩屑床在停泵时会整体下滑，大大提升了卡钻发生的风险，钻井液的减摩、润滑、防卡能力对井下安全至关重要。通过减阻、防卡方面的研究，结合实钻资料的分析和总结，形成了钻井液润滑防卡的技术对策：

（1）在安全许可的情况下，尽量降低钻井液密度，减小井底压差。

（2）调整固相粒径级配，形成薄而致密的泥饼，减少钻具与泥饼的接触面积。

（3）采用固、液润滑剂相结合的方式，降低泥饼摩阻系数。

（4）控制高温高压滤失量和泥饼厚度。

（5）主动挤堵或加入沥青及非渗透材料，在近井壁地层形成一段渗透率极低的屏蔽带，降低地层渗透率，阻隔压力传递。

推荐采用非渗透 + 复合润滑防卡钻井液配方，主要性能指标为：钻井液密度为 1.25 ~ 1.32g/cm^3，pH 值 > 11，API 失水 64.0mL，HTHP150℃ 失水 610.0mL，动切力为 10 ~ 18Pa，动塑比为 0.4 ~ 0.8，初切值为 2 ~ 6，终切值为 6 ~ 14，45min 的黏附系数 ≤0.07，坂含 ≤40g/L，含砂率 ≤0.2%。

根据超深水平井岩屑运移特点，确保环空返速和加强钻井液性能控制是井眼净化的关键：提高钻井液动切力，增强悬浮携砂能力，保持低黏高切流变性，降低岩屑沉降速度；提高钻井液排量以达到正常携岩要求；钻进时，每钻进 50 ~100m 进行一次短起下划眼通井，或采用旋转钻具，加大排量循环，破坏岩屑床；每次起钻前注入 8 ~$10m^3$高黏切清扫液，防止岩屑床的形成。当井眼轨迹或方位变化大，导致起下钻遇阻、遇卡等井内复杂情况时，可加入 0.2% 高强度超细玻璃微球固体润滑剂降低摩阻，确保测井、固井作业能安全、顺利实施。

钻井液润滑防卡技术成果应用于元坝27－1H 井、元坝101－1H 井等20 口超深水平井中，均较好地实现了阻隔压力传递、复合润滑防卡和有效保护储层，水平段钻井摩阻、扭矩正常，未发生严重托压现象和卡钻事故。

二、高渗透性地层乳化酸浴解卡技术

元坝超深井水平段储层岩性为海相碳酸盐岩，由于水平段长、水平段地层渗透性高、井底正压差较大、超深井排量受到限制等原因，钻井施工中易发生卡钻等复杂情况。常用的处理手段是酸浴解卡，但常出现酸液刚出钻头，即发生失返性漏失，酸液不能顶替至需要泡酸的井段的现象，导致酸浴解卡失败，严重时甚至造成填井侧钻。

乳化酸作为酸化技术的一种缓速酸，在刚接触地层未破乳时，油相将酸液与岩石表面隔开，阻止或延缓酸液与泥饼及岩石发生反应，不破坏泥饼，从而不发生漏失，让酸液能逐步上返达到卡点位置。随着温度升高，乳状液逐步破乳，由于密度差作用使盐酸下沉，油相上浮，高浓度的盐酸主要与黏附钻具的下井壁泥饼反应，上井壁受油相保护不发生反应，达到定向腐蚀的目的。同时，下井壁泥饼及基岩部分反应形成了漏失通道后，受惰性堵漏剂的影响，漏失速度不会太大，从而增长酸液反应时间，提高解卡成功率。

通过对酸岩反应动力学研究、乳化酸的腐蚀性研究、乳化剂及惰性堵漏剂的优选、酸油比例优选，形成了一套防漏型乳化酸配方：40% ~50% 柴油 +50% ~60% 盐酸 +6% ~8% 主乳化剂 +2% ~3% 辅助乳化剂 +5% ~8% 堵漏材料 +2% ~3% 高温缓蚀剂。

酸液总量要求满足 3 个条件：①满足全面浸泡可能卡段要求，盐酸的溶蚀能力达到预计要求；②满足预定时间周期驱替要求，根据酸反应总时间、钻具畅通要求，经验选择正常浸泡总时间控制在4h 以内，每 30min 顶替 0.5m^3；③满足井控要求，不影响压稳地层要求，满足能正常注替施工的要求。

施工排量选定依据两个原则：①为便于观察分析与计量，排量尽量统一稳定；②提高顶替效果，缩短注替时间，利于将酸替至预定井段。排量决定方法为：限定最高施工泵压，定排量施工。

乳化酸有效解决了高渗透性、高酸溶性地层常规酸浴失返性井漏，使酸液不能到达卡点的难题。酸浴后，酸液对井壁、井径影响很大。因此泡酸后需要加强钻井液的携砂性、润滑性、造壁性维护处理。

第五节　高温高压复杂地层尾管固井技术

一、高压复杂地层小间隙尾管固井技术

元坝超深水平井设计五开制井身结构，三开 ϕ314.1mm 井眼封隔下沙溪庙组至须家河组的陆相地层，尾管串为 ϕ273.1mm + ϕ279.4mm，理论环空间隙仅为 17.35mm，尾管段主要封固 2900 ~ 5000m 井段，封固段长 2000m 以上，存在地层压力高，环空间隙小，套管下入困难，循环摩阻大及固井防窜、防漏和压稳共存等难点。

（一）膨胀水泥浆体系设计

三开井段油气显示层位多，气层活跃，入井水泥浆密度较高，水泥浆在候凝过程中若发生失重则易导致气窜，所以采用双凝水泥浆。以膨胀水泥浆作为领浆封固非油气层显示段（若领浆封固段也有油气显示，则选用膨胀防气窜水泥浆），膨胀防气窜水泥浆作为尾浆封固主要油气显示段。

水泥浆体系领浆：G 级水泥 +60% 加重剂（钛铁矿） +4% ~8% 早强剂 +2% ~3% 增塑剂 +5% ~6% 降失水剂 +1% ~2% 减阻剂 +2% ~3% 缓凝剂 +1.5% 消泡剂 +2% ~3% 膨胀剂 +3% ~5% 稳定剂

尾浆：G 级水泥 +60% 加重剂（钛铁矿） +0.8% ~1.2% 防气窜剂 +4% ~8% 早强剂 +2% ~3% 增塑剂 +5% ~8% 降失水剂 +1% ~2% 减阻剂 +1% ~2% 缓凝剂 +2% ~3% 膨胀剂 +3% ~5% 稳定剂 +1.5% 消泡剂。

水泥浆性能要求：密度比钻井液密度高 0.12g/cm^3；初始稠度≤25Bc；流动度≥18cm；API 滤失量≤50mL；自由液为 0；上下密度差小于 0.02g/cm^3；领浆稠化时间在施工时间基础上附加 60 ~ 120min，尾浆稠化时间在施工时间基础上附加 60 ~ 90min；领浆、尾浆稠化过渡时间≤30min；膨胀防气窜水泥浆的防气窜性能系数（*SPN*）≤3；领浆 72h 顶部抗压强度≥7MPa，尾浆 48h 抗压强度≥14MPa。

（二）隔离液性能要求

由于环空间隙较小，尾管均采用无接箍套管，不能安放套管扶正器，无法保证套管居中度，需要对隔离液性能进行优化，隔离液流变参数的设计范围为：稠度系数为 0.1 ~ 0.4Pa · s，流性指数为 0.6 ~ 0.8。在改善隔离液流变参数的基础上，还需要配套相应的技术措施，确保顶替效率的提高，主要包括：钻井液、隔离液和水泥浆之间自低到高应有不小于 10% 的密度差，三者之间自低到高应有不小于 10% 的切力差，隔离液注入量占环空的长度大于 500m。

（三）井眼准备技术

为模拟套管串的刚度，采用三稳定器通井钻具组合进行通井和模拟下套管，通井钻具组合：ϕ314.1mm 钻头 + ϕ228.6mm 钻铤（1 根） + 稳定器 + ϕ228.6mm 钻铤（1 根） + 稳定器 + ϕ228.6mm 钻铤（1 根） + 稳定器 + 钻柱。稳定器至少有一个直径不小于 ϕ310mm，最小直径不小于 ϕ306mm，该钻具组合保证了通井钻具的刚性大于套管刚性。对起下钻遇

阻及缩径井段进行重复划眼，以保证套管顺利下至设计位置。套管下至设计井深后，充分循环洗井，排量不低于固井施工时的最高施工排量，确保井眼干净畅通，无漏失，无垮塌。对比不同循环情况对固井质量的影响，发现循环洗井 3 周以上有利于提高水泥环界面的胶结质量。

元坝气田开发井采用小间隙非标准尾管固井技术完成固井 22 井次，固井质量合格率达 100%，基本克服了高压复杂地层小间隙固井技术难点，固井质量可以满足四开继续钻进要求。

二、长裸眼大斜度井段尾管固井技术

四开 ϕ241.3mm 井眼以封固海相地层为主，下入复合套管为 ϕ193.7mm + ϕ206.4mm 套管组合，封固段为 5000 ~ 6900m，裸眼段长为 1800 ~ 1900m，其中，斜井段长 600m 左右，井斜最大超过 70°。由于压力系统复杂、气层活跃、裸眼段长、上下温差大等难点，保证固井质量难度大。

（一）胶乳防气窜水泥浆技术

目前国内外防气窜效果最好的防气窜剂是胶乳，如丁苯胶乳、苯丙胶乳等。当应用胶乳水泥浆封闭气层时，随着水泥水化反应的进行，环绕水泥颗粒的水被消耗，胶乳局部体积分数升高，产生颗粒聚集，形成空间网络状非渗透薄膜，完全填充水泥颗粒间的空隙，避免环空窜流发生。同时，由于胶乳的添加，其逐渐形成的空间网状结构提高了水泥石的密实性，能够网络和紧密连接水泥石的各组分，使水泥石整体性提高，从而减少了腐蚀的淋滤作用，防腐蚀效果较常规水泥浆有了较大的提高。

领浆：G 级水泥 +30% 加重剂（钛铁矿） +10% ~15% 盐 +1.0% ~1.5% 防气窜剂 +35% 微硅 +4% ~8% 早强剂 +2% ~3% 增塑剂 +5% ~8% 抗盐降失水剂 +2% ~3% 减阻剂 +5% ~7% 缓凝剂 +1% ~2% 消泡剂 +3% 膨胀剂。

尾浆：G 级水泥 +30% 加重剂（钛铁矿） +1% ~1.2% 防气窜剂 +10% ~15% 胶乳 +35% 微硅 +4% ~8% 早强剂 +2% ~3% 增塑剂 +4% ~5% 降失水剂 +2% 减阻剂 +3% 膨胀剂 +2% ~3% 稳定剂 +4% ~5% 缓凝剂 +1.5% 消泡剂。

气井井口带压与水泥环完整性有很大关系，提高水泥石的弹塑性可以提高水泥石的抗冲击能力和抗变形能力，减少微环隙的产生，对自身由于水化干缩产生的裂纹也具有一定的抵抗作用。

（二）前置液性能优化

前置液体系采用先导浆（加入 2% 的除油剂） + 加重隔离液 + 冲洗液的组合。

四开完钻钻井液中的含油量往往在 5% 以上，甚至达到 10% 左右。单纯依靠加重隔离液和冲洗液很难清洗干净井壁和套管壁上的油膜，因此设计了 40m^{3}左右的先导浆，并加入 2% 的高效除油剂，其具有很好的除油效果。加重隔离液设计为 15m^{3}左右，密度介于泥浆和水泥浆之间，也加入乳化剂，再次对井壁和套管壁油膜进行清洗。冲洗液设计为 6m^{3}左右，用以清洗井壁的泥皮，并提高水泥浆的顶替效率。

（三）“预应力”固井技术

为保证防气窜效果，元坝气田 ϕ193.7mm 尾管固井应用带有顶部封隔器的尾管悬挂器，通过对前期应用后固井质量的分析，充分应用顶封座封后与回压凡尔共同作用，可以使裸眼形成一个密闭环空的有利条件。此外，实施了“预应力”固井技术，具体操作是：在固井替浆碰压前，预留约 1 ~ 2m^3 钻井液停止顶替，进行顶部封隔器座封，然后用水泥车小排量缓慢替浆，控制压力达到固井设计中的憋压压力后停止替浆，从而实现环空加压，弥补水泥浆失重的压力损失。

元坝超深水平井四开长裸眼大斜度尾管固井技术在滚动区的 10 口开发井应用，固井质量合格率为 100%，优质率达 50%，有效解决了井口环空窜气问题，保证了后期酸压测试和投产。

第六节　现场实施效果

系统形成了 7000m 超深高含硫水平井优快钻井技术体系，解决了元坝气田 7000m 垂深、斜深接近 8000m、160℃高温、70MPa 高压含硫环境下的水平井钻井技术难题。试验并推广应用 22 口超深井，平均完钻井深 7441m，平均钻速 2.26m/h，平均钻井周期 368d。创造了 3 项世界钻井纪录和 30 余项国内工程纪录（主要纪录如表 8-6 所示），其中，元坝 101-1H 井完钻井深 7971m，创世界陆上超深水平井最深纪录，突破了长水平段超深水平井技术难题；元坝 102-3H 井完钻井深 7728m，钻井周期 282d，开创了元坝气田“十个月完成一口超深水平井”的历史。

表 8-6　元坝超深水平井创新纪录统计

纪录名称	指　标	井　名	级别
超深水平井垂深最深	6991.19m	元坝 121H 井	世界
超深水平井井深最深	7971m	元坝 101-1H 井	世界
超深水平井水平段最长	1073.3m	元坝 272-1H 井	世界
超深水平井井底压力最高	140.4MPa	元坝 272H 井	国内
超深水平井钻井周期最短	282d	元坝 102-3H 井	国内

第九章　完井投产一体化降本增效

相比于国内外其他高含硫气藏，元坝气田长兴组气藏特点比较突出：①埋藏更深，长兴组气藏埋深为6300.22～7125.48m，水平井完钻井深为6955～7971m；②温度、压力更高，地层温度为145.2～157.41℃，地层压力为66.66～70.62MPa；③要求更严，安全环保、社会环境、地理环境对工程施工的要求更严；④控制更紧，处于投资效益边际，工程成本控制更紧。此外，元坝气田气井完井极具挑战性：①超深、高温、高压、高含硫等复杂工况，对完井管柱设计安全性要求高；②高含 H_2S、CO_2，按技术标准选择防腐管材成本高，安全经济性要求高；③超深、高温、高压、高含硫气井安全生产依赖采气井口装置、井下管材腐蚀完整性和永久式封隔器完井的环空压力力学完整性，整个寿命周期的完整性要求高。

为了解决元坝气田长兴组气藏超深高含硫水平井完井技术安全性和技术经济性的矛盾，在管柱力学分析和防腐材质腐蚀实验评价的基础上，①通过完井投产一体化简化工序、优化工艺降本增效；②通过防腐管材、采气井口装置国产化规模应用降本增效；③通过气井井筒完整性风险评价常态化，及时掌握气井环空带压的变化情况，判别风险级别，提出应对措施，从而确保气井整个寿命周期的完整性。开发方案设计的37口井全部完成完井测试，31口投产井安全生产，降低完井成本超过4亿元，从而确保元坝气田安全生产、效益开发。

第一节　完井投产一体化

按技术规范要求，元坝气田长兴组气藏超深高含硫水平井完井宜采用油管带井下安全阀、永久式封隔器及配套的完井生产管柱。完井管柱能够实现紧急情况下先安全自动关井，尽量保持管柱通径一致，满足投产作业和长期安全生产等要求。

一、完井工具选择

完井工具是完井管柱的重要组成部分，是实现酸化投产、测试求产、腐蚀防护、风险控制等作业和生产必不可少的配套装置。高含硫气井完井工具不仅要耐高温、高压，还要抗 H_2S 及 CO_2、高矿化度地层水、酸化工作液腐蚀，并且满足长期安全生产的需要。

元坝气田长兴组气藏地层压力为66.66～70.62MPa，最大关井压力为51.7MPa，高含 H_2S（平均含量为5.32%）、中含 CO_2（平均含量为6.56%），酸化施工最高泵压控制为95MPa。因此，气井完井工具选择725材质70MPa完井封隔器、下击式循环滑套和718材质70MPa井下安全阀。

二、完井油管选择

完井油管尺寸应结合节点分析、气井临界携液流量、油管冲蚀临界流量的计算结果及酸化投产需要确定。元坝气田长兴组气藏主要采用水平井（大斜度井）开发，完井油管应选择抗压缩、抗弯曲性能好的金属气密封扣。

（一）完井油管尺寸

1. 从单井配产优化油管尺寸

以井底为节点进行油管尺寸和产量关系分析，结合单井配产确定最优油管尺寸。元坝气田长兴组气藏气井配产最高为 $60\times10^4m^3/d$，选用内径为62mm的 ϕ73mm油管能够满足安全生产的需要。

2. 从冲蚀能力确定油管尺寸

从气井临界冲蚀流量计算结果（表9－1）可知，按井口压力30MPa计算，要避免出现气体冲蚀现象，配产为 $55\times10^4m^3/d$ 以下时，宜选用内径为62mm的 ϕ73mm油管；配产为 $55\sim80\times10^4m^3/d$ 时，宜选用内径为76mm的 ϕ88.9mm油管。

表9－1　气井临界冲蚀流量计算表

井　名	井口流压/MPa	气体相对密度	不同内径油管气体冲蚀临界流量/（$\times10^4m^3/d$）			
			62mm	76mm	88.3mm	97.2mm
元坝103H井	10	0.65	34.46	51.79	69.91	84.71
	20		49.38	74.20	100.16	121.37
	30		58.44	87.82	118.54	143.65
	40		62.93	94.56	127.65	154.68
	50		66.30	99.62	134.48	162.96

元坝气田长兴组气藏气井配产最高为 $60\times10^4m^3/d$，选择内径为62mm的 ϕ73mm油管就能满足抗冲蚀要求。

元坝气田长兴组气藏气井完井管柱工具结构为：井下安全阀＋循环滑套＋封隔器＋球座，变径处临界冲蚀流量如表9－2所示。按计算结果及单井最高配产，内径为62mm的 ϕ73mm油管变径处满足抗冲蚀需要，不同油管变径处不会发生冲蚀破坏。

表 9-2 水平井临界冲蚀流量计算

变径位置	变径处尺寸/mm	气体相对密度	井口流压/MPa	冲蚀临界流量/（$\times10^4m^3/d$）
井下安全阀 100m	65	0.65	10	41.55
			30	70.45
			50	78.94
循环滑套 5000m	65		10	40.22
			30	68.23
			50	77.47
封隔器 6500m	71		10	47.99
			30	81.40
			50	92.43

3. 从携液能力确定油管尺寸

不同油管内径条件下的临界携液流量计算结果（表 9-3）表明，随着油管管径的变大，气井临界携液流量也增大，气井携液也更加困难。按照单井配产，内径为 62mm 的 ϕ73mm 和内径为 76mm 的 ϕ88.9mm 组合油管可满足井筒携液需要。

表 9-3 不同井口压力、油管尺寸下的气井临界流量

井口压力/MPa	不同内径油管的临界流量/（$\times10^4m^3/d$）				
	62mm	62mm+76mm	76mm	88.3mm	97.2mm
10	4.22	5.75	6.34	8.56	10.37
20	5.92	8.09	8.89	12.00	14.54
30	6.90	9.30	10.36	13.99	16.95
40	7.51	10.02	11.28	15.22	18.45
50	7.88	10.23	11.84	15.98	19.37

4. 从投产措施确定油管尺寸

根据元坝气田长兴组气藏气井油管尺寸、施工排量与泵压关系，在井口限压 95MPa 下，宜选择 ϕ88.9mm 及 ϕ73mm + ϕ88.9mm 组合油管酸化投产。

结合完井工程对油管抗拉强度的要求，元坝气田长兴组气藏气井油管优选结果为：衬管完井选择 125 钢级 ϕ88.9mm×7.34mm + ϕ88.9mm×6.45mm + ϕ73mm×5.51mm 组合的复合油管；裸眼完井选择 125 钢级 ϕ88.9mm×7.34mm + ϕ88.9mm×6.45mm 的组合油管。

（二）油管柱扣型选择

井筒安全是气井长期安全生产的核心，完井管柱渗漏是危害井筒安全的重要因素之一。管柱渗漏会导致环空异常带压、油层套管腐蚀加剧等安全风险。而完井管柱渗漏一般发生在油管螺纹处，影响螺纹密封的因素很多，除了螺纹设计、结构、加工等方面外，油管螺纹选择还必须考虑以下因素：①井斜因素，对于水平井（大斜度井），完井管柱弯曲度大，螺纹密封同时存在压缩和拉伸导致其密封性能下降，易发生渗漏；②井深因素，井深越深，完井管柱轴向拉伸载荷越大，越有可能降低密封面接触压力，从而导致螺纹密封性变差。

元坝气田长兴组气藏主体采用水平井（大斜度井）开发，充分考虑气井工况条件、各类气密封螺纹性能特点和适用范围，同时考虑与工具连续的灵活性和通用性，完井管柱扣型选择抗弯曲性能好、加工和维修方便的国产 TP—G2、BGT1 等气密封特殊扣型。

三、完井管柱受力分析

完井管柱受力分析是完井管柱安全评价和设计的基础，通过建立完井管柱力学模型，综合考虑不同作业过程影响因素，并结合各种作业过程的施工参数，对完井管柱进行受力、变形分析和安全性能评价。

（一）完井管柱力学分析特点和难点

元坝气田长兴组气藏气井按技术规范要求应采用带井下安全阀、永久式封隔器及配套的油管管柱，其超深、高温、高压、高产的地质属性和水平井（大斜度井）井型特点给完井管柱受力分析带来以下难点：①不同流速下井筒温度梯度、流体密度及压力梯度的非线性分布，造成完井管柱受力分析所需的井筒压力、温度分布准确预测难度大；②超深井座封、酸化、生产、关井等多项作业联作，不同工况下管柱变形效应差别大；③水平井（大斜度井）使得弯曲井眼附加摩阻、管柱弯曲应力等影响因素更为复杂，管柱力学分析难度更大。

（二）完井管柱受力分析

通过建立不同工况下水平井（大斜度井）井筒压力温度分布计算模型和三维弯曲井眼内管柱轴力计算模型，通过解析和迭代方法进行模型求解，进而形成超深井完井管柱受力分析方法，据此编制的自主软件可实现井筒压力、温度的准确预测及不同工况下完井管柱受力变形分析。

1. 井筒温度、压力分布模型

在获得元坝地区地层热传导系数、岩石热导率等参数数值的基础上，通过对大量实验数据的线性回归，对实际压裂液的摩阻损失值进行现场校正，优化注入、生产过程中的井筒温度、压力分布剖面计算模型，井筒压力、温度准确预测精度高（温度分布误差为 -3.34% ~8.49% ,压力分布误差为 -0.3% ~3.16%）（表9-4）。

表9-4　井底压力温度实测与预测数据对比

井　名	油管尺寸/mm	施工泵压/MPa	压力计深度/m	实测最低温度/℃	拟合最低温度/℃	温度误差/%	实测压力/MPa	拟合压力/MPa	压力误差/%
元坝1井	88.9	91.00	6915.00	100.47	94.50	-5.94	156.00	154.00	1.28
元坝2井	88.9	91.00	6620.81	99.33	90.90	-8.49	148.10	148.50	-0.30
元坝12井	88.9	81.00	6499.31	64.02	60.63	-5.30	126.70	122.70	3.16
元坝1侧1井	88.9	88.00	6768.06	74.00	71.53	-3.34	125.00	121.50	2.74

2. 三维弯曲井眼管柱轴向载荷计算模型

针对完井投产作业中下管柱、座封封隔器、射孔、酸化压裂、测试生产、关井等工况，通过建立水平井（大斜度井）直井段、弯曲段、水平段屈曲临界载荷计算方法；考虑井斜角、方位角、侧向力及摩阻等综合作用的三维弯曲井眼内管柱轴力计算模型，采用迭代法计算直井段、弯曲井段和水平井段下管柱的真实轴力。

3. 超深水平井（大斜度井）完井管柱力学分析

以系统、全面的力学分析理论和精确的井筒压力温度分布预测模型为依据，实现不同井型、不同完井方式下，作业管柱和井下工具在三维井眼内从入井到后期生产全过程的受力分析和强度校核，形成超深水平井（大斜度井）完井管柱受力分析技术，据此编制的自主软件计算结果与国外同类软件的计算结果相比，误差小于10%（表9-5）。

表9-5　与国外软件计算结果对比数据表

井　名	工　况	不同工况下轴力计算结果				不同工况下三轴应力计算结果			
		自主软件/kN	国外软件/kN	差值/kN	误差/%	自主软件/MPa	国外软件/MPa	差值/MPa	误差/%
元坝103H井	下管柱	816.62	845.80	-29.20	-3.58	343.50	364.90	-21.40	-6.23
	压裂	1213.15	1252.00	-38.71	-3.19	551.64	556.60	-4.96	-0.90
	生产	449.08	472.20	-23.09	-5.14	268.24	278.60	-10.35	-3.86
元坝1-1D井	下管柱	555.00	610.14	-55.14	-9.94	235.00	257.05	-22.05	-9.39
	压裂	929.36	836.76	92.59	9.96	422.09	392.33	29.75	7.05
	关井	664.85	643.92	20.92	3.15	383.54	379.80	3.74	0.98

三、完井酸化投产一体化管柱及应用

针对不同的完井方式，结合元坝气田长兴组气藏超深水平井完井管柱受力分析及强度校核结果，通过不同尺寸油管组合优化，形成了衬管完井—酸化—生产一体化管柱和裸眼预制管柱分段酸化—生产一体化管柱，满足了完井投产一体化的需要。

（一）衬管完井—酸化—生产一体化管柱

1. 结构设计

对于衬管完井的超深水平井，以保证管柱的安全为前提下尽可能减少管柱泄漏风险点为目的，设计了衬管完井—酸化—生产一体化管柱结构：井下安全阀＋循环滑套＋永久式封隔器＋球座（图9-1）。该管柱结构简单、安全可靠、成本节约。

2. 管柱受力分析

通过不同油管组合下的完井油管柱强度（表9-6、表9-7）与经济性（表9-8）的对比，优选ϕ88.9mm×7.34mm＋ϕ88.9mm×6.45mm＋ϕ73mm×5.51mm（1500m）复合油管做完井投产油管柱。储层改造排量在3.4～5.5m^3/min下完井管柱最小剩余抗拉306kN，满足了完井投产及储层改造的需要，且较优化前单井节约油管成本约213.11万元。

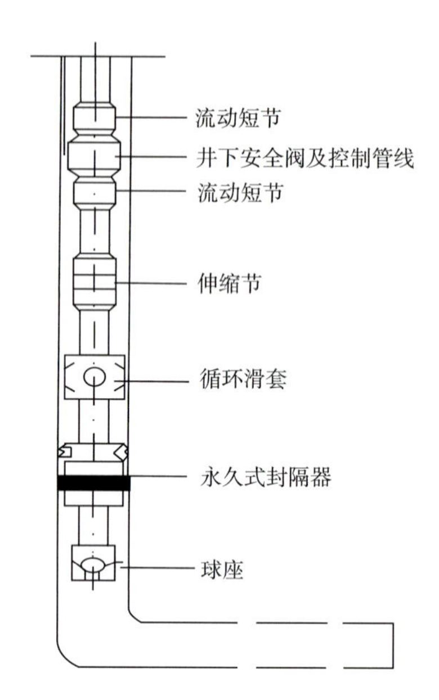

图9-1　衬管完井—酸化—生产一体化管柱示意图

表9-6　空气中管柱抗拉强度计算

钢级	外径/mm	壁厚/mm	内径/mm	单位长度重力/(N/m)	抗拉/kN	段长/m	段重/kN	累重/kN	空气中抗拉安全系数	剩余抗拉强度/kN
P125	88.9	7.34	74.22	148.76	1619	1000	148.76	892.43	1.81	726.57
P125	88.9	6.45	76.00	134.16	1441	4500	603.72	743.67	1.94	697.33
P125	73.0	5.51	62.00	93.30	1010	1500	139.95	139.95	7.22	870.05

表9-7　储层酸化时管柱受力分析

外径/mm	壁厚/mm	抗拉强度/kN	段长/m	酸化时拉力/kN	酸化时抗拉安全系数	酸化时封隔器上部拉力/kN
88.9	7.34	1619	1000	1077.07	1.50	72.63
88.9	6.45	1441	4500	959.40	1.50	
73	5.51	1009	1500	306.09	2.89	

注：泵压90MPa，排量2.0m^3/min。

表9-8　不同方案经济对比

方案	油管组合	油管总重/kN	油管单价/(万元/t)	油管总价/万元	较优化前节省/(万元/井)
优化后方案	ϕ88.9mm×7.34mm1030m+ϕ88.9mm×6.45mm5930m	949.38	24	2325.01	213.11
优化前方案	ϕ88.9mm×9.52mm2000m+ϕ88.9mm×6.45mm4960m	1036.4	24	2538.12	—

（二）裸眼预制管柱分段酸化—生产一体化管柱

1. 结构设计

对于裸眼完井的气井，根据管柱力学分析方法，考虑油管通用性优化设计方案，设计了裸眼预制管柱分段酸化—生产一体化管柱结构：井下安全阀 + 循环滑套 + 永久式封隔器 + 悬挂封隔器 + 分段裸眼封隔器 + 投球滑套 + 分段封隔器 + 双压差滑套 + 隔离球座 + 引鞋（图 9-2），裸眼预制管柱分段酸化—生产一体化管柱设计为两趟下入。

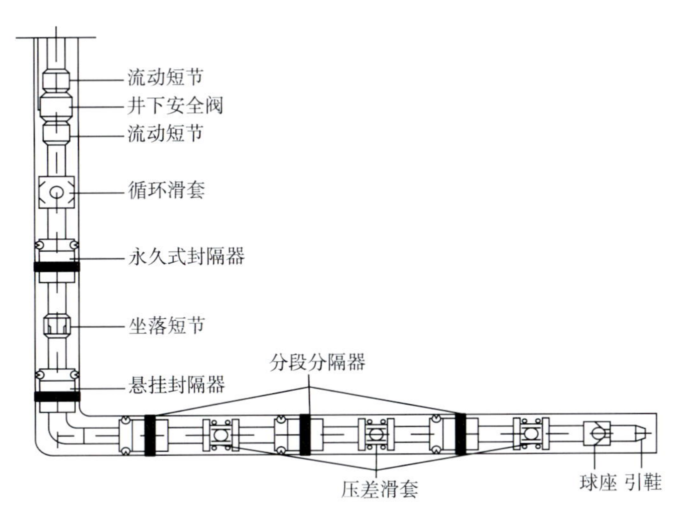

图 9-2　裸眼预制管柱分段酸化—生产一体化管柱示意图

2. 管柱受力分析

按裸眼预制管柱分段酸化—生产一体化管柱受力分析结果（表 9-9 ~ 表 9-12），优选 125 钢级 ϕ88.9mm × 7.34mm + ϕ88.9mm × 6.45mm 的组合油管能够满足完井酸化投产等工况需要。

表 9-9　完井管柱不同组合抗拉强度数据表

尺寸/mm	钢级	壁厚/mm	内径/mm	单位长度重力/(N/m)	抗内压/MPa	抗外挤/MPa	抗拉强度/kN	使用长度/m
88.9	125	7.34	74.22	148.76	124.5	130.6	1619	1000
88.9	125	6.45	76.00	134.16	102.7	109.4	1441	7150
永久式封隔器下深/m			6500	滑套 1 下深/m		7200		
分段封隔器 1 下深/m			7300	滑套 2 下深/m		7450		
分段封隔器 2 下深/m			7600	滑套 3 下深/m		7750		
分段封隔器 3 下深/m			7900	滑套 4 下深/m		8100		

表 9-10　完井管柱储层改造时的强度校核结果

不同位置的受力情况			安全系数				封隔器压差/MPa	变形量/m	拟合井底温度/℃	评价
位置	拉力/kN	应力/MPa	抗内压	抗外挤	抗拉	屈服				
井口	1036	205	3.59	3.66	1.56	4.2	-0.62	-3.953	50	Y
变径	787	177	3.96	3.72	1.83	4.85				
封隔器	180	136	176	165	7.99	6.32				

表 9-11　完井管柱储层改造时的封隔器受力分析结果

	斜深/m	垂深/m	油压/MPa	套压/MPa	压差/MPa	卡瓦受力/kN
改造封隔器 1	7300	7136	136.42	87.42	49.00	818.41
改造封隔器 2	7600	7188	135.68	88.05	47.63	800.57
改造封隔器 3	7900	7237	134.92	88.65	46.27	782.91

表 9-12　水平井分段改造时的封隔器受力分析结果

位　置	下管柱轴力/kN	座封时承受的拉力/kN	温度效应/m	温度效应产生的轴力/kN	压裂时管柱轴力/kN	管柱抗拉强度/kN	管柱的抗拉安全系数
封隔器 7100	-147.8	-47.54	0.253	435	609.63	1441	2.36
滑套 7200	-150.4	-50.09			607.08	1441	2.37
封隔器 7300	-149.2	-48.93	0.3795	435	602.03	1441	2.39
滑套 7450	-147.5	-47.25			603.71	1441	2.39
封隔器 7600	-147.8	-47.55	0.3795	435	597.25	1441	2.41
滑套 7750	-148.1	-47.85			596.95	1441	2.41
封隔器 7900	-148.4	-48.15			56.94	1441	25.31

（三）现场应用及效果

1. 基本情况

元坝 101 -1H 井完钻井深为 7971m，完钻层位为长兴组，完井方式为衬管完井，水平段长 797.21m。

2. 完井投产管柱设计

镍基合金套管段为 6688.6 ~ 6947.12m，井斜为 25° ~ 57.1°（±），设计封隔器座封于 ϕ193.7mm 套管 6833m。采用 125 钢级 ϕ88.9mm ×7.34mm + ϕ88.9mm ×6.45mm + ϕ73mm ×5.51mm 复合油管带井下安全阀 + 循环滑套 + 封隔器总成 + 球座的 70MPa 完井工具，管柱空气中抗拉安全系数为 1.86，酸化作业时抗拉安全系数为 1.54（表 9-13）。

表 9-13　元坝 101 -1 井酸化作业时管柱受力分析

下深/m	外径/mm	壁厚/mm	抗拉强度/kN	酸化作业时拉力/kN	酸化作业时抗拉安全系数	酸化作业时封隔器上部拉力/kN
1000	88.9	7.34	1619	1351	1.54	91
5500	88.9	6.45	1441	973	1.53	
6882	73.0	5.51	1009	320	3.15	

注：施工限压 95MPa，排量 2.0m^3/min。

3. 现场施工情况

元坝 101 -1H 井井组下完井管柱后，逐级正打压座封封隔器后，进行规模 1301m^3 酸化施工，最高泵工 73.9MPa，最大排量 6.0m^3/min，酸化排液净化后在稳定油压 36MPa 下试获天然气产量为 82.5 ×10^4m^3/d。

投产两年，油压稳定在 30MPa，输气量为 45.3 ×10^4m^3/d。

第二节　井下管材、采气井口装置国产化

腐蚀是高含硫气田开发的重点和难点，元坝气田长兴组气藏超深、高温、高压、高含硫气井的安全生产依赖于采气井口装置、井下管材腐蚀完整性。

元坝气田长兴组气藏高含 H_2S、CO_2腐蚀性介质，测试产量差异较大，若严格按照技术标准应选择进口高镍基防腐管材和采气井口装置。而满足元坝高含硫气井需要的进口的镍基防腐管材和井口装置不仅价格昂贵，且供货周期长，不利于完井成本控制和建井周期的控制。为了降低完井成本，缩短建井周期，以适用性设计为基础，在验证国产镍基合金、钛合金材质的抗腐蚀性能的基础上，开发钛合金油管、电镀钨合金衬管、优选国产镍基合金管材和采气井口装置，实现井下管材、采气井口装置国产化率达到85%。

一、井下管材国产化

（一）完井管材腐蚀评价

1. 镍基合金管材

为验证国产镍基合金的抗腐蚀性能，模拟元坝气田腐蚀环境，开展含 CO_2、H_2S 气田环境中的国产镍基合金抗 SCC 评价、失重腐蚀评价、酸液腐蚀实验评价和电偶腐蚀实验评价。实验结果表明，国产镍基合金材料腐蚀环境中应力腐蚀开裂的敏感性低，不会发生应力腐蚀断裂；80000×10^{-6} Cl^- 地层水环境中平均液相腐蚀速率为 0.0057 ~ 0.0087mm/a，酸液中平均液相腐蚀速率为 0.0025 ~ 0.0034mm/a，具有良好的抗腐蚀性能。同时，与 718 工具电偶腐蚀实验表明，在 70% 应力和 110% 应力下的腐蚀速率都几乎相等，且几乎没有腐蚀现象。

从应力、失重、酸液及电偶腐蚀情况分析，国产镍基合金材质能够满足元坝气田长兴组气藏开发的需要。

2. 钛合金油管

钛合金具有高强度、低密度和优异的耐腐蚀特性，由于其密度较低（钛合金为 4.5g/cm^3），同规格的钛合金单米质量相当于镍基合金的 60%。为了进一步提高元坝气田长兴组气藏开发的经济效益，开展了钛合金油管研发及实验评价，以替代镍基合金管材。

1）性能评价

为了验证钛合金材料的抗腐蚀性能，开展模拟元坝气田环境的钛合金抗腐蚀性能实验。实验结果表明：四点弯曲按载荷比率 100% 加载，经 720h，试样未发生腐蚀或断裂；经 168h 实验，试样未发生明显腐蚀，平均腐蚀速率仅为 0.0039 ~ 0.0289mm/a，证实了钛合金抗腐蚀性能优异（已通过中国石化专家组的出厂评审）。通过第三方监制的整管性能评价实验，钛合金油管的抗拉伸、抗内压和抗外挤性能均超过 API 标准中同钢级碳钢的要求，油管螺纹连接在内压、轴向拉伸、压缩、弯曲及温度变化条件下，在常温加载等效应力 85%、高温加载等效应力 80% 的循环载荷下，接头密封性能优异，均未出现泄露失效现象，可以替代镍基合金作为元坝气田长兴组气藏气井完井管材。

2）适应性分析

为了进一步对钛合金油管在元坝气田长兴组气藏气井应用的安全性进行评估，利用管柱力学软件，对钛合金油管的三轴应力强度进行校核（表9－14）。结果表明，选用ϕ88.9mm×6.45mm规格钛合金油管可满足完井测试、酸化投产及安全生产要求。

表9－14 钛合金油管三轴应力计算结果表

工况条件	井口拉力/kN	变形量/m	合应力/MPa	屈服安全系数（屈服强度/三轴应力）
下管柱	713.0	16.80	427	2.00
座封	835.8	18.11	461	2.00
改造	954.1	18.32	596	1.27

（二）电镀钨合金衬管

钨合金电（渗）镀技术是为了应对石油钻采作业井下H_2S、CO_2和Cl^-对钻采设备越来越严重的腐蚀而研发出来的一项表面材料新技术。

为了解决水平段镍基合金衬管成本高的问题，开展了电镀钨合金衬管的室内腐蚀评价和现场应用实验，实验结果表明，电镀钨合金衬管满足元坝气田酸化及生产防腐要求。

1. 抗腐蚀性能评价

为了验证电镀钨合金镀层在元坝长兴组气藏的抗腐蚀性能，设计模拟实验，对钨合金镀层进行抗腐蚀性能评价。模拟实验主要考虑材料在酸化残酸返排和长期生产过程的抗腐蚀性能。室内实验结果表明，在模拟酸化残酸返排的条件下，试样均匀腐蚀速率分别为0.0069mm/a和0.0241mm/a，腐蚀程度属于轻度腐蚀，试样表面均未出现明显局部腐蚀，满足元坝气田长兴组气藏超深水平井衬管抗腐蚀性能要求。

2. 镀层耐磨性能评价

通过现场和实验室上扣磨损耐磨性检测结果，管体电镀钨合金镀层整体较均匀，镀层无明显缺陷，上扣实验破坏不伤及管体，满足使用要求。螺纹镀层满足上卸扣后静水和气密封试压要求。

（三）完井管材设计方案

1. 油管和完井工具材质方案及应用

针对元坝气田长兴组气藏超深水平井工况，依据ISO 15156，根据气井配产情况（最高$60\times10^4m^3/d$）及不同产量下温度为132℃对应的井深优选完井管材方案。优选的完井管材方案为：①井深≤4000m时选用国产4C类油管，井深≥4000m时选用国产4D类油管；②进行全井段钛合金材质完井油管入井实验；③完井工具中井下安全阀、流动短节选用718材质，循环滑套、完井封隔器和球座选用725材质。

国产4C＋4D高镍基合金材质油管在元坝气田应用35井次，较进口镍基合金油管降低完井成本500万元/井；钛合金入井实验2井次，较国产镍基合金降低完井成本900万元/井。

2. 油管套管材质方案及应用

考虑到元坝气田范围内人口稠密，为了规避高抗硫管材的套管可完井管柱或附件密封出现问题情况下可能产生的 H_2S 应力破坏。结合技术规范及高含硫气藏开发经验优化合金套管下入井段：封隔器座封位置以上100m斜深至产层段下入国产4C类镍基合金钢，对于固井完井的气井，浮箍以下可采用110SS材质以降低成本；油套环空选用耐温160℃环空保护液体防止封隔器以上油层套管的电化学腐蚀。

4C镍基合金油层套管在元坝气田应用37井次，降低完井成本300万元/井。

3. 衬管材质方案及应用

元坝气田长兴组气藏超深水平井采用衬管完井，室内腐蚀实验和现场上扣试验表明，电镀钨合金衬管能够满足气井完井测试、酸化投产及安全生产的要求。

镀钨衬管在元坝气田应用6井次，较镍基合金衬管降低完井成本400万元/井。

二、采气井口装置国产化

（一）选择依据

采气井口装置的选择不但要考虑地层流体性质、地层压力、最大关井压力，综合酸化投产等所需的材质、技术参数、结构性能等，同时还须考虑功能配套、生产维护等成本。

元坝气田长兴组气藏地层流体高含 H_2S（平均含量为5.32%）、中含 CO_2（平均含量为6.56%），地层压力为66.66～70.62MPa，地层温度为145.2～157.414℃，最大关井压力为51.7MPa，酸化施工泵压不超过95MPa。根据API 6A（最新版）标准，采气井口装置选用105MPaHH级采气井口，其温度级别为P～U级，规范级别为PSL3G，性能级别为PR2。

（二）采气井口装置方案

1. 井口装置选择主体方案

为了满足气井完井测试、酸化投产及安全生产的需要，同时考虑生产维护和井口维修，元坝气田长兴组气藏气井采用“十”字型双翼采气井口（图9-3），其中，4号主阀应选择液控安全阀，可紧急关断，可实施远程开关操作。

2. 混组经验

（1）统一通径尺寸便于阀门的互换，减少库存备阀规格和数量，主通径和侧通径尺寸设计为78mm。

（2）增强可靠性和安全性，1号和井口安全阀采用进口产品。从国内高含硫气田进口采气树应用情况来看，国外HH级阀门产品性能较为稳定、可靠，同时借鉴中国石油塔里木油田国产与进口阀门混组经验，1号主阀和井口安全阀采用进口产品。

（三）现场应用及效果

优选的105MPaHH级“进口＋国产”采气井口装置在元坝气田应用37口井，经受住了最高测试产量 $109.05\times10^4m^3/d$、最大酸化规模 $1410m^3$、最高施工泵压88MPa工况的考验，国产化率达到85%，且较全套进口105MPaHH级采气井口装置降低完井成本200万元/井。

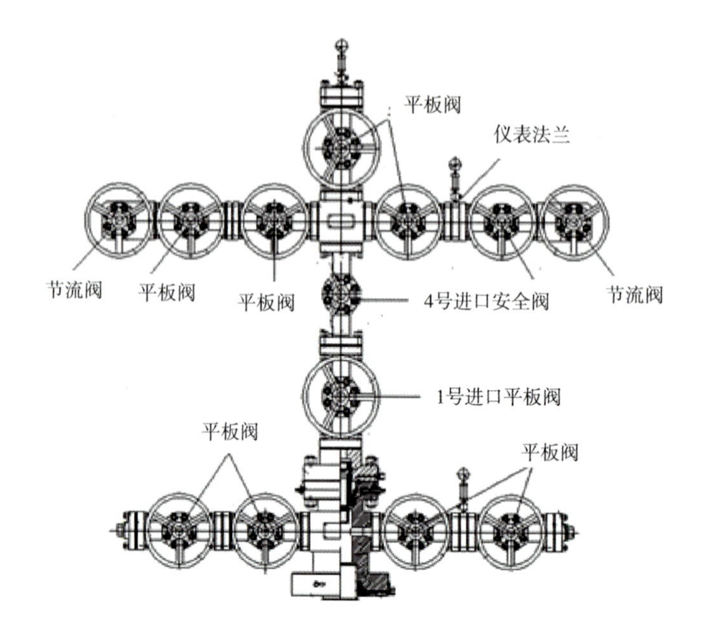

图 9-3　采气树结构和基本配置

第三节　气井井筒完整性风险评价常态化

超深、高温、高压、高含硫气井的安全生产，除了依赖采气井口装置、井下管材腐蚀完整性外，还依赖永久式封隔器完井的环空压力力学完整性。只有将气井井筒完整性风险评价常态化，及时掌握气井环空带压的变化情况，判别风险级别，提出应对措施，才能确保气井整个寿命周期的完整性。

一、环空带压原因分析

超深、高温、高压、高含硫气井生产过程中，油套环空带压情况较为常见，主要原因包括：①由于腐蚀造成油管管体及连接处漏失造成的环空带压；②封隔器及安全阀等密封件失效造成的环空带压；③各级套管腐蚀或连接处漏失造成的环空带压；④固井水泥微间隙或裂缝导致的环空带压；⑤井口装置失效导致的环空带压。

二、气井井筒风险评价

（一）风险评价要素

如果不对超深、高温、高压、高含硫气井加以区分，只要环空异常带压都采取修井措施，则会导致作业费用非常高。因此，以气井本身特性、工艺措施及目前状况为评价要素，结合元坝气田长兴组气藏实际工况，找出评价要素具体的影响因素，以评价气井的风险级别。

1. 气井本身特性

气井本身特性指不可改变、与生俱来的属性，这些因素可导致管柱、井口装置及水泥环的腐蚀，进而影响强度与密封性。主要的影响因素有地层压力、H_2S分压、井深、地层温度、Cl^-含量、pH值、气井地理位置、气井产量、井筒积液、建井年限。

2. 工艺措施

工艺措施指为确保气井完整性、保证气井安全生产而采取的各种技术和管理措施，是为气井可能引发的危害而主动采取的应对措施。主要的影响因素有井口密封、井下工具性能、采气树性能、管柱密封性。

3. 当前状态

当前状态是表征气井当前的风险状态的因素，是验证气井完整性的最重要、最直接的因素。当前状态的主要影响因素有腐蚀速率、环空内流体组分、环空压力、环空压力上升速率、泄压分析、固井质量。

（二）风险评价结构

由于影响气井的风险等级影响因素较多，各影响因素相关性较为复杂，利用层次分析法对各项影响因素和评价要素构建气井完整性风险评估层次结构（图9-4），以此来分析风险级别中各影响因素的所占权重。

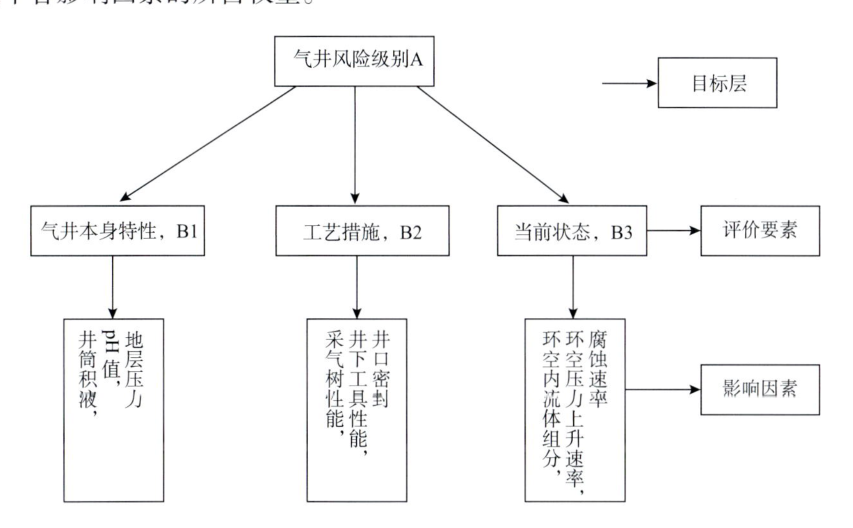

图9-4　环空带压井风险级别评价层次结构

（三）影响因素权重计算

根据结构层次确定元素间的隶属关系以及各个因素的权重，进而利用其特征根求得目标层的相对权重，并通过一致性检验来判断其有效性，最后将评价单元的权重与各具体影响因素的权重相乘，就可以得出每个影响参数占气井完整性评价的权重（表9-15）。

表 9-15　环空带压井风险级别影响因素参数权重表

序号	评价要素	具体影响因素	评价指标	所占权重
1	气井本身特性	地层压力	压力越高，风险越大，当地层压力大于 70MPa 时，得 0 分；若采用比地层压力高 1 个压力等级的管柱和井口装置，得 3 分	3
2		H_2S 分压	H_2S 分压大于或等于 0.0003MPa 时，应力开裂几率较大，此时得 0 分；采用镍基等抗硫材质可得 3 分	3
3		H_2S 含量	H_2S 含量越高，泄露后对人的危害越大，当大于 150mg/m^3 时得 0 分	3
4		井深	气井越深，完整性失效的风险越大，生产层深度大于 7000m 得 0 分	1
5		地层温度	温度越高，完整性失效的风险越大，地层温度高于 100℃得 0 分	1
6		Cl^- 含量	具有较强的穿透能力，对于 316 等不锈钢抗腐蚀性能具有一定的影响，当含量大于 10000mg/L 时，得 0 分	3
7		pH 值	低 pH 值将增加对套管的腐蚀，当 pH 值低于 6 时，得 0 分；选用镍基等抗硫油管可得 1 分	1
8		气井地理位置	气井周围人口稠密且未进行拆迁得 0 分	1
9		气井产量	气井产量越大，发生泄露后危害越大，分为小于 10000m^3/d，大于 100000m^3/d 和 10000 ~ 100000m^3/d 共 3 个等级。小于 10000m^3/d 时，得 2 分；10000 ~ 100000m^3/d 时，得 1 分；大于 100000m^3/d 时，得 0 分	2
10		井筒积液	井筒积液将加剧油套管的腐蚀，有则得 0 分	5
11		建井年限	建井时间越长，气井完整性越差，超过 7 年则得 0 分	2
12	工艺措施	井口密封	密封有效、压力等级满足要求得 2 分	2
13		井下工具性能	井下安全阀漏失量应小于 0.42m^3/min 的要求，否则不得分	7
14		采气树性能	整体无泄露，密封有效，各闸阀开关功能有效，压力级别满足要求得 3 分	3
15		管柱密封性	管柱密封良好，两相邻环空无串气现象，得 8 分	8
16	目前状况	腐蚀速率	腐蚀速率满足 0.076mm/a，得 5 分	5
17		环空内流体组分	油层套管含 H_2S，得 0 分；若技术套管、表层套管含 H_2S，则直接采取修井作业	12
18		环空压力与 MOP	环空压力大于最高操作压力，得 0 分	12
19		环空压力上升速率	环空压力突然上升，证明有突发的泄漏源，得 0 分	12
20		泄压分析	泄压后环空压力降为 0，24h 内环空压力恢复较为缓慢，且处于较低水平得 12 分；24h 内恢复至泄压前水平得 0 分，泄压 24h 后仍带压，则进行修井作业	12
21		固井质量	固井质量评价为好，得 2 分	2

（四）风险级别判别模式

每个因素的权重分值得出后，通过确定对应的分值范围，就能把气井井筒完整性风险等级及对策分为3类（表9-16）。

表9-16　气井井筒完整性风险等级及对策

风险分类	风险权重范围	完整性状态	对　　策
Ⅰ	>70	良好	定期监测，正常录取环空压力等资料，观察其变化范围，并可采取泄压措施
Ⅱ	30~70	一般	需要连续监测各环空压力变化，并视情况开展动态分析，做好应急预案
Ⅲ	<30	较差	风险较大，已受严重破坏的高风险井需要采取修井或封井作业

以气井井筒完整性风险等级判断为基础，建立了气井井筒完整性风险级别判别模式（图9-5）。含硫气井环空压力和技表套管流体性质是表征气井完整性最重要也是最直接的参数，因此，如果日常环空压力高于环空最大关井压力，则须进行泄压诊断，如果泄压后迅速恢复至泄压前水平（泄压后24h内恢复至之前水平或泄压24h后仍然带压），或检测出技表套气样含H_2S，则直接定义为Ⅲ类井，进行修井或封井作业；反之，则按照气井风险评估及对策表逐项分析评分，最终得出气井的风险级别。

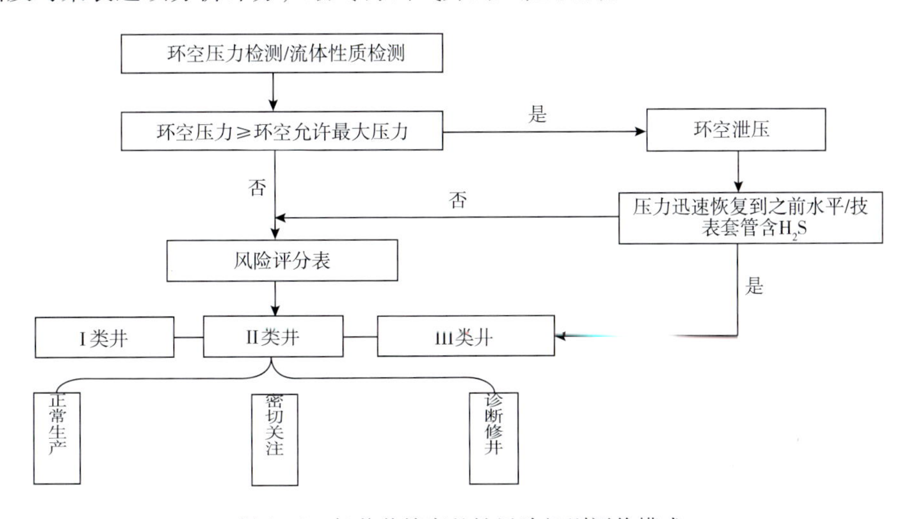

图9-5　气井井筒完整性风险级别评价模式

（五）现场应用

元坝10-侧1井技术套管2压力为41MPa，超过其允许最大压力33MPa，经过多次泄压后，压力在24h内恢复至41MPa，且套管头上四通多次发生漏气现象，不含H_2S，气井的完整性明显遭受破坏。

根据现场实际数据分析与计算，参照环空带压井风险级别影响因素参数权重，元坝10-侧1井总得分为62分，属于Ⅱ类井，需要严密监测环空压力，若出现连续24h泄压后仍带压或技术套管2和技术套管1环空压力串通现象，则应立即采取修井或封井作业。

第十章　暂堵分流酸压增产增效

元坝气田长兴组气藏超深高含硫水平井需要采取酸压增产措施才能达产。由于气藏埋藏超深、温度高、高含硫、储层薄、水平段长、非均质性强的地质特点，酸压改造面临巨大的技术难题：①水平段长，Ⅰ、Ⅱ、Ⅲ类储层交替分布，衬管完井无法实施机械封隔器分段，笼统酸压难以实现对各类储层的针对性改造，同时，酸压管柱只能下至A靶点附近，因此酸液沿井筒均匀分布难度大且难以实现长水平段的充分有效改造，影响增产效果；②地层温度高，酸岩反应速度快，溶蚀孔缝发育井段酸液滤失大，酸液作用距离短；③地层压力高，酸蚀裂缝导流能力在高压下难以长期有效保持；④高含硫，H_2S的氢脆效应可以加剧酸液对管柱的腐蚀，同时在地层条件下容易产生FeS和单质S沉淀，堵塞酸蚀裂缝，影响酸压效果；⑤埋藏超深，酸压井段长，施工排量大，沿程摩阻高，施工泵压高，作业难度大。

针对以上技术难题，在研发了高温胶凝酸体系的基础上，形成以温控+酸控可降解有机纤维和增强型固体颗粒的化学+物理复合暂堵转向分流、高黏压裂液和高温胶凝酸多级交替注入酸压为核心，以暂堵剂用量与入井酸液性能指标为关键的多级暂堵分流酸压技术，使不同类别储层获得“均匀”的酸压效果，实现了增产增效。

截至2016年12月，多级暂堵分流酸压技术在水平井/大斜度井现场应用21井次，平均水平段长699m，平均酸压规模为940m^3，采用2～3级暂堵，暂堵后地面泵注压力上升2～11MPa，施工成功率达100%，有效率达100%，多级暂堵分流酸压后单井获平均天然气绝对无阻流量$259\times10^4m^3/d$，元坝205－1井获最高绝对无阻流量$619\times10^4m^3/d$。

第一节　高温胶凝酸体系

长兴组储层埋藏超深、温度高，酸压工作液在高温条件下需要对管柱的腐蚀程度低，能有效降低酸岩反应速度和滤失以延长酸液作用距离，利于降低管柱摩阻、提高注酸排量，能高效返排，以降低对地层的二次伤害。

胶凝酸是在酸液中加入胶凝剂等配制而成的酸液体系，通过对胶凝剂、缓蚀剂、缓蚀增效剂、铁离子稳定剂和复合助排剂的筛选和浓度优化，形成了适合元坝长兴组储层的高温胶凝酸工作液体系。

1. 高温胶凝酸体系配方

胶凝酸配方：20%盐酸+0.8% WD－13C（胶凝剂）+2.0% WD－11（缓蚀剂）+0.5% WDZ－2（缓蚀增效剂）+1.0% WD－8（铁稳剂）+1.0% WD－12（助排剂）+0.5% BM－B10（多功能增效剂）。

2. 缓蚀性能

高温条件下要求酸液对油套管的腐蚀程度低，以保证施工过程的安全性，胶凝酸中的缓蚀剂能在金属表面形成致密的保护膜，减缓酸液对酸压管柱的腐蚀。在150℃条件下采用胶凝酸对元坝长兴组镍基合金材质油套管加工的钢片进行动态腐蚀实验，实验结果如表10－1所示，其腐蚀速率为16.86g/(m^2·h)，达到了石油行业一级标准。

表10－1　胶凝酸动态腐蚀实验结果

实验温度/℃	反应时间/h	腐蚀速率/［g/（m^2·h）］
150	4	16.86

3. 铁离子（Fe^{3+}）稳定性能

酸压中由于压裂设备、油套管的腐蚀及储层中存在含铁矿物，会产生大量的游离Fe^{3+}，当pH值大于2.2时，Fe^{3+}开始生成Fe（OH）$_3$沉淀，pH值升高至4.3时，完全沉淀。

Fe（OH）$_3$沉淀会堵塞孔隙，造成储层渗透率下降，胶凝酸中的Fe^{3+}稳定剂能起到有效稳定Fe^{3+}的作用。按标准对胶凝酸的稳定Fe^{3+}能力进行了测试实验，其稳定Fe^{3+}能力达到300mg/mL，能满足现场使用要求。

4. 流变性能

高温高剪切条件下要求酸液保持较高黏度，以有利于减缓速率和降低滤失。在155℃、170s^{-1}剪切速率下进行胶凝酸流变测定，流变曲线如图10－1所示，连续剪切120min，液体黏度保持在15mPa·s以上，其高温抗剪切性能优良。

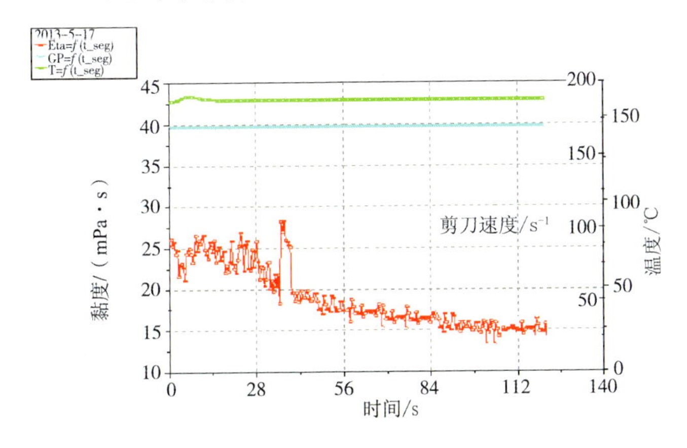

图10－1　胶凝酸高温流变曲线

5. 缓速性能

高温条件下要求酸液的酸岩反应速度低，以保证酸液的有效作用距离。在120℃、8MPa及相同岩心比表面积条件下，采用高温胶凝酸与常规盐酸进行了酸岩反应速度的对比测试。

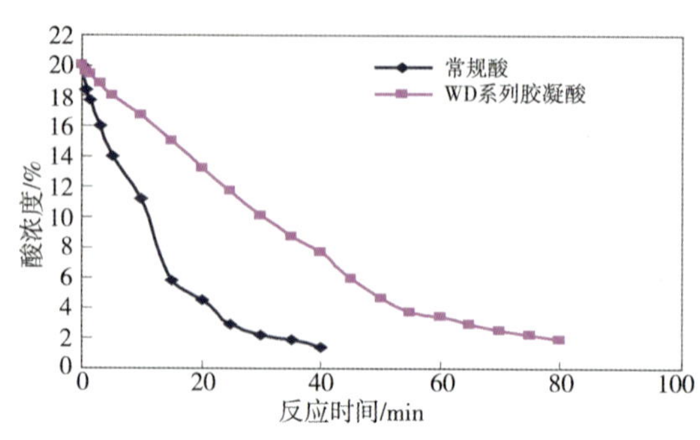

图 10-2 胶凝酸与常规酸缓速性能对比曲线

把岩石放进酸液中反应，间隔一定时间进行酸液取样，用标准的 10% NaOH 溶液滴定液体中残酸的浓度，用残酸浓度来反映胶凝酸的缓速性能。实验结果如图 10-2 所示，可以看出，普通酸约在 25min 时即反应成残酸（酸浓度 2% 左右），而胶凝酸 80min 后酸浓度才降至 2% 以下，可见胶凝酸具有明显的缓速作用。

6. 助排性能

长兴组埋藏深、压力系数低，不利于酸液返排，残酸在高含 H_2S 条件下易产生 FeS、单质 S 沉淀，降低酸蚀裂缝导流能力，影响改造效果，胶凝酸中的助排剂和多功能增效剂复合能起到降低表面张力的作用。在室内通过 TX500C 旋转界面张力仪，在 35℃ 条件下，测定酸液的表面张力为 24.9562mN/m，有利于酸液的返排。

7. 综合性能指标

高温胶凝酸综合性能指标如表 10-2 所示，其黏度高、抗剪切性好，对管柱腐蚀小，稳定 Fe^{3+} 能力强，表面张力小，易返排，与元坝长兴组碳酸盐岩地层配伍性好。

表 10-2 高温胶凝酸主要性能指标

实验项目	实验条件	实验结果
酸液黏度	常温，$170s^{-1}$	45mPa·s
	155℃，$170s^{-1}$，100min	>15mPa·s
腐蚀速率	150℃（动态），4h，镍基合金	16.86g/（m^2·h）
Fe^{3+} 稳定能力	90℃	>150mg/mL
表面张力	高温处理，冷却后测定	<28mN/m
配伍性能	常温，24h	浅黄色透明黏稠液，无沉淀，无析浮，不分层
	90℃，2h	深棕色乳状，极少量胶状物，无沉淀，不分层

第二节 暂堵分流酸压工艺

元坝长兴组前期针对直井/定向井形成了胶凝酸酸压 + 闭合酸化、前置液酸压、多级交替注入酸压等工艺技术模式，但是与直井酸压技术对比，水平井特别是超深长井段水平井的酸压技术往往受地层条件、井眼类型和完井方式的限制更强。

针对长兴组长井段水平井形成的多级暂堵分流酸压工艺是元坝气田最具特色的酸压技术，该技术对暂堵分流酸化技术和多级交替注入酸压技术进行了组合优化，通过高黏度压裂液的隔离、降温和携带暂堵剂实现与酸液的多次交替注入，使酸液实现转向分流，让水平段中的储层得到充分、有效地改造，解决了元坝长兴组Ⅰ、Ⅱ、Ⅲ类储层交替分布的长井段衬管水平井在无法实施机械封隔器分段状况下的布酸问题，这一方面可以改善长水平段的吸酸剖面，另一方面可以通过深度酸压沟通远端缝洞，从而提高长水平段的整体动用程度。

一、暂堵分流酸压原理与适应性

（一）技术原理

暂堵分流酸压就是利用酸液优先进入最小阻力的高渗层，在酸液中加入适当的暂堵微粒，随着注酸过程的进行，高渗井段吸酸多，暂堵微粒进入量也多，对高渗井段的堵塞也较大，从而逐步改变进入井段各部位的酸量分布，最后达到井段各部位均匀进酸的目的。这样让酸液充分进入渗透率较低或伤害严重的井段，获得较好的酸压效果。根据达西定律，酸液线性流过产层小段时，符合下列关系：

$$Q = \frac{K\Delta PA}{\mu L} \tag{10-1}$$

式中 K——介质（产层岩心）渗透率；

ΔP——压差；

A——渗流面积；

μ——液体黏度；

L——造压差的距离。

要让酸液均匀进入井段各部位，达到均匀解堵的目的，就必须满足井段各部位单位面积上的注酸速度相同，即满足下式：

$$\frac{K_1\Delta P_1}{\mu_1 L_1} = \frac{K_2\Delta P_2}{\mu_2 L_2} = \cdots\cdots = \frac{K_i\Delta P_i}{\mu_i L_i} = \cdots = \frac{K_N\Delta P_N}{\mu_N L_N} \tag{10-2}$$

式中 N——总层数。

显然，由于各小层物性受伤害程度，储层压力，所含流体的压缩性、流体黏度、天然缝洞发育程度等可能不同，在不采取措施时无法满足上式，因此采用暂堵分流技术。

（二）温控、酸控可降解暂堵剂

1. 纤维暂堵剂

1）分散性能

在室温下配置 0.4% 的胍胶溶液，按不同比例加入纤维暂堵剂，观察其分散性，纤维暂堵剂浓度在低于 1.5% 时能均匀分散，因此最高纤维浓度为 1.5%。

2）降解性能

纤维暂堵剂酸溶解实验结果如表 10-3 所示，可以看出，纤维暂堵剂随着温度和酸浓度的增加能够有效降解，最高酸溶率达到了 100%，说明其暂堵后易于解堵，不会对地层造成伤害。

表 10-3 不同温度和酸浓度下纤维暂堵剂溶解实验数据表

酸浓度/%	温度/℃			
	70	80	90	100
5	10.12	10.89	17.1	67.21
10	11.6	13.6	69.23	97.8
20	97.27	97.45	97.93	100

3）封堵性能

采用高温高压酸压暂堵解堵实验仪模拟 0.5 ~ 5mm 的裂缝宽度进行纤维暂堵评价实验，实验结果如表 10-4 所示，可以看出，纤维能够起到有效降低漏失的作用，但是随着裂缝宽度的变大，漏失量逐渐增加，这时就需要考虑其他暂堵手段。

表 10-4　纤维暂堵剂封堵实验数据表

缝宽/mm	纤维浓度/%	压力/MPa	滤失量/mL			漏失总量/mL
			1min	5min	10min	40min
0.5	1.5	5	750	750	750	750
1			820	820	820	820
2			850	850	850	850
3			900	900	900	900
4			970	970	970	970
5			1000	1000	1000	1000

2. 复合暂堵剂

1）降解性能

采用高温高压酸压暂堵解堵实验仪进行纤维 + 碳酸钙颗粒复合暂堵剂解堵评价实验，实验结果如表 10-5 所示，可以看出，采用酸液在较短时间内对复合暂堵剂能有效解堵，不会对地层造成伤害。

表 10-5　复合暂堵剂解堵实验数据表

复合暂堵剂组合	压力/MPa	累计滤失量/mL					
		1min	5min	10min	20min	30min	40min
纤维 + 碳酸钙颗粒	5	300	500	600	800	915	990

2）封堵性能

采用高温高压酸压暂堵解堵实验仪模拟 0.5 ~ 5mm 的裂缝宽度进行纤维 + 碳酸钙颗粒复合暂堵剂暂堵评价实验，实验结果如表 10-6 所示，可以看出，当裂缝宽度 ≤3mm 时，复合暂堵剂能有效地起到封堵作用；当裂缝宽度 >3mm 时，复合暂堵剂封堵效果有限，需要提高碳酸钙颗粒的浓度。

表 10-6　复合暂堵剂封堵实验数据表

缝宽/mm	复合暂堵剂组合	碳酸钙颗粒浓度/(kg/m^3)	压力/MPa	滤失量/mL			漏失总量/mL
				1min	5min	10min	40min
0.5	纤维 + 碳酸钙颗粒	100	10	0	0	0	0
1			10	0	0	0	0
2			10	0	0	0	0
3			10	0	0	0	0

续表

缝宽/mm	复合暂堵剂组合	碳酸钙颗粒浓度/(kg/m^3)	压力/MPa	滤失量/mL			漏失总量/mL
				1min	5min	10min	40min
4	纤维+碳酸钙颗粒	100	2	945	945	945	945
		200	10	0	0	0	0
5		100	2	950	950	950	950
		200	2	940	940	940	940
		300	10	0	40	0	40

（三）技术适应性

通过对长兴组暂堵分流效果影响因素的分析可知，储层条件越好、储层物性差异越大，暂堵分流效果就越好。因此，针对长兴组水平井不同的储层条件和物性差异采取不同的暂堵技术手段：对于水平段综合系数和物性差异大的井，采取纤维暂堵技术手段；对于水平段综合系数和物性差异小的井，采取复合暂堵技术手段。

二、多级暂堵分流酸压工艺设计

（一）暂堵级数和模式

元坝长兴组水平井非均质性极强，Ⅰ、Ⅱ、Ⅲ类储层交替分布，暂堵级数综合考虑储层特征和工程条件，优选地质和工程上的“双甜点”进行确定，设计最高暂堵级数为3级。同时根据长兴组水平井不同的储层分布特征采取不同的暂堵酸压技术模式，对于Ⅰ、Ⅱ类储层发育在跟部的情况，采取先暂堵再酸压的模式，对于Ⅰ、Ⅱ类储层发育在趾部的情况，采取先酸压再暂堵的模式。

（二）暂堵液用量

暂堵液的作用是填充裂缝和孔洞。在暂堵剂量一定的情况下，增加暂堵液量，相当于降低了暂堵剂浓度，相同时间形成的滤饼更薄，实现有效封堵更加困难，愈发不利于均匀布酸；在暂堵剂浓度一定的情况下，增加暂堵液量，相当于增加了注入暂堵剂量，形成的滤饼更厚，更加有利于有效封堵，也更有利于均匀布酸。元坝长兴组酸压暂堵液用量根据需填充裂缝和孔洞的体积进行针对性设计，一般暂堵液用量为30～50m^3，考虑到采取暂堵分流后水平段吸酸点逐渐增加，因此需逐级加大暂堵液用量。

（三）暂堵剂用量

暂堵剂的作用是形成滤饼封堵缝口。暂堵剂量越大，相同时间形成的滤饼越厚，表皮系数越大，有效封堵时间也相对增长，低渗透层吸酸量增多，水平段吸酸更均匀。元坝长兴组酸压暂堵剂的用量，根据需暂堵层的地质条件、酸蚀裂缝特征等因素确定，满足既能降低高渗层的吸酸能力让低渗层吸酸，又不浪费暂堵剂、节约成本的要求。结合暂堵剂封堵实验结果，纤维暂堵剂的使用浓度为1.0%～1.5%，复合暂堵剂为1.0%～1.5%纤维和100～300kg/m^3的碳酸钙颗粒组合。

（四）注入排量

考虑到小排量可控制水平段内的酸岩反应利于暂堵和布酸，大排量可平衡酸液滤失降低氢离子传质利于造缝，因此总体按照“小排量暂堵和酸化，大排量深度酸压”的思路进行设计。初期酸化和暂堵排量设计为 1 ~ 3m^3/min；每一级暂堵后增大排量，在暂堵剂完全溶解前，尽量增大低渗层的吸酸量，设计为 3 ~ 4m^3/min；最后一级暂堵结束后大幅度提高排量至 4m^3/min 以上，进行深度酸压造缝，闭合酸阶段降低排量至 2 ~ 3m^3/min 以充分刻蚀近井地带，提高导流能力。

（五）酸液用量

元坝气田长兴组长井段水平酸压的首要目的是解除地层堵塞，改善渗流条件，恢复并提高气井产能，因此用酸量与储层物性、污染程度、酸液性质、酸压作业能力等相关。由于污染带形状的特殊性，导致不同位置表皮因子不一，对应地解除污染时各处用酸强度也不一样。因而实施水平井酸压作业时应根据水平井长度和污染范围合理配置用酸量和注酸强度。

假定酸液沿径向均匀推进溶解碳酸盐岩，溶解污染带内的岩石体积为：

$$V_{ca} = \sum_{i=1}^{nN} \pi(r_{hi}r_{vi} - r_w^2)\Delta l_i(1 - \phi_i)C_m \tag{10-3}$$

根据酸液的溶解能力，溶解 V_{ca}岩石所需酸液体积为：

$$V' = V_{ca}/X \tag{10-4}$$

清除堵塞物后，井筒酸化半径内孔隙体积为：

$$V_p = V_o + V_{ca} = \sum_{i=1}^{nN} \pi(r_{hi}r_{vi} - r_w^2)\Delta l_i[\phi_i + (1 - \phi_i)C_m] \tag{10-5}$$

所需注入的酸液总体积为：

$$V_{acid} = V' + V_p \tag{10-6}$$

式中 V_{ca}——水平井筒段污染带内碳酸盐岩体积，m^3；

V'——溶解 V_{ca}所需酸液体积，m^3；

V_p——单位厚度储层清除碳酸盐岩后的孔隙总体积，m^3；

C_m——储层碳酸盐岩含量；

X——酸液溶解能力（岩石体积/消耗酸液体积），m^3/m^3。

元坝长兴组不同礁滩的地质条件不同，不同礁滩、不同水平段长度下的用酸量也不同（表 10-7）。随着注入强度的提高，酸化后平均渗透率均有所提高，有效作用半径也增大，酸液量的增大利于实现深度酸压，但酸液量应根据需解堵范围的大小来确定，以刚好达到解堵为最佳。

典型的多级暂堵分流酸压泵注设计模式如表 10-8 所示。

表 10-7　长兴组不同礁带用酸规模表

水平段长/m		500	600	700	800	900
用酸量/m^3	①号礁带	420	570	720	870	1070
	②号礁带	360	500	620	750	925
	③号礁带	350	500	600	750	900
	④号礁带	540	750	930	1140	1350

表 10-8　典型的多级暂堵分流酸压泵注设计模式

序号	液体类型	排量/（m^3/min）	作　用
1	胶凝酸	1.0~2.0	小排量均匀酸化
2	压裂液	2.0~3.0	隔离暂堵液与酸液，降温降滤
3	暂堵液	1.0~2.0	小排量暂堵第一段Ⅰ、Ⅱ类储层
4	压裂液	2.0~3.0	隔离暂堵液与酸液，降温降滤
5	胶凝酸	3.0~4.0	较大排量迅速酸压第二段Ⅰ、Ⅱ类储层
6	*	*	多级暂堵交替注入，改善长井段吸酸剖面
7	胶凝酸	>4.0	大排量注入实现深度酸压
8	闭合酸	2.0~3.0	小排量溶蚀，提高近井导流能力

注："*" 指重复 2~4 中内容。

第三节　暂堵分流酸压效果

一、暂堵分流酸压典型井例

本小节以元坝 204-1H 井为例展开相关分析。

（一）井的基本情况

该井以长兴组为主要目的层，完钻井深为 7676.0m，完钻层位为上二叠统长兴组，完井方式为衬管完井，水平段长 921.0m，长兴组投产井段为水平段 6582~7450m、7555~7585m。长兴组水平段共解释各类储集层共 118 层 722.9m，其中，Ⅰ类气层 14 层 117.6m，Ⅱ类气层 42 层 343.0m，Ⅲ类气层 48 层 243.7m，含气层 14 层 19.1m。

（二）分流酸压工艺设计

该井水平段长，储层显示好，但各类气层呈不均匀分布，酸压的主要目的是实现对Ⅰ、Ⅱ类储层的充分有效改造。根据本井地质特征，采用两级暂堵分流酸压的工艺，暂堵剂采用可降解纤维，暂堵阶段采用小排量挤酸和暂堵，暂堵结束后再大排量高挤胶凝酸，后期采用闭合酸酸化，解除污染堵塞，改善储层渗流能力。

元坝 204-1H 井两级暂堵分流酸压泵注设计程序如表 10-9 所示。

表 10-9　元坝 204 -1H 井两级暂堵分流酸压泵注设计程序表

序号	内容	液体	注入液量/m^3	施工排量/（m^3/min）	限压/MPa	液氮排量/（sm^3/min）
1	高挤	胶凝酸	200	1.0～2.0	≤95	
2	高挤	压裂液	40	2.0～3.0	≤95	
3	高挤	暂堵液	30	1.0	≤95	
4	高挤	压裂液	40	2.0～3.0	≤95	
5	高挤	胶凝酸	120	2.0～3.0	≤95	
6	高挤	压裂液	40	2.0～3.0	≤95	
7	高挤	暂堵液	45	1.0	≤95	
8	高挤	压裂液	40	2.0～3.0	≤95	
9	高挤	胶凝酸	360	5.0～6.0	≤95	200
10	高挤	闭合酸	20	5.0～6.0	≤95	200
11	高挤	顶替液	10	5.0～6.0	≤95	
12	高挤	顶替液	30	1.0～2.0	≤95	
13	测压降待酸反应 30min，然后开井排液					
备注	①油管注入，地面泵压限压 95MPa，并据此设定相应超压保护值；环空视情况打平衡，环空平衡限压 25MPa，保持封隔器压差小于 55MPa； ②第 9 阶段开始，在压力允许情况下，尽可能提高施工排量和液氮泵注排量； ③在第 3 和第 7 阶段分别均匀加入可降解纤维 500kg 和 750kg，并视现场实施情况实时调整暂堵液或纤维的加量及加入方式					

（三）分流酸压施工及效果

按照工艺设计，对元坝 204 -1H 井进行了两级暂堵分流酸压施工，施工曲线如图10-3 所示。施工入地酸量为 700m^3，入地压裂液量为 235m^3，施工排量为 1.0～5.4m^3/min，施

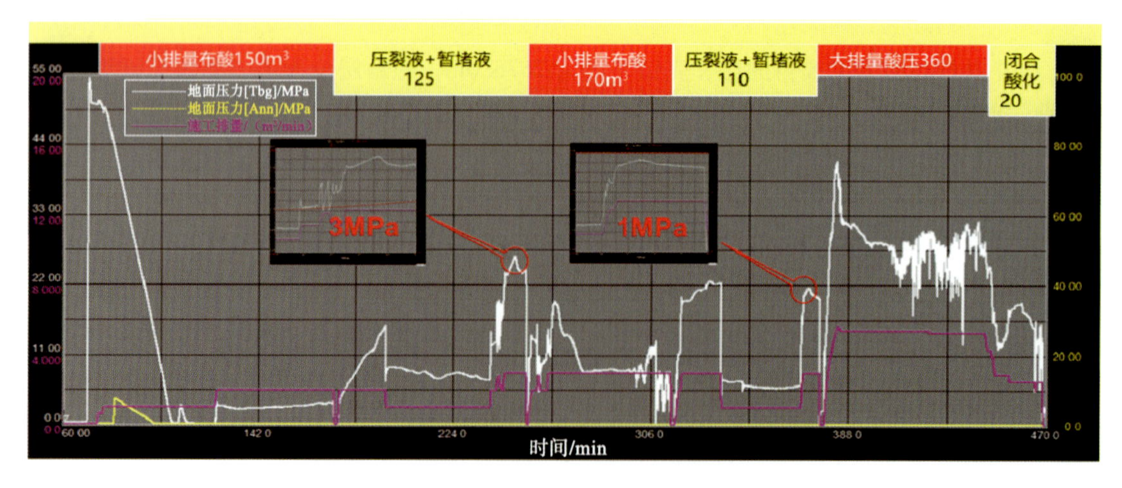

图 10-3　元坝 204 -1H 井长兴组暂堵酸压施工曲线图

工压力为6~33MPa，入地液量为975m^3，液氮量为14m^3，纤维量为1250kg，停泵压力为0.7MPa，停泵压力梯度为1.01MPa/100m。通过酸压解除泥浆污染堵塞并沟通近井天然缝洞的效果极为明显，纤维暂堵液入地后在稳定排量下压力上涨1~3MPa，说明高渗层得到了有效封堵，基本达到了通过暂堵产生压差，调整水平段的吸酸剖面的目的。

该井酸压后初期15h返排47.7%，返排较快，开井后18min点火，最终返排率为67.7%。测试在稳定井口油压40MPa下求得天然气产量为104.69×10^{4}m^3/d。计算天然气无阻流量为520×10^{4}m^3/d，取得了极好的增产效果。

二、暂堵分流酸压总体效果

超深长水平段多级暂堵分流酸压增产技术突破了7000m以深水平井多级暂堵分流酸压应用极限并得到工业化应用，极大地改善了长水平段吸酸剖面，同时深度改造沟通了储层远端的天然缝洞系统，提高了水平井近井地带的渗流能力。

截至2016年12月，元坝长兴组试采区和滚动区累计实施酸压投产作业36井次，其中多级暂堵分流酸压技术在水平井/大斜度井现场应用21井次（表10-10），平均水平段长699m，平均酸压规模940m^3，采用2~3级暂堵，暂堵后地面泵注压力上升2~11MPa，施工成功率达100%，有效率达100%。多级暂堵分流酸压后单井获平均绝对无阻流量259×10^{4}m^3/d，元坝205-1井获最高绝对无阻流量619×10^{4}m^3/d。

表10-10　元坝长兴组分流酸压实施总体效果

项目	井名	井型	酸压规模/m^3	测试情况			无阻流量/(×10^{4}m^3/d)	增产率/%
				油压/MPa	产气量/(×10^{4}m^3/d)	产水量/(m^3/d)		
试采区	元坝205-1井	大斜度井	1013	41.3	94.63	—	619	361
	元坝29-1井	定向井	1000	37.2	74.77	—	207	317
	元坝27-2井	定向井	1177	42.3	88.47	—	561	—
	元坝204-1H井	水平井	975	40.0	104.69	—	520	75
	元坝101-1H井	水平井	1301	36.0	82.50	—	207	—
	元坝272H井	水平井	1085	39.4	50.80	—	179	—
	元坝1-1H井	水平井	1410	32.9	90.53	—	199	—
	元坝27-1H井	水平井	1357	44.0	70.68	—	329	—
	元坝27-3H井	水平井	1120	44.4	80.63	—	582	47
	元坝272-1H井	水平井	865	43.5	59.00	—	218	—
	元坝29井	直井	632	39.0	78.70	—	251	—
	元坝205井	直井	954	37.5	109.05	—	318	—
	元坝271井	直井	610	29.4	107.46	—	314	—

续表

项目	井名	井型	酸压规模/m^3	测试情况			无阻流量/($\times 10^4 m^3/d$)	增产率/%
				油压/MPa	产气量/($\times 10^4 m^3/d$)	产水量/(m^3/d)		
滚动区	元坝10－侧1井	大斜度井	482	37.8	63.23	—	189	—
	元坝124－侧1井	大斜度井	582	26.7	33.65	36.0	52	—
	元坝205－3井	大斜度井	1247	33.7	65.39	—	213	—
	元坝12－1H井	大斜度井	102	2.8	4.98	15.6	5	—
	元坝104井	定向井	460	33.6	69.60	—	157	—
	元坝122－侧1井	定向井	1000	30.8	13.82	3.0	24	—
	元坝205－2井	定向井	1275	38.6	82.12	—	252	—
	元坝102－侧1井	定向井	895	29.0	15.80	—	32	—
	元坝121H井	水平井	579	35.2	57.13	43.0	147	—
	元坝102－2H井	水平井	1021	41.0	68.96	—	254	—
	元坝29－2井	水平井	640	38.9	92.16	—	363	133
	元坝10－1H井	水平井	580	37.9	88.70	—	347	510
	元坝102－1H井	水平井	770	40.6	86.71	—	317	—
	元坝273－1H井	水平井	1295	27.2	18.18	—	27	—
	元坝102－3H井	水平井	1556	36.7	91.54	—	282	—
	元坝10－2H井	水平井	560	40.7	39.09	—	91	—
	元坝10－3井	水平井	653	19.7	5.97	34.0	7	—
	元坝103－1H井	水平井	657	35.5	92.98	—	290	—
	元坝107井	直井	491	29.9	12.92	69.5	25	—
	元坝273井	直井	445	43.1	54.54	55.7	233	—
	元坝28井	直井	131	39.0	52.66	—	129	—
	元坝204－2井	直井	1132	40.7	62.55	—	172	—
	元坝12井	直井	919	19.3	11.64	15.0	15	—

第十一章　地面集输与“四化”建设

元坝集输工程建设地址位于四川广元苍溪县和南充阆中市境内，属山区地貌，地形起伏较大，江河纵横，切割剧烈，岭陡谷深，履盖面积约 500km^2。工区内二叠系长兴组生物礁在平面上沿台缘呈条带状分布，根据地下礁体分布及储层展布特征，地面井位部署采用不规则井网。

工区地面集输工程难点：

（1）山地沟壑纵横，河流分布广，管道铺设环境复杂，大中型跨越和隧道较多；

（2）井网不规则，井点多而分散，集气总站距边缘井站最长 30 多千米；

（3）天然气高含 H_2S、中含 CO_2，剧毒且具有强腐蚀性，集输工艺技术要求高。

根据工区特点，借鉴国外先进技术，结合国内开发含硫气田的经验，元坝气田集输工艺设计按照“工艺技术成熟、安全可靠，自控系统先进，经济效益显著，‘三废’排放达到环保标准，综合节能达到国内一流水平”的建设标准进行，且遵循“经济适用、优质高效、安全环保”的理念，总体工艺技术路线如下：

（1）集输管网布局：辐射 + 复线；

（2）酸气集输工艺：改良的全湿气加热保温混输工艺；

（3）管道选材方案：高抗硫碳素钢管 + 配套缓蚀剂；

（4）联合防腐工艺方案：缓蚀剂预膜加注 + 腐蚀监测 + 智能检测 + 阴极保护；

（5）生产联锁控制方案：SCADA + ESD + 激光泄漏检测；

（6）安全应急措施方案：截断阀室 + ERP + EPZ + 应急火炬系统；

（7）数据传输与应急通信方案：光缆传输 + 租用公网电路；

（8）生产污水处理方案：低温蒸馏资源化利用 + 高压回注地层。

针对气田单井产量变化大，山区建设环境复杂，以及井站多、管线长、工期紧、任务重的实际，地面集输工程推行“标准化设计、模块化建设、标准化采购、信息化提升”的“四化”管理和建设模式，提高了酸气集输技术水平和管理水平。

第一节　酸气集输工艺

一、集输管网布置

元坝气田以二叠系长兴组4条北东向排列的礁带和南部礁滩叠合区为主要对象，部署开发井37口（利用老井18口），根据地面井位部署，结合元坝净化厂选址，优化集输管网及工程设计。

（一）集输管网布置原则

元坝工区地势险峻、沟壑纵横，集输管网布置遵守以下原则：

（1）“安全第一”的原则；

（2）尽量利用现有交通条件，方便运管、组焊和各种施工机具的进入；

（3）多走山脊线、垭口，少走合水线及较陡峭的山顶；

（4）经过大中型河流、冲沟时，优先考虑跨越方式；

（5）尽量减少对森林植被的破坏。

（二）集输管网总体布局

采用“辐射+复线”的总体布局（图11-1），5条辐射状集气干线分别贯穿4个礁带和南部礁滩叠合区，将位于干线两侧各井采出的天然气经集气支线进入集输干线输至集气总站。同时，③号礁带元坝27-1/2集气站—元坝29集气站—集气总站铺设复线，下游管线出现事故工况或清管过程中，上游来气可通过复线管道输至集气总站。

图11-1　元坝气田地面集输管网总体布局图

二、酸气集输工艺

针对元坝气田气水关系复杂、最边缘站场距集气总站较远的实际情况，借鉴普光气田集输系统生产运行经验，气田酸气集输采用“改良的全湿气加热保温混输”工艺。

（一）改良的全湿气加热保温混输工艺路线

（1）周边单井站—集气站：采用湿气加热保温、气液混输工艺。

（2）集气站—集气总站：采用湿气加热保温、气液分输工艺。

井口天然气经节流、分离、加热、计量后外输，其中外输原料气采用“加热保温 + 注缓蚀剂”工艺经集气支线进入集气干线，然后输送至集气总站，集气站分离出来的生产污水经管道外输至就近污水站处理后，再输至低温蒸馏站处理回用（用作净化厂凝结水），少量母液高压回注地层；输送至集气总站的原料气再次分水，含饱和水蒸气的酸气则送至净化厂进行净化，经脱硫、脱水、脱碳处理后外输（图 11-2）。

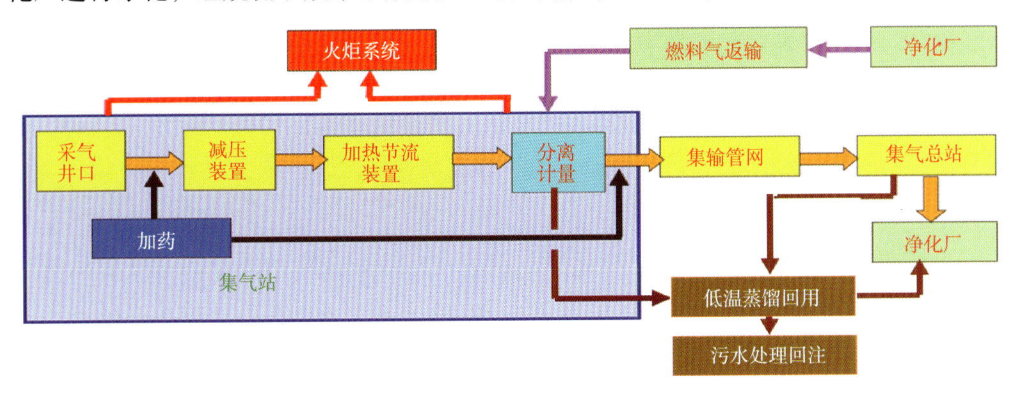

图 11-2　元坝气田酸气集输工艺路线图

（二）改良全湿气加热保温混输工艺的优点

改良全湿气加热保温混输工艺的优点包括：

（1）集输管道在正常情况下为单相输送，清管通球的频率减少，方便操作管理；

（2）采出地层水量大时，流程适应能力较强；

（3）形成段塞流几率小，运行工况好；

（4）保证湿气输送过程中无凝析液产生且不形成水合物。

三、集输工程设计

根据气田开发井位部署，结合集输管网布局和气井配产数据，优化集输工程。设计建设单井站 21 座、集气站 10 座、采气井场 4 座、集气总站 1 座、污水处理站 2 座、污水回注站 2 座、低温蒸馏站 1 座；建设酸气管线 137.6km，燃料气管线 122km，污水管线 90.4km。

（一）集输站场设计

原则上选择集气干线上的气井建设集气站；位于集气干线两侧，距离集气站 2km 以上的周边气井建设单井站。单井站取消分离器，通过集气支线气液混输至集气站分离。距离集气站2km以内的气井，建设采气井场，除采气井口外，高压火炬、缓蚀剂加注撬、燃料气分配撬块等公用设备与集气站合并，同时，出于安全考虑，站外管线选用镍基825复合管材，设计压力20MPa。

（二）集输管网设计

气田集输管网设计集气管线、燃料气返输管线和污水管线同沟敷设，内部集输干线管径为*DN*400，支线管径为*DN*150～*DN*250，材质选用L360QS无缝钢管，设计压力为9.6MPa；燃料气管线管径为*DN*80～*DN*150，材质选用L245N无缝钢管，设计压力为4.0MPa；污水管线管径为*DN*80，材质站内选用玻璃钢复合管线，站外选用连续增强型塑料复合管，设计压力为4.0MPa。

（三）管道敷设设计

工区集输管道敷设方式随地形、地貌的变化而总体呈现多样性，“V”字型河谷、冲沟采用直跨方式，现场条件不具备管沟敷设的高陡边坡选用山体隧道方式，其他管段以沟埋方式敷设。全线共设计大中型跨越15座，山体隧道9条。管道水平及竖向转弯，根据具体情况分别采用弹性敷设、冷弯弯管和热煨弯头来处理。根据Q/SH0245—2009《高含硫化氢气田天然气集输系统设计规范》中ESD阀室设置规范，按照二级地区设计，计算出不同管径的阀室间距，结合沿途的地形地貌以及交通情况，全线共设计ESD阀室4座。

（四）辅助系统设计

（1）燃料气系统：燃料气来自净化厂，由集气总站配送来的净化天然气进入燃料气罐，调压后作为加热炉所需的燃料气、站场火炬的点火用气及维护抢修时的置换气。

（2）站场放空系统：集气站设计高压放空火炬，负责投产时单井放空以及站场和管道应急放空，放空总管中放空气经火炬分液罐接至放空火炬，供开停工及紧急事故时紧急排放燃烧天然气使用。

（3）甲醇加注系统：集气站设计移动式甲醇加注橇块，甲醇罐中的甲醇分别由井口甲醇加注泵和外输管线甲醇加注泵输送至井口甲醇加注装置（MIF）和外输管线甲醇加注装置（MIF）注入管线，以防止工况变化时形成水合物。

（4）缓蚀剂加注系统：集气站设计缓蚀剂加注橇块，缓蚀剂罐中的缓蚀剂分别由加热炉缓蚀剂加注泵和外输管线缓蚀剂加注泵输送至加热炉一级节流后缓蚀剂加注装置（CIF）和外输管线缓蚀剂加注装置（CIF）注入管线，以减缓管道的腐蚀速度。

（5）临时分酸工艺流程：集气站设计井口临时分酸分离器，此分离器分出的酸液直接进入酸液缓冲罐装车拉运，闪蒸出的气体则直接进入放空总管去放空火炬燃烧，以防止投产初期钻井泥浆液、返排酸液对地面集输管线造成腐蚀。

第二节　综合防腐技术

元坝气田天然气高含H_2S，中含CO_2，集输系统在H_2S和CO_2的共同作用下，主要面临两类腐蚀，一是H_2S环境开裂，包括硫化物应力腐蚀开裂（SSC）和氢致开裂（HIC）；二是电化学腐蚀，包括全面腐蚀、点蚀和坑蚀等。针对高含硫天然气腐蚀性强的特点，采用改良的全湿气加热保温混输工艺，同时，优选抗硫管材，对埋地集输管道采取防腐保温层与阴极保护的联合保护方案，通过集成缓蚀剂预膜加注、腐蚀监测、智能检测、阴极保护等腐蚀控制监测技术，实现气田集输系统联合防腐。

一、酸气集输管材选择

气田酸气系统同时存在高浓度的 H_2S、CO_2（并可能存在 Cl^- 和单质 S）等多重因素的腐蚀，为了有效地控制集输系统的腐蚀，管材选择执行 NACE MR0175/ISO 15156《石油天然气生产中——含硫化氢环境中原材料使用规定》标准。井口一级节流阀至加热炉一级节流阀之间的管道设计压力为 40MPa，缓蚀剂在此加注较困难，且管线相对较短，管道管件选用抗腐蚀开裂的镍基合金 825 无缝钢管；加热炉二级节流阀之后的管道管件选用 L360QS（ISO3183—2007）无缝钢管 + 缓蚀剂方案；放空管线选用抗硫 ASTmA333 GR. 6 低温无缝钢管；井口分酸分离器采用碳钢 + 镍基合金复合材料。

二、缓蚀剂预膜加注工艺

元坝气田缓蚀剂加注采用“预膜/批处理 + 连续注入”加注工艺，优选出油溶水分散型 GE—5k35 缓蚀剂。集输管线投入使用前，先对管线内壁进行预涂膜，在管壁形成一层均匀、致密的保护膜，将腐蚀介质和管壁隔离开来，起到防腐效果。管线投入使用后，随着时间的延长，缓蚀剂保护膜会逐渐失去保护效果，因此，在生产过程中还采用缓蚀剂连续加注工艺，由加热炉缓蚀剂加注泵和外输管线缓蚀剂加注泵将缓蚀剂罐中的缓蚀剂分别输送至加热炉一级节流后缓蚀剂加注装置（CIF）和外输管线缓蚀剂加注装置（CIF）注入管线，对预膜缓蚀剂进行补充和修复，起到协同防腐效果。与此同时，定期清管除去积液，每隔 1 ~ 2 个月再次对管线进行缓蚀剂预膜（批处理）。

三、腐蚀监测

元坝气田站场采用腐蚀挂片、氢探针、线形极化探会、电化学噪声等技术进行腐蚀监测（图 11 - 3），定期采取水样分析 Fe^{3+}，间接了解腐蚀情况。管线采用电指纹（FSM）系统和在线超声波监测（UT）系统进行监测，在位于管道进出站的斜管段、阀室、外输管道低洼处，安装固定式的 FSM 和可移动式的 UT 系统（图 11-4），通过对管道内、外壁厚实时在线监测和数据分析处理，掌握管线腐蚀状况和变化趋势。同一位置多种监测方式联用，提高了集输站场及管线腐蚀监测的准确性和及时性。

图 11-3　集输站场监测系统

图 11-4　UT 传感带

四、智能检测

为了全面直观地了解集输系统腐蚀现状，借鉴普光经验，元坝气田引进智能检测系统。智能检测的主要目的是对输送管道内壁的腐蚀状况进行检测，对管道缺陷及设施进行准确定位，及时了解管线变形及腐蚀情况。气田投产前进行首次智能检测，给出管道原始数据，并在投产后每年进行周期性检测对比，预测泄漏发生的可能性，为系统的及时维护与检修提供科学依据。

五、阴极保护

元坝气田地处山区，土壤腐蚀性较强，为保证管道的长期安全运行，抑制土壤电化学腐蚀，对站内设备及地上非保温管线采取防腐涂层保护，对站外埋地酸气管道采用硬质聚氨酯泡沫塑料防腐保温结构防腐层与强制电流阴极保护相结合的外防腐控制措施。共设 14 座阴极保护站，分别与各单井站、集气站、集气总站合建，沿管道同沟敷设柔性阳极，确保阴极保护电流的均匀分布。工程建设过程中在中控室设一套阴极保护服务器，各阴极保护站设备输出信号及管道沿线保护电位优先接入站场或线路阀室内的以太网机柜，再上传至服务器。对于管道沿线测试桩处无法提供局域网（有限网络）进行上传的，采用无线网络或人工存储上传至服务器，以进行数据处理、分析及故障报警，实现了阴极保护数据的远程监控，保证了阴极保护系统的正常运行。

第三节　自动控制与泄漏检测

元坝气田集输工程的主要特点是输送介质中高含 H_2S 和 CO_2，因此必须采用先进、成熟的技术，对集气站和输气管道运行的全过程进行实时监测和泄漏检测报警，对关键参数实施自动控制，才能保障生产工艺过程安全运行。

一、自控系统

元坝气田自动控制系统采用以计算机为核心的监控和数据采集（SCADA）系统，整个 SCADA 系统由调度控制中心、分布在沿线站场的站控系统及阀控制系统、通信系统、现场检测仪表、紧急切断控制阀门、管线泄漏检测系统等组成，该系统达到了在调度控制中心完成对全线进行监控、调度、管理的自动化水平。

元坝气田自控系统采用冗余光纤环网作为主干网，租用公网电路为备用，采用中心控制级、站场控制级和就地控制级 3 级管理结构。

（一）调度控制中心

调度控制中心设置在净化厂中控室，担负着全气田集输系统生产数据的采集、整理、存储、分析、调度以及远程控制和安全保护功能，是气田自动控制系统的数据中心和调度指挥中心。调度控制中心控制系统由 SCADA 数据服务器系统、安全仪表系统（SIS）、管线泄漏检测系统 3 套子系统组成。数据服务器系统主要负责采集各站场、阀室的过程控制系统的数据，同时通过调度控制中心的安全仪表系统采集各站场、阀室的安全仪表系统以及管线泄漏监测系统的数据，对这些数据进行集中显示存储，并根据服务器的各种应用软件实现全气田的集中监控以及统筹调度管理。安全仪表系统主要负责采集各站场、阀室的安全仪表系统以及管线泄漏监测系统的数据，并根据净化厂安全仪表系统中与气田开发生产相关的报警信息实现全气田的安全联锁。泄漏检测系统主要是通过对管线泄漏产生的异常情况进行实时监测，实现对泄漏孔径、泄漏点位置的判断，并通过调度控制中心安全仪表系统下达相关的安全联锁指令。

（二）站场控制系统

集气站场是汇集井口采出气，并实现诸如加热、分离、计量及输送的工艺需求。对于控制来说，除完成以上这些工艺流程以及配套流程正常的检测控制之外，还要根据《含硫天然气集气站安全管理规定》的要求，设置各种安全保护仪表以及设备。

元坝气田站场控制系统（SCS）由过程控制系统（PCS）和安全仪表系统（SIS）两套子系统组成，过程控制系统采用通用的 PLC 系统，负责站内的生产流程以及辅助流程的数据采集和控制，并接收调度中心的调度控制指令。安全仪表系统采用安全度为 SIL2 的 PLC，根据工艺流程中的各种失控事件以及火气检测异常报警，安全联锁相关设备，确保人员以及生产的安全，并接收调度中心安全仪表系统的指令。

（三）阀室控制系统

阀室内的主要仪表设备就是线路截断阀门，线路截断阀门不仅要满足正常生产调度的需要，同时还要在线路出现异常情况时，对阀门进行快速、可靠地关断。

元坝气田阀室控制系统（BSCS）负责线路截断阀的状态检测以及正常的开关控制，并接收调度中心调度控制指令；根据线路截断阀门配套电子防爆管控制单元中的压降速率报警以及火气检测异常报警，安全联锁相关设备，确保人员以及生产的安全，并接收调度中心安全仪表系统的指令。

二、泄漏检测

元坝气田集输管线地处川东北复杂山区，周边村庄星罗棋布，人口稠密，随时有可能发生的各种自然灾害和人为破坏都将对管线安全造成重大影响。同时，管道内介质含有大量 H_2S 和 CO_2，管线腐蚀开裂泄漏的风险很大，因此必须设置可靠的在线监测与自动切断设施，才能保障周边居民的安全和生产的平稳运行。

泄漏检测系统要求在尽可能短的时间内发现泄漏并报警，同时能够准确地指示泄漏的位置及泄漏量的大小，通过 SCADA 系统的 ESD 功能实现紧急关断。针对酸气泄漏，从控制角度优化设计泄漏检测，采用灵敏度高、防爆以及抗电磁干扰的激光检测系统和与红外可燃气体探测相结合的方式，实现集输站场和管线的在线自动监测和泄漏报警。

（1）站场与阀室设置点式红外可燃气体探测器和电化学式有毒气体探测器以便于探测 CH_4 和 H_2S 浓度。

（2）阀室线路截断阀配套电子防爆管单元，可监测管线的压力变化情况，以推断管线是否存在泄漏。

（3）隧道出入口处设置红外对射式可燃气体探测器和电化学式有毒气体探测器以便于探测 CH_4 和 H_2S 浓度。

（4）站场和隧道设置开放空间激光气体泄漏检测系统，用于检测 CH_4 和 H_2S 的浓度。

三、安全仪表系统

在酸气集输中，由于介质易燃易爆，同时还有 H_2S 等剧毒物质，安全风险极高。为了确保生产的正常运行，防止安全事故的发生和扩大，必须采用安全仪表系统（SIS），实现全生产过程的自动化运行。

元坝气田集输系统采用 SCADA + SIS 系统的架构，其中，SCADA 系统主要完成集输系统的过程监控，安全仪表系统（SIS）完成集输系统的安全联锁控制，安全仪表系统又分为火气检测报警系统（FGS）和紧急关断系统（ESD）。

（1）火气检测报警系统（FGS）：主要负责火灾探测、可燃气体/有毒气体检测和报警，并触发相应的联锁保护。通过接收现场设置的火灾以及气体探测器的信号，根据设定值进行判断，实现站场火气状态的检测、报警以及相关联动的功能。根据危险介质的属性（有毒性或可燃性）设置相应的探测器，并在站场各明显部位设置报警器以及状态指示灯。在站场井口、工艺装置区的关键部位设置火焰探测器，在站控室、机柜间设置感烟、感温探测器，在主要通道和关键位置设置手动报警按钮。

（2）紧急关断系统（ESD）：在站场井口管线设置放空阀，出站设置紧急切断阀和放空阀，上游来气进站设置紧急切断阀，当工艺参数超出正常工况范围时，ESD 系统立刻采取联锁保护措施，紧急关断阀门或开启放空阀等，保护生产设备、人员安全，减少事故的发生。

紧急关断系统分为 4 级。

（1）ESD-1：全气田关断。

一级关断主要由脱硫净化厂停产关断、集气总站关断、首站关断和手动触发等原因触发，此级关断将触发气田所有站场的 ESD-3 级关断。为了有效避免误报警造成气田一级关断，系统设计增加了 ESD-1 关断时的硬线信号，采用“三取二”的方式获取与传输关断信号，只有当 3 条硬接线信号中出现至少 2 个 ESD-1 关断信号时，才能自动触发全气田关断，从而保障气田安全稳定生产。

（2）ESD-2：支线关断。

二级关断主要由输气支线爆管泄漏、线路阀室火灾或气体大量泄漏和手动触发等原因触发，此级关断将触发支线沿线站场的 ESD-3 级关断，以及相关阀室的 BV 阀关断。

（3）ESD-3：集气站内保压关断。

三级关断主要由全气田关断触发（ESD-1）、支线关断触发（ESD-2）、手动触发（手操台关断按钮、站场逃生门紧急关断按钮）、出站压力极限（“高高”、“低低”）、站场主要设备可燃气体和有毒气体泄漏高报警等原因触发，生产流程以及辅助流程均关断，是否启动放空需根据现场实际情况确定。

（4）ESD-4：局部工艺和装置关断。

四级关断主要由全气田关断触发（ESD-1），支线关断触发（ESD-2），集气站内保压关断触发（ESD-3），单元设备上的压力、温度、液位等联锁保护，单井有毒气体泄漏高报警，手动触发等原因触发。

四、控制参数与逻辑优化

在自控系统调试和运行过程中，坚持安全、环保、稳定生产的原则，从实际出发，对集输系统的压力参数设置、控制逻辑及人机监控界面进行优化。

（1）针对气田投产初期管网压力整体比原设计低的实际情况，修改各井站过站压力“低低”报警参数（由5.6MPa调整为2MPa），避免由于工艺原因造成过站压力“低低”报警而触发误关断。

（2）针对系统调试中单井站因冰堵等原因关断时触发上游进站ESDV阀门关闭的问题，取消井站泄压关断时联锁关断上游进站ESDV阀门的逻辑，有效防止上游生产井憋压，避免单井生产故障对气田稳定生产的影响。

（3）针对各井站一级节流后实际压力25～29MPa，管线设计压力40MPa，试生产过程中冰堵现象较严重，易触发井口压力“高高”报警等问题，下调井口压力“高高”报警参数（由40MPa调整为38MPa），降低管线承压过高的风险，保障井站安全生产。

（4）为方便生产运行操作和管理，根据现场调试情况对SCADA系统人机监控界面进行优化。

①监控界面中所有阀门开度反馈值应与现场一致，保留整数位，取消小数位显示。

②所有调节阀控制面板在同一界面中同时显示，实现无扰动的交替操作。二级、三级节流阀的远程控制面板在总界面和主流程界面实现同时显示，分别操控时互不影响，节省了切换时间，减少了操作过程中的安全风险。

③所有压力容器的罐体压力及温度在总监控界面中显示，方便监控人员及时发现问题，及时处理。

④超声波流量计的瞬时流量值在总监控界面显示，方便操作人员的监测和调产操作。

第四节　通信工程与应急预案

通信工程为元坝气田主体开发配套地面集输工程的生产调度、行政管理等提供多种通信服务，同时，为SCADA系统数据传输、远程监控和安全联锁控制提供可靠的信道。

一、通信业务与数据传输

为满足元坝气田主体开发配套地面集输工程行政管理和生产调度话音通信的需要，保证自动化SCADA系统数据传输及时准确、安全可靠，确保事故维修现场的指挥调度反应迅速以及输气上下游的通信联络畅通，工程通信系统主要提供以下通信业务：

（1）为SCADA系统提供可靠的数据传输通道；

（2）为生产调度提供话音通信；

（3）为行政管理和日常生活提供音频和视频通信；

（4）为例行巡检、故障排除、救灾抢险提供通信保障；

（5）为视频监控系统提供视频通信；

（6）实现准确、迅速、可靠地通信监控系统（网管）；
（7）具有管道专网功能，并能与通信公网通信；
（8）为气田应急预案提供紧急疏散报警广播系统；
（9）为各集气站 PA/GA 系统提供通信；
（10）为腐蚀监测系统提供通信；
（11）为管道阴极保护系统提供通信。

根据元坝气田开发配套地面集输工程工艺对通信系统的要求，结合气田所处位置以及集输站场、管网的总体布局，以安全可靠、稳定准确、经济高效为前提，选择光缆传输+租用公网电路方式构成气田地面集输工程通信系统。

二、光缆传输系统

工程建设中各站场通过光缆线路实现双向的数据、视频、语音传输，调度中心设在净化厂中控室。针对工区特点和工程实际情况，选择输气管道同沟敷设光缆与租用公网电路组成环网，输气管道同沟敷设光缆方式选用铠装 16 芯光缆直埋，以满足气田通信系统业务量和通信业务种类的需求。

三、语音、视频监控系统

（一）语音通信

为满足日常生产管理的行政及调度电话等需要，每个站场设 5 部电话，净化厂中心控制室设 VOIP 设备接入服务器，构成电话通信系统。中心控制室和站场站控室设调度台，为例行巡检、故障排除、救灾抢险提供通信保障。根据管线沿途的实际情况，在每个站场配备 5 部数字集群手持机，满足气田集气工程工作人员野外作业时的通信需求和巡线、抢修时的应急通信需求。

（二）工业电视监控系统

在输气管道沿线的各站场设工业电视监控终端，在集气站、单井站、集气总站分别设一套数字视频监控系统，污水站与集气站场合建时，与集气站共用一套视频监控系统，主要用于对出入口以及站场内工艺设备区的生产情况进行监视，以便预防意外闯入，并能及时发现险情给予报警及火灾确认。工业电视监控系统采用多媒体数字网络视频传输方式。

四、数字集群系统

集输工程生产应急通信系统采用 800MHz TETRA 数字集群通信系统，负责元坝气田的日常生产、站场及输气管线巡视抢修、无线生产指挥调度，尤其是负责发生重特大危险事故时的紧急无线指挥调度。工程建设 9 座通信基站，每个基站 4 个扇区，完成 360°范围内覆盖。数字集群系统无线基站覆盖范围为工程范围及附近生产作业区域，基站链路子系统采取 5.8G 无线网桥进行数据传输。

五、集输工程应急预案

元坝气田天然气中含 H_2S、CO_2 等组分，气田内不进行脱硫处理，任何的泄漏都可能导致重大事故的发生，集输工程设计必须充分考虑酸气集输管道安全系统的完整性和可靠性，针对不同的紧急事件采取不同的措施，以确保将紧急事件对公众、环境、财产的损害及影响降到最低。

（一）截断阀室

根据 Q/SH0245—2009《高含硫化氢气田天然气集输系统设计规范》中 ESD 阀室的设置做法，依据地区等级和安全泄放量确定阀室间距，按照不同管径的阀室间距计算结果，结合沿途的地形地貌以及交通情况，元坝气田地面集输系统共设 5 座线路截断阀室及 5 台 ESD 阀，每个阀室设置一套阀室控制系统（BSCS），负责对现场的工艺变量进行数据采集和处理，监控线路紧急截断阀，进行逻辑控制和联锁保护，为调度中心提供有关数据并执行调度中心下达的命令。调度控制中心与阀室控制系统采用 TCP/IP 建立通信联系，直接通过 BSCS 读、写数据，阀室控制系统根据调度中心的 ESD 逻辑触发相应的关断。

（二）站场广播及报警系统

元坝气田各站场均安装广播及报警系统（PA/GA），可以播放常规播报、应急广播以及发出报警声。各站场 PA/GA 系统通过同步数字网络（SDH）与整个气田集输工程中控室连接。除广播外，系统还包括光报警器。在中心控制室 PA/GA 系统操作台的桌面上安装 22in 的显示器，显示器显示的电子地图配有报警指示，以标明报警区域。PA/GA 系统提供与程控调度交换机系统（PABX）的接口。当有人工报警或气体泄漏报警信号输入时，消防气防站控中心根据紧急疏散安全级别和泄漏范围决定呼出区域并进行广播报警。

（三）紧急疏散广播系统

管线事故紧急疏散区域主要受 H_2S 释放量的控制，根据 H_2S 含量和紧急切断阀（ESDV）间距，计算出应急反应区域（EPZ）。在元坝气田各场站、集输管线沿线 1.3km，净化厂围墙外 2km 危险范围内的村庄和乡镇均安装紧急疏散广播系统，通过分户报警通知方式和分址调频控制防空警报方式对需要疏散的居民进行通知。

分户紧急疏散广播系统主要针对室内居民进行通知，通过安装在每户中的报警通知终端设备，能够针对冬季密闭房屋内熟睡居民进行报警通知。通过自动化管理和分组管理，该报警通知系统报警内容清晰明了，能够实现分组广播、分区疏散，最大限度保障老百姓的安全。

分址调频控制防空警报系统主要针对在户外劳动无法听到室内报警器的居民，每台无线警报器均由地址控制器和电动防空喇叭组成，能够通过紧急疏散广播控制软件远程遥控开启。分址调频远程控制电动警报器沿管道进行布置，每个阀室、集气站、单井站、集气总站设一个防空警报器。

紧急疏散广播系统共有两个客户端，分别设在生产管理区和采气厂。系统主要设备设在生产管理区，在采气厂设终端电脑、话筒、音频分配器、音频解码器等。采气厂话筒主要作为紧急状态时使用，是计算机控制语音信息的必要补充，该话筒发出的模拟音源，通过音频分配器转发给 3 个音频编码器，转成数字信号发给各个通信基站机房，基站通信机房使广播信号在空中无线发送传输至各接收终端。

紧急疏散广播系统将音频信号和监测信号通过无线调频广播传输方式，从控制中心服务器，接入各分户报警通知终端及分址调频控制防空警报系统。当有气体泄漏报警信号输入时，控制中心根据紧急疏散安全级别和泄漏范围决定呼出区域并进行广播报警。

（四）应急火炬系统

放空火炬系统是天然气集输工艺中，HSE 管理的重要设施之一，主要用于天然气集输场站的紧急事故放空和检修放空，其作用是避免放空时集输场站内的设备和管线中的天然气直接排放进入大气对环境造成污染，甚至导致火灾等危害。元坝各集气站均设高压放空火炬 1 座，最大放空量按单井配产量计算，火炬筒径 200～250mm，火炬顶最高约 120m，负责投产时单井放空以及站场和管道应急放空，站内各部分安全阀、手动放空阀通过放空支线汇入放空总管，放空总管中放空气经火炬分液罐接至放空火炬，供开停工及紧急事故时紧急排放燃烧天然气使用，燃烧产物中污染物符合 GB20426—2006 中二类区二级标准要求指标。

集气站应急火炬系统由放空支线、总管、火炬燃烧器、火炬筒、火炬分液罐和点火装置组成。点火系统包括两套高空电点火装置。高空电点火装置含高能点火器、半导体点火电极、引火燃烧器及高压电缆等部件，安装在地面上。点火器采用航空点火技术，由安装在点火器后半部的高能半导体放电嘴产生火球，点燃点火燃气。火炬控制系统实现就地自动点火与手动点火。

1. 自动点火

先拨动火炬控制箱操作面板自动点火旋钮至“ON”，控制系统立即由压力变送器检测有无放空气体，同时，两支长明灯上的火焰探测器检测火炬是否着火，只有压力变送器检测到有放空气体，且火焰探测器同时检测到未着火的情况下，才能控制高能半导体点火器放电点火，同时打开引火燃烧器管道上的电磁阀，高能半导体点火器放电嘴产生火球，点燃点火燃气，火花将引火燃烧器点燃并由引火燃烧器引燃火炬。当火炬点燃后，火焰检测仪检测到火焰时，向控制系统发出着火信号。

2. 手动点火

手动点火方式为人为控制点火时间（点火时间为 30s），点火时先按手动点火按钮，系统启动相应高能点火器及电磁阀，点火时间到时，系统停止点火并关闭电磁阀。

第五节　高含硫天然气深度净化处理技术

元坝气田和普光气田的天然气均为高含硫天然气，但两者的组分各具特点（表 11-1）。元坝气田的天然气中除了含有 H_2S、CO_2 以外，还含有 COS、甲硫醇、乙硫醇等多种成分的有机硫，有机硫种类远多于普光气田天然气中所含的种类，在脱除酸性气的同时，还必须对其中的有机硫组分进行脱除。同时，元坝气田天然气的碳硫比高，H_2S 含量相对于 CO_2 含量的比例较低，溶剂再生部分再生的酸性气中 H_2S 的浓度在极端工况下最低可达 38% 左右，远低于炼厂硫黄回收装置的酸性气浓度，因此，大大增加了硫黄回收装置的操作难度。

表 11-1　元坝气田与普光气田天然气组分对比

组　分	H_2S 含量/%	甲硫醇含量/(mg/m^3)	羰基硫含量/(mg/m^3)	总有机硫含量/(mg/m^3)	CO_2 含量/%	CO_2 与 H_2S 含量比值
元坝气田天然气	5.55	172.27	144.25	362.4	6.57	1.18
普光气田天然气	14.4	22.89	316.2	339	8.6	0.61

元坝气田天然气组分特征决定了其深度净化处理要难于普光，普光气田成熟的天然气净化工艺无法满足元坝气田天然气深度净化的要求，而且，国内也没有其他成熟的工艺可以采用。为此，从 2010 年开始，中国石化工程建设有限公司、华东理工大学、南京化学工业有限公司、中国石化西南油气分公司 4 家科研生产单位组建了联合攻关团队，针对元坝气田天然气的气质组成开发出适用于高酸性气、多有机硫含量气的天然气净化工艺，特别是针对高碳硫比的高含硫天然气净化组合工艺，形成了具有中国石化自主知识产权的成套天然气深度净化处理技术，天然气净化装置工艺技术将实现技术全部国产化，填补了国内该技术领域的空白。技术应用后，元坝气田总硫回收率达到 99.9% 以上。

一、工艺技术路线

元坝天然气净化装置采用复合溶剂法脱硫、TEG 法脱水、非常规克劳斯分流法硫黄回收、加氢还原吸收尾气处理、单塔低压酸性水汽提的工艺路线。

（一）天然气脱硫单元

元坝天然气深度脱硫工艺考虑 UDS-2 溶剂一步法脱硫，而国外高含有机硫气体深度脱硫主要考虑醇胺法脱硫 + 有机硫水解两步法技术。

目前，国内外天然气脱硫工艺技术中占主导地位的是醇胺溶剂吸收法，含有机硫的天然气脱硫工艺技术中占主导地位的是物理溶剂加醇胺溶剂吸收法。长期以来，醇胺溶剂吸收法几乎是天然气净化工业唯一可供选择的方法，特别是对于需要通过后续的克劳斯装置大量回收硫黄的净化装置，醇胺法是最有效的工艺。

醇胺法采用乙醇胺（MEA）、二乙醇胺（DEA）、二甘醇胺（DGA）、二异丙醇胺（DIPA）等化学活性物质烷基醇胺类溶剂，这些溶剂脱除 CO_2、H_2S 效率高，但硫醇型有机硫的酸性比 H_2S 和 CO_2 弱得多，基本不与醇胺发生化学反应。换言之，醇胺法对于选择性脱除 H_2S 和有机硫的效果极差，而且脱硫过程中的能耗及操作费用较高，溶剂降解及设备腐蚀严重。

为此，中国石化在普光气田工业试验中表现出良好脱硫、脱碳、脱有机硫性能并已申请国家发明专利的 UDS 溶剂的基础上，通过攻关更新配方，研发了一种新型的以化学溶剂（主要是醇胺）与物理溶剂组成的 UDS-2 复合溶剂，在高选择性脱硫的同时，有机硫脱除率达 93% 以上，达到了国外两步法脱除有机硫的技术水平。

（二）天然气脱水单元

元坝天然气脱水过程采用 TEG 溶剂吸收法。

TEG 溶剂吸收法是利用溶剂的良好吸水性能，通过在吸收塔内天然气与溶剂逆流接触进行气、液传质以脱除天然气中的水分。常用的脱水溶剂主要是甘醇类的化合物。

根据下游输气所经区域的气象条件，要求拟建的元坝气田天然气净化脱水后产品气在出厂压力条件下的冬季水露点≤－15℃，夏季水露点≤－10℃即可。

（三）硫黄回收单元

元坝天然气硫黄回收采用的是创新的常规克劳斯非常规分流法。

硫黄回收目前通常采用常规克劳斯工艺回收酸性气中的元素硫，该工艺是目前从酸性气中回收元素硫效率最高、投资最省、工艺最成熟的一种方法。

常规克劳斯工艺根据酸性气进料浓度的不同可以分为以下几种工艺流程：直流法（H_2S浓度为50%以上）、分流法（H_2S浓度为15%～50%）及直接氧化法（H_2S浓度低于15%）。

元坝气田天然气净化厂天然气进料中的H_2S含量为5.53%，CO_2含量为8.17%，为满足产品天然气的指标要求（H_2S含量小于20mg/Nm^3，CO_2含量小于3%），需将天然气中的几乎全部H_2S和大部分CO_2予以脱除，采用复合溶剂吸收工艺从天然气中吸收并在再生塔中解吸出来的酸性气中H_2S的浓度约为41%～48%，宜采用分流法工艺。

分流工艺又分常规分流工艺（H_2S浓度为15%～30%）和非常规分流工艺（H_2S浓度为30%～50%）。

常规分流工艺的主要特点是将原料酸性气分为两股，其中1/3原料酸性气与按照化学计量配给的空气进入酸性气燃烧炉内，使酸性气中的H_2S及全部烃类等杂质燃烧，H_2S生成SO_2，然后与旁通的2/3原料气混合进入催化转化段。因此，常规分流工艺中生成的元素硫完全是在催化反应段中获得的。

当原料气中H_2S含量在30%～50%之间时，采用常规分流工艺将1/3的H_2S燃烧生成SO_2时，炉温又过高，导致炉壁耐火材料难以适应。此时，可以采用非常规分流工艺，即将进入酸性气燃烧炉的原料气量提高至1/3以上来控制炉温。由于在酸性气燃烧炉内有部分硫生成，从而减轻了催化反应部分的负荷，但又由于酸性气燃烧炉后过程气中的硫蒸气不经冷凝直接与剩余的酸性气进入催化反应段，因此将影响催化转化效率。

需要指出的是，由于分流工艺中的部分酸性气不经过酸性气燃烧炉燃烧即进入催化反应部分，当酸性气中含有重烃，尤其是芳烃时，可能会造成催化剂积碳，从而影响催化剂的活性。如果采用预热酸性气（空气）、燃料气伴燃及富氧燃烧等工艺，采用分流工艺的原料气中的H_2S含量最低甚至可以达到5%左右。

由于克劳斯非常规分流工艺具有积碳、操作波动大、硫堵等缺点，因此元坝气田在硫黄回收单元中采用了创新的克劳斯非常规分流工艺。

（四）尾气处理单元

元坝天然气尾气处理单元采用的是加氢还原吸收尾气处理工艺。

采用常规克劳斯工艺从酸性气中回收元素硫时，由于克劳斯反应是可逆的，会受到化学平衡的限制，总硫回收率只能达到98%～99%，有1%～2%的硫化物要排到大气中。随着装置规模的大型化发展，SO_2对环境的污染也越来越严重，为了减少环境污染，必须采用尾气处理技术来减少尾气中硫化物的排放。

尾气处理技术分为尾气加氢还原吸收工艺、低温克劳斯工艺、H_2S直接选择氧化工艺

3 类，低温克劳斯工艺及 H_2S 直接选择氧化工艺具有良好的技术经济性，但硫回收率最高仅能达到 99.5%，无法满足 GB 16297—1996 大气污染物综合排放标准的要求。

尾气还原吸收工艺是通过加氢反应将制硫尾气中的 SO_2、S_x 还原为 H_2S；COS、CS_2 水解为 H_2S，然后采用复配脱硫溶剂吸收尾气中的 H_2S，吸收了 H_2S 的半富液循环回到脱硫部分。该工艺虽然投资大，操作费用高，但硫回收率可超过 99.8%，排放气净化度高（SO_2 排放量小于 960mg/m^3），符合现行的国家环保规定，是目前唯一成熟的、可供选择的尾气处理工艺技术。因此，元坝天然气尾气处理过程采用了加氢还原吸收处理工艺。

（五）酸性水汽提

该单元尾气处理单元急冷塔产生的酸性水，处理量较小，且酸性水中 H_2S 含量较低，所以采用单塔低压汽提工艺。

酸性水在一个低压汽提塔内完成汽提，塔顶酸性气中的 H_2S 送至尾气处理单元急冷后进行吸收处理，净化水由塔底抽出，在满足补充循环水的指标要求后，送至循环水场。单塔低压汽提工艺具有流程简单、操作简便、投资低、占地少、能耗低等优点，对 H_2S 含量较低的含硫酸性水最为适用。

二、净化工艺装置

根据元坝气田滚动开发总体规划，元坝含硫气田建设有一座净化厂，两个系列工艺装置，每个系列处理能力为 $300\times10^4m^3/d$，净化天然气产能为 $17\times10^8m^3/a$。元坝气田天然气净化厂主要处理元坝气田东区、西区的含硫气体。

工艺装置主要包括脱硫装置、脱水装置、硫黄回收装置、尾气处理装置、硫黄成型装置和酸性水汽提装置。辅助生产设施包括液流储存、固体硫黄自动包装码垛、污水处理、火炬与放空及中心化验室等系统或设施。公用工程包括新鲜水系统、消防水系统、蒸汽及凝结水系统、动力站、循环冷却水系统、空分空压站、燃料气系统、供电系统和通信系统（图 11-5 ）。

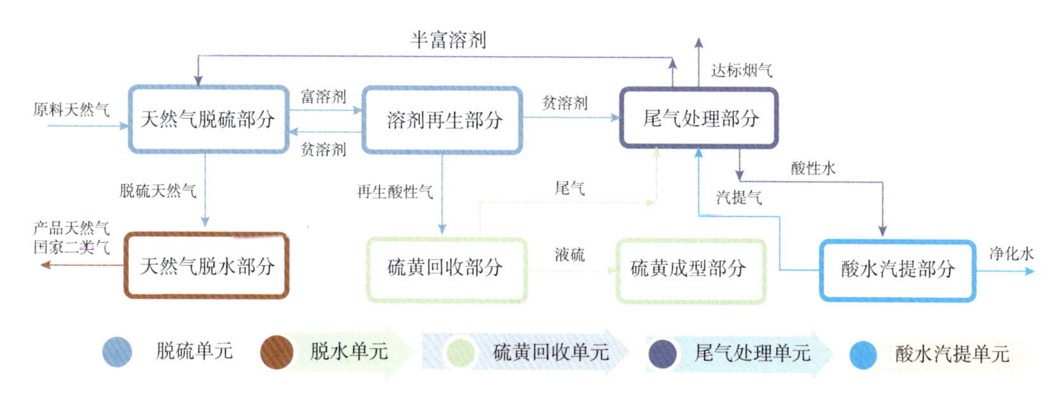

图 11-5　净化装置总体工艺路线图

从集气总站输送来的含硫天然气先进入脱硫装置脱除几乎所有的 H_2S 和有机硫及部分 CO_2，然后进入脱水装置进行脱水处理，脱水后的干净化天然气（产品气）经调压、分配厂内自用燃料气后，至输气首站外输。

脱硫装置胺液再生塔得到的含 H_2S、CO_2、有机硫的酸性气首先进入超重力脱硫设施进行提浓，脱除酸性气中大多数的 H_2S。超重力脱硫设施与尾气处理部分共用一套溶剂再生系统。从尾气处理单元输送来的吸收塔底半富胺液与贫胺液一起进入超重力机，吸收了酸性气中的 H_2S 后，回到尾气处理单元的溶剂再生塔进行再生。从尾气处理单元溶剂再生塔顶出来的酸性气体送至硫黄回收装置回收硫黄（副产品）。硫黄送至硫黄成型装置冷却固化成型并装袋后，运至硫黄储存仓库堆放并外销。硫黄回收尾气送至尾气处理装置，从超重力机出来的大量 CO_2 和有机硫气体同时送往尾气处理装置，经尾气处理装置处理后的尾气送至尾气焚烧炉焚烧后经烟囱排入大气。尾气处理装置产生的酸性水送至酸性水汽提装置，汽提出的酸性气返回尾气处理装置处理。

第六节　气田污水零排放处理技术

气田采出水通常是通过外排、回注和回用 3 种方式处理。由于含硫气田采出水中含有 H_2S、挥发性有机硫、CO_2 等有毒有害气体，加之在采气及集输过程中常需要加入泡排剂、缓蚀剂、阻垢剂等化学助剂，组分更加复杂，属于高浓度难降解含硫含盐废水，因此，国内外已开采的含硫气田采出水主要是通过回注地层进行处理。

元坝气田所在地属于苍溪县集中式饮用水水源保护区，采出水外排受法律法规限制。同时，气田设计污水回注能力低于预计产水量，新增污水回注井又存在回注井选址和回注层位选层难、投资大和地下水污染风险等问题。为此，气田生产污水采用“资源化回用 + 回注地层”的处置方案，气田采出水经预处理 + 多效蒸馏 + 氧化后用作净化厂循环冷却水，净化厂检修水经处理后回注地层，实现了气田生产污水的零排放。

一、回注水质标准

针对元坝气田的污水水质特点，结合回注层的岩性及孔喉特征，参照《碎屑岩注水推荐指标》中的回注水水质推荐指标，确定气田污水处理系统出水应达到的水质指标（表 11-2）。

表 11-2　污水处理系统出水水质指标

项　　目	处理后水质指标
悬浮物含量/（mg/L）	≤2
悬浮物粒径中值/μm	≤2.0
含油量/（mg/L）	≤10
Fe^{3+} 含量/（mg/L）	≤10
硫化物含量/（mg/L）	≤10
腐蚀速率/（mm/a）	≤0.076
溶解氧含量/（mg/L）	≤0.1
pH 值	7 ±0.5

二、采出水预处理

根据元坝气田采出水水质特征，需要对其中的 H_2S、悬浮固体物、Ca^{2+}、Mg^{2+}、COD 等组分进行预处理，以符合多效蒸馏处理系统进水水质要求（表 11-3）。

表 11-3　采出水经预处理后应达到的水质指标

序号	检测指标	单　位	指标限值	备　　注
1	硫化气（H_2S）含量	mg/L	≤10	严格控制指标（必须满足）
2	固体悬浮物浓度	mg/L	≤30	
3	含油量	mg/L	≤5	
4	pH 值		9.0～10.5	
5	泡沫		无泡沫	推荐控制指标（尽量满足）
6	COD 含量	mg/L	≤40	
7	浊度	NTU	≤10	
8	$Ca^{2+}+Mg^{2+}$ 含量	mg/L	≤1000	

各集气站分离出来的生产污水外输至元坝 29 污水处理站，通过气提塔进行预脱 H_2S，通过加碱沉淀法去除其中的 Ca^{2+}、Mg^{2+}，通过混凝沉降法去除其中的悬浮固体物，通过化学氧化法去除其中的 COD 和氨氮。采出水经预处理达标后，进入蒸馏站进行蒸发处理（图 11-6）。

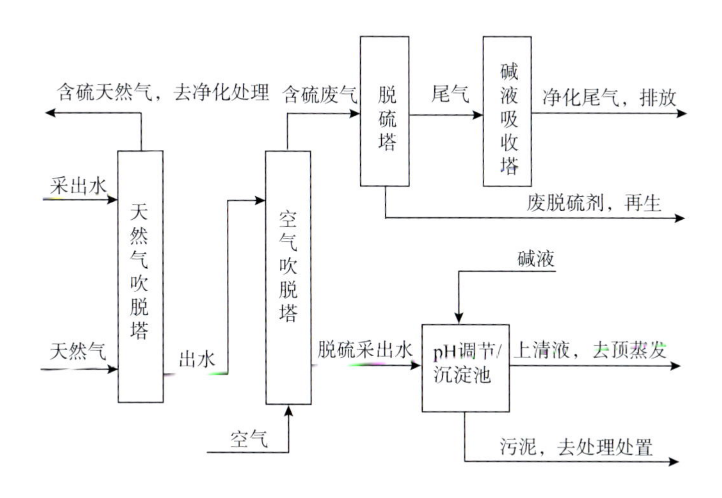

图 11-6　采出水预处理工艺流程

三、多效减压蒸发

采出水经预处理后，虽然除去了其中的 H_2S、Mg^{2+} 和大部分 Ca^{2+}，但仍含有大量的盐、COD 和氨氮。蒸发处理的主要目的是脱除采出水中的盐并将其制成合格的工业盐，同时去除采出水中的大部分COD和氨氮，其控制指标如表11-4所示。

表11-4 多效蒸发处理主要控制指标

序号	检测项目	单 位	限 值	备 注
1	氯离子（Cl^-）含量	mg/L	≤10	蒸发冷凝水
2	氨氮含量	mg/L	≤10	蒸发冷凝水
3	COD含量	mg/L	≤10	蒸发冷凝水
4	氯化钠（NaCl）质量分数	%	≥99.1	精制工业盐优级品

经预处理后的采出水采用分段次蒸发（预蒸发和二次蒸发），可实现采出水中COD、氨氮和盐的有效分离。其中，氨氮大部分进入一次蒸发冷凝水中，盐大部分留在浓缩精中，COD大部分进入母液中。一次蒸发冷凝水需要深度处理，才能符合循环冷却补充水的水质要求；二次蒸发冷凝水可直接回用作循环冷却补充水；经饱和盐水洗涤浮选后的盐产品满足精制工业盐优级品标准要求；母液经处理后可返回蒸发系统（图11-7）。

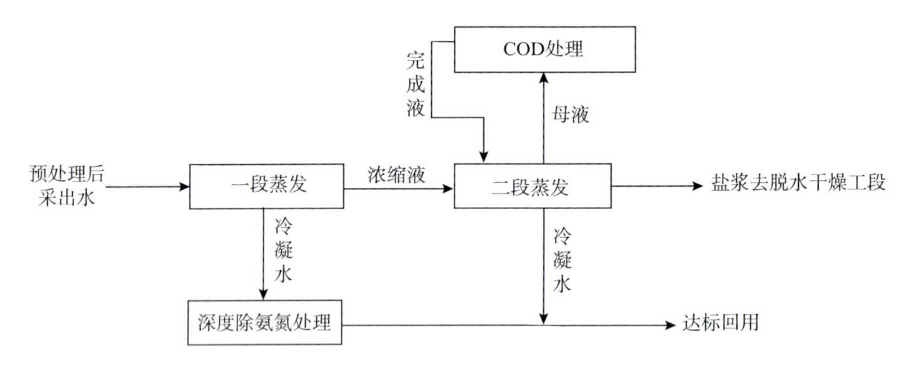

图11-7 采出水蒸发处理工艺流程

四、蒸发母液无害化处理

采出水经过分段次蒸发处理后，可去除氨氮，并回收大部分盐和蒸发冷凝水，但COD却富集于母液中，达到一定浓度后会析出固形物，影响盐的品质，因此需要对蒸发母液进行进无害化处理。通过臭氧氧化、Fenton氧化等物化处理进一步脱除母液有机物，减少其有毒有害污染物的种类与含量。再利用低温重结晶技术生成结晶产物及残渣。将危险废物送有处置资质的部门进行无害化处理，一般固废物化为可应用的产品，从而达到循环利的目标。

第七节 地面工程“四化”建设

元坝气田地面集输工程建设具有规模大、投资高、工艺复杂、实施难度和运营风险大等特点，传统的地面工程建设管理模式和组织方式不能满足高速度、高水平、高效益建设的需要。为此，气田地面集输工程推行“标准化设计、模块化建设、标准化采购、信息化提升”的“四化”建设模式。以标准化设计为基础，统一工艺流程、设备材料和设计参数；以模块化建设为重点，推广橇装化、模块化应用；以标准化采购为手段，保证工程建设质量和效率；以信息化建设为支撑，提升地面集输工程运营管理水平。

一、标准化设计

根据“设计流程通用化、设备规格系列化、平面布置模块化”的指导思想，元坝气田地面工程按照“统一工艺流程、统一平面布置、统一模块划分、统一设备定型、统一技术标准”的“五统一”设计思路进行标准化设计。

（一）统一工艺流程

根据元坝气田的特点，借鉴普光气田地面工程建设经验，合理确定地面集输工艺流程。集输井站输气主流程均按一级节流流程（40MPa）、二级节流流程（20MPa）、外输流程（9.6MPa）的三段式设计。单井站采用湿气加热保温、气液混输工艺。集气站采用湿气加热保温、分离计量、气液分输工艺。井口、外输管线均设紧急放空系统，并与采气树安全阀联动。各井站均配套设置缓蚀剂加注系统、火炬系统、燃料气调压分配系统。

（二）统一平面布置

按照“节约用地、规范有序”原则，优化站场平面布局，定型站控室、加热炉区、收发球筒区、撬装设备区、撬装发电机等平面布局。各模块根据流程顺序，紧挨管廊顺次建设，位置与管道安装基本一致（图 11-8）。

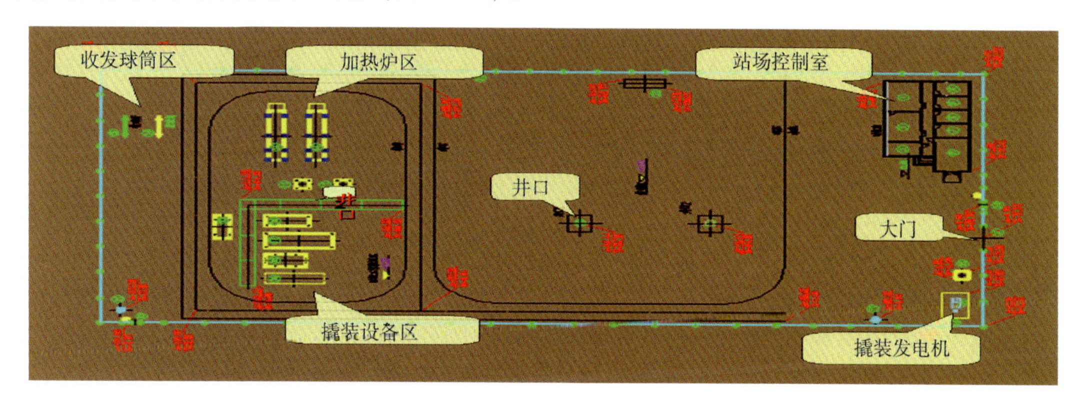

图 11-8　集气站典型平面布置图

（三）统一模块划分

根据功能单元划分临时分酸模块、加热炉模块、外输计量模块、收发球筒模块、紧急放空模块、站外火炬模块等，同一功能的设备均推广撬装化。各站场辅助流程区统一设置水合物抑制剂加注撬块、缓蚀剂加注撬块、火炬分液罐和燃料气橇块。

（四）统一设备定型

借鉴普光经验，结合元坝气田地面工程建设特点，集输工程按照“统一材质型号、统一规格系列、统一安装标准”进行设计，便于定型的加热炉、发电机、缓蚀剂加注撬、分酸分离器等 20 余种关键设备均已实现了定型。

（五）统一技术标准

形成了标准化的设计文件、技术规格书，包括设计指南、采购文件模板、标准图、典型站场标准化工艺流程、典型站场标准化平面布置、典型站场标准化建筑图集、典型站场标准化模块等内容。

二、模块化建设

根据集输工程的工艺特点和功能要求，以“单元划分、功能定型、设施撬装、工厂预制、快速组装”为手段，将整个工程分割成多个模块进行制造、预组装、拉运、调试和投产运行。小型设备实现撬装化，结构成撬、整体拉运；工艺管汇实现预制化，整体预制，现场连头；大中型设备实现组装化，工厂预制，现场组装。

（一）模块化深度预制

根据施工预制模块的大小和预制工厂流水线生产组织方式的要求，将施工预制模块分解成若干个施工预制模块组件，对照设计图纸对各模块组件进行放样、下料、切割、加工，再将模块组件预制成各个预制模块，最后运输到现场进行拼装形成整体模块。元坝集输工程所有钢结构零部件均在的预制场地内，按照组装要求预制成形，在安装现场组对成片。

（二）模块化深度交叉

模块化建设过程中，先由土建人员完成土建施工，然后交给安装单位完成钢结构、设备、管道、仪表及电器设施施工，最后待整个系统完成后，进行调试与投产运行的传统建设模式转变为土建、安装、电气、仪表等多个工序同时交叉施工。根据设计图纸，在进行设备基础施工时，在预制场地内同时进行工艺模块施工，在大型设备吊装到位时，安装预制工作基本结束，仅余下接口等工作量，大大缩短了建设工期。

（三）工厂化拼装

集输站场建设根据工程的工艺特点和功能要求，将整个工程分割成加热炉、分离器等模块，在预制场内完成预制组模，再从预制工厂拉运至现场，并与现场设备、基础进行拼装，减少现场焊接工作量及交叉作业。

元坝集输工程推行撬装化、模块化建设，项目实施过程中大量的工程建设在制造厂内进行，模块组装后运至项目现场，大大缩短了项目现场安装时间及各工种同时交叉作业的时间，提高了工程建设效率。同时，模块内的结构和管道的预制工作主要在地面进行，大大减少了安装工人的高空作业量和作业时间，降低了高空作业风险。

三、标准化采购

元坝集输工程物资采购具有种类多、专业性强、资金额度大的特点，在地面工程建设中，物资采购始终坚持“制度化管理、规范化采购、最大化降本”的原则，通过认真编制物资采购策略，建立完善的招标采购制度体系、规范化的招标采购流程，探索控制价招标、电子商务、询比价采购等途径降低采购成本。

（一）标准化制度体系

按照全程控制、防范风险、保障供应的原则，建立标准化制度体系，制定出台各项物资采购管理办法，在采购质量、招投标、供应商等方面形成了较为完备的配套制度。

（二）标准化采购方式

规范采购渠道，针对集输工程物资采购的特点，结合工程建设实际，物资采购采用招标采购、框架协议采购、电子商务、询比价采购等方法。对部分采购资源匮乏的物资，积极培养竞争对手，打破供应商技术壁垒，严格将采购投资控制在概算范围内。

（三）采购设备定型化

按照模块化建设的要求，推进集气站各功能模块关键设备的定型工作，通过形成批量物资计划，实施规模化招标采购，保证物资采购质量，降低采购成本。

（四）确定标准化采购价格

建立起专家决策起主导作用的采购机制，开展多维度价格对标，比较多种采购方式优选确定采购价格，满足气田集输工程标准化造价的需要。

四、信息化提升

元坝气田地处复杂山区，人口稠密，酸气集输管线长，井站多而分散，天然气易燃易爆、高含剧毒 H_2S，采输和净化处理安全风险极高。工程建设采用先进的计算机信息技术，建成全新数字化气田，场站实现无人值守，提升了安全生产的信息化水平。

（一）高可靠性通信网络

1. 工业以太网

工业以太网为 SCADA 系统建立了可靠的传输通道，采用双网冗余，全网划分为 A 网和 B 网，分别为埋地光缆和架空 ADSS 光缆；并建立 VPN 备用通道端（租用公网电路），SCADA 系统 RTU 与中控间通讯可灵活选择 A 网或 B 网。作为有线系统网络备用通道的 VPN 网络用于建立应急情况时的备份链路，当光纤网络因不可抗力或人为故障产生多个网络断点而全部失效时，经由动态路由 OSPF 协议快速切换至备用 VPN 链路。A 网与 B 网网络相互间隔离，确保各组通信间相对故障隔离，降低每组通信负载的压力，双网互为备份，在 1 ~ 3s 内完成主备网络切换。工业以太网采用双冗余设备，三路冗余链路，最大限度地保证了网络通道的稳定性和可靠性。

2. 光传输系统

通过埋地光缆和架空 ADSS 光缆及先进的光传输设备，组建了高效可靠的光传输系统，为 PA/GA 系统、视频监控系统、程控调度系统、“119”接警系统、风速风向系统、周界防范系统、气田通信时钟、办公网络、行政电话等提供了传输通道。采用冗余链路，气田全部通信业务经由该通道传输，节约了网络资源，保证了传输的可靠性。

3. 通信基站

气田共建 8 座通信基站，在通信基站部署了数字集群系统、紧急疏散广播系统和 5.8G 备用链路系统，是气田应急救援的通讯保障。配合应急疏散系统，实现高硫气田应急救援的数字化和智能化。

（二）智能化供电系统

元坝气田配套建设110kV变电站1座，内设110kVGIS，电源分别引自国网苍溪220kV变电站和洪江220kV变电站。110kV变电站自动化系统结构采用分层分布式，其终端综合保护单元为数字式模块化结构，直接安装在开关柜上。各综合保护单元和主机间采用开放型总线，标准通讯网络，便于信息交换和各种指令传递。

110kV变电站综合自动化系统集保护、控制、监测、通讯为一体，重要环节采用冗余设置，数据采集实现双机并联独立通道。具备完善的自检、互检、自动切换和自动恢复的功能。系统的分辨率达到1ms以内，站内系统采用GPS对时，具有良好的电磁兼容性（EMC）和系统扩展性。

（三）自动化控制系统

气田火气监控系统对现场H_2S气体、可燃气体、火焰等危险物质进行在线实时监测，通过接收现场设置的火灾以及气体探测器信号，并根据设定值进行判断和处置，实现采输现场火气状态的自动检测、报警和相关联动，提高了气田安全控制水平。

气田逻辑联锁系统采用ESD四级关断，当工艺参数（关键压力、温度、液位、火气探头检测值等）达到设置的关断联锁值时，自动触发相应级别的关断，保护生产设备、人员安全，有效防范事故发生。

气田过程控制系统采用前端联动技术和影像自动跟踪技术，对各工艺流程的压力、温度、液位、流量等工艺参数实时采集，通过上位机实现对工艺流程的远程可视化控制。构建了多系统联动的集成调度平台，实现信息互动、资源共享，协同完成复杂的业务处理。开发了基于物理信息融合系统（CPS）的联动式工业安全应急指挥集成系统，提高了安全风险集中监测、监视、预警、预判和高效联动应急处置能力。

第十二章　安全控制与环境保护

元坝气田是世界上埋藏最深的高含硫生物礁大气田，具有“一超三高”（超深，高温、高压、高含 H_2S）的特点，钻完井作业、地面工程建设、天然气采输与净化处理等安全风险极高。同时，气田地处长江流域的嘉陵江上游生态屏障，人口稠密，对安全环保的要求更高。面对工区内存在的主要风险，学习借鉴普光经验，紧密结合元坝项目建设实际，按照“三新三高”的要求，坚持“科学规范、安全高效、绿色低碳、和谐一流”的工作方针，从精心编制项目安全评价报告、环境影响评价报告和项目安全设施设计专篇入手，以加强监督管理、强化风险控制和建立完善应急管理体系为主线，通过建立组织机构，完善管理制度，强化岗前培训，规范工作流程，严格技术标准，实施高压严管，打造本质安全型和绿色环保型工程。

第一节　主要危险有害因素分析

在气田建设过程中，钻井过程、完井作业过程的安全风险大，是事故重点防范阶段。在采输和净化处理过程中涉及的主要危险除天然气易燃易爆外，还含剧毒 H_2S 和酸性腐蚀气体 CO_2，井口失控、集输管道泄漏和净化处理燃爆等事故具有不可预见性和长周期性，必须给予高度重视。

一、钻井主要危险有害因素

（1）当钻井进入气层后，遇到高压气流，因各种原因使井底压力不能平衡地层压力时而造成井喷和井喷失控事故，井喷失控喷射出的天然气遇火燃烧爆炸，会造成冲击波和热辐射等伤害。

（2）进入含硫气层后，从井底循环出的钻井液可能携带有 H_2S，存在中毒危险；井喷失控事故，高含硫气体可能会引起 H_2S 中毒，造成重大人员伤亡。

（3）上部陆相地层主要采用空气钻井防漏提速，如果钻遇陆相浅层气，监测防控措施不到位，则容易发生井下燃爆，引发工程和人身事故。

（4）柴油发电机产生的噪音和排出的废气，钻井废泥浆的处理等可能会对工区环境产生影响。

二、采气作业主要危险有害因素

（1）作业施工过程中井喷事故对人和周边环境的影响。在安装封井器、采气井口过程中，如果压井不稳定，极易造成井喷失控事故。

（2）作业施工过程中发生 H_2S 气体泄漏中毒危害。

（3）酸化施工作业酸液可能会对人造成伤害。放喷燃烧测试可能会对大气环境造成影响并对人畜造成危害。

三、地面工程主要危险有害因素

（一）采输站场部分

（1）井口装置泄漏以及井控失效后存在井喷的可能性。

（2）加热炉、分离器等压力容器易被腐蚀、氢脆而引起泄漏或爆裂，从而造成重大事故。

（3）检修期间从设备或管线清扫出的 FeS 与空气接触，容易自燃着火，甚至可能发生爆炸事故。

（4）站内电气设备由于短路、碰壳接地、触头分离而引起的弧光和电火花，都可能引发天然气与空气混合物的爆炸。

（5）由于装置停产检修前吹扫、置换不彻底，或检修部位与有毒介质隔离不好，在拆检、动火等作业过程中，可能造成检修人员在有限空间内中毒或窒息。

（二）集输气管道部分

（1）集输气管道以地表、埋地、架空、隧道等敷设方式进行输送，地震、洪水、塌陷、泥石流、雷击、滑坡等自然灾害都可能对管道造成破坏，引发事故。

（2）管道防腐质量差，管道施工时造成防腐层机械损伤，土壤中含水、盐、碱及地下杂散电流等因素都会造成管道腐蚀，严重的可造成管道穿孔，引发事故。

（3）输送的天然气中含有大量 CO_2，CO_2腐蚀可导致管壁减薄或形成腐蚀深坑及沟槽，管道容易起爆或穿孔。

（4）管道运行期清管时，管道内可能因天然气的少量水分、FeS 粉末、腐蚀产物等污物过多而导致清管器被卡，从而形成超压清管的危险作业。

（5）管道清扫出的 FeS 与空气接触，容易自燃着火，甚至可能发生爆炸事故。

四、天然气处理主要危险有害因素

（1）剧毒 H_2S 气体泄漏风险。H_2S 气体泄漏多是由于管道、装置的腐蚀和密封失效，或是检修前清扫不彻底造成的。

（2）火灾、爆炸风险。主要介质为含硫天然气，产品为 CH_4 和硫黄，均具有易燃易爆性，并且都处于中、高压状态，极易引发燃爆事故。

（3）装置复杂管线密集，高压高温，酸气泄漏风险高。净化厂有各类设备 992 台

(套)，阀门32000台，涉硫工艺管道全长360km，操作压力6MPa，局部操作温度1100～1350℃，法兰等泄漏风险点超过50000处。H_2S、CO_2对设备管道材料的腐蚀比较严重。

(4) 应急放空系统隐患。如果发生某种应急情况并采取全流程放空措施时，有可能造成短时过量燃烧，产生大量SO_2，从而扩散不良影响，污染火矩周边环境。

第二节　安全控制与应急处置

元坝气田地层压力高，天然气含有H_2S、CO_2和有机硫，开采工程技术复杂。在对气田开发建设中存在的主要危险、有害因素进行识别与分析的基础上，结合项目安全评价对钻完井技术、采输工艺和净化处理工艺提出的要求，以信息化技术为载体，集成应用超深高含硫气藏井控技术、高含硫天然气防护距离优化技术、复杂山地天然气泄漏监测技术、高含硫气田联锁关断控制技术等，强化对施工作业的安全控制与应急处置，实现了气田安全高效地建设开发。

一、超深高含硫气藏井控技术

(一) 钻井设计

(1) 钻井工程设计以地质设计为依据，按规定编制合理的井身结构和套管程序，确定适宜的钻井液类型、密度等指标要求。

(2) 对井场周围2km以内的居民住宅、学校、厂矿等进行勘测，在设计书上标明位置，并绘制线路示意图，以便在出现紧急情况时及时通知相关人员迅速撤离。

(3) 按照规定进行高含硫钻井设计：

①井下油管、套管、封隔器、井口等装置和设施均按规定采用抗硫材质，同时考虑CO_2的腐蚀问题，井口抗压的设计考虑充分的富裕量。

②钻井液安全附加密度选用规定钻井液密度（0.07～0.15g/m^3）的上限值；钻开含硫地层后，钻井液的pH值始终控制在9.5以上。

③钻井队按规定配备足量的高密度钻井液和加重材料储备。

(4) 钻井队按规定配备足够的H_2S人身防护设施，按标准安装固定式H_2S浓度检测报警系统，按规定设置风向标。

(二) 井控装备

(1) 高压及高含硫气井钻井施工，从技术套管固井后至完井，均应安装剪切闸板防喷器。

(2) 井口装置采用三级防硫套管头+四闸板+环形封井器组合，配套双节流、双压井、双液气分离器、双向双防喷管线。

(3) 顶驱全部安装上、下旋塞，气层钻柱组合中全部安装止回阀与旁通阀，水龙带、立管及地面管汇全部升级为70MPa。

（三）井控操作

（1）高含硫气井应对全套井控装置做抗 H_2S 可靠性检查，连续使用超过 3 个月的闸板胶芯应予以更换。

（2）钻井队应定期对井控装备进行检查，每月对每个钻井班按不同钻井工况各进行至少一次防喷演习。

（3）高含硫气井应确保至少 3 种有效的放喷点火方式；钻开高含硫气层前应与当地政府部门联合组织井口 500m 内居民进行应急疏散演练，并撤离距井口 100m 范围内的居民。

（4）钻开含硫气层前，由施工企业自行组织检查并在验收合格后，再由甲方组织正式开钻检查验收。在油气层和钻过油气层起下钻时，均按规定进行短程起下钻。

（5）全面应用气井溢流先兆在线监测与预警系统，通过对现场作业数据进行实时采集，利用判识模型快速分析，及时、准确地发现溢流并报警、启动关井程序。

（四）完井测试

（1）优化采气井口。采用金属密封方式、带井下安全阀控制管线穿越通道及井口安全阀的的国产 105MPa、HH 级采气树，同时配置远程控制系统，保证安全酸压施工作业和测试投产的需要。

（2）优化采气管柱。针对元坝气田 H_2S 分压高，结合超深水平井衬管完井生产井段长、储层非均性强的特点，通过地质研究、力学计算，结合室内管材模拟腐蚀实验，优化设计配套了测试投产一体化管柱。

（3）优化地面试气流程：

①优化地面流程节流级数，实现逐级降压。

②在流程管汇与井口之间安装 ESD 紧急关闭阀，出现紧急情况时，实现远程控制瞬时关井。

③优选加热保温装置，防止形成水合物，并因冰堵造成设备超压。

④优选自动点火装置，保证放喷点火一次成功。

⑤优选自动数据采集设备，实时监测整个测试流程的安全状态，通过异常预警和及时有效地处置，保证投产测试作业安全。

⑥综合应用固定式有毒有害气体监测仪、无线遥测气体监测仪（RDK）和便携式有毒有害气体监测仪等设备，实现对井场及周边环境的实时有效监测。

（4）做好应急预防：

①按照“一井一案”的原则，对井场周边进行居民分布及地理地貌的调查，编制完井测试作业应急预案，并报当地政府备案，开工前与当地政府组织应急联合演练。

②与当地政府签订疏散协议，放喷测试期间，由政府负责组织完成井场周围 500m 范围内的居民疏散任务。

③做好大气环境监测。对 500m 范围采用无线遥测和固定式、便携式气体检测仪进行有毒有害气体监测。

④做好应急监护与交通管制。联系应急中心到场进行应急消防、气防、医疗监护；在距井场 500m 处设置交通管制点，严禁无关人员进入作业区。

⑤做好巡视及搜救工作。组成巡视及搜救小组对已疏散区域进行巡检，防止居民因事进入，并对受伤人员进行及时救护。

二、H_2S 防护距离优化技术

采用高含硫天然气泄漏山地扩散模型，结合 H_2S 毒理性分析，分别计算出集输管道、集气站和净化厂发生天然气泄漏的毒性负荷和 1000×10^{-6}（瞬时致死浓度）H_2S 烟羽扩散距离，并以此为参考建立 H_2S 安全防护距离。

（一）集输管道安全防护距离优化

模拟结果表明：集输管道发生高含硫天然气泄漏时，$1000\times10^{-6}H_2S$ 烟羽最远扩散距离为 39.6m。综合考虑泄漏监测、紧急关断等安全保障和应急处置措施，将安全防护距离确定为 40m。

（二）集气站安全防护距离优化

模拟结果表明：$1000\times10^{-6}H_2S$ 烟羽最远扩散距离为 187m。气井井口和井下同时安装了安全阀，具有远程关断、火灾易熔塞关断、高低压关断等多重关断措施，同时考虑到单井产量高，人口稠密，地形复杂等因素，将安全防护距离确定为 200m。

（三）净化厂安全防护距离优化

模拟结果表明：$1000\times10^{-6}H_2S$ 烟羽最远扩散距离为 320m。考虑到净化厂净化处理规模大，为降低安全风险，将净化厂安全防护距离扩大到 400m。

（四）安全防范距离设防

根据优化结果，建立了元坝气田主体输气管道、集输站场、天然气净化厂分别按 40m、200m、400m 设防的安全防护标准，安全防护距离内的房屋全部进行拆迁。

三、复杂山地天然气泄漏监测技术

针对气田集气站场多、集输管线长、工艺流程复杂、泄漏风险高的特点，学习借鉴普光经验，建立了气田 H_2S 及可燃气体立体泄漏监测网络，形成了平面布局、立体布防的全方位多元监测体系。

（一）泄漏监测布点优化技术

根据 HAZOP 分析和 LEAK 软件泄漏频率计算结果，综合考虑气候条件，确定监测布点方案；根据工艺流程、装置设备以及人员活动频率确定布点方案；根据特殊地段特点，借鉴普光气田泄漏监测经验，确定布点方案。

（二）集输系统泄漏监测技术

在井口、集气装置、阀室、隧道等区域设置 H_2S 监测仪和可燃气体监测仪。在阀室增设压力监测装置监测管线的压力变化，以推断管线是否存在泄漏。在隧道增设激光监测装置。

（三）净化厂泄漏监测技术

根据净化厂处理装置的危险等级和装置特点，分别集成应用了 H_2S 监测、火灾报警、

安全视频监控等技术，同时在关键装置上、中、下游设立监测点。在110kV变电调度室、联合装置操作站、动力站、硫黄储运、门卫保卫室和安全管理指挥中心设置视频监控点，构成了净化厂立体监测网络。

四、高含硫气田联锁关断控制技术

基于采输、净化处理和外输三大系统工艺之间的相互关联、相互影响，而控制系统又相互独立的特点，按全气田、支线、单站、单元设备划分区域，实行四级联锁。通过优化控制逻辑、优化系统互联技术，整合三大控制系统，形成采输、净化处理和外输管道的联锁关断。

（一）全气田联锁关断技术

气田上、中、下游任一方发出一级关断信号，全气田触发联锁关断。集输一级关断，触发净化、外输系统联锁保压；净化一级关断，触发集输、外输系统联锁保压；外输一级关断，触发集输、净化系统联锁保压。

（二）集输系统四级联锁关断技术

1. 井口安全控制技术

采用井下安全阀和井口安全阀两级安全控制，实现现场关断、远程关断、火灾情况下易熔塞自动关断、高低压限压关断、系统自动稳压等功能。在集输系统、净化厂、外输首站因火灾、爆炸、管道爆裂、事故停输等触发条件下，井口控制单元自动触发关断。

2. 集输系统SCADA+ESD控制技术

在SCADA自控系统的基础上，集气站设置紧急切断阀（ESD）及紧急放空阀，在集输管网阀室设置线路截断阀，由中控室或站控室依据四级联锁关断逻辑执行远程关断。

3. 净化厂四级联锁关断技术

开发了中控室集中控制与联合装置独立控制相结合的联锁关断构架，形成安全等级高、兼容性强的联锁关断控制技术，通过过程控制级的安全仪表系统，实现联锁关断。一级关断，为净化厂全部关断；二级关断，为区域/联合装置级关断；三级关断，为装置单元级关断；四级关断，为单元设备关断。

五、高压火炬大排量应急放空控制技术

开发应用了集输站场、净化厂紧急火炬放空系统控制技术，确定了紧急关断保压和紧急关断放空两种处理模式，开发了三冗余新型点火方式，解决了放空火炬的安全和环保难题。

（一）集气站场紧急火炬放空技术

根据站场集输工艺、装备配置、站间管道在各种事故下的放空工况，确定各集气站放空规模和放空火炬配置，构建站场火炬放置节点网络，实现站场和集输系统多点全方位快速、紧急放空。

（二）净化厂紧急火炬大排量放空技术

通过对不同放空情况下的热辐射、放空噪音等进行研究，确定火炬安全高度为120m；

设置了净化装置保压、放空两种处理模式；确定了高压放空和低压放空两套系统管网，防止相互干扰，并设置两套火炬塔架，互为备用；集成应用高空自动点火、高空远程手动点火与地面爆燃三重保障点火技术，确保火炬安全长明。

六、复杂山地高含硫气田应急疏散技术

（一）气田危险等级划分

借鉴普光高含硫气田危险等级划分方法，计算元坝气田主要生产设施应急区域，结合人口分布、交通等影响因素综合评定建立应急区域。将酸气站场及管道危险等级划分为四级：一级（周围100m范围）、二级（周围100～500m范围）、三级（周围500～1500m范围）、四级（周围1500m以外）。

（二）复杂山地应急疏散系统

应用含硫天然气泄漏山地扩散模型研究确定通讯覆盖范围，并根据地形地貌和人口分布，确定广播点数量和位置。紧急疏散广播系统通过分户报警通知方式和分址调频控制防空警报方式对需要疏散的居民进行通知。同时，根据集气站、集气干线分布情况修建了气田应急道路，便于突发事件情况下人员紧急疏散。

第三节　环境保护与职业卫生

元坝工程建设区处于四川盆地周山地水土保持水源涵养功能区，居民点多分布广泛，同时，流经建设区的构溪河、东河及其支流，是嘉陵江上游水源所在地，环境十分敏感。在对气田建设期、运营期存在的主要环境影响因素分析的基础上，从设计入手，突出清洁生产、节能减排，多措施并举，通过严格督导环保“三同时”落实到位，实现了气田污染控制和环境保护的目标。

一、编制项目环境影响报告

项目开工前，委托有环评资质的单位编制项目环境影响报告，研究工程建设区域环境功能区划、环境质量标准和污染源排放标准；预测评价工程建设对工区内大气环境、地表水环境、地下水环境和生态环境可能造成的影响；从环境保护和风险角度论证工程建设的可行性；从设计、生产、环境管理和环境污染防治等方面提出工程施工期和运营期的污染防治措施及生态保护对策，明确了污染控制和环境保护目标。

二、督导落实环保“三同时”

坚持建设项目环境污染防治措施与主体工程同时设计、同时施工、同时投产使用，针对工程建设存在的主要环保风险，从设计优化入手，创新环保解决方案，落实清洁生产和节能减排措施，从而确保项目建设没有导致工区各环境要素的环境质量下降。

（一）优化工程设计，做好源头控制

（1）推行钻、完井液重复利用，通过修建泥浆转运回收站，及时回收老井泥浆，新井

或试气井开工时采用泥浆配送办法，减少了钻井、投产作业的井浆配制和费用投入，降低了废液处理外排的环保压力。

（2）推行钻井清污分流，根据现场布局和设备摆放，在污水池、井场四周砌起约20cm高的挡水墙，防止雨水流入污水池。同时，进行污水的循环再利用，减少工业取水量和污水的处理排放。

（3）全部采用网电钻井，备用柴油发电机，有效避免了柴油发电机的噪音和尾气排放，既节约了成本，又减少了钻井对大气环境的污染。

（4）利用航拍成果优化集输管线设计，管道选线避开了集中居住的村庄、学校、医院、集中式饮用水水源保护区等敏感点，尽可能减少施工期及运营期的风险事故对敏感点的生态影响。

（二）应用环保新技术，消除环境污染隐患

（1）引进“废弃泥浆不落地无害化处理技术”，实现了钻井污水的充分分离循环利用和固体废弃物的减量无害化处理；引进“钻井固废烧结处理技术”，将钻井岩屑用于烧砖，进行无害化处理，消除了钻井固体废弃物的污染隐患。

（2）研发了“超重力尾气脱硫技术”，选择性脱除 H_2S 的能力是传统尾气吸收塔的6倍，保证了脱硫后尾气中 H_2S 含量和 SO_2 排放浓度低于国家排放标准。

（3）创新“气田污水零排放处理技术”，通过对气田采出水进行预处理、多效减压蒸馏和蒸馏母液无害化处理，实现了气田污水的资源化利用和零排放。

三、强化环境监测工作

根据气田开发对区域环境可能产生的影响，明确了气田开发环境监测对象为土壤、水、气、声和固体废弃物。在项目施工期和运营期严格按照环境监测制度做好工区环境的监测工作。监测结果以监测报告的形式，上报主管部门，建立、健全项目施工期、运营期的环保档案。

四、职业卫生

元坝气田开发建设工程的职业危害因素主要有：放射源，H_2S、CO_2 等有害气体，噪声，粉尘，高温，及其他有毒有害物质。其中，H_2S 是主要的职业危害因素。防治 H_2S 的危害，一方面，要强化生产管理的安全措施，进入工区的人员必须进行 H_2S 培训取证，并对区内居民进行 H_2S 防范教育；另一方面，要严格执行高含 H_2S 作业环境的相关具体规定，一旦发生紧急事故时，能够实现及时救护和紧急疏散。

第十三章　项目投资优化与控制管理

大型气田开发工程具有投资大、建设周期长、专业复杂、系统性强等特点，做好项目的投资控制工作是项目管理的主要目的之一，也是保证项目投资管理目标实现的关键。元坝气田开发工程建设管理以投资风险分析为基础，结合工程建设的持点，聚焦降本增效，不断探索实践控制工程投资的有效方法，通过加强科学决策、优化设计、标准化采购和控制工程变更管理等，实现了项目投资控制目标。

第一节　项目规划和设计阶段的投资管控

一、重视项目前期方案论证研究

资料统计表明，在建设项目前期规划决策、设计准备、实施和运营 4 个阶段中，前期规划决策阶段对项目投资影响程度最高，达到 70% ~90% 。因此，在项目前期对工程方案进行详细的论证研究，是抓好项目投资控制的关键环节之一。

（一）地质方案优化

元坝长兴组礁滩气藏生物礁呈条带状分布，单礁体小、气水关系复杂，具有“一礁一藏”的特点。同时，超深层小礁体薄储层预测属世界级难题，直接影响井位部署和开发井成功率，决定着项目建设的成败。为此，气田开发建设过程中坚持科学规范的方针和集团化决策，精细做好前期地质研究和井位论证，集成地震、地质、测井等新技术，攻克了多期次、多类型、复杂礁相储层精细刻画的难题，形成了小礁体气藏三维地质建模技术，从而指导气田开发井位部署更加有效地开展。通过强化实施跟踪分析和方案优化调整，确保开发井成功率达 100% ，实现了气井全面达产目标。

（二）地面工程方案优化

在可研阶段，借助重点区域航拍三维场景浏览系统，对气田地面道路、集输管线、电力通信线路的路由，以及净化厂和井站选址等进行了多方案对比优化，从源头上减少不必要的工作量。同时，加强工程实施跟踪分析，结合地面工程技术发展状况、国家相关政策规定和工程建设区地貌特征的变化情况，适时优化调整工程建设方案，有效控制工程投资。

（三）重点工艺路线优化

对于整个项目中非常重要的天然气净化工艺，通过项目前期的科研立项，开发出具有中国石化自主知识产权的深度脱硫工艺，研发了复合脱硫溶剂脱硫技术，创新发展了非常规分流技术，自主研发了钛基制硫催化剂和尾气加氢催化剂，实现了大型净化厂关键装置和设备的国产化，不仅缩短了工程设计和设备采购周期，而且大幅降低了设备采购费用，提高了项目投资效益。

二、加强项目设计管理

（一）大力推行限额设计，严把设计审查关

严格按照“估算控制概算、概算控制预算”的原则，所有项目均通过了项目部初审、分公司复审和总部审查三级控制，对各级审查发现的问题，逐一进行了研究和落实，通过对工程设计的不断优化和调整，为后期工程实施阶段减少设计变更和投资控制打下了基础。

（二）做好设计优化工作，从源头控制投资

（1）元坝长兴组气藏埋深近7000m，主要采用水平井开发，钻井周期长、安全风险高、投资大，气田有效开发的关键是必须严控钻井成本。为此，钻井工程通过优化钻机选型，利用加强型ZJ70钻机替代ZJ90钻机，降低了工程作业日费。通过优化井身结构，减少井下复杂事故发生，实现了安全提速提效。通过优化完井施工方案，根据实钻情况调整完钻井深，减少无效钻井进尺，将原设计镍基合金衬管优化为镀钨衬管等措施，有效控制工程投资。

（2）地面工程，通过对集输工程和净化厂工程所需加热炉、火炬分液罐等40余套设备进行撬装化设计，成套采购，撬装化安装，节约了大量现场机具、人力和投资。

（3）公用工程，通过对大桥设计的优化，将桥型由三孔优化成六孔，桥面高度下调，主跨跨度减少，降低工程造价几百万元。在净化厂场平工程中，通过统筹优化净化厂、道路和边坡施工方案，减少挖、填土方近$50\times10^4m^3$，工程造价大大降低。

（三）推进关键抗硫设备国产化

强力推行关键物资、重大设备国产化，充分利用国内资源，以安全为前提，加强技术论证，实施物资优化，选用性能可靠、技术达标、经济更优的国内厂家产品，工程设备国产化率达86%，节省了大量外汇。

第二节　项目投资计划控制管理

一、建立投资计划控制管理体系

在项目部内部投资计划管控上，建立了由项目部经理班子、经营管理部门和各专业管理部门组成的三级管控体系。其中，经理班子负责项目投资执行过程中的重大决策和控

制，经营管理部门负责对项目总投资目标进行分解，跟踪投资执行，搞好投资总规模和各部门之间投资规模的协调与平衡。各专业管理部门作为投资控制责任主体，具体负责对各子项工程进行设计优化、精细施工、规模控制、效益提升。

二、做好项目投资控制计划分解和控制

根据项目概算批复、项目 WBS 和项目组织结构，编制了项目投资控制分解计划。将项目总投资计划分解细化到各主管部门。通过目标的层层分解，层层传递压力，从而确保投资总体规模得到有效控制。

三、用信息化提升项目投资控制管理

利用 ERP 系统 PS 模块的控制功能，将投资预算分解下达到各项目子项，各部门在操作时一旦出现超出预算的情况，将无法在 ERP 系统中提交。

同时，通过 ERP 系统和合同系统的接口关联，在 ERP 系统中创建服务合同采购订单需维护合同序号，通过合同序号将合同名称、金额、供应商等信息采集到 ERP 系统中，通过后台数据比对，确保该合同序号下的所有采购订单金额均控制在合同金额范围内，避免了超合同结算现象。

四、建立投资统计、分析和考核机制

建立投资统计系统，定期将投资计划、合同、变更、结算、资金支付等信息录入管理数据库，每月对各专业部门投资控制的执行情况进行分析和考核。通过统计分析和考核，进一步强化对投资的跟踪和控制，及时发现项目管理过程中存在的问题，及时提示各部门进行纠偏和整改，确保项目健康运行。

第三节　项目采购阶段投资控制管理

一、物资采购投资控制

通过实行统一管理、集中采购，推进标准化设计、模块化建设和标准化采购；规范采购渠道，推行控制价招标采购、电子商务、询比价等方法，降低采购成本；对部分采购资源匮乏的物资，积极培养竞争对手，打破供应商技术壁垒，严格将采购投资控制在概算范围内。

二、工程招标与合同管理

（1）在项目招标管理上，建立了一套完整的工程招标管理制度体系，按市场配置资源的原则，通过严密、科学的制度和程序来选择承包队伍。推进招标文件“双审双批”制，招标方案及招标文件编制完成后，先由专业部门内审，再由招标领导小组会审，从而提高了招标文件质量。大力推行控制价招标，使工程项目的总投资牢牢控制在概算范围内，并由此节约投资上亿元。

（2）在合同管理上，加强合同法律审查，强化合同全过程管理。配备了专职的法律顾问，为工程建设提供法律服务；大力推行标准化合同文本，使用非标准文本必须通过律师审查，并出具书面法律意见书；对普通工程尽量采用总价闭口合同，对实施过程中工程量变化较大的项目，采用清单计价合同，有效地控制了项目投资。

第四节　项目施工阶段的投资控制管理

一、强化开工前各项的准备工作

在工程项目开工前，一方面，要抓好工程设计图纸会审，尽力减少工程实施过程中可能发生的设计变更；另一方面，要明确工程进度统计方法和结算程序，确保工程进度款支付和结算资料提交时不会因资料不合格而耽误工程进度；再次就是要建立工程协调和沟通机制，定期汇总和解决工程实施过程中发生的与工程投资控制相关的事项。

二、强化设计变更和签证的管理

严格按照"节奏可以加快，程序不能逾越"的原则，建立设计变更和现场签证管理制度，规范管理流程。对于未履行审批手续的设计变更和现场签证，视为计划外工程，不予结算。审核办理工程变更和签证时，相关人员要深入施工现场，对工程变更的必要性、费用变化、工期影响、技术方案、工程风险等进行全面论证，确定方案并在下发设计变更单后实施，对较大金额的工程设计变更和合同外工作量签证要求签订补充合同。同时，定期统计各项目设计变更和签证的发生情况，及时跟踪各项目的投资变化，一旦发现有可能出现超投资控制目标的情况，及时预警，并开展分析和纠偏，确保投资始终处于可控状态。

三、强化工程造价管理

（1）工程的造价管理必须贯穿于工程项目实施的全过程，从项目编制控制价开始到进度款审核、工程变更和签证审核，直至结算审核，每个环节都离不开工程造价管理工作。所以必须强化工程造价的管理，严把审核关。元坝气田开发建设项目通过建立项目专业管理监理和部门对工程量进行初审；经营管理部门对工程造价进行初审；分公司工程概预算中心进行复审；审计处负责委托第三方造价审计机构进行终审的造价审核体系，从而有效控制工程造价。

（2）高度重视对项目其他费用的造价管理。在项目开始之初，尽快明确工程项目其他费用核定的标准和审查程序。特别是管理费、各类评价费、青苗赔偿费、征租地费、勘察设计费和监理费等，统一各项工程所有子项计价标准。

四、实施承包商对标积分考核评价

以合同项目为评价的最基本单元，建立 HSE、质量、进度、投资、综合管理 5 项目标任务的检测、预警、评价指标，实施对标积分评价与纠偏周期管理。按月度发布检测、预警、评价成果，定期公示各单位对标评价与排名数据。对绩效前三名的单位授予红旗奖励，最后一名进行黄旗警示。一般项目控制指标偏差达 40% 以上的，要求实施专项分析，明确纠偏措施、目标和任务并预计纠偏效果；偏差超过 60% 以上时，除按以上规定执行外，还要对涉及单位进行通报批评和督促整改。

五、加强资金和税收管理

坚持“量入为出、总量控制”的原则，通过强化资金预算管控，积极做好资金计划和资金协调工作，严格执行资金拨付四级审批流程，分轻重缓急安排付款进度和付款项目，均衡安排各项支出，使有限的资金得到合理使用，提高资金使用的效益和效率。

高度重视进口设备的关税减免工作，通过向国家发展和改革委员会提出关税减免申请，办理《进口设备免税确认书》，完成进口物资的关税抵减，尽力降低进口物资的采购成本。

第十四章　气田开发成果与启示

元坝气田是中国石化“十二五”重大建设工程之一，是继普光气田之后又一酸性气田建设工程项目，也是西南油气田“十二五”建设年产百亿立方米大气田的“重头戏”。气田具有超深、高温、高压、高含 H_2S、气水关系复杂、工程地质条件复杂、地面地形条件复杂等特征，又位于人口稠密和生态环境良好的地区，建设难度非常大。在中国石化的统一领导、组织和指挥下，充分借鉴普光气田及近年来国内外大气田建设的经验，通过近5年的不懈努力，中国石化攻克了制约元坝超深高含硫气田开发建设中的诸多世界级难题，为气田的高效、安全开发提供了技术支撑和技术保障。天道酬勤，中国石化用其辛勤的劳动和汗水，“站在普光肩上建元坝”，并换来了巨大的回报：建成了全球首个7000m以深的超深高含硫生物礁大气田，大幅提高了西南油气田天然气供应能力，实现了“再建一个新西南”的目标，铸就了西南天然气业务发展新的里程碑，为“川气东送”能源战略培育了又一重要气源地；形成了一系列自主创新的超深高含硫气田高效、安全开发关键技术，展示了中国石化利用超深水平井开发复杂油气田的综合技术能力，巩固了中国石化在超深、高含硫气田开发建设上的领先地位。元坝气田的高效、安全开发是中国石化人“勇克难关、敢为人先、挑战极限”，管理理论与技术“不断创新、不断超越”的开发实践结果，气田开发建设的成功，得益于有较好的资源基础，更得益于“新体制、新机制、新技术，高速度、高水平、高效益”的会战“新思维”，“精神化传承、集团化决策、项目化管理、集成化创新”是“决战元坝、决胜元坝，梦圆元坝”的秘诀和法宝，其成功的经验对国内外同类型气田的开发具有重要的启示与借鉴意义。

第一节　气田开发重大成果

元坝气田自2007年勘探突破后，开发工作积极介入，2009年启动了开发准备与滚动评价工作。2011年、2013年先后启动了试采区与滚动区开发方案与产能建设工作，方案设计动用储量 $1280\times10^8m^3$，利用和新钻37口井，截至2016年年底，方案设计的37口井全部完钻，气田开发取得了重大成功与成果。

一、建成了全球首个埋深近7000m的超深层高含硫生物礁大气田

截至2016年年底，方案设计的37口井全部完成投产测试，建成8座单井站、5座集

气站、1 座集气总站、2 座污水站、1 座注水站、73.3km 酸气管道、58.9km 燃气管道等配套工程，建成了年处理酸气 $40\times10^8m^3$、生产净化气 $34\times10^8m^3$、生产硫黄 30×10^4t 的全球首个埋深近 7000m 的超深层高含硫生物礁大气田。投产的 31 口井保有混合气产能 $1150\times10^4m^3/d$，气井总体生产平稳，指标符合方案要求；地面集输、净化厂等配套工程各项参数性能达到设计要求。自 2014 年 12 月投产至 2006 年年底，累计生产净化气 $41.4\times10^8m^3$，销售天然气 $37.6\times10^8m^3$、硫黄 35.63×10^4t，销售收入 57.5 亿元，实现利润 11 亿元，取得了良好的经济效益。

气田投产后，中国石化西南油气分公司天然气日产量由投产前的 $800\times10^4m^3$ 提高到了 $1600\times10^4m^3$ 以上，大幅提高了西南油气田天然气供应能力，实现了“再建一个新西南”的目标，推进了西南油气田“转方式调结构、提质增效升级”跨越式发展，铸就了西南天然气业务发展新的里程碑，为中国石化天然气大发展作出了积极的贡献。

二、培育了一个全新的气源地，对国家能源与产业结构调整具有重要作用

当前，全球能源正踏入新的大变革时代，大规模利用天然气成为全球也是我国能源革命前行的必由之路。元坝气田的建设与最终投产，不仅大幅提高了中国石化西南油气田的天然气供应能力，实现了“再建一个新西南”的目标，铸就了西南天然气业务发展新的里程碑，同时，作为普光气田在“川气东送”战略中的补充和接替，为“川气东送”能源战略培育了又一重要气源地，成为中国石化打造“上游长板”战略结构调整中的重要环节，在我国能源结构性调整中具有重要作用，并且改变了整个西南地区的能源工业布局，对保障“川气东送”沿线六省两市七十多个城市的长期稳定供气，促进产业结构调整和区域经济发展具有重大意义。

三、创新形成了超深高含硫气田高效、安全开发理论、模式与关键技术

元坝气田的开发实践，创新形成了生物礁发育与储层分布开发地质理论，以及超深条带状小礁体气藏以超深水平井为主的有效开发模式，形成了以超深层小礁体气藏精细描述、超深水平井部署与井轨迹实时优化调整、超深高含硫水平井优快钻井、多级暂堵分流酸压改造增产工程工艺、完井酸化投产一体化、高含硫天然气深度净化处理、改良的全湿气加热保温混输、涉酸关键设备及管材国产化为核心的大型超深高含硫生物礁气田安全、清洁、高效开发技术，并进行了工业化应用，培育形成了“集团化决策，项目化管理，集成化创新，精神化传承”的元坝气田开发建设模式。

这些成果列入了 2016 年“十大地质科技进展”，先后获得中国石化 2015 年“科技进步一等奖”与“增储上产特别贡献奖”。

第二节　超深高含硫生物礁气田高效、安全开发技术体系

元坝气田比普光气田埋藏更深，气田储层更复杂、隐蔽性更强，在元坝气田开发过程

中，通过《超深高含硫生物礁大气田绿色安全高效开发技术》科技攻关计划的实施，中国石化攻坚克难，创新集成了一套高效、安全的超深高含硫生物礁大气田的九大开发关键技术系列，解决了元坝气田产能建设中的主要技术难题，为元坝气田的高效、安全开发提供了技术支撑和技术保障，展示了中国石化利用超深水平井开发复杂油气田的综合技术能力，巩固了中国石化在超深、高含硫气田开发建设上的领先地位。

一、建立了生物礁优质储层发育模式，丰富了碳酸盐岩优质储层形成理论

（一）礁相白云岩储层发育主控因素

元坝地区长兴组储层主要为台缘礁相白云岩，其发育控制因素众多，主要包括有利沉积相带、海平面升降变化、建设性成岩作用以及构造破裂作用等。有利沉积相带是储层发育的基础，元坝地区长兴组最有利沉积相带为位于古地貌高处的台地边缘生物礁；沉积期高频旋回控制了储层发育的层位，储层主要发育于各四级层序下降半旋回中部及上部。建设性成岩作用提高了储层的孔隙度，元坝地区长兴组发育 3 期白云石化作用和 3 期溶蚀作用，其中最主要的建设性成岩作用为早、中期白云石化作用与中、晚期溶蚀作用。构造破裂作用改善了储层的渗透能力和连通性，元坝地区长兴组破裂作用主要表现为 3 期裂缝，有效裂缝以第三期为主。上述多种控制因素的综合与配置，使台缘礁相优质白云岩储层的形成成为可能。

（二）礁相白云岩储层形成机理与分布规律

生物礁垂向上可分为礁基、礁核、礁盖，礁盖比礁基与礁核更易暴露，发生早中期白云化作用与早期溶蚀作用的几率大，储层更发育。如发育多期礁，后期礁盖更易暴露，早中期白云化作用及相关溶蚀作用几率比早期礁盖更大，储层主要发育于晚期礁盖。

生物礁横向上可分为礁前、礁顶、礁后：礁前早中期白云化与早期溶蚀作用不发育，储层以粉微晶白云岩为主；礁顶早期蒸发泵白云岩化作用与溶蚀作用发育，储层以细中晶白云岩为主；礁后早期蒸发泵白云化作用与同生期溶蚀作用欠发育，储层以粉细晶白云岩为主。因此，横向上储层集中发育于礁顶（盖）和礁后，礁前相对较差。

（三）礁相白云岩储层分布模式

元坝地区长兴组生物礁体具有小、散、多期的特点，由此导致生物礁发育与分布模式复杂多样，在储层分布规律研究的基础上，分别建立单礁体及礁群发育与储层分布模式，为井型优选、井位部署及井轨迹优化调整奠定了地质基础。单礁体可归纳为单期礁和双（多）期礁两种模式，单期礁纵向上仅发育一个礁基—礁核—礁盖成礁旋回，双（多）期礁纵向上发育两（多）个成礁期次，即礁基—礁核—礁盖 + 礁核—礁盖。在建立单礁体发育模式的基础上，通过对生物礁地层地质及地震剖面结构特征的综合分析，建立礁群发育模式，纵向上（垂直礁带）发育进积式与退积式 2 种，横向上（顺礁带）发育并列式、迁移式、复合叠加式 3 种。不同模式下储层时空展布特征各有差异，对应的礁体刻画、储层预测及井位部署设计与轨迹优化调整思路与方法也有所不同。

二、以小礁体精细刻画、薄储层定量预测及含气性检测为核心的生物礁储层精细刻画技术

针对气藏埋藏超深，地震资料信噪比低，储层薄（低于地震资料分辨率），物性差，Ⅰ、Ⅱ类储层与泥质岩储层、Ⅲ类储层与致密灰岩弹性阻抗叠置严重，礁与滩之间、礁（滩）与礁（滩）之间、礁（滩）内部不同沉积微相及纵向上不同成礁期、不同Ⅳ级层序储层非均质性强，“一礁一滩一藏”气水分布复杂等储层预测与描述难点，在勘探早期储层预测成果和技术基础上，开展了叠前地震道集处理、伽马拟声波反演、叠后地质统计学反演、相控叠前地质统计学反演、叠前弹性反演等有针对性的技术攻关，建立了储层地震响应模式，创新形成了涵盖超深层复杂生物礁识别、超深层非均质薄储层预测、礁滩相储层含气性预测，以相控叠前地质统计学为核心的多属性融合的生物礁储层精细预测与描述技术，解决了超深薄层非均质储层描述难题，明确了生物礁体、优质储层及气水分布规律，为落实储量规模、制定开发技术政策、编制开发方案与部署开发井位、培育高产井提供了技术支撑。

（一）小礁体精细刻画技术

通过古地貌分析、瞬时相位、频谱成像及三维可视化等技术刻画小礁体边界及空间展布：古地貌分析恢复沉积期古地貌高低变化，确定礁群之间及礁群内单礁体的边界；瞬时相位精细反映岩性变化，使礁体间的岩性边界更清晰；频谱成像有效描述地质反射层厚度的非连续性和岩性的非均质性；三维可视化立体刻画生物礁三维空间展布。针对元坝地区长兴组4条礁带和礁滩叠合区，采用小礁体精细刻画技术，共刻画出21个礁群、90个单礁体；单礁体发育规模相对较小，结合生物礁微相精细刻画结果，单礁体礁盖面积为0.12～3.62km^2，②、③、④号礁带礁顶面积大，①号礁带礁前面积大，礁滩叠合区礁后面积最大。

（二）超深薄储层定量预测技术

在礁体精细刻画的基础上，集成应用相控波阻抗反演、伽马拟声波反演、叠前地质统计学反演和相控叠前地质统计学反演，对礁体内部储层进行定量预测。相控波阻抗反演采用沉积相作为约束条件，利用储层与非储层波阻抗之间的差异，预测储层平面展布及储层总厚度。伽马拟声波反演去除泥质影响，提高了Ⅰ、Ⅱ类储层预测精度。叠前地质统计学反演剔除致密灰岩，提高了Ⅲ类储层预测精度。相控叠前地质统计学反演在岩石物理建模的基础上，允分考虑生物礁内部非均质性，提高了储层纵向分辨率和生物礁内部储层厚度预测精度。预测结果表明：元坝地区长兴组生物礁储层发育面积约为155.19km^2；储层厚度平面变化大，总厚度为40～100m，Ⅰ+Ⅱ类储层厚度为20～40m，优质储层主要发育于②、③、④号礁带西北段，①号礁带和叠合区次之，礁带东南端最差。

（三）储层含气性检测技术

采用叠前Lame系数属性分析、叠后衰减梯度属性分析及地震数据结构体等联合技术综合预测储层含气性：叠前Lame系数属性上表现为低Lame异常，叠后衰减梯度属性上表现为高频吸收衰减特征，在地震数据结构体上表现为含气异常。实钻结果与含气性预测吻

合：①号礁带整体含水，②、③、④号礁带尾部构造低部位含水，滩区大部含水；不同礁滩体气水界面均不一致，具有相对独立的气水系统。

小礁体精细刻画与薄储层定量预测系列技术攻克了具有规模小、分布散、期次多等特点的生物礁储层精细刻画与定量预测的难题。实践证明，开发评价及开发井实钻储层预测符合率达95%，储层预测精度高。

三、井位部署与井轨迹实时跟踪优化技术

针对直井产能低的现状，借鉴元坝气田勘探与普光气田开发的成功经验，从源头入手，以井位部署、井型井网系统确定、钻井实施过程中实时跟踪与优化控制及超深长水平段水平井储层改造各关键点为突破口，开展有针对性的攻关与创新，形成了以超深长水平段水平井为主的开发方式及超深复杂井身结构高产井培育技术，包括下述几个方面。

（一）高产井井位部署设计技术

井位部署设计是高产井培育的基础，主要包括井位部署与井网系统优化。一是根据生物礁储层发育模式、储层与流体预测成果，优选出生物礁有利部位部署井点；二是针对礁体构造特征、储层发育与流体分布的特点与储量规模，采用有针对性的井型、井距，科学部署井位，控制底水锥进，提高储量动用程度。

（二）钻井轨迹实时跟踪优化技术

实时井轨迹优化与控制是高产井培育过程中提高钻井成功率与储层钻遇率，实现油气成果最大化的重要环节，它包括两个方面。在钻井施工过程中，钻井要遇到一礁多期（礁盖）、一井多礁和一井多礁多期（礁盖）的复杂局面，当钻过第一个礁体后，钻井是按照原轨迹继续钻进，还是调整井斜往另外一个礁体上部或者下部钻进，需要随钻跟踪人员根据礁体发育模式以及所掌握的现场录井等资料作出准确判断并优化轨迹。

（三）超深水平井井眼轨迹实时优化调整控制技术

在埋藏超深、地下温度高的复杂工程条件下，地质导向仪器不能准确和及时收集到各种资料进行预判，为了确保钻头在薄储层中准确钻进，随钻跟踪人员根据生物礁发育与储层分布模式建立了“找云岩、穿优质、控迟深、调靶点”的超深层小礁体气藏水平井轨迹实时优化调整模式，优选 HTHP MWD 配合国产抗高温螺杆，形成了超深长水平段 MWD + 抗高温螺杆滑动导向轨迹控制技术，实现了斜井段控制、长水平段中靶。

四、超深高含硫水平井优快高效钻完井技术

针对元坝气田长兴组气藏超深、高温、高压、高含硫、纵向多压力系统的长水平段水平井钻井直井段提速、斜井段控制、长水平段中靶、裂缝性储层保护、小间隙长井段固井等难题。提出了复杂多压力系统减应力—减压差井身结构设计方法，集成了上部大尺寸井眼气体钻井、陆相深层 PDC 钻头 + 等壁厚螺杆/孕镶钻头 + 高速涡轮钻井、海相超深层 PDC 钻头 + 抗高温螺杆钻井的全井段钻井提速技术，超深水平井井眼轨迹实时优化调整控制技术，抗盐耐高温钻井液体系及裂缝性储层保护技术，小间隙长井段固井技术，形成了元坝气田长兴组气藏高含硫超深水平井安全优快钻井技术体系。

（一）复杂多压力系统减应力—减压差井身结构设计方法

结合地层三压力剖面和钻头—套管选择模型，计算必封点的最佳设计位置，形成了五开制井身结构方案。

（二）全井段钻井提速技术

包括上部大尺寸井眼气体钻井提速技术，超硬难钻的陆相深层自流井、须家河组 PDC 钻头 + 等壁厚螺杆/孕镶钻头 + 高速涡轮复合钻井提速技术，含盐膏层、高压水层发育的海相超深层嘉陵江组、飞仙关组抗盐耐高温钻井液、PDC 钻头 + 抗高温螺杆复合钻井提速技术，实现了直井段提速。

（三）抗盐耐高温钻井液体系及裂缝性储层保护技术

优选了抗高温、抗盐膏高效润滑处理剂，研制了抗盐耐温 160℃、润滑系数 0.08、泥饼平均酸溶率 71.6%、暂堵强度 6MPa 的高酸溶“一体化”钻完井液体系，形成了裂缝性储层保护技术，实现对钻完井阶段高渗裂缝性储层的有效封堵、酸化阶段的高效解堵。

（四）小间隙长井段固井技术

研制抗高温胶乳防气窜水泥浆体系，形成了“顶封悬挂器 + 抗盐领浆 + 胶乳防气窜水泥尾浆组合”的固井工艺，解决了套管的环空间隙小、封固的裸眼段长、上下温差大、超深大斜度井段套管下入、高温高压气层复杂工况下的固井技术难题。

超深高含硫水平井安全优快钻井技术成功应用于 17 口超深高含硫水平井、大斜度井，每口水平井均长穿优质储层且全面达产，平均单井天然气绝对无阻流量为 $294\times10^4m^3/d$，减少无效进尺，节省导眼投资与 LWD 技术服务费 3.4 亿元。平均水平段长度为 911.3m，平均有效储层长度为 745.3m，平均有效储层钻遇率达 81.8%，平均完钻井深 7650m；平均钻井周期 390d，较应用前缩短了 25.7%，平均机械钻速 2.05m/h，较应用前提高了 11%，节省钻井成本 10.05 亿元。元坝 102 - 3H 井完钻井深 7728m，钻井周期 282d，取得了“十个月完钻一口超深水平井”的提速成果，元坝 101 - 1H 井完钻井深 7971m，创造了超深高含硫水平井井深最深世界记录，元坝 121H 井完钻垂深 6991.19m，创造了超深高含硫水平井垂深最深世界记录，元坝 121H 井水平段长度为 1073.3m，创造了超深高含硫水平井水平段最长世界记录。

五、高含硫超深水平井完井酸化投产一体化技术

针对元坝气田长兴组气藏超深高含硫水平井完井投产技术安全性和技术经济性的矛盾，在管柱力学分析和防腐材质腐蚀实验评价的基础上，形成高含硫超深水平井完井投产技术体系：通过完井酸化投产一体化管柱简化工序、优化工艺；通过防腐管材、采气井口装置国产化规模应用节约投资、降低成本；通过气井井筒完整性评价与管理保证气井寿命周期完整性安全生产、效益开发。

（一）完井酸化投产一体化技术

在管柱力学分析和防腐材质腐蚀实验评价的基础上，采用带井下安全阀、永久式封隔器及配套抗硫油管的一体化完井酸化生产管柱，形成完井酸化投产一体化技术，简化工

序、优化工艺，实现紧急情况先安全自动关井，满足投产作业和长期安全生产要求。

（二）防腐管材、采气井口装置国产化规模应用

在验证国产化镍基合金、钛合金材质的抗腐蚀性能的基础上，开发钛合金油管、电镀钨合金衬管，优选国产镍基合金管材和采气井口装置，实现井下管材、采气井口装置国产化率达85%。

（三）井筒完整性评价与管理

气井井筒完整性风险评价常态化，及时掌握气井环空带压的变化情况，判别风险级别，提出应对措施，确保气井整个寿命周期的完整性。

元坝气田长兴组气藏37口高含硫超深井完井投产，采用高含硫超深水平井完井投产技术，降低完井投产成本超过4亿元，确保了元坝气田的安全生产、效益开发。

六、高含硫超深水平井多级暂堵分流酸化增产技术

针对元坝气田长兴组气藏高含硫超深水平井衬管完井方式下存在的超深、高温、高压、强非均质性储层长水平段水平井均匀布酸深度改造增产难题，建立水平井多级暂堵分流酸化设计方法，在研发固体颗粒暂堵剂和高温胶凝酸体系的基础上，形成以温控+酸控可降解有机纤维和增强型固体颗粒暂堵剂的化学+物理复合暂堵转向分流、高黏压裂液和高温胶凝酸多级交替注入为核心，以暂堵剂用量与入井酸液性能指标为关键的元坝气田长兴组气藏高含硫超深水平井多级暂堵分流酸化增产技术体系。

（一）水平井多级暂堵分流酸化设计方法

建立了水平井污染带模型、酸液推进模型、吸酸剖面模型，掌握考虑暂堵作用的水平井酸液分布规律，形成了水平井多级暂堵分流酸化设计方法。

（二）固体颗粒暂堵剂

研制了化学+物理暂堵性能优异、降解后零残留的温控+酸控可降解有机纤维及增强型固体颗粒暂堵剂。

（三）酸液体系

研制了在160℃高温条件下具有缓蚀、缓速、低摩阻、高导流、防硫化物沉淀特点的高温胶凝酸液体系。

（四）多级暂堵分流酸压工艺

以小排量推动酸液+小排量暂堵+小排量酸化+多级暂堵+大排量酸压的“多级交替注入、纤维+固体颗粒暂堵转向深度酸化”为特色的施工工艺，有效地改善了长衬管/裸眼段的吸酸剖面，实现了充分酸压改造。

元坝气田长兴组气藏高含硫超深水平井多级暂堵分流酸压技术应用于36口水平井、大斜度井、直井，酸压后平均单井天然气绝对无阻流量为$259\times10^4m^3/d$，元坝205－1井天然气绝对无阻流量为$619\times10^4m^3/d$。

七、高含硫天然气深度净化处理技术

针对天然气组分复杂，高含H_2S和有机硫，常规脱硫溶剂与净化技术的脱硫效率低，

高含硫天然气（酸气）深度净化难等难题，自主研发形成了高含硫天然气深度净化处理技术，实现了高含硫天然气深度净化处理，为气田的安全、绿色开发提供了保障。

（一）UDS－2 复合脱硫溶剂脱硫技术

在高选择性脱硫的同时，有机硫脱除率达93%以上，达到了国外两步法脱除有机硫的技术水平。

（二）钛基制硫催化剂和尾气加氢催化剂

总硫回收率达 99.96%，有机硫水解率达 98%，加氢出口尾气中有机硫含量低于 10×10^{-6}。

（三）非常规分流技术

解决了硫黄单元酸气中 H_2S 含量偏低和有机硫含量较高的问题。

八、改良的全湿气加热保温混输工艺技术

针对元坝气田气水关系复杂，最边缘站场距集气总站较远的实际情况，借鉴普光气田集输系统生产运行经验，气田酸气集输采用“改良的全湿气加热保温混输”工艺。

（一）改良的全湿气加热保温混输工艺路线

（1）周边单井站—集气站：采用湿气加热保温、气液混输工艺。

（2）集气站—集气总站：采用湿气加热保温、气液分输工艺。

井口天然气经节流、分离、加热、计量后外输，其中，外输原料气采用“加热保温＋注缓蚀剂”工艺经集气支线进入集气干线，然后输送至集气总站，集气站分离出来的生产污水经管道外输至就近污水站处理后，再输至低温蒸馏站处理回用（用作净化厂凝结水），少量母液高压回注地层。输送至集气总站的原料气再次分水，含饱和水蒸气的酸气则送至净化厂进行净化，经脱硫、脱水、脱碳处理后外输（创新“改良的全湿气加热保温混输工艺”）。

（3）研发形成了缓蚀剂预膜加注、腐蚀监测、智能检测和阴极保护联合防腐技术，保障集输系统安全平稳运行。

（二）改良的全湿气加热保温混输工艺优点

（1）集输管道在正常情况下为单相输送，清管通球的频率减少，方便操作管理。

（2）采出地层水量大时，流程适应能力较强。

（3）形成段塞流的几率小，运行工况好。

（4）保证湿气输送过程中无凝析液产生和不形成水合物。

九、复杂山区高含硫气田安全高效生产控制技术

针对天然气组分复杂，高含 H_2S 和有机硫，地貌复杂，人口稠密，气田面积大，钻完井安全生产、泄漏检测、风险监控控制难等特点，自主研制形成了复杂山区高含硫气田安全、高效生产控制技术，实现了气田安全、高效生产。

（一）高含硫气井钻完井安全、高效生产控制技术

研发了气井溢流先兆在线监测预警系统、应急处置系统和钻井作业远程电视监控系统，实现了超深高含硫气藏钻井、投产作业安全零事故。

（二）泄漏检测与系统互联自动控制技术

研发分系统互联及控制技术，建立了气田采输、净化、外输紧急关断联锁及火炬快速放空系统，实现了气田紧急状况下的单井、单站、单线及全气田 4 个级别关断与高含硫天然气火炬放空燃烧。研发了含硫天然气激光对射、红外探测等泄漏监测装置和火焰探测、感温、感烟等火灾监测装置，一旦集输系统发生泄漏或火灾，3s 内触发应急联锁关断。

（三）智能化风险监控与应急处置控制技术

综合应用计算机、通信、网络和传感技术，进行净化厂风险监控系统（H_2S 泄漏监测、在线腐蚀监测、火灾报警、电视监控、周界防范系统）与应急处置系统（安全联锁、应急广播、安全逃生、消防系统）的高度集成，通过扩展现场生产数据、装置运行状态和电力系统故障报警，实现了数据集中处理、警情实时显示、视频现场复核、应急处置启动的智能化。

第三节　气田安全、高效开发实践的几点启示

元坝气田是中国石化继普光气田之后开发建设的第二大酸性气田，也是国内埋藏最深的高含硫生物礁大气田。元坝气田的高效、安全开发是中国石化人“勇克难关、敢为人先、挑战极限”、管理理论与技术“不断创新、不断超越”的开发实践结果，气田开发建设的成功，得益于有较好的资源基础，更得益于“新体制、新机制、新技术，高速度、高水平、高效益”的会战“新思维”，“精神化传承、集团化决策、项目化管理、集成化创新”是“决战元坝、决胜元坝，梦圆元坝”的秘诀和法宝，其成功的经验对国内外同类型气田的开发具有重要的启示与借鉴意义。

一、精神化传承是基石

元坝气田具有超深、高温、高压、含 H_2S、气水关系复杂、工程地质条件与地面地形条件复杂等特征，又位于人口稠密和生态环境良好的地区，开发难度极大。中国工程院院士罗平亚认为，元坝气田的开发是我国油气开采的一个新领域，国内外没有成功的经验可供借鉴，从气田的建设到气田的运行、维护，需要攻克 7000m 以深储层形成机理、优质储层发育与分布模式、超深条带状小礁体薄储层井位部署与井轨迹实时优化、超深高含硫水平井优快钻井、完井酸化一体化投产、多级暂堵分流酸化、天然气深度净化、大面积远距离集输与安全控制等诸多世界级难题。“亮剑地下七千米，敢问地壳深部要油气”，不仅仅是一种勇克难关的勇气和豪情，更是中国石化“敢为天下先，挑战各种极限”的决心和担当，是“大庆精神”“铁人精神”“石油石化精神”在新时代的传承和发展，这唱响了新时期石油人勇担重任、甘于奉献的时代赞歌，激发了会战士气，凝聚了会战力量，筑建了元坝气田高效会战、高效开发成功的基石。

但如何啃下海相超深高含硫酸性气田这块难啃的骨头，中国石化还有许多工作要做。

二、集团化决策是保证

决策，是对某项工作、某个项目、某种情况等作出决定或选择，是一个包括提出问题、确立目标、设计和选择方案的过程。元坝气田开发建设作为中国石化“十二五”重点工程，其投资大、目标重、时间紧、要求高、挑战多、风险大，从项目科研、方案设计、计划调整、过程拍板到组织实施，元坝气田始终坚持集团化决策，从总部层面明晰责任、高位谋略、把控要害，保证开发建设科学推进。

（一）高位谋略，果断启动元坝气田开发建设

中国油气资源短缺、需求量大，对外依存度近 60%。中国石化从国家能源安全战略高度，加快“打造上游长板”，同时针对能源结构不尽合理、环境污染严重、对清洁能源需求越来越高的实际，将绿色低碳列为发展战略，加快推进天然气等清洁能源开发。在成功开发普光气田的基础上，针对元坝气田资源前景，2011 年果断决策开发建设中国石化又一大高含硫气田——元坝气田，充分利用“川气东送”天然气长输管道，有效弥补长江中下游地区的能源缺口，促进环境改善，服务地方发展，快速提升天然气市场占有率。同时，明确指出元坝区块是“五大会战”的主战场，是“打造上游长板”的主战场，也是西南石油局实现“双百亿”气田目标的重要支撑。

（二）统筹分工，集团化决策，推动元坝气田开发建设

元坝气田开发建设是一项系统工程，时间跨度长，涉及专业多，技术要求高，投资把控难，安全风险大，集团化的领导、组织、运行、保障体系，是项目建设顺利推进的坚强后盾和重要保证。

为加快推动元坝气田开发建设，中国石化集团公司积极应对，先后成立了中国石化元坝勘探开发一体化领导小组与元坝产能建设领导小组，构建了集团总部决策、天然气工程项目管理部督导、西南油气分公司监管、元坝项目部组织实施的项目管理与控制体系，统一指挥、协调和部署元坝会战及产能建设工作。从项目可行性研究、方案设计、计划调整、过程拍板到组织实施，始终坚持集团化决策。在具体决策中统筹分工、明晰责任，科学严谨、明确果敢，为项目顺利推进树立强大信心、指明方向、规划措施、把控要害，保证了气田安全、高效开发。

（三）以质量和效益为中心，推进元坝气田开发建设

提升发展质量和效益，是企业的必然追求和发展要义。元坝气田开发建设始终坚持以质量和效益为中心，元坝气田产能建设领导小组历次工作会议反复强调提速提效、严控投资，指导项目建设优质、高效推进。

2011 年 11 月，在西南油气分公司“十二五”增储上产动员大会上，原中国石化股份公司高级副总裁王志刚明确要求以“新体制、新机制、新技术”为手段，以“高速度、高水平、高效益”为目标，严格按照“三新三高”展开会战，建立新体制，形成新机制，应用新技术，高速度、高水平增储上产，创造高效益。

2012 年 8 月，元坝气田产能建设领导小组第三次工作会议再次强调，各方面要履职尽

责，切实负起责任，做好投资控制；做好开发方案优化，尽可能地提高单井产能；加大国产化力度，做好国产化工作；做好提速提效工作，不断挖掘潜力。

2013 年 6 月，时任集团公司董事长傅成玉深入驻川企业调研时要求，进一步转变勘探开发观念，进一步缩短探明储量向可采储量、现实产量转化的周期，推进经济有效开采。

2014 年 9 月，元坝气田产能建设领导小组第六次工作会议再次强调，各参战单位要切实以“提升发展质量和效益”为中心，严把质量安全关，确保元坝气田前期试采项目成功投产，争创国家级优质工程。

按照集团公司新体制、新机制、新技术，高速度、高水平、高效益的“三新三高”要求，坚持以创新驱动为基础，以“打造一流酸性气田，创建国家优质工程”为目标，以质量和效益为核心，精心组织元坝会战，攻克了超深高含硫气田开发建设中的世界级难题，科学而合理地编制了开发设计，保证开发建设科学、高效推进，绿色、安全、高效地建成了世界上埋藏最深的高含硫生物礁大气田，为践行集团公司资源发展战略、绿色低碳发展战略，促进天然气大发展作出了积极的贡献。

三、项目化管理是核心

科学的决策，需要成功的管理去实现。元坝气田开发建设是一个庞大、系统、复杂而艰巨的工程，创新管理、构建以一体化管理为核心的新机制，用新体制催生新活力，新机制创造新纪录，实施项目化管理，推进气田高效会战。

项目管理，就是在有限的资源约束下，从项目的投资决策开始到项目结束的全过程中，抓实计划、组织、指挥、协调、控制和评价，以确保实现项目目标。通过计划、组织、指挥、协调、控制和评价来实现项目目标，是项目管理的本质和精髓。

（一）统筹实施、滚动衔接

元坝气田开发建设中，数十个专业、上百支队伍、几百平方千米同时作业，时间紧、任务重、风险高、压力大。元坝气田项目部坚持以生产运行为中心，以统筹控制计划为依据，按照超前性、计划性、及时性、统一性原则，统筹安排，超前计划，及时跟踪，快速协调，努力追求滚动衔接、安全生产、高效运行。通过计划保统筹、督办保节点、现场抓督战、倒逼提进度等措施，有效精准管控生产运行，创造了一系列新纪录，确保了关键性、控制性工程按期完工。

（二）强化过程，从严管理

项目管理，是一个全过程的管理，必须健全完善制度，严格持续执行，在提速度、抢进度的同时，严格安全、环保、质量等过程管理。通过不断移植、修订、新建、完善，元坝气田项目部形成了涵盖 30 个业务种类、173 个执行类制度的管控体系，100 万字的项目管理手册和钻完井工程技术手册，基本做到了各层级、各业务、各环节、各过程“全覆盖”；定期开展制度评价，优化控制环节，强化控制重点，细化控制节点，推进制度闭环管理。

（三）合同约束，市场运作

元坝气田开发建设是一项庞大工程。推行合同化约束，市场化运作，优选承包商，集成优势资源，从而实现了规范管理和有效约束。

（1）规范项目选商活动，建立公开、公平、透明、竞争有序、高效的选商机制。

（2）规范招投标及商务谈判，强化过程控制，减少法律风险。

（3）加强合同法律审查，强化合同全过程管理。

（4）充分利用市场配置资源，积极培育外部市场，组织社会化的大生产，充分利用社会力量，电力、交通、水资源、维护保养、后勤保障等业务悉数“外包”，避开“大而全”“小而全”集中精力抓产能、抓建设、抓投运。

（四）多管齐下，精细管控

今天的投资，就是明天的效益；今天的投资，也是明天的成本。项目建设以来，通过系统化控制管理、全流程投资监管、国产化降本增效、全过程审计监察等，确保了投资整体受控。

元坝气田开发建设，正是通过依法协调、合法建设，统筹实施、滚动衔接，强化过程、从严管理，合同约束、市场运作，多管齐下、精细管控，才确保了“投资、安全、进度、质量”受控，实现了预期的建设目标。

四、集成化创新是动力

科技是事业之基，创新是进步之魂，科技创新在元坝气田开发建设中的作用和地位尤为突出。中国石化紧盯客观实际，在科学认识元坝气田复杂地质特点与工程条件，系统梳理气田开发建设面临的难点和挑战的基础上，以问题为导向，以科研团队为支撑，以强化一体化研究为抓手，在积极推进开发准备工作与国内外超深高含硫技术调研的同时，通过自主创新、引进吸收再创新，实施集成化创新，不断突破、不断超越，创新集成高效、安全的超深高含硫生物礁大气田的理论和开发关键技术，攻克了元坝气田产能建设中的主要技术难题，为元坝气田的高效、安全开发提供了技术支撑和技术保障，推进了气田高效会战。

（一）积极开展先导试验，为元坝气田的开发建设做好的技术储备和支撑

元坝气田会战期间，先后部署了元坝 103H 井等 7 口开发先导试验评价井，这些井的成功实施，为元坝气田的开发建设作好了技术储备和支撑。

（1）元坝 103H 井与元坝 121H 井的成功实施，验证了长兴组礁滩相储层的预测模式，明确了礁相储层优于滩相储层，为进一步的储层预测与精细描述提供了技术储备和支撑。

（2）元坝 103H 井、元坝 121H 井、元坝 272H 井的成功实施，明确了优质储层发育与展布规律，即礁相储层优于滩相储层（礁带上的元坝 103H 井、元坝 272H 井钻遇储层及测试成果均优于滩相区元坝 121H 井），礁顶储层优于礁前储层（礁顶的元坝 103H 井斜导眼钻遇储层优于礁前的元坝 272H 井斜导眼），其认识为后期开发区优选与井位部署提供了依据。

（3）明确了长兴组气藏是一个局部构造低部位含水的构造—岩性气藏，这为长兴组礁滩相气藏的后期评价提供了依据。

（4）落实了水平井的产能是早期直井产能的 2 ~ 3 倍，为长兴组超深高含硫气藏的高

效开发，科学开发技术政策的制定奠定了基础。

（5）为元坝超深水平井钻井积累了宝贵的经验，为同类井的钻井施工提供了重要参考，为元坝气田的开发奠定了先进的水平井工程工艺技术支撑。

（二）积极开展国内外超深高含硫生物礁气田的开发经验、教训与技术调研

通过国内外超深高含硫生物礁气田的开发经验、教训与技术调研，为生物礁储层精细描述及高含硫气藏安全开发奠定了坚实而科学的基础。

（1）现代生物礁的考察与交流成果对生物礁储层精细描述具重要指导意义。

通过对澳大利亚现代生物礁的考察与交流，认识到生物礁发育具有分带性，可分为迎风带、礁缘、礁坪、潟湖、礁坪和背风带。迎风带较窄、坡陡，生物礁以垂向生长为主；背风带较宽、坡缓，生物礁以横向延展为主。礁缘和礁坪为生物礁沉积，斜坡主要是生物碎屑沉积，颗粒粗，地层有一定倾角；而潟湖和斜坡外沉积物颗粒细，地层斜角小。这些认识对元坝气田生物礁的形成发育、沉积相研究及储层形成主控因素与储层发育分布模式研究具有重要的指导意义。

（2）国内外超深高含硫气田开发安全环保事故教训对气田安全开发具重要指导意义。

在充分调研国内外超深高含硫生物礁气田开发安全环保事故教训的基础上，创新“领导不抓安全等于犯罪，员工不守安全等于自杀”的安全理念，高规格、高标准、高要求做好开发环保设计，着力手续办理、制度宣传和责任落实，健全安全培训，坚持持证上岗，打造本质安全型工程，确保气田安全生产。坚持绿色发展理念，从设计入手，突出清洁生产、节能减排，严格执行工程建设环保“三同时”，努力打造碧水蓝天。

（三）积极推进勘探开发一体化，创新思路，加速推进开发促效益

一体化科研是缩短生物礁气藏评价周期，客观认识气藏，科学、规模、效益开展产能建设的必然选择与主动决策的结果。

勘探开发一体化，就是在油气田开发中，将原来彼此分散的、独立的勘探开发紧密结合起来，使勘探、开发成为一个有机的整体，勘探向开发延伸，开发向勘探渗透，变前后接力为互相渗透，二者相互协调，相互配合，共同完成油气资源储量向产量的转化，实现石油企业经济效益的最优化。

元坝会战初期，为推进开发准备工作，中国石化筹建了股份公司勘探开发一体化领导小组，积极推进勘探开发一体化。在具体实行一体化的过程中，不仅强调勘探开发一体化，同时强调地质与地球物理、地质与工程、科研与生产的一体化。一体化贯穿于气藏描述、方案编制、井位部署、钻井施工的全过程与单井和气藏开发生产全生命周期。加速推进了元坝气田开发工作。

2011 年 1 月 19 日，股份公司元坝地区勘探开发一体化领导小组于成都召开年度工作推进会，明确指出：

（1）元坝地区勘探开发一体化工作重点要体现在一体化评价研究和井位部署上。勘探上要继续开展针对Ⅲ类储层的测试和评价工作，探井测试工作要考虑开发上的利用；开发上一定要为勘探上报储量取全取准各项资料。会议后，元坝含硫气藏勘探开发一体化项目转为以开发为主。

（2）持续加强储层和气藏研究工作，强化单个礁滩体的描述，精细刻画礁体内部结构，加大Ⅲ类储层、气藏类型和气水关系研究，为下一步开发井网部署提供依据。

（3）继续加强滩相评价研究，勘探南方分公司和西南油气分公司要像认识礁一样去探索滩相储层，加强对滩体的评价研究，提高认识。

（4）启动元坝地区开发概念设计编制工作。以 $40\times10^8m^3$ 产能建设为标准，先期按 $20\times10^8m^3$ 产能来建设，整体方案首先以 4 个礁带为主，第一批井主要部署在②、③、④号礁体上，老井尽可能全部利用。选择井型要基于最大控制储量和达产要求。净化厂选址定在大坪，要为后期产能建设留有余地。

（5）加强“探转采”和开发井实施工作。编制好完井工程和试采方案，要为开发方案作准备。不管是探井还是开发井的完井和试采工作，最终都要为后续合理井网、井距和产能提供依据，要围绕开发方案录取资料开展工作。

（6）要切实加强现场实施管理工作。总部各部门要加强协调，提供最好的服务，及时协调解决现场实施问题；工程技术研究院和勘探开发研究院要组织最强力量开展研究工作；西南油气分公司和勘探南方分公司要紧密配合，做到无缝衔接。在“探转采”方面，西南油气分公司要提前做好相关准备工作，及时接井。

2011 年 6 月 15 日，股份公司元坝地区勘探开发一体化领导小组于成都召开了第二次元坝地区勘探开发一体化推进会，明确指出：

（1）勘探方面，由蔡希源牵头，油田事业部、勘探南方分公司、西南油气分公司配合，9 月底前完成元坝地区探明储量报批工作，10 月前组织完成采矿权上报工作。

（2）开发方面：

①组织编制开发方案，加强储层含气性预测和高产富集带分布研究，进一步做好气藏精细描述工作，为布井和产能预测提供依据；要优化布井方案，最大程度动用储量；要充分利用探井，对尚未利用的要逐井研究并尽量加以利用。该项工作由油田事业部负责组织落实，油田事业部和发展计划部要进行小范围审查。

②水平井单井产能问题，要解放思想，加强研究，产量要达到 $40\times10^4m^3/d$ 以上，但要想方设法设计出更高产的井，使得单井控制储量和产能最大化，关键时候能够充分发挥产能。

③安全、环境保护等六大评价工作由发展计划部和安全环保局牵头组织。一期和二期产量规模都是 $17\times10^8m^3$ 净化气。

④要充分总结和借鉴普光净化厂的经验和教训，地面集输方案和净化厂工程要尽快进入设计阶段，提前准备，特别是国外长周期定货的，要列出清单，排出总体运行计划。

（3）生产组织方面：

①西南油气分公司组织编制元坝气田开发实施方案，按 2013 年年底建成元坝一期工程，天然气项目部、油田事业部组织审查；2012 年年底编制出二期开发方案，2013 年开始实施钻井。

②建立强有力的现场组织管理实施体系，要做到全过程优化，降低实施过程中的可能风险，确保质量和控制投资。天然气项目工程管理部要实现战略重点转移，深度介入，与西南油气分公司并肩作战。

（四）理论与技术的不断创新、突破与超越，助推气田开发效果发生飞跃

为做好元坝气田的开发技术攻关和技术准备，中国石化在科学认识元坝气田复杂地质特点与工程条件、系统梳理气田开发建设面临的难点和挑战的基础上，认真梳理开发存在的问题和难点，以问题为导向，明确攻关方向和技术路线，确定了 1 个国家科技重大专项和 9 个省部级科研攻关项目，依托这些项目，精心组建了以中国石化西南油气分公司为主体，以中国石化科研院所为核心，汇集了成都理工大学、西南石油大学、四川大学等多家院校的多级次、多领域、多学科科研支撑体系，以一体化研究为抓手，坚持理论与技术的自主创新及引进吸收再创新，实施集成化创新。

针对元坝气田超深高含硫水平井完井技术安全性和技术经济性的矛盾，在管柱力学分析和防腐材质腐蚀实验评价的基础上，通过完井酸化投产一体化管柱简化工序、优化工艺，防腐管材、采气井口装置国产化规模应用，气井井筒完整性风险评价研究，自主创新形成了高含硫超深水平井完井酸化投产一体化技术，技术成果直接应用于开发方案设计的 37 口井全部完成完井测试，31 口投产井安全生产，降低完井成本超过 4 亿元，确保了元坝气田安全生产、效益开发。

针对生物礁优质储层主控因素不明，分布规律与分布模式不清，储层精细描述难度大等问题，在充分消化和引进、吸收澳大利亚生物礁考察与调研成果的基础上，结合实钻成果，纠正了优质储层发育于礁前的传统认识，提出生物礁优质储层主要发育于礁盖，其次是礁后和礁前的结论。在此基础上，根据海平面升降曲线编制、生物礁内幕结构与构型解剖，应用层序地层学理论，建立了生物礁形成期次与发育模式，提出了不同期次生物礁沉积最高部位的礁顶是优质储层发育有利部位的认识，最终建立了生物礁储层发育与分布模式。该模式的提出，是在充分消化、引进、吸收国外调研交流成果的基础上，突破传统认识而进行的再次创新，并在接受了生物礁内幕解剖、层序地层学理论等进一步的细致研究工作与实钻资料检验的基础上，再次突破、超越了前期认识，集成化创新的结果，极大程度地丰富了碳酸盐岩优质储层形成与分布理论，有力指导了生物礁储层预测与精细描述及储层认识与气藏选区评价，为后期开发方案编制与井位部署提供了科学决策依据，助推气田开发效果发生飞跃。

通过元坝气田开发建设中面临的诸多理论与技术瓶颈的不断创新、突破和超越，中国石化创新集成了高效、安全的超深高含硫生物礁大气田的九大理论和开发关键技术，解决了元坝气田产能建设中的主要技术难题，为元坝气田的高效、安全开发提供了技术支撑和技术保障。这些技术中，许多关键技术达到部分国际领先、整体国际先进或整体国际领先水平，并取得了一系列荣誉："超深高含硫生物礁大气田高效开发技术"获中国石化科技进步一等奖，"超深层缓坡型礁滩相气藏精细刻画技术及应用"获中国石化科技进步二等奖，"元坝超深高含硫生物礁大气田高产稳产技术"获评"中国地质学会十大地质科技进展"，"元坝超深高含硫气藏水平井钻完井关键技术"获四川省科技进步二等奖。这些科技创新成果，使中国石化继续在超深高含硫气田开发建设中保持领先地位，使中国成为世界上少数几个掌握开发大型超深高含硫气田核心技术的国家，为"唤醒"我国及世界上更多的高含硫天然气气藏开辟出了一条成功新路径。

参 考 文 献

[1] Dongya Zhu, Qingqiang Meng, Zhijun Jin, et al. Formation mechanism of deep Cambrian dolomite reservoirs in the Tarim basin, northwestern China [J] . Marine and Petroleum Geology, 2014, 59: 232 – 244.

[2] Flood P G. Geological history of the reef. In: Mather P, Bennett I, editors. Acoral reef handbook [M] . Sydney: Surrey Beatty & Sons, 1993: 3 – 6.

[3] Philip W, Choquette E H. Shallow-burial dolomite cement: a major component of many ancient sucrosic dolomites [J] . Sedimentology, 2008, 55: 423 – 460.

[4] Yarus J M, Chambers R L. 随机建模和地质统计学——原理、方法和实例研究 [M] . 穆龙新, 陈亮译. 北京: 石油工业出版社, 2000.

[5] 白尘, 瞿国平. 三参数速度分析 [J] . 石油物探, 1994, 33 (3): 68 – 76.

[6] 蔡希源. 川东北元坝地区长兴组大型生物礁滩体岩性气藏储层精细刻画技术及勘探实效分析 [J] . 中国工程科学, 2011, 13 (10): 28 – 33.

[7] 曹耀峰. 普光气田安全高效开发技术及工业化应用 [J] . 中国工程科学, 2013, 15 (11): 49 – 52.

[8] 曾焱, 刘远洋, 景小燕, 等. 元坝长兴组生物礁气藏三维精细地质建模技术 [J] . 天然气工业, 2016, 36 (增刊 1): 8 – 14.

[9] 陈琛, 曹阳. 元坝气田超深高含硫水平井测试投产一体化技术 [J] . 特种油气藏, 2013, 20 (1): 129 – 131.

[10] 陈琛, 史雪枝, 陈长风, 等. 元坝长兴组完井管材腐蚀评价及优选 [J] . 石油和化工设备, 2012, (11): 56 – 59.

[11] 陈恭洋, 胡勇, 周艳丽. 地震波阻抗约束下的储层地质建模方法与实践 [J] . 地学前缘, 2012, 19 (2): 67 – 73.

[12] 陈曦, 孙千, 叶青松, 等. 元坝气田高含硫气藏水合物防治技术研究 [J] . 中外能源, 2015, 20 (11): 63 – 69.

[13] 陈勇. 川东北元坝地区长兴组生物礁储层预测研究 [J] . 石油物探, 2011, 50 (2): 173 – 180.

[14] 陈宗清. 四川盆地长兴组生物礁气藏及天然气勘探 [J] . 石油勘探与开发, 2008, 35 (2): 148 – 163.

[15] 程锦翔, 谭钦银, 郭彤楼. 川东北元坝地区长兴组—飞仙关组碳酸盐台地边缘沉积特征及演化 [J] . 沉积与特提斯地质, 2010, 30 (4): 29 – 36.

[16] 崇仁杰, 刘静. 以地震反演资料为基础的相控储层建模方法在 BZ25 – 1 油田的应用 [J] . 中国海上油气 (地质), 2003, 17 (5): 307 – 311.

[17] 党录瑞, 郑荣才, 郑超, 等. 川东地区长兴组白云岩储层成因与成岩系统 [J] . 天然气工业, 2011, 31 (11): 47 – 52.

[18] 邓剑, 段金宝, 王正和, 等. 川东北元坝地区长兴组生物礁沉积特征研究 [J] . 西南石油大学学报 (自然科学版), 2014, 36 (4): 63 – 72.

[19] 董钢云，陈军，杜龙飞，等. 元坝超深高含硫气藏水平井完井管柱优化 [J]. 重庆科技学院学报（自然科学版），2015，17（4）：40-44.
[20] 杜金虎，徐春春，汪泽成，等. 四川盆地二叠—三叠系礁滩天然气勘探 [M]. 北京：石油工业出版社，2010：66-88.
[21] 杜志敏. 国外高含硫气藏开发经验与启示 [J]. 天然气工业，2006，26（12）：35-37.
[22] 樊相生，曾李，张勇，等. 元坝地区高密度超高密度钻井液技术 [J]. 钻井液与完井液，2014，31（2）：31-34.
[23] 范小军. 元坝地区长兴组沉积特征及对储层的控制作用 [J]. 西南石油大学学报（自然科学版），2015，37（2）：39-48.
[24] 高航献，瞿佳，曾鹏珲，等. 元坝地区钻井提速探索与实践 [J]. 石油钻探技术，2010，38（4）：26-29.
[25] 高航献. 元坝地区复杂尾管固井难点与对策 [J]. 天然气技术，2010，(04)：27-30.
[26] 葛鹏飞，马庆涛，张栋. 元坝地区超深井井身结构优化及应用 [J]. 石油钻探技术，2013，41（4）：83-86.
[27] 郭建华，佘朝毅，唐庚，等. 高温高压高酸性气井完井管柱优化设计 [J]. 天然气工业，2011，31（5）：70-72.
[28] 郭彤楼，胡东风. 川东北礁滩天然气勘探新进展及关键技术 [J]. 天然气工业，2011，31（10）：6-11.
[29] 郭彤楼. 川东北元坝地区长兴组—飞仙关组台地边缘层序地层及其对储层的控制 [J]. 石油学报，2011，32（3）：387-394.
[30] 郭彤楼. 元坝深层礁滩气田基本特征与成藏主控因素 [J]. 天然气工业，2011，31（10）：12-16.
[31] 郭新江. 元坝超深高含硫生物礁大气田安全有效开发技术 [J]. 中外能源，2015，20（11）：41-52.
[32] 郭旭升，郭彤楼，黄仁春，等. 普光—元坝大型气田储层发育特征与预测技术 [J]. 中国工程科学，2010，12（10）：82-90.
[33] 郭元恒，何世明，赵转玲，等. 元坝地区超深高酸性气田钻井提速技术 [J]. 价值工程，2014，(15)：1-3.
[34] 韩定坤，傅恒，刘雁婷. 白云石化作用对元坝地区长兴组储层发育的影响 [J]. 天然气工业，2011，31（10）：22-26.
[35] 韩晓涛，鲍征宇，谢淑云，等. 四川盆地西南中二叠统白云岩的地球化学特征及其成因 [J]. 地球科学，2016，41（1）：168-173.
[36] 何鲤，罗潇，刘莉萍，等. 试论四川盆地晚二叠世沉积环境与礁滩分布 [J]. 天然气工业，2008，28（1）：28-32.
[37] 何龙，胡大梁. 元坝气田海相超深水平井钻井技术 [J]. 钻采工艺，2014，(5)：28-32.
[38] 何龙. 元坝气田钻井工程井筒完整性设计与管理 [J]. 钻采工艺，2016，30（2）：6-8.
[39] 赫云兰，刘波，秦善. 白云石化机理与白云岩成因问题研究 [J]. 北京大学学报（自然科学版），2010，46（6）：1010-1020.
[40] 胡大梁，严焱诚，刘匡晓等. 超深水平井元坝103H井钻井技术 [J]. 石油钻采工艺，2012，(6)：14-17.
[41] 胡东风. 普光气田与元坝气田礁滩储层特征的差异性及其成因 [J]. 天然气工业，2011，31（10）：17-21.
[42] 胡顺渠，许小强，蒋龙军. 四川高压气井完井生产管柱优化设计及应用 [J]. 石油地质与工程，

2011，25（2）：89－91.
［43］胡伟光，蒲勇，赵卓男．川东北元坝地区长兴组生物礁的识别［J］．石油物探，2010，49（1）：46－53.
［44］胡伟光，赵卓男，肖伟．川东北元坝地区长兴组生物礁的分布与控制因素［J］．天然气技术，2010，4（2）：14－16.
［45］胡文章．影响元坝气田超深井钻井提速的工程地质因素及技术方案［J］．中外能源，2012，17（4）：53－57.
［46］胡勇，陈恭洋，周艳丽．地震反演资料在相控储层建模中的应用［J］．油气地球物理，2011，9（2）：41－43.
［47］黄福喜，杨涛，闫伟鹏，等．四川盆地龙岗与元坝地区礁滩成藏对比分析［J］．中国石油勘探，2014，19（3）：12－20.
［48］黄黎明．高含硫气藏安全清洁高效开发技术新进展［J］．天然气工业，2015，35（4）：1－6.
［49］黄思静．碳酸盐岩的成岩作用［M］．北京：地质出版社，2010：178－207.
［50］黄万书，许剑，廖强等．元坝高含硫气藏井筒内水合物预测与防治技术［J］．科学技术与工程，2014，14（19）：228－232.
［51］黄霞，程礼军，李克智，等．川东北地区碳酸盐岩储层深度酸压技术［J］．天然气与石油，2012，30（3）：40－44.
［52］贾爱林，闫海军，郭建林，等．全球不同类型大型气藏的开发特征及经验［J］．天然气工业，2014，34（10）：33－46.
［53］贾承造，庞雄奇．深层油气地质理论研究进展与主要发展方向［J］．石油学报，2015，36（12）：1457－1469.
［54］江青春，胡素云，汪泽成，等．四川盆地中二叠统中—粗晶白云岩成因［J］．石油与天然气地质，2014，35（4）：503－510.
［55］姜贻伟，刘红磊，杨福涛，等．震控储层建模方法及其在普光气田的应用［J］．天然气工业，2011，31（3）：14－17.
［56］焦存礼，何治亮，邢秀娟，等．塔里木盆地构造热液白云岩及其储层意义［J］．岩石学报，2011，27（01）：278－284.
［57］靳国栋，刘衍聪，等．距离加权反比插值法和克里金插值法的比较［J］．长春工业大学学报，2003，24（3）：53－55
［58］孔凡群，王寿平．普光高含硫气田开发关键技术［J］．天然气工业，2011，31（3）：1－4.
［59］孔凡群，张庆生，魏鲲鹏，等．普光高酸性气田完井管柱设计［J］．天然气工业，2011，31（9）：76－78.
［60］兰凯，熊友明，闫光庆，等．川东北水平井储层井壁稳定性及其对完井方式的影响［J］．吉林大学学报（地球科学版），2011，41（4）：1233－1238.
［61］黎洪珍，刘萍，刘畅，等．川东地区高含硫气田安全高效开发技术瓶颈与措施效果分析［J］．天然气勘探与开发，2015，38（3）：43－47.
［62］李国峰，刘洪升，张国宝，等．ZD－10 暂堵剂性能研究及其在普光气田酸压中的应用［J］．河南化工，2012，29（3）：23－26.
［63］李宏涛，龙胜祥，游瑜春，等．元坝气田长兴组生物礁层序沉积及其对储层发育的控制［J］．天然气工业，2015，35（10）：1－10.
［64］李宏涛，肖开华，龙胜祥，等．四川盆地元坝地区长兴组生物礁储层形成控制因素与发育模式［J］．石油与天然气地质，2016，37（5）：744－755.

[65] 李鹭光．高含硫气藏开发技术进展与发展方向［J］．天然气工业，2013，33（1）：18－24.
[66] 李秋芬，苗顺德，江青春，等．四川宣汉盘龙洞长兴组生物礁沉积特征及成礁模式［J］．吉林大学学报（地球科学版），2015，45（5）：1322－1331.
[67] 李少华，伊艳树，张昌民．储层随机建模系列技术［M］．北京：石油工业出版社，2007：3－178.
[68] 李顺林，姚慧智，赵果，等．普光高酸性气田井筒管材及完井方案优选［J］．天然气工业，2011，31（9）：79－81.
[69] 李小宁，黄思静，黄可可，等．四川盆地中二叠统栖霞组白云石化海相流体的地球化学依据［J］．天然气工业，2016，36（10）：35－45.
[70] 李幸粟，刘文利，马涛．新疆 Y 区三维资料速度场研究与应用［J］．石油地球物理勘探，1997，21（1）：75－85.
[71] 李增浩，李林，夏雪涛，等．元坝 121H 超深水平井轨迹控制技术［J］．价值工程，2012，31（10）：67－68.
[72] 李真祥，王瑞和，高航献．元坝地区超深探井复杂地层固井难点及对策［J］．石油钻探技术，2010，38（1）：20－25.
[73] 李振英，慈建发，曹学军．元坝海相长兴组气藏深穿透酸压工艺［J］．天然气技术与经济，2012，06（3）：45－47.
[74] 李志明，徐二社，范明，等．普光气田长兴组白云岩地球化学特征及其成因意义［J］．地球化学，2010，39（4）：371－380.
[75] 廖成锐．普光气田高含硫超深水平井投产配套技术［J］．钻采工艺，2010，33（4）：56－58.
[76] 刘立峰，孙赞东，杨海军．塔中地区碳酸盐岩储集相控建模技术及应用［J］．石油学报，2010，31（6）：952－957.
[77] 刘殊，范菊芬，曲国胜．气烟囱效应——礁滩相岩性气藏的典型地震响应特征［J］．天然气工业，2006，26（11）：52－55.
[78] 刘殊，唐建明，马永生，等．川东北地区长兴组－飞仙关组礁滩相储层预测［J］．石油与天然气地质，2006，27（3）：332－347.
[79] 刘树根，王一刚，孙玮，等．拉张槽对四川盆地海相油气分布的控制作用［J］．成都理工大学学报（自然科学版），2016，43（1）：1－23.
[80] 刘伟，何龙，李文生，等．元坝超深水平井钻井设计的难点及对策［J］．天然气技术与经济，2014，（2）：45－47.
[81] 刘伟，黄擎宇，王坤，等．塔里木盆地热液特点及其对碳酸盐岩储层的改造作用［J］．天然气工业，2016，36（3）：14－21.
[82] 刘伟，蒋祖军，李丽，等．元坝超深水平井井身结构设计与应用［J］．石油规划设计，2012，23（2）：29－32.
[83] 刘言，王剑波，龙开雄，等．元坝超深水平井井身结构优化与轨迹控制技术［J］．西南石油大学学报（自然科学版），2014，36（4）：131－136.
[84] 刘言，王剑波，彭光明，等．复杂礁滩体超深水平井地质导向关键技术［J］．钻采工艺，2014，37（4）：1－4.
[85] 刘言．元坝超深高含硫气田开发关键技术［J］．特种油气，2015，22（4）：94－97.
[86] 刘殷滔，雷有为，曹言光，等．普光气田大湾区块高含硫水平井完井管柱优化设计［J］．天然气工业，2012，32（12）：71－74.
[87] 刘钰铭，候加根．缝洞型碳酸盐岩油藏三维地质建模—以塔河油田奥陶系油藏为例［M］．北京：

石油工业出版社，2016：1－50.
［88］刘治成，张廷山，党录瑞，等．川东北地区长兴组生物礁成礁类型及分布［J］．中国地质，2011，38（5）：1298－1311.
［89］龙刚，薛丽娜，熊昕东．元坝含硫气藏水平完井方式适应性评价与优选［J］．钻采工艺，2013，36（3）：8－11.
［90］龙胜祥，游瑜春，刘国萍．元坝气田长兴组超深层缓坡型礁滩相储层精细刻画［J］．石油与天然气地质，2015，36（6）：994－1000.
［91］龙学，曹学军，李晖，等．多级交替注入酸压工艺在大湾地区的应用［J］．油气田地面工程，2010，29（12）：27－28.
［92］马涛．塔里木速度场的建立和应用［J］．石油地球物理勘探，1996，31（3）：382－393.
［93］马新华．创新驱动助推磨溪区块龙王庙组大型含硫气藏高效开发［J］．天然气工业，2016，36（2）：1－8.
［94］马永生，蔡勋育，赵培荣．深层、超深层碳酸盐岩油气储层形成机理研究综述［J］．地学前缘，2011，18（4）：181－192.
［95］马永生，蔡勋育，赵培荣．元坝气田长兴组－飞仙关组礁滩相储层特征和形成机理［J］．石油学报，2014，35（6）：1001－1011.
［96］马永生，牟传龙，郭彤楼，等．四川盆地东北部长兴组层序地层与储层分布［J］．地学前缘，2005，12（3）：179－185.
［97］马永生，牟传龙，郭旭升，等．四川盆地东北部长兴期沉积特征与沉积格局［J］．地质论评，2006，52（1）：25－31.
［98］马永生，牟传龙，谭钦银，等．关于开江－梁平海槽的认识［J］．石油与天然气地质，2006，27（3）：326－331.
［99］孟万斌，武恒志，李国蓉，等．川北元坝地区长兴组白云石化作用机制及其对储层形成的影响［J］．岩石学报，2014，30（03）：699－708.
［100］牟传龙，谭钦银，余谦，等．川东北地区上二叠统长兴组生物礁组成及成礁模式［J］．沉积与特提斯地质，2004，24（3）：65－71.
［101］彭才，文其兵，曹博超，等．川东高峰场地区长兴组生物礁地震预测［J］．石油物探，2013，52（2）：207－211.
［102］彭光明，刘言，李国蓉，等．元坝气田长兴组气藏生物礁相储集层发育特征［J］．新疆石油地质，2014，35（5）：511－516.
［103］蒲洪江，兰凯，刘明刚，等．元坝101－1H酸性气藏超深水平井优快钻井技术［J］．石油钻采工艺，2015，（2）：12－15.
［104］蒲洪江，张林海，侯跃全，等．元坝气田大尺寸非标准尾管固井技术［J］．石油钻探技术，2014，（4）：64－68.
［105］蒲勇．元坝地区深层礁滩储层多尺度地震识别技术［J］．天然气工业，2011，31（10）：27－30.
［106］戚斌，龙刚，熊昕东．高温高压气井完井技术［M］．北京：中国石化出版社，2011.
［107］乔领良，胡大梁，肖国益．元坝陆相高压致密强研磨性地层钻井提速技术［J］．石油钻探技术，2015，43（5）：44－48.
［108］邱燕，陈泓君，欧阳付成．南海新生代盆地第三纪生物礁层序地层分析［J］．南海地质研究，1999，00：53－66.
［109］瞿佳，严思明，许建华．胶乳防腐水泥浆在元坝地区的应用［J］．石油钻探技术，2013，41（3）：94－98.

[110] 任殿星，田昌炳，等．多条件约束油藏地质建模［M］．北京：石油工业出版社，2012：14－50.

[111] 宋爱军，赵作培，杨永华，等．高含硫气藏水平井测试工艺应用实践［J］．西部探矿工程，2011，23（8）：81－83.

[112] 宋兆辉，李舟军，薛玉志，等．元坝103H超深井水平段钻井液技术［J］．石油钻采工艺，2012，（6）：28－32.

[113] 苏镖，龙刚，丁咚，等．超深高温高压高含硫气井的安全完井投产技术——以四川盆地元坝气田为例［J］．天然气工业，2014，34（7）：60－64.

[114] 孙月成，周家雄，马光克．叠前随机反演方法及其在薄层预测中的应用［J］．天然气工业，2012，32（12）：29－32.

[115] 覃建雄，曾允孚，陈洪德，等．右江盆地二叠纪生物礁层序地层学研究［J］．地质科学，1999，34（4）：506－517.

[116] 谭明文，张百灵，李明志，等．川东北含硫超深气井测试地面控制技术优化研究及应用［J］．钻采工艺，2011，34（5）：58－62.

[117] 唐力，张建，王旭东，等．超深水平井元坝121H井钻井液技术［J］．钻井液与完井液，2012，29（5）：26－29.

[118] 唐瑞江，李文锦，王勇军，等．元坝气田超深高含硫气井测试及储层改造关键技术［J］．天然气工业，2011，31（10）：32－35.

[119] 唐宇祥，廖成锐．四川盆地元坝气田钻井液转化为完井液的工艺技术［J］．天然气工业，2015，35（5）：73－78.

[120] 唐志军，周金柱，赵洪山，等．元坝气田超深水平井随钻测量与控制技术［J］．石油钻采工艺，2015，（2）：54－57.

[121] 田永净，马永生，刘波，等．川东北元坝气田长兴组白云岩成因研究［J］. 岩石学报，2014，30（09）：2766－2776.

[122] 万方，崔文彬，李士超．RMS提取技术在溶洞型碳酸盐岩储层地质建模中的应用［J］．现代地质，2010，24（2）：279－286.

[123] 王国茹，郭彤楼，付孝悦．川东北元坝地区长兴组台缘礁滩体系内幕构成及时空配置［J］．油气地质与采收率，2011，18（4）：40－43.

[124] 王浩，王荐，等．地震数据体时深转换关键技术研究［R］．成都：中国石化西南油气分公司，2015.

[125] 王剑波，胡大梁．元坝12－1H超深井开窗侧钻技术［J］．石油钻采工艺，2015，（6）：9－12.

[126] 王剑波，刘言，龙开雄，等．元坝含硫超深水平井井身结构优化技术［J］．钻采工艺，2014，37（4）：15－17.

[127] 王珏博，谷一凡，陶艳忠，等．川中地区茅口组两期流体叠合控制下的白云石化模式［J］．沉积学报，2016，34（2）：236－248.

[128] 王磊，林建东．三维地震勘探中叠加速度成图［J］．中国煤田地质，2000，12（2）：57－59.

[129] 王文刚，王萍，杨景利．充气泡沫钻井液在元坝地区陆相地层的应用［J］．石油钻探技术，2010，（4）：45－48.

[130] 王西文．在相对波阻抗约束下的多井测井参数反演方法与应用［J］．石油地球物理勘探，2004，39（3）：291－299.

[131] 王香文．东岭地区三位速度模型的建立和应用［J］．勘探地球物理进展，2006，29（6）：412－418.

[132] 王小林，金之钧，胡文瑄，等．塔里木盆地下古生界白云石微区REE配分特征及其成因研究［J］．

中国科学：地球科学，2009，39（6）：721－733.
［133］王一刚，文应初，张帆，等．川东地区上二叠统长兴组生物礁分布规律［J］．天然气工业，1998，18（6）：10－15.
［134］王一刚，张静，杨雨，等．四川盆地东部上二叠统长兴组生物礁气藏形成机理［J］．海相油气地质，2000，5（2）：145－152.
［135］魏嘉．地质建模技术［J］．勘探地球物理进展，2007，30（1）：1－6.
［136］邬铁，谢淑云，张殿伟，等．川南地区灯影组白云岩地球化学特征及流体来源［J］．石油与天然气地质，2016，37（5）：721－730.
［137］武恒志，李忠平，柯光明．元坝气田长兴组生物礁气藏特征及开发对策［J］．天然气工业，2016，36（9）：11－19.
［138］武恒志，王世泽，吴亚军，等．元坝超深高含硫气藏开发关键技术研究［R］．成都：中国石化西南油气分公司，2015.
［139］熊琦华，王志章，吴胜和．现代油藏地质学理论与技术篇［M］．北京：科学出版社，2010：527－548.
［140］熊昕东，曹阳，龙刚，等．高温高压气井完井技术难点与对策［J］．天然气技术，2010，04（6）：58－60.
［141］熊昕东，龙刚，熊晓东，等．高温高压含硫气井完井技术现状及发展趋势［J］．天然气技术与经济，2011，05（2）：57－61.
［142］徐安娜，汪泽成，江兴福，等．四川盆地开江－梁平海槽两侧台地边缘形态及其对储层发育的影响［J］．天然气工业，2014，34（4）：37－43.
［143］徐国强．元坝长兴组层序地层格架及地震相展布特征研究［R］．成都：成都理工大学，2015.
［144］徐进．元坝气田超深酸性气藏石油工程技术实践与展望［J］．天然气工业，2016，36（9）：1－10.
［145］徐敏，罗德江，李瑞．生物礁储层叠前弹性参数反演在AEJ地区的应用［J］．内蒙古石油化工，2011，20：1－4.
［146］许建华，胡瑞华，藤春鸣，等．元坝103H超深水平井固井工艺技术研究［J］．长江大学学报（自然科学版），2013，10（8）：64－66.
［147］许小强，陈琛，戚斌，等．川东北高温高压含硫超深气井测试技术实践［J］．钻采工艺，2009，32（3）：53－55.
［148］薛丽娜，周小虎，严焱诚，等．高温酸性气藏油层套管选材探析——以四川盆地元坝气田为例［J］．天然气工业，2013，33（1）：85－89.
［149］严丽，冯明刚，张春燕．川东北元坝地区长兴组油气藏成藏模式［J］．长江大学学报（自然科学版），2011，8（10）：19－21.
［150］杨敏芳，杨瑞召，张春雷．地震约束地质建模技术在松辽盆地古537区块储层预测中的应用［J］石油物探，2010，49（1）：58－61.
［151］杨廷玉，黎洪．川东北高含硫气井测试作业安全控制技术浅谈［J］．油气井测试，2012，21（3）：72－74.
［152］杨玉坤，翟建明．四川盆地元坝气田超深水平井井身结构优化与应用技术［J］．天然气工业，2015，35（5）：79－84.
［153］姚席斌，熊昕东．元坝高含硫气藏超深水平井完井技术研究及实践［J］．钻采工艺，2012，35（2）：32－34.
［154］易祖坤，丁咚，张智强．元坝气田长兴组水平井多级暂堵酸化改造先导性实验［J］．中国石油和化工标准与质量，2014，（7）：200－200.
［155］于兴河，李剑峰．碎屑岩系储层地质建模与计算机模拟［M］．北京：地质出版社，1996.

[156] 于志纲，林超，李素均，等．元坝地区油基前置液气液转换技术［J］．钻井液与完井液，2013，30（5）：25－27.
[157] 张兵，郑荣才，文华国，等．开江－梁平台内海槽东段长兴组礁滩相储层识别标志及其预测［J］．高校地质学报，2009，15（2）：273－284.
[158] 张朝举，铁忠银，曹学军，等．元坝气田超深酸性气藏完井投产关键技术［J］．天然气工业，2016，（9）：61－68.
[159] 张光亚，马锋，梁英波，等．全球深层油气勘探领域及理论技术进展［J］．石油学报，2015，36（9）：1156－1166.
[160] 张浩，罗朝东，罗恒荣，等．元坝超深水平井井眼轨迹控制技术优选［J］．长江大学学报（自科版），2013，10（20）：65－68.
[161] 张继庆，李汝宁，官举铭，等．四川盆地及邻区晚二叠世生物礁［M］．成都：四川科学技术出版社，1990：105－108.
[162] 张金成，张东清，张新军．元坝地区超深井钻井提速难点与技术对策［J］．石油钻探技术，2011，39（6）：6－10.
[163] 张连进，朱占美，郑伟，等．龙岗地区礁滩气藏地质建模方法探索［J］．天然气工业，2012，32（1）：45－48.
[164] 张文．川西—北地区中二叠统白云岩储层成因及控制因素［D］．成都：成都理工大学，2014.
[165] 张应科，钟水清，吴月先，等．加砂压裂转向配套技术描述模式及应用［J］．钻采工艺，2011，34（5）：56－57.
[166] 赵邦六，杜小弟．生物礁地质特征与地球物理识别［M］．北京：石油工业出版社，2009：29－30.
[167] 赵锐，吴亚生，齐恩广，等．川东北上二叠统长兴组白云岩地球化学特征及形成机制［J］．古地理学报，2014，16（5）：747－760.
[168] 赵文光，郭彤楼，蔡忠贤，等．川东北地区二叠系长兴组生物礁类型及控制因素［J］．现代地质，2010，24（5）：951－956.
[169] 赵文智，胡素云，刘伟，等．再论中国陆上深层海相碳酸盐岩油气地质特征与勘探前景［J］．天然气工业，2014，34（4）：1－9.
[170] 赵文智，沈安江，郑剑锋，等．塔里木、四川及鄂尔多斯盆地白云岩储层孔隙成因探讨及对储层预测的指导意义［J］．中国科学：地球科学，2014，44（9）：1925－1939.
[171] 赵彦彦，郑永飞．碳酸盐沉积物的成岩作用［J］．岩石学报，2011，27（02）：501－519.
[172] 赵钊，王身建，张延充等．川东地区长兴组生物礁有利相带预测技术研究［J］．海洋石油，2014，34（1）：41－45.
[173] 郑荣才，胡忠贵，冯青平，等．川东北地区长兴组白云岩储层的成因研究［J］．矿物岩石，2007，27（4）：78－84.
[174] 钟森，任山，丁咚，等．元坝超深水平井纤维暂堵酸化技术［J］．特种油气藏，2014，21（2）：138－140.
[175] 周刚，郑荣才，王炯，等．川东－渝北地区长兴组礁、滩相储层预测［J］．岩性油气藏，2009，21（1）：15－21.
[176] 朱东亚，金之钧，胡文瑄．塔北地区下奥陶统白云岩热液重结晶作用及其油气储集意义［J］．中国科学：地球科学，2010，40（2）：156－170.
[177] 朱国，冯宴，刘兴国．元坝高含硫气田水合物实验研究［J］．化学工程与装备，2014，（1）：46－48.
[178] 朱弘．元坝地区固井技术难点与对策探讨［J］．石油地质与工程，2015，29（3）：119－121.